VOYAGE
AUX FRONTIÈRES
DE LA VIE

NATHALIE A. CABROL

VOYAGE AUX FRONTIÈRES DE LA VIE

ÉDITIONS DU SEUIL
57, rue Gaston-Tessier, Paris XIXe

ISBN 978-2-02-146525-9

www.seuil.com

À Mimi et Merlin, le souffle du vent dans ma voile.

À Macario, notre guide et mon ami.
Ton esprit plane désormais au-dessus des Andes.
Je sais que tu continueras à veiller sur nous
durant nos ascensions de ces volcans que tu aimais tant.
Tu me manqueras.

À mon équipe qui est devenue ma famille,
aux horizons sans limites que nous explorons ensemble.
À nos amis dans les Andes qui nous accueillent
si chaleureusement et nous offrent leur aide sans compter.
Sans vous, ce voyage serait impossible.

À Carl Sagan, pour votre sagesse et vos encouragements
lors de notre rencontre à Paris en 1986. À Jacques Cousteau,
pour votre amour de notre planète océan. À vous deux,
pour avoir inspiré une petite fille à poursuivre son rêve
de chercher d'autres Terre dans l'univers.

Et enfin, à mon ange gardien,
qui a menacé de rendre son tablier un bon nombre de fois
mais qui réapparaît toujours quand j'en ai besoin.

Avant-propos

L'exploration est ma passion. C'est aussi ma vie. Je l'imagine le jour et j'en rêve la nuit. C'est une force irrépressible qui me pousse en avant, nourrie par une fascination pour l'origine de la vie dans l'univers, par la possibilité de la découvrir sur d'autres planètes et par mon émerveillement dans sa capacité à s'adapter sur Terre. Malgré les progrès de la science, son origine demeure incertaine.

Telle que nous la comprenons aujourd'hui, elle est apparue et a disparu de nombreuses fois avant de finalement s'ancrer sur une planète continuellement bombardée par des astéroïdes et des comètes pendant des centaines de millions d'années. Sur cette planète ravagée par des éruptions volcaniques d'une magnitude impossible à imaginer aujourd'hui, sa survie résida dans sa capacité à s'adapter, à explorer et à diversifier ses habitats. D'une humble fissure dans un rocher à des vaisseaux spatiaux s'élançant dans l'espace à la recherche de nouveaux horizons planétaires, son histoire est une odyssée, un voyage extraordinaire où la vie s'interroge désormais sur sa propre origine.

Il est fascinant de constater comment, alors que nous parcourons la Terre, explorons les océans, la surface d'autres planètes et l'espace interstellaire, ce voyage élève notre propre conscience, car l'exploration est aussi un voyage intérieur à la poursuite de soi-même. Quels que soient nos objectifs, nous explorons les yeux grands ouverts, poussés par une curiosité sans bornes et c'est cette curiosité qui met en mouvement l'espace et le temps. Il est possible, après tout, qu'une partie de ce que nous cherchons si loin aux confins de l'univers se trouve en nous, attendant le moment où notre exploration nous ramènera à la source. Cette conviction me guide : nous possédons en nous une connaissance absolue mais, tant que nous nous considérons comme des observateurs extérieurs, nous créons un abîme qui nous sépare de nos origines, de notre planète et de sa biosphère. *Nous sommes l'univers*, et à chaque pas que nous faisons, nous explorons notre propre éternité.

Je m'étonne toujours de voir à quel point les endroits que je crois découvrir pour la première fois me semblent si familiers, au point d'avoir parfois le sentiment de retrouver un paysage oublié. Avec le temps, ce sentiment a dissipé en moi l'idée que nous sommes des vagabonds cosmiques, et renforcé une certitude : nous sommes les architectes de notre propre destinée, libres de vivre et d'explorer tous les rêves et toutes les réalités que nous osons envisager, jusqu'aux limites de notre imagination. C'est une quête éternelle, au cœur d'un univers sans fin.

Pour moi, la question est autant de savoir où, quand et comment ce voyage a commencé ou se terminera, que de comprendre pourquoi il a commencé et ce qui l'a déclenché. Qu'ils soient physiques ou spirituels, nos voyages d'exploration sont souvent fluides et confondus.

Peut-être ce qui distingue les explorateurs est leur volonté de s'engager dans l'inconnu plus volontiers que la plupart ne le feraient. C'est cette vision intérieure qui leur permet d'apercevoir un chemin où d'autres ne voient qu'obscurité. Pour eux, l'inconnu est la pierre qui matérialise une voie vers des connaissances nouvelles, alors que pour beaucoup c'est un signal d'arrêt. Pourtant, comme je l'ai appris très tôt (autant dire que c'était – et c'est toujours – contre ma volonté), l'immobilité est aussi une qualité essentielle de l'exploration. C'est là que résident les germes de la créativité, et c'est dans cet espace que nous pouvons y accéder. Alors, le temps semble suspendu, mais seulement en apparence. Le processus ne peut être précipité. Toute résistance est futile et n'apporte que des frustrations stériles. J'ai aussi appris ça avec le temps. Les jours se transforment en mois, les pensées s'organisent en arrière-plan sans qu'on en ait vraiment conscience, les concepts apparaissent et la capacité à les manifester se renforce. Enfin, le jour vient où tout est prêt. La voie est ouverte et il est temps de se remettre en route.

Comme je l'ai réalisé avec le temps, la vie traverse ces cycles comme une respiration : un temps pour l'action et un temps pour la contemplation. Il n'y a pas moyen d'y échapper. Ce cycle réapparaît dans ma vie tous les neuf à dix ans, sans exception. Il s'accompagne toujours d'une période de neuf à douze mois pendant laquelle de nouveaux concepts naissent, de nouvelles voies se matérialisent, celles que j'explorerai dans la décennie suivante. C'est une main invisible qui bat le rythme de mon inspiration, me guide vers des rivages inconnus et au travers des tempêtes de l'existence. Elle me pousse en avant et m'aide à vaincre mes démons et mes craintes les plus profondes. Chaque voyage est différent et intime : nous le manifestons et il nous façonne, jusqu'au moment où l'explorateur et sa quête ne peuvent plus être séparés. Alors, la transmutation est complète.

*

Des gens de tous âges m'ont demandé au cours du temps d'écrire sur ce qui m'avait amenée à ces explorations. Jusqu'à présent, j'ai toujours répondu que je n'avais pas le temps, mais ce n'était qu'en partie vrai. En réalité, j'ai toujours redouté le moment où je devrais revenir sur mes pas et revisiter les coins les plus obscurs. L'exploration emporte toujours comme passager clandestin la vie de ceux qui la poursuivent et ne peut être entièrement décryptée qu'entre les lignes de leur existence. Regarder le passé n'est pas chose facile quand on consacre sa vie à imaginer le futur. À bien des égards, du moins dans mon cas, cela signifiait le même avertissement que celui donné à la femme de Loth, qui fut transformée en statue de sel. Mes statues sont faites de larmes, de peur et de disparitions, celles que je pensais trop douloureuses pour les contempler de nouveau. Mais elles sont aussi faites de cette sueur coulant sur mon visage sous le soleil du désert, escaladant des volcans ou plongeant dans des lacs. Elles sont faites de larmes de joie, découvrant pour la première fois des paysages vierges sur d'autres planètes ou sur la nôtre. Mon voyage est aussi fait de rencontres uniques qui ont changé ma vie et m'ont mise sur ma voie.

Plus la vie m'a éprouvée et plus hauts ont été mes objectifs. Pendant longtemps, j'ai simplement refusé de regarder en arrière. Le jour où j'ai finalement entrouvert la porte est celui où je me suis assise pour écrire le premier mot de ce manuscrit. Ce jour-là, j'ai regardé les fantômes du passé droit dans les yeux et j'ai réalisé combien, pendant toutes ces années, ils avaient été ceux qui m'avaient donné l'inspiration, la force et la résilience nécessaires. Je ne pourrai jamais les aimer, mais je les accepte désormais pour aller de l'avant le cœur léger. Ce ne sont plus des fardeaux. Et, probablement, ils ne l'ont jamais été. Au contraire, pendant toutes ces années, ils ont été les bâtons de marche de ce voyage intemporel qui me fait traverser continents, hémisphères et planètes.

Mountain View, Californie,
le 31 janvier 2021

PREMIÈRE PARTIE

Contre vents et marées

Le Licancabur vu depuis Juriques. Le replat juste en dessous du cratère est la terrasse où nous établissions le campement dit « du sommet » à 5 900 mètres.

1

Des horizons plus hauts

Depuis le promontoire sur lequel je me tenais, je surplombais la vallée de la Lune au Chili à près de 3 000 mètres d'altitude et j'étais complètement stupéfaite. En cet après-midi de juillet 2002, nous approchions l'oasis de San Pedro après avoir traversé le désert d'Atacama pendant plus de cinq heures. Nous avions quitté Antofagasta, ville portuaire sur la côte Pacifique, en milieu de matinée. Alors que nous passions la chaîne de montagnes qui fait face à la côte vingt minutes plus tard, les rues animées et l'humidité ambiante n'étaient plus que des souvenirs lointains. La transition dans l'atmosphère était aussi abrupte que la topographie. Le brouillard ne traverse que rarement les passes entre les sommets, et ne pénètre pas plus de 80 kilomètres à l'intérieur du désert. La petite oasis de Baquedano est le dernier arrêt. À partir de là, l'air sec et la poussière enveloppent ceux qui s'aventurent plus profondément au cœur du désert. L'Atacama est connu pour être l'un des endroits les plus arides sur Terre et, en dehors de quelques cactus solitaires, les collines escarpées sont absolument stériles.

Au-delà de cette chaîne de montagnes se dresse un royaume minéral dénudé fait de sel, de sable, de roches et de poussière. C'est une vaste étendue à la géologie vigoureuse, drapée de teintes ocre, brunes et beiges, qui me saisit l'âme. Ce sentiment ne met pas mal à l'aise mais il est pénétrant et me touche profondément. Il semble aussi étrangement familier. J'ai l'impression qu'un gardien protège une passe invisible et que le désert me questionne. Il me demande ce qui m'amène, et si je crois être de taille à accomplir ma mission. À ce moment précis, je n'en ai pas la moindre idée. Seul le temps le dira. Cependant je suis troublée. Mon royaume est celui de la plongée sous-marine, je ne me sens chez moi qu'entourée d'eau. Ici, je ne vois qu'une Terre primordiale, privée de tout ce qui fait d'elle un *point bleu pâle*, selon l'expression de Carl Sagan. Pourquoi l'appel du désert est-il si intense et pourquoi ce paysage m'est-il si étrangement familier ?

Il m'a fallu des années pour comprendre pourquoi cette première rencontre a changé ma vie. La raison ne m'en est devenue plus évidente que récemment. Ce jour a marqué un passage dans mon existence, un tournant. Le désert d'Atacama, et plus encore l'Altiplano et les Andes, étaient sur le point de transformer la plongeuse sous-marine que je suis en une nomade, en une montagnarde, et ces horizons allaient me permettre de faire mien un paysage sculpté par le feu.

Cet espace de solitude m'a appris à développer des liens d'amitié forts, ceux qui naissent à travers la solidarité d'une équipe soudée, ce qui contrastait avec le reste de mon existence jusqu'au début de ma trentaine, où je m'étais enfermée dans une autre forme de solitude.

Cet environnement extrême m'a également montré comment atteindre mon but avec ce que j'avais et non pas ce que j'aurais aimé avoir – une leçon de vie. Il m'a appris à décoder les messages cachés dans les formes changeantes des nuages, à écouter cette alarme silencieuse qui se déclenche soudain en moi sans savoir pourquoi, sous un ciel parfaitement bleu, peut-être, seulement peut-être parce que quelque chose a changé dans l'air, et mon instinct me dit que le mauvais temps arrive et qu'il est temps de quitter les hauts sommets pour retourner au refuge en contrebas. C'est devenu une sorte de plaisanterie dans mon équipe. Combien de fois, après avoir passé plusieurs jours à près de 6 000 mètres d'altitude au sommet des volcans, avons-nous juste eu le temps de fermer la porte du refuge derrière nous avant qu'une tempête s'abatte sur nous ? Je ne les compte plus.

Le désert m'a appris à décrypter un livre de pierre composé de millions d'années de mémoires géologiques superposées les unes aux autres et m'a invité à décoder les messages cryptiques d'organismes microbiens survivant dans un environnement impitoyable. J'ai aussi appris à écouter la montagne, le vent, les rochers qui se détachent et qui tombent près de notre campement au milieu de la nuit. Un rappel constant des forces titanesques qui s'affrontent sous nos pieds, là où les plaques tectoniques de Nazca et d'Amérique du Sud entrent en collision, nous exposant à des tremblements de terre épiques, une puissance que j'allais aussi devoir apprendre à respecter.

*

Mon premier voyage dans le désert d'Atacama fut en juillet 2002 mais ce n'était pas la première fois que je le découvrais.

Cinq ans auparavant, entre le 15 juin et le 3 juillet 1997, je dirigeais les opérations des tests du rover Nomad avec mon groupe de recherche depuis la salle de contrôle du NASA Ames Research Center, en Californie. Le rover et l'équipe d'ingénieurs dirigée par David Wettergreen étaient dans le désert d'Atacama. Nomad était blanc, imposant, de la taille d'une petite voiture aux lignes futuristes et élégantes. Il ressemblait à un scarabée géant blindé, monté sur quatre roues robustes en titane, infatigable sur les pentes sablonneuses et les lits de rivières asséchées. Je l'avoue, de tous les rovers qu'on m'a donnés pour explorer ces environnements extrêmes au fil des ans, j'ai toujours eu un faible pour Nomad – et pour Spirit sur Mars.

L'exploration scientifique n'était pas le but principal de ces tests. Le rover n'était équipé que d'une caméra panosphérique qui allait nous permettre de faire malgré tout des découvertes intéressantes, dont le premier fossile détecté par une équipe scientifique utilisant un rover. La découverte était en grande partie fortuite, mais les questions qu'elle souleva, en particulier sur la façon de reconnaître la vie sur d'autres planètes, sont parmi les plus fondamentales de l'exploration planétaire.

À une époque de premières en robotique planétaire, ce projet avait pour objectif de démontrer la capacité d'un rover à couvrir de longues distances en prévision de missions à venir. Et c'est ce que nous avons accompli dans le désert d'Atacama, parcourant 215 kilomètres en 45 jours, la plupart du temps en contrôlant le robot depuis les États-Unis. Mais c'est aussi durant ces tests que Nomad a parcouru 20 kilomètres de manière complètement autonome, davantage que tout autre rover avant lui.

Le 4 juillet 1997, tandis que nous explorions le désert d'Atacama avec Nomad, la NASA faisait pour la première fois la démonstration de l'utilisation d'airbags pour l'atterrissage de Pathfinder sur Mars, un rover guère plus grand qu'une boîte à chaussures. Un peu plus de cinq ans plus tard, je me trouvais à mon tour au cœur d'une mission qui comprenait à la fois un atterrissage avec des airbags et des parcours sur de longues distances avec des rovers martiens beaucoup plus imposants. Je ne pouvais pas encore le savoir, mais j'engrangeais alors une expérience précieuse qui allait me permettre de décrocher un billet pour la planète rouge avec la mission Mars Exploration Rover de la NASA en 2002.

Mais, en 1997, je dirigeais le projet Nomad en Californie. Depuis une petite salle blanche où nous avions rassemblé des tables, des chaises et des ordinateurs pour l'équipe scientifique, je découvrais un paysage merveilleux. Sur un écran couvrant l'un des murs de la salle de contrôle, et au travers d'images transmises à plusieurs milliers de kilomètres, le désert d'Atacama m'ensorcelait déjà.

En 2001, j'étais de retour en France avec Edmond, mon mari, pour de courtes vacances. Nous vivions en Californie depuis fin 1994 et nous rendions visite à mes parents en Bourgogne comme chaque fin d'année pour les fêtes. Mon père avait enregistré des documentaires sur les sciences et sur l'environnement tout au long de l'année, afin que nous les regardions ensemble lors de notre passage. L'occasion se présenta lors d'un après-midi enneigé. Il sélectionna une poignée de cassettes vidéo et me laissa choisir. L'une d'elles attira mon attention. Elle faisait partie de l'émission « Ushuaïa » de Nicolas Hulot. Cet épisode en particulier portait sur l'exploration du désert d'Atacama, la région de San Pedro et le volcan Licancabur. Nomad refit surface dans ma mémoire. L'expérience et le paysage du désert ne m'avaient jamais vraiment quittée. J'attendais simplement une occasion de financement qui pourrait me permettre d'aller au Chili, mais cette opportunité ne se présentait pas. J'étais au début de ma carrière. L'argent n'était pas facile à trouver. La situation était rendue plus difficile encore suite à la perte de deux missions martiennes par la NASA en 1999. Le programme d'exploration avait été bouleversé pour pouvoir récupérer une partie des données perdues, et ces changements avaient un impact direct sur les financements disponibles pour les subventions de recherche. Le résultat avait été deux années de vaches maigres car, à cette époque, et en dehors des tests de rovers, la plupart de mes recherches étaient axées sur l'analyse de données des missions martiennes. Je débutais à peine et personne ne m'avait jamais appris à écrire des demandes de subventions pour des projets. Il s'ensuivit quelques moments difficiles et, pendant cette période, il fut davantage question pour moi de rester à flot que d'avoir de grands plans de carrière.

Jeune chercheuse à NASA Ames, j'avais du mal à joindre les deux bouts mais j'essayais de voir le côté positif de ma situation en me rendant disponible le plus possible. Non seulement j'appris beaucoup durant cette période, mais c'est là que ma carrière a commencé à prendre forme et que les grandes lignes de ce qui allait devenir mes recherches se sont dessinées. Plus souvent qu'à notre tour durant ces années-là, Edmond et moi avons parcouru les couloirs du deuxième étage de la Space Science Division où se trouvait notre bureau, nous arrêtant aux portes des chercheurs établis pour leur demander s'ils auraient du travail à nous confier. Je n'étais pas une exception. Tous les jeunes chercheurs traversent ces périodes qui peuvent se reproduire à tout moment au cours d'une carrière pour de nombreuses raisons, qu'elles soient personnelles, politiques ou programmatiques. Personne n'est à l'abri. Derrière les grands titres en une des journaux, la recherche demande passion et résilience et rien n'est jamais garanti. C'est particulièrement vrai pour les chercheurs sous contrat aux États-Unis qui doivent non seulement concourir pour obtenir leurs subventions de recherche mais aussi couvrir par eux-mêmes leur salaire, leur assurance maladie et leur retraite avec ces financements. C'est un système très différent qui a ses bons et ses mauvais côtés, sa qualité première étant à mon avis d'obliger un chercheur à rester au top de son expertise en permanence. C'est un milieu extrêmement compétitif et pourtant je ne ferais rien d'autre.

J'ai fait la connaissance de Carol Stoker pendant l'une de ces périodes et c'est ainsi que notre collaboration et notre amitié ont commencé. Carol est une chercheuse fonctionnaire à la Space Science Division de NASA Ames. Elle dirigeait alors les tests du rover Marsokhod, un prototype russe prêté à Ames. Elle avait de l'argent pour moi, me dit-elle, si je pouvais l'aider à structurer un programme scientifique pour les tests. Après quelques semaines passées à la seconder, je suis devenue son adjointe. Elle me chargea du développement des stratégies d'exploration, de la sélection des instruments à intégrer sur le rover et de l'exécution scientifique des tests.

Concevoir des scénarios d'exploration pertinents pour des missions martiennes et lunaires m'obligea alors à penser non seulement à l'aspect scientifique des missions, mais aussi aux budgets d'énergie et de communication nécessaires à l'utilisation des instruments, ce qui m'amena à développer des liens étroits avec les ingénieurs du rover et me donna une meilleure compréhension de leur perspective.

Carol m'offrit une chance de faire mes preuves et me guida au début de ma carrière. Elle prit le temps de m'apprendre tout ce que je voulais savoir sur les rovers. Bien qu'étant chercheuse, je savais que toute la science du monde ne me serait d'aucune utilité pour les missions planétaires si je ne comprenais pas le potentiel et les contraintes de l'exploration robotique ; or, à cette époque, tout restait à écrire sur l'interaction entre humains et robots à la surface des planètes. Ce fut une décision consciente de ma part, dès que j'appris que le groupe de robotique de NASA Ames avait un rover et que Carol l'utilisait pour développer des scénarios de missions d'exploration planétaire. Cette intuition guida et aiguilla aussi ma carrière quand, deux ans plus tard, en 1997, Carol, qui aurait dû être la directrice scientifique du projet Nomad dans le désert d'Atacama, fut sélectionnée par la NASA et devint membre de l'équipe scientifique de la mission Pathfinder. Mike Sims, qui dirigeait le groupe de robotique à NASA Ames, me demanda alors si je voulais prendre la direction scientifique du projet Nomad à sa place. Je n'ai pas hésité un seul instant. J'ai dit oui.

Nomad changea ma vie. C'est l'apparence que le destin prit pour moi en 1997 : un chevalier robotique revêtu d'une armure étincelante en titane, m'apportant les clefs de ce qui allait devenir mon univers sur Terre. Depuis lors, dans le désert, nous essayons de comprendre comment détecter les signatures d'une vie primitive rare et résiliente survivant dans des milieux extrêmes. Nous testons de nouvelles stratégies d'exploration, des technologies et des instruments, tentant de répondre aux questions concernant la vie dans l'univers, mais aussi essayant de comprendre les limites de la vie sur Terre, tout en étudiant la vitesse à laquelle notre planète change à l'heure actuelle.

*

Alors que la neige recommençait à tomber au-dehors, la vidéo avait démarré et, devant moi, une fois de plus me provoquant au travers d'un écran, le désert d'Atacama et les Andes apparurent. Puis le paysage changea. Séquence après séquence, des images et des panoramas époustouflants se succédaient. Ce fut tout d'abord San Pedro de Atacama. L'équipe de tournage était accompagnée d'une petite caravane de lamas traversant la frontière entre le Chili et la Bolivie pour atteindre Laguna Verde, un lac aux eaux turquoise et au rivage blanc exposé aux vents de l'Altiplano, un lac aujourd'hui en voie d'évaporation. C'est là que j'ai vu pour la première fois le Licancabur, un volcan majestueux formant une pyramide parfaite s'élevant au-dessus de Laguna Verde. Les dernières scènes montraient Nicolas Hulot escaladant le volcan et plongeant dans le lac niché au cœur de son cratère.

Edmond et moi avions passé la plupart des années précédentes à travailler sur un site d'atterrissage possible pour une mission qui explorerait l'habitabilité de Mars. C'était le site d'un ancien lac martien disparu depuis des milliards d'années, du moins c'est ce que les données de la mission Viking semblaient montrer. Si la vie s'était développée sur Mars dans un site comme celui-ci, comment aurait-elle pu survivre à une atmosphère qui disparaissait et à une surface bombardée par un rayonnement ultraviolet extrême ? Quand le lac était présent sur Mars, le climat de la planète rouge était déjà en train de changer, l'eau s'évaporait et disparaissait – un environnement similaire à celui capturé par les caméras de Hulot à la frontière du Chili et de la Bolivie. Soudain, la télévision s'était transformée en une machine à remonter le temps, me transportant sur Mars 3,8 milliards d'années dans le passé. Les réponses à mes interrogations sur la possibilité de vie au début de l'histoire de la planète rouge, mais aussi sur comment la chercher, ces réponses m'attendaient peut-être là-bas, au milieu de paysages grandioses.

Je compris ce qu'il me restait à faire. De retour chez moi, en Californie, j'ai organisé mes pensées sur le papier. Il me fallait trouver une occasion, n'importe laquelle, de soumettre une demande de subventions pour un projet me permettant enfin de me rendre dans les Andes.

Puis, un jour, revenant de la piscine, je me suis assise à mon bureau à NASA Ames et j'ai vu un appel d'offres. Le montant n'était pas très élevé, 40 000 dollars par an pendant deux ans. Il s'agissait d'un appel interne avec des fonds discrétionnaires de NASA Ames. J'ai sorti mon ordinateur portable et j'ai commencé à écrire. Nous ne disposions que de quatre pages pour décrire le projet. J'ai intitulé le mien « Licancabur : Explorer les limites de la vie dans les plus hauts lacs de la Terre ». Le projet proposait deux expéditions pendant une période de deux ans pour explorer le lac niché dans le cratère sommital du volcan Licancabur. Si j'étais sélectionnée, le financement me donnerait juste assez de ressources pour organiser une petite équipe de trois ou quatre personnes et pour me concentrer sur l'environnement physique, mais pas sur la biologie. Je ne pouvais pas me le permettre avec ce budget. Il était clair qu'une fois l'argent dépensé en frais de voyage et d'expédition, dans quelques analyses de laboratoire et après le paiement des salaires, il ne resterait pas grand-chose. Mon objectif était de caractériser la géologie et les sédiments, ainsi que le rayonnement ultraviolet (UV) de cette région. J'ai présenté le site comme un analogue de Mars au début de son histoire, un endroit qui nous permettrait d'apprendre à explorer la planète rouge.

En raison de l'altitude proche de 6 000 mètres, je m'attendais à un rayonnement UV extrême. Je ne pouvais vraiment pas imaginer alors à quel point il le serait. Qui plus est, je n'avais aucune expérience de l'escalade ou de la randonnée en altitude qui fût, même de loin, comparable. L'alpiniste était Edmond. À l'époque, mes plus hauts sommets étaient le mont Whitney (4 421 mètres) et le mont Shasta (4 322 mètres) en Californie. Des altitudes respectables mais, dans les Andes, ce serait notre altitude de départ, celle du camp de base. Nous allions travailler à une altitude rarement atteinte par une équipe scientifique.

Comme mon domaine est la plongée, je n'ai pas pu m'empêcher d'ajouter que l'exploration du lac au sommet inclurait des plongées de reconnaissance en apnée. C'était pour le moins audacieux, d'autant que je ne savais pas encore si je serais capable d'atteindre le sommet et, si j'y arrivais, dans quel état physique je me trouverais. La plongée avec bouteilles à cette altitude représentait un record du monde, en aucun cas une promenade de santé. Comme je l'avais appris en préparant ce projet, l'équipe archéologique de Johan Reinhard en 1982, puis deux plongeurs britanniques quelques années plus tard, y étaient parvenus, ces derniers sous la glace. Il n'y avait aucune référence de plongée en apnée au Licancabur et je voulais des échantillons du lac car le site avait un potentiel scientifique extraordinaire et il était en grande partie inexploré pour l'astrobiologie, c'est-à-dire la recherche de la vie dans l'univers.

Je me demande encore aujourd'hui comment la mention de ces plongées n'a pas plus attiré l'attention des évaluateurs du projet. Ils ont dû penser qu'il s'agissait de 6 000 pieds et non pas de 6 000 mètres. J'avais déjà une solide expérience de la plongée en apnée, mais je l'avais jusque-là cantonnée au niveau de la mer. Le principe de l'apnée étant de retenir sa respiration, cela paraissait complètement hérétique dans un environnement où la pression atmosphérique est inférieure à la moitié de celle au niveau de la mer. De fait, ce n'est pas « complètement » hérétique (mais je ne le savais pas encore) et ces plongées déboucheraient sur des recherches remarquables avec l'université Stanford quelques années plus tard. Proposer de plonger en apnée était aussi ma seule option à l'époque. Je n'avais pas les moyens d'organiser une expédition plus ambitieuse et je n'étais pas encore certifiée pour plonger avec des bouteilles. J'avais une crainte irrationnelle des vaisseaux pressurisés liée à un incident durant ma petite enfance, où l'explosion d'une cocotte-minute avait projeté le couvercle juste au-dessus de ma tête alors que je jouais sur le carrelage. Je n'en avais aucun souvenir et c'est ma mère, Mimi, qui, au hasard d'une conversation en 2005, m'expliqua l'origine de ma crainte, ce qui me permit de la rationaliser et de me certifier « scuba ».

J'ai envoyé ma proposition de projet et j'ai attendu. Durant la même période, j'ai aussi répondu à l'appel d'offres de la NASA pour devenir membre de l'équipe scientifique de la mission Mars Exploration Rover. La NASA cherchait des scientifiques pour compléter l'équipe des spécialistes d'instruments pour Spirit et Opportunity, les deux rovers qui devaient être lancés en direction de Mars l'année suivante, en 2003. Je pensais que ça valait la peine d'essayer, non seulement en raison de mon expérience avec Nomad et Marsokhod, une expérience que peu de chercheurs avaient à l'époque, mais aussi parce que nous avions étudié avec Edmond un site d'atterrissage possible, le cratère Gusev, qui était toujours en course dans la sélection finale pour cette mission. Il n'en restait plus que trois en compétition et deux allaient être sélectionnés.

Je contribuais également à la rédaction d'une autre proposition de recherche, celle-ci dirigée par David Wettergreen à l'Institut de robotique de l'université Carnegie-Mellon à Pittsburgh. David répondait à un appel d'offres de la NASA. Le programme était une combinaison de nouvelles technologies d'exploration et d'astrobiologie. David et moi étions restés en contact depuis Nomad, et nous n'avons jamais cessé de travailler ensemble depuis plus de vingt ans. Il m'avait recontactée pour me demander si j'étais intéressée par la direction scientifique de son projet, qui, s'il était sélectionné, serait la première exploration d'écosystèmes microbiens par un rover dans le désert d'Atacama. La réponse était évidente et j'ai commencé à noircir des pages blanches, posant les fondations d'un plan scientifique pour son projet, tout en réfléchissant aux membres potentiels de notre équipe. Je ne pouvais pas imaginer à cette époque que le noyau de cette fameuse équipe serait toujours en train d'explorer le désert d'Atacama, l'Altiplano et les Andes, avec moi, près de vingt ans plus tard… Quand j'eus fini la rédaction de toutes ces demandes de subventions, l'été 2002 était là. C'était un été chaud en Californie. En revanche, il faisait un froid pénétrant au cœur de l'hiver austral, de l'autre côté de la Terre, où notre avion s'était posé quelques jours plus tôt.

*

Le désert défilait sous mes yeux à travers le pare-brise de notre 4 × 4. Ma mémoire revenait sans cesse à la somme des moments qu'il avait fallu traverser pour en arriver là. Notre premier arrêt fut pour prendre des photos près d'un gros rocher couvert de veines de cuivre situé au bord de la route qui marquait l'emplacement du tropique du Capricorne. Je n'avais vu ce nom que sur les atlas auparavant. Alors que notre petit groupe se rassemblait joyeusement autour du marqueur, je ne pouvais m'empêcher de repenser à un matin précis, quelques mois plus tôt, lorsque j'avais ouvert mon ordinateur et trouvé le message de Stephanie Langhoff, directrice scientifique à NASA Ames, m'annonçant que notre projet d'exploration du Licancabur avait été sélectionné. Dans les semaines suivantes, il y avait eu aussi cet appel téléphonique de Steve Squyres depuis le siège de la NASA à Washington. Steve était le directeur scientifique de la mission Mars Exploration Rover et il m'appelait pour m'apprendre que j'étais sélectionnée et faisais désormais partie de son équipe pour la mission qui enverrait des rovers sur Mars.

Ces souvenirs vagabondaient au hasard dans ma mémoire comme les tourbillons de poussière errant dans le désert loin de la route sur laquelle nous voyagions. Comme eux, ils paraissaient sortir de nulle part, avant de disparaître sans raison apparente. Puis, au détour de la route qui commençait à descendre doucement vers Calama, les volcans San Pedro et San Pablo apparurent sous un ciel bleu électrique et un air raréfié, imposant leur immense silhouette dans le paysage. Se dressant l'un à côté de l'autre à 6 100 mètres d'altitude, ces deux volcans monumentaux enveloppés de lave brune et rougeâtre étaient coiffés d'une glace éblouissante. Ce fut ma toute première vision des Andes et elle était déjà à couper le souffle.

Le long ruban ininterrompu des Andes apparut enfin clairement alors que la route tournait vers le sud. Tous les sommets étaient enneigés, les couleurs vives et les contrastes nets. Des kilomètres plus loin, une petite pyramide parfaite se dessina sur l'horizon. La pyramide continua à jouer à cache-cache avec la route qui serpentait, disparaissant parfois au gré des escarpements, pour réapparaître comme par magie au détour d'un virage. Alors que nous nous approchions de San Pedro de Atacama, je finis par comprendre que cette pyramide n'était autre que le Licancabur. Le volcan de près de 6 000 mètres d'altitude était là, devant moi, parfaitement symétrique, avec, à ses côtés, son acolyte le volcan tronqué Juriques.

Environ vingt minutes avant d'arriver à San Pedro, notre destination pour les jours suivants, nous nous sommes arrêtés à « la tombe de l'anglais ». Notre ami Guillermo Chong, géologue chilien de renom, était notre chauffeur et il voulait nous montrer le mémorial. L'histoire (vraie) raconte qu'un Anglais, le professeur Sydney Hollingworth, s'est arrêté à cet endroit alors qu'il se rendait à San Pedro. Il voulait admirer le panorama. Il s'est assis et a contemplé la vue en silence pendant plus de deux heures. Lorsqu'il s'est finalement relevé, il a dit à ses compagnons de voyage qu'il voulait être enterré à cet endroit après sa mort. Six mois plus tard, ses dernières volontés furent respectées. Depuis lors, les voyageurs qui s'arrêtent posent une pierre sur sa tombe en lieu et place de fleurs et peuvent laisser une carte de visite dans une petite boîte. Je n'avais pas de carte de visite sur moi, mais j'ai pris une pierre que j'ai posée délicatement sur sa tombe, parmi les autres. Quand je me suis relevée, j'étais bouleversée. Bien que l'histoire de l'Anglais soit profondément touchante, elle n'était pas la raison principale de la vague d'émotions qui me submergea à cet instant. Je venais de découvrir pourquoi Hollingworth avait voulu être enterré là.

Depuis le promontoire où nous nous tenions, nous avions pour la première fois une vue complètement dégagée sur l'Altiplano et sur les Andes, et jamais, absolument jamais, je n'aurais pu imaginer le spectacle qui se présentait devant moi. Dans des nuances de brun rougeâtre, les hautes terres massives étaient recouvertes à perte de vue de lave sombre et de gros blocs rocheux, de champs de dunes et de soufre jaune, de sels blancs, et d'anciens fonds marins ancestraux basculés et figés dans la pierre, soulignés par des dépôts de cendre argentés. L'Altiplano s'avançait sans fin vers le ciel comme pour toucher des étoiles invisibles. Il n'y avait apparemment pas de limite à sa progression vers le ciel. Aucune terre n'était censée être aussi haute.

J'avais envie tout à la fois de pleurer, de rire, de rester immobile et de courir. Je voulais crier mais je suis restée sans voix. À ce moment précis, quelque chose en moi a su que j'étais arrivée à destination, chez moi, dans une demeure entourée d'horizons plus hauts, ouverte sur l'univers, un havre que j'avais finalement atteint après un voyage improbable d'explorations, commencé si loin et sur un autre continent, des années auparavant.

Mimi et moi au bord de la Méditerranée à Nice en 1964. Mon premier été et mon premier contact avec la mer. (La photo est prise par mon père.)

2

Sentiers sauvages

Nous étions au début du sentier qui mène au glacier des Bossons près de Chamonix. La glace bleue cascadait vers la vallée dans notre direction. Découpé par des séracs impressionnants, le glacier nous présentait ses marches géantes comme sculptées par la main d'un titan. Une poussière noire rehaussait le bord des crevasses et, au cours des millénaires, les roches poussées de côté par la glace s'étaient accumulées en larges moraines latérales. Nous admirions la vue depuis un belvédère. Les pentes autour de nous étaient couvertes d'herbe verte bercée doucement par une brise tranquille, tandis que beaucoup plus haut sur le sommet immaculé du mont Blanc des vents tourbillonnants soulevaient des rideaux de neige visibles depuis la vallée.

Sur le ton de la plaisanterie, j'ai demandé à Edmond : « Pourquoi veux-tu gravir cette montagne puisqu'il faudra redescendre ? » J'avais vingt-sept ans. Dix ans plus tard, et loin de l'endroit où nous nous trouvions ce jour-là, l'homme qui me tenait la main sur ce sentier était devenu mon mari. Alpiniste accompli, avec l'Eiger et le Matterhorn à son palmarès, il m'avait emmenée dans les Alpes pour me faire découvrir son univers. C'était une belle journée de fin août. Le ciel était d'un bleu profond et limpide, tout comme sa réponse : « Parce que c'est difficile. »

J'étais une nageuse et mon domaine était celui de la plongée. J'étais peu tournée vers l'alpinisme à l'époque, non pas parce que ça ne m'aurait pas plu, mais tout simplement parce que je n'avais jamais eu l'occasion de le pratiquer. J'avais appris par moi-même la plongée en apnée dans le lac de Garde en Italie et dans le sud de la France en mer Méditerranée. Je disparaissais des heures entières, plongeant seule dans mon royaume sous-marin. En cela, les choses n'ont guère changé aujourd'hui. Des années plus tard, cela me valut d'être surnommée « la Dame du Lac » par mes collègues. Eh bien, je venais juste de rencontrer « Merlin ».

Je pensais savoir ce que « difficile » voulait dire. J'avais eu plus que ma part de difficultés pour en arriver jusque-là. À bien des égards, je n'étais pas encore complètement tirée d'affaire, mais je commençais à voir la vie différemment. J'étais prête pour une forme de calme et de sérénité, mais Edmond avait d'autres plans, et il était sur le point d'accomplir un tour d'alchimiste. Ses mots si simples, ce jour-là, résonnent encore en moi aujourd'hui alors que je continue de découvrir toute leur portée.

C'était mon anniversaire. Je venais tout juste d'avoir vingt-sept ans, et j'avais passé une grande partie de ces années absorbée par un monde intérieur peuplé de rêves d'astronomie, de galaxies, de planètes et d'exploration. Enfant, je dessinais sans cesse des vaisseaux et des machines extraordinaires. Ces dessins avaient toujours le même arrière-plan : un ciel étoilé avec une planète entourée d'anneaux accompagnée de deux lunes sur la gauche, et un dôme au sommet d'une colline vallonnée. Mes vaisseaux spatiaux étaient allongés ou ronds, à plusieurs étages, avec des lumières partout. Ils pouvaient plonger sous l'eau ou voler dans l'espace selon l'endroit où mon imagination voulait les emmener. Il n'y avait aucune limite dans mon esprit. Bien que réels seulement sur le papier, ils me transportaient loin d'un monde physique dans lequel je me sentais limitée. Quand j'y repense, ils étaient autant des vaisseaux qu'une représentation de ce que j'aurais aimé pouvoir faire alors : voler et plonger.

Cette passion a toujours été là, et je ne me souviens pas d'avoir jamais voulu faire autre chose. Je pointais sans arrêt le doigt vers le ciel avant même de savoir parler et, quand j'ai commencé à parler, je n'ai plus cessé de poser des questions sur l'univers. Comme beaucoup d'enfants de ma génération, mon destin fut scellé le 21 juillet 1969. Je n'avais pas encore six ans. Bien qu'au milieu de la nuit en France, Mimi m'avait tenue éveillée pour regarder l'alunissage d'Apollo 11. Assise sur ses genoux, j'ai montré du doigt les silhouettes fantomatiques de Neil Armstrong et Buzz Aldrin descendant l'échelle du module lunaire et je lui ai dit : « C'est ce que je veux faire. » Je me souviens de ce moment comme si c'était hier. Nous étions assises toutes les deux sur le canapé-lit vert poussé contre le mur du salon. La salle à manger ouvrait directement sur la cuisine. Ce petit appartement d'une pièce était tout ce que mes jeunes parents pouvaient s'offrir quand ils ont débuté dans la vie. J'étais petite et, à mes yeux, c'était un terrain de jeux géant. Depuis l'entrée, on pouvait accéder à la cuisine sur la gauche, ou aller tout droit en suivant un couloir en T qui menait à la salle à manger à gauche et, à droite, à la salle de bains et à la seule chambre, que mes parents m'avaient laissée. Ils dormaient sur le canapé-lit dans le salon.

Cette nuit-là, comme chaque soir à l'exception des week-ends, j'étais seule avec Mimi. Mon père travaillait de nuit. Il était déjà 3 heures du matin ce lundi 21 juillet 1969. Le canapé n'était pas encore ouvert, et nous avions toutes les deux les yeux rivés sur l'écran de télévision. Il nous a semblé devoir attendre une éternité avant que la porte du module lunaire ne s'ouvre, et quand, finalement, elle s'ouvrit, nous avons vu des hommes poser le pied sur un autre monde pour la toute première fois dans l'histoire de l'humanité. Vingt-cinq ans allaient devoir encore passer avant que je puisse voir le drapeau de la NASA flotter à l'extérieur de la fenêtre de mon bureau.

Ces premières années me semblent si loin dans l'espace et le temps, et elles le sont d'une certaine façon. Ce sont pourtant celles qui m'ont façonnée. J'ai développé très tôt une fascination pour les nombres et le symbolisme. J'aimais aussi écrire et dessiner, noircissant des pages blanches et les transformant en bandes dessinées, ou bien les remplissant de langages et de codes mystérieux. Mes écritures et mes dessins étaient des liens entre ce monde intangible qui, je savais, existerait quelque part un jour pour moi, et celui dans lequel je vivais, qui était si contraignant, et où le temps passait lentement, beaucoup trop lentement. J'étais née exploratrice, intrépide et libre dans ma tête, et je me sentais prise au piège dans une autre dimension. La graine venait tout juste d'être plantée mais je voulais déjà être un arbre. Quand j'étais enfant, ce que je voulais être n'existait pas encore ou, plutôt, commençait tout juste à prendre forme dans des empreintes larges et profondes laissées par des bottes blanches dans la poussière lunaire, et dans un pays si lointain que jamais je n'aurais pu imaginer qu'il me verrait renaître des années plus tard.

*

En apparence, rien ne me préparait à une vie d'exploration, que ce soit sur cette planète au sommet de quelques-uns des plus hauts volcans du monde, dans des lacs, des déserts et des environnements extrêmes, ou sur d'autres planètes – ce qui tend à prouver que les apparences peuvent être trompeuses. J'ai fait mon apparition de façon inattendue à la fin août 1963, au lieu de la fin septembre, et à cette époque mon univers tournait autour de Mimi, un petit appartement à l'ouest de Paris, et le bois de Saint-Cucufa. Je grandissais sans frère ni sœur et nos chats furent souvent mes seuls compagnons de jeu. J'ai en commun avec eux une indépendance farouche et une attitude rebelle contre l'autorité. Je plaisante souvent en disant que je suis ainsi parce que j'ai été élevée par des chats mais, dans le fond, je ne suis pas bien sûre que ce soit une plaisanterie.

Mimi était technicienne en radiologie. Elle assistait les chirurgiens en salle d'opération au début de sa carrière à la clinique de La Celle-Saint-Cloud où nous habitions, à peine à quinze minutes à pied de l'appartement. C'était un travail qui l'absorbait treize heures par jour mais elle pouvait aussi être rappelée à n'importe quelle heure de la nuit. Malgré tout, elle faisait en sorte de toujours revenir à la maison dans la soirée pour être avec moi avant que vienne le moment de me coucher. Elle me regardait dessiner. Ensuite, c'était l'heure des dessins animés à la télévision pendant qu'elle préparait le dîner et, plus tard, elle me mettait au lit et me lisait une histoire. J'avais notamment la collection blanc et or des « Contes et légendes » décrivant des œuvres classiques mais écrites et illustrées pour les enfants. Au fil des ans, mes grands-parents maternels m'ont offert la collection complète. C'est ainsi que je fis connaissance avec l'*Iliade* et l'*Odyssée*, l'*Énéide*, des contes et mythes médiévaux, et bien d'autres, quelques pages lues par Mimi chaque soir au chevet de mon lit. Cela m'aida certainement à développer mon goût pour les livres et c'étaient toujours des moments précieux et heureux partagés avec une maman très occupée. Le soir, après qu'elle eut fermé la porte de ma chambre, j'allumais le globe terrestre posé sur mon coffre à jouets. Soudain, elle était là, une planète bleue, brillant à côté de moi dans l'obscurité comme suspendue par magie dans l'espace, et j'entrais dans la nuit en regardant ce globe comme un extraterrestre arrivant d'une autre planète.

Pour moi, les livres étaient les gardiens de mystères et de trésors inconnus, d'aventures dont, petite fille, je ne pouvais que rêver. Ils furent également un facteur important dans le développement de ma curiosité, m'incitant à toujours vouloir en savoir plus. Plus tard, quand j'ai pu les lire par moi-même, les livres sont devenus des compagnons que j'avais parfois du mal à abandonner, lisant certains d'entre eux une demi-douzaine de fois. Mes favoris devinrent les livres de Jules Verne, en particulier *Voyage au centre de la Terre* que j'ai relu de nombreuses fois. Il m'a fallu attendre la trentaine pour commencer à me sentir plus à l'aise dans mes relations sociales, et pendant toute mon enfance et mon adolescence, vivant dans mon univers, j'avais un lien profond avec mes livres, dialoguant avec eux au travers des notes que j'écrivais dans leurs marges.

Bien que Mimi ait été très occupée, et que nous n'ayons eu que peu de temps ensemble, il n'y avait aucun doute dans mon esprit qu'elle serait toujours là, apparaissant sur le sentier menant à notre petit appartement, toujours à l'heure. Je l'attendais assise dans l'encadrement de la fenêtre ouverte de ma chambre au rez-de-chaussée. Chaque soir vers 18 heures, comme une horloge, elle tournait le coin du sentier menant à notre bâtiment et me faisait signe de la main. Elle était petite et menue, avec son beau sourire illuminant son visage. Des années plus tard, quand elle est tombée malade, cette image est celle qui me revenait sans cesse. Je savais dans mon cœur qu'elle serait de retour. Elle l'avait toujours été.

Mon père, Jean, était spécialisé dans la gestion de systèmes informatiques. Il avait pris un travail de nuit pour avoir un salaire plus élevé. Il revenait à la maison tôt le matin après mon départ pour l'école et il était reparti avant que je ne rentre. Tout ce que je voyais, c'est que Mimi et moi étions très souvent seules. J'ai rarement vu mon père jusqu'à l'âge de sept ans, presque seulement pendant les week-ends et les fêtes. Mes parents se disputaient souvent et je sentais ces disputes arriver comme les animaux sentent approcher un tremblement de terre. J'étais trop petite pour comprendre que mon père, comme Mimi, avait choisi ces horaires pour améliorer notre existence. Cela n'aidait pas leur relation non plus. Dans mon esprit, mon père n'était jamais là, ou, quand il l'était, cela signifiait des voix fortes, de la peine, et un sentiment de crainte.

J'avais sept ans quand il a finalement changé ses horaires pour travailler de jour, mais j'avais établi ma routine avec Mimi et c'était un intrus dans notre espace. Les dix années suivantes furent difficiles. Il montrait rarement ses sentiments. Il nous a fallu près de quarante ans pour cheminer l'un vers l'autre, mais nous l'avons finalement fait. Nous avons enfin eu des discussions à cœur ouvert et ri ensemble. Il m'a dit combien il était fier de moi durant sa seconde et dernière visite aux États-Unis. Il a compris que j'avais été fidèle à ma passion, ce qu'il respectait. Il commençait aussi à comprendre ce que la recherche signifiait. Ma participation à la mission des rovers sur Mars était quelque chose de tangible qu'il pouvait comprendre. Le temps avait fait son œuvre. Il mourut six mois après cette dernière visite. Nous avions tout juste commencé à bâtir un pont entre nous.

Un jour, lors de sa dernière visite, alors que nous quittions mon bureau à NASA Ames et que nous descendions l'escalier, il me demanda si j'étais heureuse. Sa question me surprit. C'était la première fois qu'il me demandait quelque chose de personnel si directement. En continuant de marcher vers ma voiture sur le parking, je l'ai regardé et je lui ai répondu que oui, je l'étais vraiment. Ce qu'il me dit ensuite me fit comprendre la mesure de la peine que mon départ lui avait causée. Il répondit simplement : « Ça console de beaucoup de choses. » Quelques jours plus tard, il vint vers moi alors que je préparais le petit déjeuner pour tout le monde dans la cuisine et me serra fort dans ses bras. Passant sa main dans mes cheveux, il dit ensuite : « Ma petite fille. » Six mois plus tard, le 4 janvier 2004, quand le rover Spirit atterrit sur Mars, parmi les autres membres de l'équipe de la mission regroupés au Jet Propulsion Laboratory à Pasadena, j'ai levé les yeux vers le ciel en pensant à lui, que j'avais enterré dix jours plus tôt.

*

Les sept premières années de ma vie furent passées près du bois de Saint-Cucufa, un de mes premiers endroits secrets. C'est là que j'ai commencé à tester mon sens de l'observation, mon goût pour l'eau et mes gènes naturalistes, un trait apparemment hérité d'un arrière-grand-père italien que je n'ai jamais connu. L'étang qui était niché au cœur du bois me paraissait être un océan. Le rivage était sablonneux et vaseux, parsemé de cailloux et de mousse verte ici et là, et son eau sombre vers le centre et claire sur les bords. L'apocalypse s'est profilée à l'horizon pour mes parents le jour où j'ai découvert que l'étang abritait des grenouilles et des têtards. Nous avons fini par avoir un aquarium à la maison, où regarder les têtards se transformer en grenouilles me fascinait. J'avais un marché avec Mimi : lorsque les têtards étaient devenus suffisamment grands, ils retournaient dans l'étang.

Le bois était particulièrement magique à l'automne. Jour après jour, pendant quelques semaines, les feuilles des châtaigniers changeaient de couleur, passant du vert à l'orange, puis au jaune. Durant les week-ends, mon père prenait son sac et nous allions dans le bois hors sentiers, ajoutant au mystère de ces rares moments avec lui. Il y avait des châtaignes partout, par terre sur les tapis de feuilles multicolores ou cachées dessous, ou bien encore toujours abritées dans leurs gangues épineuses sur les branches ou au sol. Je ne pouvais pas ouvrir les gangues. J'étais petite et n'avais pas encore la force suffisante, alors mon père les ouvrait pour moi. L'air d'automne était froid, la lumière tamisée, et les feuilles sèches craquaient sous nos pieds.

Je me réjouissais toujours d'aller dans le bois avec mon père. C'était peut-être aussi sa façon d'essayer de créer une connexion avec moi. Nous allions ensemble plusieurs fois avant l'arrivée de l'hiver. De retour à la maison, il incisait les châtaignes avant de les mettre au four. Leur odeur continue de réveiller en moi aujourd'hui ces souvenirs d'enfance et d'autres encore. L'un d'entre eux est celui de Paris à l'automne des années plus tard, lorsque nous marchions sur les boulevards à Paris avec Edmond, nous arrêtant au coin des rues pour acheter des cornets de marrons chauds qui fumaient dans l'air froid.

Les hivers en Europe dans les années 1960 étaient froids et enneigés, couvrant les routes de verglas, ce qui les rendait trop dangereuses pour conduire. Durant un week-end, Mimi m'emmitoufla dans un manteau épais, une écharpe en laine et un chapeau, et mon père m'emmena à pied avec lui à l'épicerie. Il s'arrêta au bout de quelques minutes et je fis de même. Alors que nous étions sous l'un des arbres régulièrement espacés sur le trottoir, il secoua les branches et toute la neige qui y reposait tomba sur moi. Nous ne pouvions pas nous arrêter de rire. C'est l'image de mon père qui me revient sans cesse quand je pense à lui depuis sa mort. C'est l'image de lui dont je veux toujours me souvenir.

*

Enfant, j'étais curieuse de tout et impatiente de grandir. Mimi m'avait appris à lire et à écrire avant que j'entre à l'école, aussi mon institutrice avait proposé que j'entre en cours élémentaire directement mais Mimi préférait que je reste avec les enfants de mon âge. J'avais aussi une relation étrange avec les mots, les lisant toujours d'abord de droite à gauche dans ma tête. Il en allait de même pour les enseignes verticales que je lisais toujours de bas en haut. D'aussi loin que je me souvienne, j'avais un besoin compulsif de mélanger immédiatement les lettres d'un mot pour trouver le plus grand nombre de mots nouveaux que je pouvais créer avec. J'étais également ambidextre, ce qui est endémique dans la famille, et j'aimais écrire symétriquement avec mes deux mains en même temps.

J'avais la même relation avec les nombres, essayant de trouver toutes les connexions logiques possibles entre eux. Je pouvais passer des heures à jouer en lisant les plaques d'immatriculation sur la route lorsque nous voyagions avec mes parents. Les nombres, bien plus encore que les mots, me fascinaient et me fascinent toujours. À neuf ans, j'ai redécouvert seule et sans le savoir la loi de Titius-Bode simplement en comparant la distance des orbites planétaires par rapport au Soleil après avoir vu un tableau de caractéristiques orbitales dans un livre d'astronomie. Je cherchais constamment des symétries, des connexions et des anagrammes, inventant des codes et des grilles, et me souvenant de choses auxquelles personne d'autre n'aurait prêté attention. Mon cerveau était naturellement apte à établir des relations invisibles.

Peu à l'aise en société, surtout en dehors de mon cercle familial, je préférais de beaucoup passer du temps seule dans ma chambre, absorbée dans mon univers intérieur fait de nombres, de codes et de mots magiques.

Avoir ce que j'ai appelé avec le temps un « cerveau miroir » n'était pas sans effets secondaires, drôles parfois mais aussi souvent exaspérants. Comme tous les enfants avec leurs parents, j'ai appris les petits gestes quotidiens en regardant Mimi. Je croisais donc les bras à l'inverse des siens, et il en allait de même pour nouer mes lacets, mais avec les résultats désastreux que l'on peut imaginer. J'ai fini par apprendre à faire un double nœud pour garder mes chaussures en place toute la journée. À ce jour, je ne peux toujours pas lacer mes chaussures correctement.

Ma fascination pour les nombres et leurs relations est plus grande encore aujourd'hui. J'ai étendu mon terrain d'expérimentation aux paysages planétaires. Les mathématiques sont des clefs fondamentales pour comprendre la nature fractale de la structure de l'univers et de la vie. Je continue de la décrypter dans l'Altiplano depuis vingt ans maintenant. Les tableaux de chiffres et les données scientifiques sont comme de la musique pour moi. Et puis, il y a l'autre musique : l'opéra emplissait souvent la maison – ma grand-mère maternelle était née en Italie, mais mes parents aimaient aussi toutes sortes de musiques, y compris la variété. Mes goûts musicaux vont donc de Mozart à Verdi, en passant par U2 et Snow Patrol. J'écoute de la musique tout le temps, et la musique, comme l'eau, est essentielle à mon équilibre.

*

Notre routine était simple. Mimi me réveillait le matin et me préparait pour l'école. Nous jouions ensemble ou nous regardions des livres, profitant de ce moment. Mimi avait très peu de temps pour elle et pensait qu'il était préférable de l'utiliser ainsi.

Je n'avais rien contre, bien au contraire. Je me souviens de nous deux traversant le boulevard au petit matin pour aller déjeuner à « La Cabane », un café-restaurant qui ressemblait à un chalet en bois sur la place de Circourt. À l'intérieur, les suspensions donnaient une lumière orange rougeâtre douce, chaude et intime tandis qu'il faisait encore nuit dehors. Tout y était géant. Je devais escalader les tabourets contre le comptoir. La propriétaire n'était pas réputée pour être très sympathique, mais elle nous aimait bien, et je le lui rendais bien. Elle me préparait un chocolat chaud délicieux dans une tasse beaucoup trop grande pour mes deux mains, et elle le couvrait d'une montagne de mousse dans laquelle je creusais des tunnels avec ma petite cuiller.

Après le petit déjeuner, nous partions à pied pour l'école, et passions devant la clinique où Mimi travaillait. Les portes coulissantes de l'entrée ouvraient sur une allée en pente qui rejoignait le niveau de la rue. Le bâtiment était blanc, à plusieurs étages, peut-être quatre ou cinq. J'eus l'occasion d'en découvrir l'intérieur, non seulement pour attendre Mimi, mais aussi pour des séjours plus longs. Au moins, si j'étais malade, elle était là et montait me voir dans ma chambre chaque fois qu'elle avait une pause dans son emploi du temps. Je fus souvent malade jusqu'à l'âge de neuf ans. Une double broncho-pneumonie m'envoya à l'hôpital pendant quelque temps quand j'avais environ trois ans. Mes parents m'emmenèrent une nuit à l'hôpital de Saint-Germain-en-Laye, qui était plus important. J'étais sur le siège arrière de la voiture, emmitouflée dans une couverture à carreaux rouges et noirs. Il faisait nuit dehors. Une fois arrivée, je fus transportée à travers un couloir sombre, regardant passer les néons régulièrement au-dessus de moi. L'atmosphère me paraissait froide et peu accueillante. Je suis restée dans une chambre de l'hôpital pendant de longues journées, attendant avec impatience la visite de mes parents. Je crois que je partageais la chambre avec un petit garçon qui avait une leucémie, et nous jouions avec ses soldats miniatures en plastique vert foncé. Je me suis souvent demandé si cet épisode m'avait aidée à développer une capacité pulmonaire supérieure à la moyenne, si utile pour la plongée en apnée, ou si c'est parce que j'avais déjà de très bons poumons que je m'en suis tirée.

J'allais à l'école Louis-Pasteur à La Celle-Saint-Cloud, et j'y suis restée jusqu'à ce que nous déménagions. Une fois dans la classe, je m'installais à ma table. Mimi mettait mon goûter dans mon petit sac bleu en tissu avec une cordelière blanche. Il était temps d'apprendre et j'attendais toujours l'heure de la classe avec impatience. Notre institutrice, une femme dans la cinquantaine avec des cheveux encore plus poivre que sel, portait des lunettes de lecture sur son nez. Une fois par semaine, elle nous emmenait dans le bois par un petit sentier. Là, elle nous apprenait à identifier les arbres, les plantes, les insectes et les animaux, puis c'était à notre tour de les nommer. Nous revenions toujours les bras chargés de feuilles, de champignons, et de tout ce que nous pouvions ramasser. De retour en classe, il fallait dessiner notre récolte, tandis qu'elle faisait de même au tableau noir avec des craies de couleur. Elle ajoutait des noms mystérieux aux différentes parties d'une feuille ou d'un fruit. Elle nous demandait aussi régulièrement d'apporter quelque chose de chez nous, un fruit ou une noix, et là aussi nous devions les ouvrir en deux pour exposer les graines, dessiner et apprendre à nommer les différentes parties. Nos cahiers étaient remplis de dictées et de tables de multiplication, de frises en couleur que nous dessinions pour séparer les jours. Nous utilisions encore des plumes, de l'encre et des buvards. Le petit pot d'encre en porcelaine blanche était inséré dans chacune de nos tables en bois. Nous étions toujours effrayés à l'idée de faire des taches sur nos cahiers, ou pire, sur nos vêtements. Un manque de discipline nous valait d'être mis au coin, face au mur, le dos tourné à la classe.

Le nombre peu élevé d'enfants dans les classes permettait aux instituteurs de se concentrer sur chacun d'entre nous. C'était aussi une autre époque. Les instituteurs se considéraient comme des parents de substitution pendant les heures de classe et se sentaient responsables de nous. Avant même que la classe ne commence, ils nous inspectaient pour s'assurer que nous avions nos tabliers sur nous, que nos vêtements et nos ongles étaient propres. Ils vérifiaient que nous ne montrions pas des signes de négligence ou de malnutrition. La punition pour oublier son tablier était un coup de règle plate sur les doigts.

Aujourd'hui, les parents crieraient au scandale, et pourtant nous n'en sommes pas morts et nous n'avons pas été traumatisés pour autant. Nous apprenions à respecter les règles. Il n'y avait pas de détecteurs de métaux aux portes des écoles. Personne n'aurait pensé à répondre à un instituteur, et nous les appelions « monsieur » ou « madame ». Nous nous levions quand ils entraient dans la salle de classe et nous ne nous asseyions que lorsqu'ils nous autorisaient à le faire. Ça n'était pas de l'abus. Ils nous apprenaient le respect, les règles de conduite en société et, ce faisant, donnaient un rythme à notre vie. Nous nous sentions en sécurité, ce qui fait tellement défaut aujourd'hui dans un monde où la supervision parentale est sur la liste des espèces en voie de disparition. Ils étaient nos héros et, à nos yeux, ils savaient tout et s'occupaient de nous.

Chaque jour, nous commencions la classe en lisant à voix haute une ligne du code moral ou une section courte du Code civil. Elles étaient écrites à la craie blanche sur le tableau noir, une différente chaque jour que nous discutions pendant un moment avec notre institutrice. L'histoire et la géographie étaient enseignées dans des livres superbement illustrés. Notre bonne conduite et de bons résultats scolaires étaient récompensés par des bons points. Lorsque nous en avions accumulé cinq, notre institutrice les échangeait contre une image représentant des scènes populaires aux couleurs vives. Elles étaient très convoitées parmi nous. Je voulais apprendre et j'étais bonne élève. J'en ai rapporté plus que ma part, et je les gardais précieusement dans une boîte métallique à la maison.

Je voulais tellement que mes parents soient fiers de moi. Inconsciemment, je m'imposais déjà une pression pour réussir. J'ai compris très tôt les sacrifices qu'ils faisaient pour me donner une éducation. Quelque part, je m'étais convaincue que je n'avais pas le droit à l'échec, pas le droit de les décevoir. Je m'étais aussi persuadée qu'ils restaient ensemble à cause de moi et je me sentais coupable. Leur vie aurait probablement été différente et plus heureuse s'ils s'étaient séparés. Mais j'étais là, et aucun ne voulait me laisser partir. Cette pression m'a conduite à des heures sombres durant mon adolescence. Mais, à Louis-Pasteur, j'étais heureuse, une très bonne élève passant beaucoup de temps à regarder les arbres et les oiseaux par la fenêtre pendant la classe, mais écoutant tout de même.

La résidence où nous vivions avait un terrain de jeux entouré d'arbres où je jouais sur le manège en bois, la cage à poules et les balançoires, enveloppée dans un petit poncho et un chapeau péruvien (déjà !) de la même couleur, un mélange de violet profond et clair, avec un peu de laine noire. Il y avait un autre terrain de jeux dans une autre partie de la résidence, mais celui-là était hors limite sur ordre de Mimi. Il avait un toboggan. J'étais petite. L'échelle pour grimper au sommet était haute pour moi, et Mimi venait d'apprendre qu'un petit garçon était mort d'une fracture du crâne après être tombé d'un toboggan semblable. Elle ne m'en avait pas parlé à l'époque mais j'avais interdiction d'y aller. Bien sûr, la meilleure façon d'attirer mon attention était de me dire que quelque chose m'était interdit. En cela, je n'ai guère changé.

C'était probablement pendant des vacances scolaires, puisque j'étais à la maison en même temps que mon père ce jour-là. Je suis allée au terrain de jeux interdit et j'ai grimpé à l'échelle. J'ai regardé en bas. J'étais suffisamment petite pour passer sous la barrière de sécurité, j'ai perdu l'équilibre et je suis tombée la tête la première. Le sable amortit ma chute mais n'empêcha pas mon front d'entrer en contact avec la bordure en ciment. J'ai senti la bosse grossir instantanément, à proportion de la montagne d'ennuis dans laquelle je venais de me fourrer. Malgré tout, la meilleure chose à faire était de rentrer à la maison et de faire face aux explications que mon père ne manquerait pas de me demander. Je ne pouvais pas me douter que j'allais trouver un allié inattendu dans cette débâcle. J'étais absolument mortifiée mais certainement pas prête à m'abaisser à pleurer. La bosse fut bien sûr la première chose que mon père vit, ce qui me valut d'avoir à m'expliquer. Je suppose qu'il se rendit compte qu'il aurait autant d'ennuis que moi si Mimi apprenait que j'étais allée sur le toboggan pendant qu'il était de garde, et il offrit de me trouver un alibi. Malheureusement, mes espoirs s'envolèrent à la minute même où Mimi rentra du travail. De toute évidence, mon père ne pouvait pas raconter d'histoires, et moi non plus, et on me montra la direction de ma chambre.

*

Les saisons passèrent. Le printemps me voyait cueillir des petits bouquets de fleurs pour Mimi dans la pelouse derrière l'appartement. Je rapportais des pissenlits, des boutons d'or, des pâquerettes, parfois des trèfles qu'elle mettait dans un petit verre transparent. Les nuits de pleine lune, elle me disait d'appeler les elfes et de leur demander de m'apporter des pierres de lune. Je n'y manquais pas avant de m'endormir et, comme par magie, le lendemain matin, je trouvais un pot de sucre candi blanc ou ambré posé à côté de mon lit sur le coffre à jouets. Ils étaient délicieux et me donnaient une autre bonne raison pour, un jour, aller chercher moi-même mes propres pierres de lune.

Je grandissais en exploratrice des bois et de toutes choses inconnues et mystérieuses. J'étais par-dessus tout intéressée par les livres illustrés, ce que je dois à Mimi qui passa d'innombrables heures à me lire des histoires et à m'apprendre à lire avec eux. J'aimais aussi ma petite ferme miniature avec ses chevaux, ses vaches, ses moutons et une famille de fermiers. Je jouais avec les garages de mon cousin, ses voitures et son train électrique. Mais ma préférence allait à mon Meccano, avec lequel je jouais sans cesse. J'avais un autre jeu de construction fait de rondins en bois miniatures que je pouvais assembler pour construire des maisons. Je préférais toujours les jeux qui me permettaient de manifester avec mes mains ce que j'avais d'abord imaginé.

Je n'avais pas tout à fait huit ans quand nous avons quitté le petit appartement de La Celle-Saint-Cloud, laissant derrière moi ma seule amie et la magie de ma petite enfance. Un autre cycle allait commencer dans une autre école et une autre ville. Mes parents passèrent les quatorze années suivantes à Marly-le-Roi dans un appartement plus spacieux de deux pièces qu'ils louaient à l'entreprise pour laquelle travaillait mon père. Il était situé au septième étage d'un immeuble neuf d'une très grande résidence. Depuis le balcon qui faisait toute la longueur de l'appartement, la vue sur les collines vallonnées à l'ouest et les couchers de soleil étaient merveilleux. Nous étions à peine à 10 kilomètres de La Celle-Saint-Cloud. Le clocher de l'église de Mareil-Marly, la ville la plus proche sur la colline, allait rythmer les heures de notre vie pendant les années à venir.

J'ai exploré notre nouveau domaine dans les premières années avec une adorable vieille dame, « mémé Ledour », qui était comme une troisième grand-mère pour moi. C'était une patiente à Mimi à la clinique locale où elle travaillait désormais. C'est là qu'elles avaient fait connaissance. Cette vieille dame aimait les enfants et avait proposé de s'occuper de moi le dimanche matin. Elle passait me prendre à l'appartement pour m'emmener au parc de Marly à une heure de marche de là où nous habitions. Nous nous promenions de longues heures et nous y sommes souvent allées ensemble jusqu'à ce que je sois en âge d'aller au lycée.

J'ai pleuré quand nous avons quitté Marly, bien que cette ville soit synonyme des moments les plus difficiles de mon adolescence.

À la fin de ce cycle, j'étais devenue une jeune adulte qui errait en essayant de trouver un chemin vers son rêve. Pourtant, l'errance de ces années allait m'offrir un grand nombre des clefs qui me permettraient plus tard de trouver le chemin vers ma destination au moment où je pensais l'avoir perdue pour toujours.

Mon père et moi en juillet 1964
dans les gorges du Cians.

Première photo à la maternelle de La Celle-Saint-Cloud.

3

Premières aventures

Allongée sur le dos, le regard tourné vers le ciel, mes yeux étaient fixés sur les millions d'étoiles qui scintillaient dans la nuit. Je les regardais depuis si longtemps qu'elles paraissaient maintenant tomber sur moi comme une pluie de diamants, ou bien peut-être étais-je devenue une particule dans un faisceau de lumière prise dans le flux et le reflux de la galaxie. Immobile, je m'émerveillais de percevoir ce mouvement invisible, comme une main puissante m'attirant vers le ciel. L'impression était si forte qu'elle m'affectait physiquement. Je pouvais presque ressentir l'énormité des forces en jeu dans les profondeurs de l'espace. Mais il y avait autre chose, quelque chose qu'il me faudrait encore plusieurs décennies avant de pouvoir enfin l'exprimer. Ce « quelque chose » était paisible, mais aussi mystérieux et familier, et j'aurais voulu pouvoir rester dans l'instant pour l'éternité.

C'est à ce moment précis que j'ai commencé à regarder et à penser à l'univers d'une manière différente, où pour la première fois je me suis posé la question du *pourquoi* de l'existence. J'étais déjà complètement fascinée par le *où*, le *quoi* et le *comment* de l'astronomie. Mais cette nuit-là, à cet instant-là, un nouveau questionnement émergea, un questionnement que je fis mien dans mes recherches des années plus tard, une quête qui allait devenir, lentement mais sûrement, un objectif essentiel dans ma vie. Il n'était plus seulement question de la mécanique de l'univers, de sa physique, de sa biochimie ou de sa géochimie. Il s'agissait aussi de son origine, de l'origine de la vie, et peut-être, de façon encore plus importante, de sa nature.

C'était une nuit d'août. Une odeur de foin flottait dans l'air tout autour de nous. Il devait être autour de 22 h 30. Avec mon cousin, nous étions dans le champ en face de chez nos grands-parents avec un groupe de gamins du voisinage, pour la plupart des garçons, peut-être une demi-douzaine en tout. J'étais la plus petite. J'avais six ou sept ans et je suivais mon cousin partout. Il fallait rentrer, mais c'était à contrecœur. Comme certaines nuits, j'aurais voulu rester dehors, mais il n'y avait rien à faire. Le restant du groupe discutait et riait assis sur les ballots de paille qui, empilés, formaient comme un abri. Je me tenais un peu à l'écart mais pas trop loin. Philippe ne l'aurait pas permis. Il m'avait sous sa responsabilité et prenait son rôle très au sérieux.

Il avait trois ans et demi de plus que moi, des cheveux courts, un peu roux, des taches de rousseur et des yeux bruns. Le fils de Gilbert, le frère de mon père, et de ma tante Monique, il est ce que j'ai eu de plus proche d'un frère. Nous avons toujours eu un lien spécial et, bien que je sois la plus petite, je menais notre petit tandem quand nous étions ensemble, et il n'y trouvait rien à redire. En ce temps-là, nous étions encore loin du moment où la vie nous séparerait. Il habitait Vitry-sur-Seine où ses parents et nos grands-parents vivaient dans la maison familiale à 25 kilomètres de chez nous. En été, quand mes parents rentraient d'Italie pour reprendre leur travail fin juillet, ils s'arrêtaient à Uchaud, près de Nîmes, où mes grands-parents paternels avaient une maison de vacances. Ils m'y laissaient avant de repartir pour Paris, et je passais le restant des vacances d'été avec mon cousin.

Philippe était le compagnon de mon enfance, l'une des rares personnes de mon âge avec qui je me sentais à l'aise. Nous fûmes deux acolytes inséparables dès le premier jour. Je lui ai épargné quelques ennuis avec notre grand-mère quand il était adolescent et, de son côté, il veillait sur moi. Il me faisait confiance plus qu'à quiconque. Jeune homme, il amena parfois ses premières conquêtes chez notre grand-mère en visite, et plus tard dans la soirée, quand nous étions seuls, il me demandait mon avis. Il était, et reste toujours, passionné de chevaux et de taureaux, et aussi d'histoires de cow-boys et de Far West. D'un certain côté, c'est presque ironique que ce soit moi qui vive aux États-Unis aujourd'hui.

Quand nous étions enfants, Uchaud était un petit village d'environ 3 000 habitants, situé à 13 kilomètres de Nîmes en Camargue, où des chevaux blancs et des taureaux noirs courent encore librement aujourd'hui dans le grand delta du Rhône. La région est couverte de vastes marais, de canaux, de roseaux et de prairies salées patrouillés par des canards, des oiseaux marins et terrestres de toutes sortes, et pour ceux qui aiment la pêche, comme notre grand-père, ils offrent des paysages grandioses en pleine nature. Il emmenait parfois Philippe, quittant la maison à l'aube.

Plus près de la Méditerranée, des flamants roses et d'autres oiseaux de rivages occupaient des lagunes peu profondes. À bien des égards, la Camargue ressemble à la région côtière du nord de la Californie où je vis désormais. C'est un écosystème magnifique à préserver, et c'est là que j'ai vu pour la première fois des flamants. Jamais je n'aurais pu imaginer que, lorsque je les reverrais, ce serait à 4 400 mètres d'altitude dans les lagunes de l'Altiplano bolivien et chilien qui abritent trois des quatre espèces de flamants roses au monde. Là-bas, ils portent bien leur nom de flamants des glaces.

Le delta est aussi ponctué de manades. Contrairement à Philippe, je n'avais pas beaucoup de goût pour le folklore local, mais je suivais mon cousin lors des fêtes d'été, dont une grande partie était consacrée aux jeux de vachettes dans les arènes et aux lâchers de taureaux dans les rues du village. Des cavaliers portant des tridents rassemblaient les taureaux et les escortaient ensuite sur quelques kilomètres depuis les marais jusqu'aux arènes. Philippe n'était jamais aussi fier que lorsqu'il pouvait être parmi les cavaliers avec son ami Thierry. C'était quelque chose d'important dans sa vie, et il avait toujours un sourire radieux sur son cheval blanc.

J'avais dix ans lorsque, durant l'un des lâchers nocturnes de taureaux, je fus surprise par leur arrivée dans la rue où je me trouvais. N'ayant pas le temps de rejoindre les barricades, j'avais trouvé refuge dans le renfoncement d'un porche seulement à moitié éclairé par un lampadaire. Là, je fis de mon mieux pour essayer de disparaître dans le noir, juste à temps pour voir les trois premiers taureaux passer en galopant devant moi. Ils m'ignorèrent et tournèrent le coin de la rue un peu plus haut. Il en restait encore trois à venir.

Le quatrième venait d'apparaître au bas de la rue. Isolé entre les deux groupes, il trottait tranquillement. Puis il ralentit au niveau du porche et s'arrêta. Il était au milieu de la rue, à peine à quelques mètres de moi. Il tourna la tête et me regarda droit dans les yeux. Je me souviens encore aujourd'hui de la lumière du lampadaire se reflétant dans ses yeux couleur d'obsidienne. Je ne pouvais rien faire et n'avais nulle part ailleurs où aller. Je pouvais seulement rester dans l'obscurité aussi immobile que possible. Il avait très probablement capté mon odeur, mais tant qu'il ne me voyait pas et que je ne bougeais pas, il y avait une toute petite chance pour qu'il ne charge pas.

Le taureau continua de regarder dans ma direction pendant ce qui me parut être une éternité. J'espérais qu'il ne savait pas que je le regardais aussi. Puis des cris se firent entendre plus haut dans la rue. Les gens sur les barricades avaient réalisé ce qui se passait. L'un des spectateurs était descendu et se tenait maintenant dans la rue, appelant le taureau pour détourner son attention. Le taureau le regarda, mais tourna sa tête à nouveau en direction du coin sombre où je me cachais. L'homme se rapprocha davantage tout en continuant de l'appeler et finalement le taureau se décida à le charger avant de disparaître au galop au coin de la rue, me laissant le temps de gagner la sûreté des barricades avant que le restant du groupe n'arrive. Après ce soir-là, des taureaux noirs ont peuplé mes cauchemars pendant plusieurs décennies. Ce fut aussi la première fois que ma vie avait dépendu de ma capacité à juger d'une situation. Ce ne serait pas la dernière.

*

Quand nous étions petits, nos vacances étaient ponctuées de sorties avec nos grands-parents. Plusieurs fois par semaine, nous allions à La Grande-Motte et au Grau-du-Roi qui étaient encore de vastes étendues de dunes de sable se déplaçant sur des plages sans fin. La côte était à moins d'une heure de voiture de la maison et nous y étions souvent. Contrairement à moi, Philippe n'aimait pas vraiment l'eau, mais j'étais toujours aux anges quand nous passions la journée à jouer dans les vagues. Dès que nous arrivions, notre grand-père se mettait à l'eau et faisait la planche, les bras en croix. Il dérivait ainsi toute la journée. Ma grand-mère aimait aussi la mer. La Méditerranée est une mer où les enfants peuvent jouer en sécurité, contrairement aux océans beaucoup plus puissants comme l'Atlantique ou le Pacifique, mais les courants peuvent aussi y être dangereux et nos grands-parents nous surveillaient du coin de l'œil. Philippe supportait d'être à la plage parce que nous jouions ensemble, essayant de rester à flot sur notre matelas gonflable alors que les vagues se brisaient sur nous et nous faisaient chavirer la plupart du temps.

Après une journée passée à jouer dans l'eau et dans le sable, nous prenions nos seaux en plastique et nous partions avec nos grands-parents à la recherche de tellines cachées à quelques centimètres à peine sous la surface du fond sableux de la mer. Il y en avait en abondance et les dîners de famille ces soirées-là servaient toujours en entrée nos prises de la journée.

Adolescent, et après le décès de notre grand-père en 1975, Philippe a commencé à rester au village avec ses amis pendant que j'allais à la plage avec notre grand-mère. Elle apprit à conduire à l'âge de soixante-cinq ans. Elle était indépendante et sans peur, une femme avec une forte personnalité, mais dont l'énergie pouvait être mal dirigée en raison d'un sentiment d'insécurité émotionnelle profond. Elle fut une source de tensions et de conflits au sein de notre famille. Elle avait été marquée par la perte de sa mère à l'âge de trois ans, et par le fait que son père avait dû la laisser à l'orphelinat lorsqu'il fut envoyé à la guerre de 1914. C'était sa seule ressource car il n'avait pas de famille pour la garder. Mon arrière-grand-père n'avait jamais connu ses parents et avait lui-même été élevé dans un orphelinat. Il était de petite taille, avec des yeux d'un bleu profond et perçants, et d'abondants cheveux blancs. Il était très myope et portait des lunettes à verres épais. Son nom de famille était « Paris », un nom choisi au hasard par l'orphelinat où il était alors de tradition de donner des noms de villes aux enfants abandonnés sur le pas de sa porte. Il n'avait connu que le travail en grandissant dans des familles d'accueil, mais cela ne l'a jamais arrêté. Il revint de la guerre, construisit lui-même une maison de trois étages à Vitry-sur-Seine, qui devint la maison familiale où nos grands-parents et les parents de Philippe vivaient. Il retourna à l'orphelinat pour reprendre notre grand-mère et se remaria. Sa nouvelle femme fut une excellente belle-mère pour ma grand-mère, qui ignorait qu'elle n'était pas sa mère biologique. Elle ne l'apprit qu'au moment de son adolescence. Ma grand-mère devint surveillante générale en service de médecine à l'hôpital de la Salpêtrière à Paris après avoir commencé sa carrière comme fille de salle lavant les sols et les chambres. Ce qu'elle ne savait pas, et qu'elle n'apprit que plus tard, c'est que sa vraie mère avait été infirmière dans le même hôpital et dans le même service.

*

Pendant les vacances, nous avions l'habitude d'aller dans les garrigues, où les pins maritimes, les chênes verts, le thym et le romarin emplissaient l'air de parfums subtils. Nous cherchions des pommes de pin dont nous mangions les pignons sur place. Nos mains, nos langues, et souvent nos figures aussi, étaient couvertes de la poudre noire qui recouvrait les cônes du pin. Une odeur de résine emplissait l'air dans la chaleur de la journée. Nous partions en pique-nique, escaladant des rochers, jouant à cache-cache, courant et inventant des jeux, imaginant des aventures où nous étions des pirates, des astronautes et des explorateurs de l'inconnu. Nous empruntions parfois une corde dans le garage de notre grand-père et prétendions être des alpinistes. Nous passions toute la journée dehors, dînions en plein air avec nos grands-parents avant de repartir un peu avant le coucher du soleil. Aujourd'hui encore, je garde en mémoire les prairies dorées, brûlées par le soleil d'été, les coquelicots rouges mélangés aux bleuets dans les champs, et le ciel bleu se fondant dans le crépuscule avant que la nuit étoilée n'enveloppe le paysage.

Nous avons ainsi exploré les Cévennes au fil des ans, découvert les ocres de Roussillon. Ces affleurements extraordinaires d'oxydes de fer et de minéraux argileux ont été sculptés par le temps, la pluie et le vent dans une débauche flamboyante de dépôts rouges, orange et jaunes de goethite et d'hématite, entrelacés de couches blanches de kaolinite. À la préhistoire, les humains vivant dans la région les utilisaient déjà pour peindre sur les parois des grottes. Notre petite troupe apprit rapidement que les ocres montrent aussi une résistance farouche au temps sur n'importe quel vêtement. Après tout, ce sont des pigments. Le sud et le sud-ouest de la France sont aussi parsemés de gorges imposantes, où les rivières creusent profondément la géologie pour créer des paysages spectaculaires. Au fil des ans, nos grands-parents nous ont emmenés visiter les gorges du Tarn, du Gardon, du Verdon, de l'Hérault et de l'Ardèche.

C'étaient mes premières aventures, remplies d'inconnu et d'émerveillement. Tout était mystérieux et étonnant. Bien que ces destinations aient toutes été différentes, elles avaient en commun quelque chose de précieux et, avec le temps, c'est ce qui m'est resté. Mon grand-père avait été chauffeur de bus toute sa vie et il adorait conduire. Aussi, parcourir de longues distances en une journée ne lui faisait pas peur. Nous faisions ces excursions en quittant Uchaud tôt le matin et en revenant tard le soir. Réveillés à 3 heures du matin, Philippe et moi regardions la nuit se transformer en aube et l'aube en aurore assis sur la loggia, alors que nos grands-parents finissaient de charger la voiture. Un soleil éblouissant se levait enfin plus haut sur l'horizon alors que nous étions déjà sur la route, encore à moitié endormis. Quand nous rentrions tard dans la nuit sous la voûte étincelante de la Voie lactée, le ciel était piqué de millions d'étoiles et je ne décollais pas mon nez de la fenêtre de la voiture jusqu'à ce que nous arrivions à la maison. Ces images sont les véritables pierres d'angle de mes souvenirs de jeunesse, ceux de mes premiers voyages, mes premières explorations.

De mes vacances d'été me revient aussi le souvenir de la puissance des orages épiques à Uchaud comme en Italie. Les orages ne me faisaient pas peur. En fait, je n'en avais pas assez peur. Je m'asseyais dehors sur la loggia à Uchaud, regardant le ciel devenir vert, puis jaune, et noir, écoutant le tonnerre et la foudre se rapprocher toujours plus près, jusqu'à ce que ma grand-mère m'attrape par le fond du pantalon et me ramène à l'intérieur. La foudre ne manquait jamais de frapper le transformateur juste à côté de la maison, et nous finissions la soirée à la bougie en attendant que le courant soit rétabli le lendemain. Les orages étaient tout aussi puissants en Italie. Pino, le frère de ma grand-mère maternelle, avait une maison nichée dans les Préalpes bresciennes. Le tonnerre roulait sans fin d'un bout à l'autre de la vallée, parfois pendant des heures, fort, puissant, menaçant, et j'aurais voulu qu'il continue sans fin.

*

Du côté de Mimi, le clan était plus large avec sa sœur cadette Francine et Jean-Marc leur plus jeune frère. J'étais l'aînée des petits-enfants, suivie par mes cousins Agnès, Gaël et Alexis. Nous n'avions que onze ans d'écart avec mon oncle qui venait en visite à La Celle Saint-Cloud parfois.

L'influence de mes grands-parents maternels fut différente de celle de mes grands-parents paternels, mais importante et profonde.

Nina, ma grand-mère, avait été placée très jeune pour servir dans une famille. Ses parents avaient fui la montée du fascisme en Italie où elle était née, une idéologie à laquelle mon arrière-grand-père s'opposait farouchement. Ils avaient rejoint les Vosges une nuit et avaient tout laissé derrière eux, repartant de zéro avec leurs dix enfants. Ma grand-mère tira le diable par la queue une grande partie de sa vie mais ne cessa jamais de s'instruire par elle-même et de se perfectionner. Elle avait une culture immense. Je lui ai souvent dit que, bien qu'ayant quitté l'école quand elle était petite, elle savait beaucoup plus de choses que moi qui avais un doctorat. Quand j'avais une question et que j'avais la chance de lui parler avant d'obtenir l'information par moi-même, elle avait toujours la réponse prête et c'était absolument sur n'importe quel sujet. Elle avait même développé un goût pour les Pink Floyd. Je l'aimais profondément.

Mon grand-père Quatre-Sols était mon héros. Après la défaite de l'armée française en 1940, il s'était engagé à dix-neuf ans dans la Résistance et, bien qu'il ne partageât que rarement ses histoires personnelles sur la guerre, il le fit avec moi. L'une de ces histoires se rapporte à la première paire de jumelles avec laquelle j'ai regardé le ciel.

Les jumelles venaient d'Allemagne où mon grand-père avait rejoint l'armée régulière vers la fin de la guerre, quand les Alliés étaient de retour sur le continent après le débarquement. Il était avec la Première Armée (Rhin et Danube) sous le commandement du général de Lattre de Tassigny. Les jumelles avaient appartenu à un lieutenant SS. L'unité de mon grand-père avait eu le dessus durant la bataille. Il m'expliqua comment ils essayaient, dans la mesure du possible, de faire des prisonniers avec les soldats de la Wehrmacht, car la plupart étaient comme eux, des pères de famille entraînés dans la guerre. Ils n'avaient pas le même genre de considération pour les unités de la Waffen SS. Le lieutenant était mort ce jour-là.

J'ai souvent regardé le ciel avec ces jumelles dans les nuits froides d'hiver quand je rendais visite à mes grands-parents. Je m'émerveillais des détails que je pouvais voir sur la Lune. Mon grand-père me donna les jumelles. Je savais ce qu'elles signifiaient pour lui et les souvenirs qui leur étaient attachés. La bataille contre l'unité de la Waffen SS n'avait été qu'un épisode d'une époque où des jeunes hommes ne pouvaient que compter les uns sur les autres pour survivre, et où beaucoup trop furent perdus, y compris de nombreux amis que mon grand-père s'était faits sur le champ de bataille. Ils étaient quelques milliers dans son régiment à traverser le Rhin quand ils entrèrent en Allemagne ; ils revinrent quelques centaines.

La dernière fois que j'ai vu mon grand-père fut en septembre 1977. Nous étions en Lombardie, dans le nord de l'Italie, pour les vacances d'été, à la maison de Pino, à Cellatica. Mon grand-père était adoré dans le village. Cette année-là, j'étais restée en Italie, et ma grand-mère était venue en visite quelques jours afin de me ramener en France pour la rentrée des classes. Mon grand-père et son beau-frère nous accompagnèrent à la gare. Pino resta en tête de station. Mon grand-père s'avança plus loin pour nous dire au revoir sur le quai. Il se tenait exactement sous une horloge ronde. Ma dernière vision est celle de mon grand-père me faisant signe de la main sous cette horloge alors que le train prenait de la vitesse. Quelque part entre Brescia et Milan, j'ai soudain ressenti le besoin de sortir du compartiment et d'aller dans le couloir. Ma grand-mère me suivit. Un magnifique coucher de soleil embrasait une rivière que le train traversait sur un petit pont métallique. Un pêcheur jetait un filet dans l'eau depuis une barque en bois, comme une ombre intemporelle contre le rouge et l'or du soleil couchant. J'ai regardé en arrière vers Brescia et, sans aucune raison apparente, je me suis mise à pleurer, comme si quelque chose en moi savait que j'avais quitté mon grand-père pour la dernière fois.

Nous étions très semblables. J'ai ressenti un grand vide dans mon cœur après sa disparition. C'était la première fois dans ma vie qu'un homme, bien qu'introverti, n'avait pas eu peur de me montrer qu'il m'aimait. À partir de ce jour-là, j'ai commencé à compter mes deuils. J'avais quatorze ans quand il est mort et sa mort n'aurait pas pu arriver à un plus mauvais moment.

Dix ans plus tard, dans la même gare, exactement sous la même horloge, j'ai aussi dit au revoir pour la dernière fois à Pino. C'est lui qui m'avait accompagnée lors de mes premières aventures dans les collines des Préalpes bresciennes autour de sa maison. Zia Lina, sa femme, nous préparait des paninis et un sac de pique-nique, et nous disparaissions pour la journée. Nous passions par des sentiers mystérieux couverts d'une végétation plus haute que moi, où il me disait de chercher des traces d'animaux et ainsi, petit à petit, nous gravissions la colline. Nous atteignions le sommet généralement vers midi et déjeunions près de l'église de la Stella. Nous rentrions à la maison en descendant par les mêmes sentiers en fin d'après-midi. Il fut aussi le premier à me raconter des histoires où des étoiles, des vaisseaux spatiaux et des Martiens étaient toujours présents.

Mes parents ne voulaient pas que j'aille aux enterrements. Ils voulaient que je garde une image vivante de ma famille. À partir de ce moment-là, ceux que j'aimais ont commencé à disparaître de ma vie sans que je puisse les revoir, ou que j'aie la possibilité de leur dire au revoir.

La dynamique de notre famille était compliquée et souvent volatile. Mais elle peut se résumer en disant qu'elle était faite de femmes dominantes, fortes et responsables, d'hommes reflétant des images de pères absents ou en retrait, dont je ne me sentais pas proche, soit par rébellion, soit parce que nous ne communiquions pas, ou bien parce qu'ils disparurent trop tôt de ma vie. Cela se transforma en une épée à double tranchant avec des effets secondaires négatifs qui m'ont poursuivie pendant longtemps, mais cela devint aussi une arme formidable lorsque le moment arriva où je dus faire ma place dans un monde dominé par les hommes.

Le 12 février 2020 au podium des Nations unies. J'étais invitée à parler lors de la Journée internationale des femmes et des jeunes filles en sciences.

4

Clef de voûte

J'ai été récemment invitée à parler devant l'Assemblée générale des Nations unies à New York pour la « Journée internationale des femmes et des jeunes filles en sciences ». Pendant que je préparais mon discours, j'ai demandé à un groupe de jeunes scientifiques, à des collègues hommes et femmes et à des amis s'ils voulaient bien partager leurs idées sur le sujet avec moi. J'essayais d'identifier des points de vue communs qui pourraient émerger afin de les mentionner dans mon discours, et profiter de l'évènement pour qu'ils soient entendus. Les réponses arrivèrent. Certaines étaient des statistiques impersonnelles sur la difficulté que les femmes rencontrent toujours non seulement pour accéder aux disciplines scientifiques, mais aussi, lorsqu'elles y parviennent, pour trouver un emploi à la hauteur de leurs qualifications. D'autres commentaires étaient plus émotionnels, soulignant comment les femmes en arrivaient souvent à devoir choisir entre maternité et carrière.

Alors que je rédigeais mon texte, les phrases devinrent de plus en plus personnelles. Il n'y a pas si longtemps encore, j'étais l'une de ces jeunes femmes essayant de se frayer un chemin. Je comprends leur désespoir pour l'avoir connu, pour l'avoir presque laissé m'emporter avant même d'avoir eu une chance de faire mes preuves. Aussi, le 12 février 2020 à New York, j'ai essayé de m'exprimer de la façon la plus sincère possible durant les cinq minutes que j'avais, sachant combien davantage se cachait derrière mes mots ce jour-là, et pourquoi certains furent prononcés avec plus de vigueur que d'autres :

Votre Altesse royale, Vos Excellences, Honorable Assemblée, Madame la Présidente, Collègues, Mesdames et Messieurs : Merci pour l'honneur de votre invitation à parler des difficultés, mais aussi des opportunités, pour les femmes et les jeunes filles en sciences. Je suis la directrice scientifique de l'Institut SETI, un institut de recherche qui compte un peu plus de cent chercheurs en astronomie, sciences de la Terre et sciences planétaires, et en exploration spatiale. Je suis aussi une planétologue et une astrobiologiste qui dirige des équipes d'hommes et de femmes à tous les stades de leur carrière. Ma trajectoire personnelle ne fut pas facile, mais je considère que j'ai eu de la chance. Je fais partie des heureux élus, vivant ma passion chaque jour de ma vie, plongeant dans les plus hauts lacs sur Terre pour la science, et développant une vision d'exploration pour la recherche de la vie dans l'univers.

Malheureusement, l'égalité des chances et l'égalité d'accès restent difficiles pour beaucoup trop de femmes aujourd'hui même s'il y a du progrès. Davantage de femmes sont sélectionnées dans le corps des astronautes et volent en missions ; elles marcheront bientôt sur la Lune. Ce sont des modèles fabuleux pour les jeunes filles. Mais malgré ces avancées, il reste encore tellement à faire ! Le rapport de 2019 de l'Institut américain de géophysique mentionne que moins de 20 % des femmes ayant un diplôme en géosciences trouvent du travail dans leur discipline. Depuis 2010, le pourcentage de femmes avec ce type de diplômes et qui travaillent effectivement en géosciences est passé de 17 % à 11 % en 2017 – et la liste est interminable. La situation est un peu meilleure en astronomie mais guère plus.

Pour envisager l'équité de façon plus globale, le statut parental des femmes en sciences doit également être inclus dans les conversations. Si la majeure partie des femmes dans les domaines scientifiques n'ont pas d'enfants, alors que ce n'était pas leur choix initialement, est-ce équitable ? Les femmes ne devraient pas avoir à choisir entre avoir des enfants et poursuivre des études ou une carrière. Bien que le soutien du conjoint fasse partie de l'équation, un système de soutien officiel et structuré de notre société est absolument nécessaire.

Un autre thème récurrent lié au peu de femmes en sciences est celui du harcèlement sexuel (en particulier, mais il y a d'autres formes de harcèlement). Malgré les cas très médiatisés de ces dernières années, beaucoup d'institutions manquent encore d'engagement, de ressources ou de savoir-faire pour s'attaquer de manière proactive et efficace à ce problème.

J'étais l'une de ces jeunes femmes, et j'ai dû faire face à toutes ces situations. Petite fille, ce à quoi j'aspirais n'existait pas. On me rappelait sans cesse que les femmes faisaient de bonnes mères ou des assistantes sociales, mais pas des astronautes ou des planétologues. De façon évidente, j'ai choisi d'ignorer leur conseil. Ma passion a été ma boussole, mais j'ai dû me bagarrer sur un chemin fait de larmes et de sacrifices. Il n'était pas nécessaire d'en arriver là.

Moi aussi, j'ai été confrontée au comportement inapproprié d'un homme qui pensait qu'être en position de domination était suffisant pour lui donner des droits à une époque où le terme de harcèlement sexuel n'existait pas. Sa conduite était tacitement acceptée, mais je savais qu'elle n'était pas normale, et je ne me suis pas laissé faire. J'ai réagi et il a renoncé. Après tout, il y a de nombreuses universités parmi lesquelles choisir, mais une seule carrière et une seule réputation. Aucun être humain ne devrait jamais être mis dans une position où la société autorise qu'il soit réduit au silence parce qu'il souhaite une éducation ou une carrière. Minimiser l'impact de ces problèmes passe par des changements culturels et sociaux et par des changements dans les préjugés et les non-dits qui affectent nos actions et nos décisions de manière inconsciente en tant que société.

Les femmes en sciences demandent des plans d'action pour tout le monde, et non pas seulement pour les femmes : des changements dans le milieu universitaire et dans l'industrie pour lutter contre le « harcèlement en série ». Elles veulent voir se développer une culture militante qui protège les personnes vulnérables à tous les niveaux de la science. Les solutions sont à la fois complexes et simples. Elles peuvent se résumer en quelques mots : cultiver, soutenir, responsabiliser et protéger à tous les stades de l'éducation et de la carrière, ce qui peut être mis en œuvre par une combinaison d'engagements sociétaux et d'actions concrètes.

En conclusion, je voudrais enfin offrir une mise en garde. Pour contrebalancer des décennies d'injustice, nous ne devons pas confondre équité avec quotas statistiques. Les déclarations selon lesquelles une représentation égale à 50/50 d'hommes et de femmes est nécessaire dans tous les domaines n'apportent rien. Je me sentirais insultée si j'apprenais que j'ai été engagée par une organisation pour respecter un quota de diversité.

Les quotas sont insultants pour les femmes et injustes pour les hommes, et il y a de meilleures solutions pour penser à l'avenir.

L'équité est le droit pour tout être humain de recevoir la meilleure éducation possible et d'avoir accès aux opportunités de carrière indépendamment de son sexe, de son orientation sexuelle ou de sa race. L'équité est le droit pour tout être humain de pouvoir entrer en compétition et être reconnu pour son talent, et de recevoir un salaire égal pour un travail égal. C'est le droit pour chacun d'entre nous de pouvoir réaliser notre rêve dans un environnement où nous nous sentons en sécurité, et, à travers la lumière que nous rayonnons et l'inspiration que nous apportons, être une source de progrès pour tous dans notre société. Merci.

Des femmes et des jeunes adolescentes de l'audience vinrent me voir pour me remercier à la fin de la session. Deux de ces adolescentes venaient tout juste de lire leur discours qui concluait la journée, parlant au nom d'innombrables autres adolescents dans le monde. Il est réconfortant de constater que, si jeunes, elles sont déjà si éloquentes, capables de s'organiser et de prendre leur avenir en main. Dans une certaine mesure, elles ont beaucoup plus de moyens à leur disposition que notre génération n'en avait à leur âge. Dans mon domaine, cela inclut les stages d'été de la NASA, la National Science Foundation (NSF) et des instituts privés, des bourses de voyage, des programmes de bénévolat, des associations, des groupes qui donnent accès à un grand nombre de conférences, de musées, d'observatoires, de centres de recherche et d'académies. Elles sont aussi reliées par Internet et les réseaux sociaux, pour le meilleur ou pour le pire. Et pourtant, elles ne sont pas si nombreuses en sciences, comme en physique et en mathématiques, en géosciences, mais aussi en ingénierie. Ces jeunes femmes ont du talent, et elles sont capables. Alors, où les perdons-nous ? Que pouvons-nous faire pour changer cette situation ? Lors du vol qui me ramenait à San Francisco le lendemain, j'ai continué de réfléchir à toutes ces questions et, soudain, je me revis arpentant les ruelles les plus sombres de mon propre chemin.

Quand je suis née dans les années 1960, la planétologie n'existait pas telle que nous la connaissons aujourd'hui. La plupart de nos connaissances sur le système solaire et l'univers provenaient encore de télescopes au sol. La géologie planétaire en était à ses balbutiements et l'exploration robotique du système solaire commençait à peine. J'ai connu le début d'une odyssée fantastique qui m'a emportée avec elle, et à laquelle je contribue désormais. Les premières missions lunaires, les premières images floues de Mariner révélant Mars au travers d'une tempête de poussière gigantesque, et les premières vues de l'outre-monde des missions Voyager, toutes ont été des catalyseurs pour moi. Ces explorations ont finalement donné corps à quelque chose à quoi je savais, si tôt au fond de moi, vouloir consacrer ma vie : comprendre comment l'univers, les galaxies, les planètes se forment, évoluent et disparaissent, et comment la vie émerge. Le simple fait de penser aux trous noirs, aux fontaines de lumière, aux trous de ver propulsait mon imagination au-delà d'un horizon où la physique telle que nous la connaissons n'a plus de signification.

Sans le savoir, je faisais déjà des expériences de pensée, voyageant à travers ces environnements exotiques et les expérimentant de façon intuitive. Cela devint le sujet de ma première nouvelle de fiction, qui ne fut jamais publiée. Je devais avoir quinze ou seize ans. Prenant vie sur ma machine à écrire, l'histoire invitait le lecteur à repenser la nature de l'espace et du temps de manière différente. Je n'avais pas alors le bagage intellectuel pour justifier quoi que ce soit de ce que j'écrivais, mais cela n'avait pas d'importance parce que c'était une nouvelle de fiction née d'un voyage intérieur. Des années plus tard, *Arthur ou la Flèche du temps* suivit. Ce fut mon premier roman publié, encore une fois un voyage intérieur dans l'espace et le temps. Avec le recul, il est clair que les germes de ce qui est devenu la direction de ma recherche professionnelle étaient déjà présents, y compris cette force irrépressible qui me pousse à toujours tout remettre en question, en particulier ce que nous considérons être la réalité, la nature de l'univers et celle de la vie. C'est cette même force qui me permet aujourd'hui en tant que scientifique de ne pas avoir peur de me laisser guider aussi bien par mon intuition que par l'approche empirique.

En ce temps-là, mon avenir n'existait que dans mon esprit, cependant j'étais sur le point de m'embarquer dans le combat de ma vie pour le manifester – au sens propre comme au sens figuré.

En y repensant dans l'avion, j'essayais de faire le point sur les obstacles auxquels j'avais dû faire face et aux genres de pressions auxquelles j'avais été confrontée adolescente et jeune femme. En fin de compte, certaines d'entre elles se sont imposées dans mon esprit comme mettant non seulement les filles et les jeunes femmes en danger, mais aussi toute personne qui ne trouve pas de soutien adéquat au bon moment. Elles peuvent probablement être regroupées en quelques catégories : le cercle familial dans lequel nous grandissons et nous vivons ; la pression personnelle que nous nous imposons et qui peut parfois créer une vision déformée de la réalité, une vision qui demande simplement à être recalibrée mais qui pour cela nécessite une aide extérieure ; la pression négative des pairs à n'importe quel âge, avec les comportements et les préjugés tolérés dans notre environnement social. Ces pressions ne sont pas mutuellement exclusives et peuvent s'accumuler, comme la plupart l'ont fait dans mon cas. Elles peuvent également s'insinuer dans nos vies à tout moment.

J'étais une excellente lycéenne jusqu'à la quatrième. Ensuite, le programme a changé et les mathématiques modernes ont remplacé les mathématiques traditionnelles. J'avais aussi des difficultés en physique. Il m'a fallu vingt ans pour me sentir à nouveau à l'aise dans ces domaines, car j'ai désormais une expérience pratique de leur application, et c'est ainsi que j'apprends. Mais, à l'époque, je me suis sentie perdue, et mon univers s'effondrait un peu plus chaque fois qu'un de mes professeurs me rendait une copie avec une note insuffisante. Bien que je fusse toujours excellente dans les autres domaines, je ne pouvais pas maintenir une moyenne suffisante en mathématiques et en physique, et les enseignants me déconseillèrent la poursuite d'une carrière scientifique. Lors d'une réunion avec un professeur, l'un d'eux mentionna à mes parents que je vivais dans un monde imaginaire et que je parlais de choses qui n'existaient pas, ce qu'il trouvait préoccupant. Des années plus tard, une autre enseignante, invitée à déjeuner et assise à la table de mes parents, dit à Mimi qu'elle ne devait pas s'inquiéter. Si je ne pouvais pas poursuivre une carrière scientifique, je pourrais toujours être une assistante sociale ou une bonne mère de famille. J'avais seize ans alors et c'était une femme qui parlait.

Aujourd'hui, je ne décolère toujours pas quand je pense que le sort de jeunes esprits peut être décidé si tôt en fonction de stéréotypes ou d'une sélection selon leur sexe ou leur origine, alors que si peu de temps (et souvent de volonté) est consacré à les écouter. Chaque enfant est unique. Beaucoup d'entre eux ne savent pas quels sont leurs centres d'intérêt avant l'âge adulte, tandis que d'autres développent toutes sortes d'intérêts pour finalement s'engager sur leur voie plus tard dans la vie. Et puis, il y a ceux qui savent ce qu'ils veulent dès le début. Beaucoup trop sont perdus en cours de route. Aucun de ces chemins n'est facile, et le système éducatif est tel qu'il n'a pas les moyens ou les ressources de se concentrer sur chaque enfant individuellement. J'avais juste besoin d'un peu plus de temps pour comprendre. Mon cerveau fonctionnait un peu différemment aussi. Je savais ce que je voulais être, mais je manquais encore d'expérience et de perspective. Rien de ce que j'imaginais alors n'existait encore. Cela ne voulait pas dire que ce ne serait pas le cas un jour. Chaque fois que j'y pense, le merveilleux dialogue de Tom Hanks vers la fin du film *Seul au monde* me revient en mémoire : « Et je sais ce qu'il me reste à faire maintenant. Je dois continuer à respirer, parce que demain le soleil se lèvera, et qui sait ce que la marée apportera ? »

Je n'avais aucun moyen de pouvoir imaginer mon avenir à cet âge-là. Mon erreur fut de ne pas croire qu'il pouvait exister malgré les apparences. Un sentiment profond d'échec commença à m'envahir, pesant chaque jour un peu plus. L'autre erreur a été de me bagarrer seule contre ce sentiment et de ne pas en parler, même pas à Mimi. C'est là que la pression du cercle familial est entrée en jeu. Je savais combien mes parents se sacrifiaient pour me donner une éducation. Je m'interdisais le droit à l'échec parce que, dans mon esprit, c'était les trahir et trahir la confiance qu'ils avaient placée en moi. Je ne voulais pas engager le dialogue avec eux, aussi, parce que je ne voulais pas ajouter une source de disputes à leur relation déjà difficile. À partir de là commença l'une des périodes les plus sombres de ma vie. Mes camarades de classe ne me rendaient pas la vie facile non plus. Je préférais étudier plutôt que fumer des cigarettes ou faire la fête. Je ne parlais pas beaucoup. J'étais une cible facile pour les mauvaises plaisanteries, et bien que plus bêtes que méchantes, elles représentaient quand même une forme de harcèlement. Avec le temps, cela créa une souffrance intérieure que je ne comprenais pas et que j'avais besoin d'exprimer. Pendant deux ou trois ans, j'ai entamé un cycle qui est maintenant bien connu des psychologues pour adolescents. Puisque je ne comprenais pas la peine que je ressentais, j'ai commencé à me faire du mal physiquement. C'était un exutoire. Mes parents ne se doutaient de rien et, dans ma tête, c'était aussi bien comme ça. J'avais peur de les décevoir, alors je n'en parlais pas, ce qui m'isolait encore davantage et j'avais le sentiment que mon univers s'effondrait tous les jours un peu plus.

Et puis un jour j'ai fait une fugue. Je ne suis pas allée très loin. J'ai juste marché sans but dans le quartier toute la journée. J'ai fini par me cacher dans le garage souterrain de notre résidence, prête à y passer la nuit, me sentant complètement perdue. C'est mon père qui m'a trouvée, par accident. Je le revois encore descendant la rampe du garage de l'immeuble. Il m'aperçut avant que j'aie eu le temps de me cacher. Il m'avait cherchée tout l'après-midi après avoir réalisé que je n'étais pas à la maison et il avait appelé la police. Il m'a simplement dit : « Allez, on rentre à la maison », tout en mettant sa main sur mon épaule. Il n'en reparla jamais et ne me posa pas de question sur les raisons, ni ce jour-là, ni aucun des jours suivants. Ce n'était pas seulement à propos de notes insuffisantes, et peut-être qu'il aurait été bon d'en parler. Ce soir-là, il était simplement heureux et rassuré de m'avoir retrouvée.

Quelques mois plus tard, alors que j'étais toujours un peu plus bousculée par mes camarades de classe, un professeur de physique me rendit un test, une fois encore avec une mauvaise note, et, sans faire preuve une seconde de psychologie, me dit que je ne faisais pas suffisamment d'efforts, quand vraiment je ne savais pas comment j'aurais pu en produire davantage. J'en ai eu assez. Ce jour-là, ces mots m'ont touchée plus que d'habitude, et je suis rentrée à la maison avec un sentiment profond d'échec. À bien des égards, c'était simplement une mauvaise journée. C'était le début de l'après-midi. J'étais seule dans l'appartement et j'ai décidé de me confronter à ma propre mortalité. Je suis ici aujourd'hui et je ne sais toujours pas ce qui m'a sauvée, si ce n'est que ce que j'ai avalé ce jour-là était probablement périmé. Je n'ai pas hésité. Avec le recul, j'ai fini par me convaincre que j'ai un ange gardien exceptionnellement talentueux qui veille sur moi, ce qui m'a été prouvé plus d'une fois au fil du temps.

Dire que j'ai eu beaucoup de chance est un euphémisme. J'avais quatorze ans. J'ai compris alors que je ne pouvais pas laisser mon rêve succomber à des forces extérieures qui n'avaient rien à faire de moi. Je ne pouvais pas simplement rester un individu lambda dans une statistique anonyme et laisser des circonstances externes dicter mon avenir. Je ne savais pas combien de temps il me faudrait pour atteindre mon objectif, mais à ce moment-là, seule dans cet appartement, je reçus une leçon pour la vie : tout devient possible si on donne une chance au lendemain. Je venais de comprendre combien ma passion valait la peine d'être vécue. Et cela a complètement bouleversé ma perspective.

Le soir même, j'ai dîné avec mes parents, comme d'habitude. Nous avons regardé la télévision. Ce fut une soirée comme tant d'autres. Ils n'ont jamais su ce qui s'était passé.

*

Comme je ne parlais pas vraiment, j'ai dû me frayer un chemin à travers ces eaux troubles toute seule. Cela commença par la décision que je pris de me concentrer sur ce que je pouvais contrôler et d'ignorer le reste. Ma tâche était de faire au mieux de mes possibilités et de calibrer ma vie sur mes propres valeurs et mes propres objectifs, et non pas sur ce que les autres attendaient de moi. Puisque le chemin que je cherchais n'existait pas, j'allais le créer moi-même. Peu m'importait combien de temps cela me prendrait, et où cela me mènerait, mais ce chemin serait mien. Il était évident que je ne me fondais pas dans le moule mais ce n'était pas forcément un signe d'échec. C'était tout simplement la découverte de qui j'étais.

Je venais de découvrir ma clef de voûte. À partir de cet instant, ma différence est devenue la boussole de mon navire et le vent dans ma voile. Mais je ne saurais trop insister sur le fait qu'*il n'était pas nécessaire d'en arriver là*. Alors que je prononçais ces mots à la tribune des Nations unies, la salle de l'Assemblée générale et le public disparurent à nouveau, et mon esprit vagabonda pendant un bref instant dans le salon de l'appartement où j'étais seule cet après-midi-là. La révolte que je ressentis ce jour-là est toujours présente aujourd'hui quand je pense aux jeunes gens et aux jeunes adultes qui sont poussés au désespoir en raison d'une société homogénéisée. La responsabilité nous incombe à tous.

Dans mon adresse aux Nations unies, j'ai également mentionné les préjugés sociaux et les comportements tolérés, en particulier ceux auxquels les femmes en sciences doivent faire face (et malheureusement pas seulement en sciences). Il y a encore beaucoup à faire pour atteindre l'équité et l'égalité des chances, mais au moins j'ai pu constater par moi-même que des mesures sont prises pour essayer d'améliorer le *statu quo*. Dans mon cas, je dois remercier mes parents de ne m'avoir jamais laissée penser qu'être une fille devait m'empêcher de faire ce que je voulais. Aussi, ce n'est pas ce genre de préjugés qui a pesé sur mon cheminement, du moins pas avant que ces préjugés ne remontent à la surface, à travers des commentaires stupides de certains de mes professeurs lorsque mes notes n'étaient pas suffisantes en sciences, qui laissaient entendre que les femmes n'étaient pas censées briller dans les domaines scientifiques. Non, ce qui m'a atteinte si souvent était avant tout le sentiment de ne pas me fondre dans le moule et le sentiment d'échec. Ce sont eux qui ont pesé sur mon adolescence, et non le fait d'être une fille.

Par contre, le harcèlement sexuel est une tout autre affaire et je n'y ai pas échappé. J'étais dans ma vingtaine mais pas disposée à me laisser faire ou à devenir une victime, et j'étais prête le jour où j'y ai été confrontée. Je n'étais pas tout à fait sûre au début, et j'ai essayé d'accorder le bénéfice du doute à des mains quelquefois un peu baladeuses. Mais il n'y eut plus aucun doute lors d'un voyage pendant lequel je me suis trouvée pratiquement coincée contre une armoire. En fait, l'incident s'est transformé en une scène presque comique grâce à un peu de présence d'esprit de ma part. J'avais rangé un gros cristal de quartz dans l'armoire de ma chambre d'hôtel. Je venais de l'acheter dans un magasin quelques heures plus tôt et je voulais le nettoyer avant de le rapporter. Alors que je tendais la main pour le prendre, j'ai senti une présence derrière mon dos, un peu trop proche. Je n'ai montré aucune émotion, et j'ai attrapé le cristal qui devait peser près de cinq kilos. Je me suis retournée et je l'ai jeté dans sa direction, tout en disant d'un ton égal : « Puisque vous êtes ici, est-ce que vous pouvez m'aider ? » Il n'a pas eu d'autre choix que d'attraper le bloc de quartz qui volait vers sa figure. Cela m'a donné le temps de sortir du coin où je me trouvais. Je lui ai ensuite demandé de mettre le cristal sur la table pour que je puisse le nettoyer, ce qu'il fit. Il ne se passa rien de plus ce jour-là, mais, sur le chemin de retour à Paris, dans le train, j'étais assise à côté de lui. Cette fois, sans aucune hésitation, sa main atterrit sur ma cuisse. Après l'avoir attrapée fermement, je l'ai repoussée avec force sur ses genoux sans le quitter des yeux. Ce fut la dernière fois qu'il essaya avec moi. En fait, à partir de ce jour-là, il n'a plus jamais eu de comportement déplacé et, au contraire, me défendit quand j'eus besoin de son soutien.

Toutes les histoires sont différentes, profondément personnelles et souvent douloureuses. Mais il faut répéter, encore et toujours, que le harcèlement sexuel est réel et qu'il n'existe pas de « harcèlement occasionnel », qu'il soit verbal ou physique. Quiconque, quel que soit son sexe, peut y être exposé. Des réponses sociales structurées sont nécessaires pour reconnaître officiellement son existence et stopper ceux qui essaient encore de le faire passer pour un comportement tolérable. Ces réponses sont nécessaires pour fournir un refuge à ceux qui en sont victimes, pour qu'ils puissent trouver conseil et soutien juridique. Elles sont nécessaires pour décourager les prédateurs et leur donner matière à réfléchir, et, s'ils persévèrent, pour s'assurer que la structure juridique est en place afin de permettre aux victimes de trouver justice.

C'est ce que notre société peut et doit faire. Mais chaque individu a son rôle à jouer, en premier lieu en refusant de devenir une victime. Comme je l'ai mentionné en quelques mots dans mon discours, les prédateurs ont beaucoup plus à perdre que leurs victimes. Quand je repense à ma propre histoire, je n'avais vraiment rien à perdre à ce stade de ma vie. J'aurais pu le dénoncer si son comportement avait continué, ce qui ne fut pas le cas. D'un autre côté, il avait une carrière et une réputation. Il avait tout à perdre alors que je n'avais rien. La peur de la victime dans ces situations est souvent celle de perdre un emploi, ou le soutien d'un supérieur hiérarchique, ou tout autre équivalent. Mais, en réalité, qu'y a-t-il vraiment à perdre ? Une situation cauchemardesque qui met un individu sous le contrôle d'un autre ? La réponse est claire. Résister, repousser et dénoncer, et si nécessaire partir, mais pas sans avoir documenté ce qui s'est passé.

*

Durant mes années de lycée, des études supérieures et un doctorat n'étaient même pas un rêve pour moi. J'ai continué à avoir des hauts et des bas mais je travaillais assidûment et je faisais du mieux possible. Mes parents avaient payé un de mes professeurs de maths pour me donner des cours de soutien. J'étais aussi plus jeune que la moyenne de ma classe. Je m'investissais beaucoup dans les activités sportives, comme le handball, l'athlétisme, et bien sûr la natation. Avec le sport, je pouvais exercer ma nature compétitive et gagner. Cela compensait une partie de ma frustration envers les sciences et le restant de la faune adolescente.

J'avais aussi commencé à étudier le solfège et la musique au conservatoire local de Marly-le-Roi. Malheureusement, contrairement au solfège, la pratique musicale resta pour beaucoup bloquée entre mon cerveau et mes mains. Finalement, j'ai arrêté à quinze ans, mais, comme je n'aime pas laisser les choses en suspens, j'espère toujours pouvoir apprendre le violon ou le piano. Je rêve parfois d'emporter un violon au sommet d'un de ces hauts volcans que j'explore dans les Andes et de jouer là dans ces paysages grandioses. En attendant, j'écoute de la musique tout le temps. La musique fait partie de ma vie et est complètement nécessaire à mon équilibre. Elle aide à ma créativité. Je peux m'y perdre et travailler pendant des heures sans m'en rendre compte. Aujourd'hui, j'ai transmuté cette passion pour la musique en un outil puissant qui m'aide à créer et à écrire des projets scientifiques. Elle me permet de visualiser mes pensées et mes mains s'envolent alors sur le clavier de mon ordinateur. Je peux écrire pendant des heures, puis redécouvrir le rythme des mots et des phrases lorsque je relis les textes. D'une manière différente, la vie a fait de moi un compositeur et un chef d'orchestre d'un autre type de musique, car la science est musique à part entière.

J'ai dû abandonner les activités sportives parascolaires, du moins la compétition, dans les deux ans précédant le baccalauréat. Ce fut un choix difficile car j'avais trouvé une activité où je m'épanouissais et où je pouvais réussir. Les examens approchaient et je devais me concentrer sur leur préparation, ce que je fis… en regardant la Coupe du monde de football à la télévision. Mimi ne s'en souciait plus. Elle savait depuis longtemps comment je fonctionnais. Nos devoirs étaient souvent donnés trois semaines à l'avance mais je ne pouvais m'y atteler que quelques jours avant la date de remise. Je n'étais pas paresseuse, mais rien ne venait avant. Je suppose que mon cerveau fonctionne ainsi. Il continue de travailler en arrière-plan pendant quelque temps et, quand il est prêt, je peux enfin commencer à écrire. C'est pareil aujourd'hui. Je passe parfois des semaines sans pouvoir produire quoi que ce soit, mais lorsque les vannes s'ouvrent, j'écris un article ou un projet de recherche d'un seul jet, commençant par l'introduction et ne m'arrêtant qu'au point final.

Puis, le mois de mai arriva, et je pris la direction de Versailles pour les examens. Mimi me déposa devant le bâtiment. Deux semaines plus tard, les résultats étaient là : j'avais mon baccalauréat. C'était un diplôme en section littéraire, pas celui que j'aurais voulu, mais au moins j'avais celui-là en poche. Mes parents étaient heureux. Je l'étais aussi mais seulement dans une certaine mesure car je voulais un diplôme en sciences, et devenir astronome. Puis, peu après les résultats de l'examen, la destinée se présenta sous la forme de deux femmes : l'une était Mimi, et l'autre le proviseur de mon lycée, Mme Guerrier.

Mimi savait ce que je voulais, et après que j'eus obtenu mon diplôme, elle rencontra notre proviseur. Durant ce rendez-vous, elle lui demanda si elle m'autoriserait à me réinscrire en dernière année de lycée pour me permettre de passer de nouveau un baccalauréat, mais cette fois en section scientifique. Dans les années qui suivirent la demande de Mimi, la « double mention » est devenue plus courante dans l'éducation secondaire, mais ce n'était pas encore le cas à l'époque. C'était une première dans notre lycée. Elle me raconta que le proviseur avait étudié mon dossier et décida que ça valait la peine d'essayer. C'est ainsi qu'en septembre de la même année je me suis retrouvée une nouvelle fois dans la cour du lycée pour la rentrée. J'avais enfin ma chance dans une section scientifique et, à la fin de l'année scolaire, j'étais de retour à Versailles pour les examens.

Quand je repense à ces années, je m'émerveille toujours de la façon dont j'ai décroché mon bac littéraire grâce aux maths et raté mon bac de sciences en grande part à cause de la philosophie, un symbole qui allait marquer les années qui suivirent, quand j'ai si souvent eu le sentiment de ne pas me trouver au bon endroit. C'est là où je me trompais. J'essayais de remonter un courant qui m'emmenait non pas où je *voulais* aller, mais exactement là où je *devais* aller. J'avais presque perdu pied en essayant de le combattre et il me faudrait encore de nombreuses années avant que tout prenne enfin un sens. Mais, à la fin de ma deuxième terminale, quelque chose avait fondamentalement changé en moi. Bien que déçue, j'avais eu ma chance et j'avais essayé de faire du mieux possible. Ça n'avait pas tourné comme je le désirais, alors peut-être fallait-il y voir un signe. Mes parents étaient fiers. Suivant le principe que Mimi m'avait inculqué, il fallait maintenant que je passe à autre chose et que je transforme cette expérience en quelque chose de positif sur quoi je pouvais bâtir. Elle avait raison, bien sûr. J'avais également mûri au cours de cette année. J'avais maintenant dix-sept ans et j'étais prête à faire face à ce que la vie me présenterait, et la vie allait devenir très créative, en commençant par cet été-là. Quand je commençais à davantage apprécier la vie, je faillis la perdre. La leçon allait être de nouveau de ne pas lutter contre le courant, mais cette fois d'une façon très réelle et physique.

Après les résultats des examens, nous sommes partis en vacances avec mes parents au Cap-d'Agde sur la côte méditerranéenne. C'était une destination de rêve. Mes premières aventures d'apprentie apnéiste avaient eu lieu dans le lac de Garde en Italie quand, à peine âgée de quelques années, j'avais décidé de retirer les flotteurs que je portais sur mes bras et avais disparu sous l'eau, à la consternation de mes parents. Bien plus tard, Le Cap-d'Agde allait me donner de vastes paysages sous-marins de canyons et de vallées où je pouvais disparaître des jours entiers, nageant librement au milieu de bancs de milliers de poissons aux ventres argentés qui reflétaient la lumière comme des boucliers antiques. Je jouais à cache-cache avec les poulpes, et je rapportais des moules pour tout le monde.

Ce matin-là n'était pas différent des autres, sauf peut-être un ciel un peu plus couvert que d'habitude. Au lieu d'aller plonger, j'étais allée me promener avec Mimi le long de la falaise, tandis que mon père était resté au bungalow pour lire le journal. Nous avions pris un raccourci pour atteindre la marina et, après avoir traversé les ruelles du port, nous avions emprunté le sentier de la falaise pour revenir au bungalow. De là, nous pouvions voir les vagues hautes d'une mer gonflée et grise, toujours agitée par la tempête des jours précédents. Deux hommes avaient décidé d'entrer malgré tout dans l'eau avec leur matelas gonflable, ce qui ne semblait pas très prudent compte tenu des eaux toujours rebelles. Après les avoir regardés un moment, nous avions repris notre promenade.

Le sentier descendait vers une plage rocheuse et caillouteuse que nous ne connaissions pas, et nous avions décidé d'y passer un moment. Pendant que Mimi s'occupait de son bronzage, j'étais allée sans raison particulière inspecter l'eau près du rivage. Elle était peu profonde. Après être restées environ une heure à la plage, nous étions retournées au bungalow où mon père, le chat, le chien et le perroquet passaient une bonne journée. Dans l'après-midi, le temps s'étant amélioré, nous avions décidé de montrer la nouvelle plage à mon père. Il était parti l'inspecter pendant que nous nous installions. Alors qu'il revenait vers nous, il me dit que quelqu'un semblait avoir un problème dans l'eau.

À ce jour, je ne peux toujours pas expliquer rationnellement ce qui s'est passé ensuite. J'étais dans l'eau avant même qu'il ait fini sa phrase et je nageais vers quelqu'un que je ne connaissais pas. Plus étrange encore, un autre homme était en train de sortir de l'eau. D'où il venait, il n'avait qu'à tendre son bras pour atteindre l'homme en difficulté, auprès duquel je me suis rapidement retrouvée et que j'ai attrapé. Il me dit quelque chose dans une langue étrangère que je ne comprenais pas. Ce devait être ses dernières paroles, mais je ne le savais pas non plus. J'ai compris très vite que les vagues étaient trop grosses et le courant trop fort pour moi seule, sans parler d'essayer de ramener quelqu'un. J'ai fait en sorte de garder sa tête hors de l'eau, mais je n'avançais pas. Sur la plage, les gens venaient de réaliser ce qui se passait et commençaient à se rassembler, y compris des hommes avec les mains dans leurs poches. J'ai appris par la suite que certains d'entre eux pariaient que l'homme était mort et que je ne m'en sortirais pas. Mimi, qui était à portée de voix, sauta dans l'eau. Par chance, car elle ne sait pas nager et mon père était loin d'être un bon nageur, elle se retrouva coincée entre deux rochers. Finalement, c'est le plus mince de tous, un jeune Hollandais, qui sauta dans l'eau et me rejoignit. Il saisit l'homme qui ne réagissait plus et, bien que plus fort que moi, il eut beaucoup de difficulté à regagner le rivage, mais il y arriva finalement.

J'étais toujours dans l'eau. J'essayais de nager vers le rivage mais le courant était trop fort. Fatiguée de le combattre encore et encore, l'idée de lâcher prise m'effleura un instant, mais presque immédiatement quelque chose se révolta en moi. Puisque personne ne venait m'aider, j'ai tourné cet appel à l'aide en moi et ce fut comme si une main invisible venait de me forcer à tourner la tête. J'ai regardé la côte où j'ai reconnu les rochers que j'avais repérés le matin même. Je savais que l'eau y était peu profonde. J'avais juste besoin de trouver un moyen de les atteindre. Lutter contre le courant ne m'avait pas réussi jusque-là. J'ai donc arrêté pendant un instant, et je me suis souvenue des conseils d'un ami lorsque j'avais commencé la plongée au Cap-d'Agde. « Ne combats jamais le courant. Accompagne-le. Il t'emmènera peut-être au large mais il te ramènera toujours vers la côte. »

J'avais froid, j'étais fatiguée, et je savais que cette fois il faudrait que je donne tout ce qu'il me restait d'énergie. Je ne pourrais pas combattre les vagues, le courant et le froid qui m'envahissait beaucoup plus longtemps. J'ai accepté de faire confiance à mon instinct, aux conseils de mon ami, mais aussi à l'expérience que j'avais accumulée par moi-même au cours des années précédentes. Quand la mer est houleuse en surface, elle est beaucoup plus calme en profondeur. J'ai rempli mes poumons autant que je le pouvais encore et j'ai plongé sous la surface. Depuis la plage, mes parents ont cru que je me noyais. J'ai nagé sous l'eau avec toute l'énergie qu'il me restait en direction du rivage. Quand, à bout de souffle, j'ai finalement refait surface, j'étais sur la crête d'une vague qui déferla et me déposa sur la plage, exactement à l'endroit que j'avais repéré le matin même.

Je ne comprenais pas pourquoi mon père m'inspectait des pieds à la tête frénétiquement, et puis je vis une flaque de sang qui grandissait régulièrement sur le gravier près de moi. Ce n'était pas le mien mais celui de mon père. Il s'était coupé la cheville en aidant à sortir l'homme de l'eau quelques instants plus tôt. Mimi était aussi de retour sur la plage. L'impact émotionnel referait surface des années plus tard mais, pour le moment, elle essayait de se débarrasser d'un peu plus de deux cents épines d'oursin plantées dans ses pieds. C'est ce qui l'avait littéralement clouée entre les deux rochers après qu'elle avait sauté dans l'eau. Les premiers secours arrivèrent après que tout fut terminé, mais les pompiers insistèrent pour que nous rendions visite à un médecin local. Mon père eut des agrafes à sa cheville et Mimi une piqûre pour anesthésier son pied le temps que le docteur retire les épines d'oursin.

Quant à moi, je n'avais pas vraiment de problèmes, seulement mon plexus qui resta noué pendant un peu plus d'un mois. Je m'en aperçus le lendemain alors que j'essayais de courir, ce qui me fut impossible pendant toute cette période. Le stress s'était accumulé là. Je repartis plonger le lendemain sans aucune peur. L'eau était toujours mon alliée. Malgré tout, pendant plusieurs années après cet incident, j'ai développé une angoisse associée à une nuance dans la couleur de l'eau qui me rappelait ce jour où j'ai failli me noyer. Je ne pouvais rien y faire. Je pouvais regarder la mer et les vagues pendant des heures, mais il suffisait d'une seule nuance de vert pour me faire reculer. Cette angoisse disparut complètement avec le temps.

À bien des égards, un mois avant mon dix-huitième anniversaire, cette autre rencontre avec la mort a ancré en moi des leçons essentielles qui clôturaient ce chapitre de ma vie et me préparaient pour le suivant.

Une autre leçon de ce jour-là fut que j'aurais pu mourir en essayant de rejoindre le rivage en luttant contre le courant parce que je croyais que c'était le seul moyen d'atteindre ma destination. Mais j'ai choisi finalement d'entrer dans l'inconnu, plongeant sous la surface et me laissant porter par une main invisible, un courant que je ne pouvais pas voir. Ce fut un acte de foi, basé sur un peu d'expérience et beaucoup d'abandon, qui me ramena au rivage.

Ces leçons allaient guider le chapitre suivant de ma vie, un chapitre à la fin duquel, treize ans plus tard, j'avais changé de continent et, littéralement, atteint le rivage, très loin de tout et de tous ceux que j'avais connus. Cet homme qui est mort dans mes bras alors que je n'avais pas encore dix-huit ans ancra aussi en moi le désir de faire en sorte que cela ne se reproduise plus jamais. En réponse à cette tragédie, quelques années plus tard, je me suis engagée dans une équipe de secouristes volontaires pendant quelques années à NASA Ames. Malgré tout, la vie choisit.

Edmond et moi à NASA Ames, un portrait fait pour un magazine américain au début de la mission des rovers sur Mars.

5

La main invisible

Je devenais une jeune adulte, et j'avais un plan, en quelque sorte. J'avais encore de manière évidente des problèmes à résoudre car, à cette époque, j'ai commencé à avoir une relation houleuse avec la nourriture. Une pulsion destructrice continuait de me hanter, et j'étais à la limite de l'anorexie. Mais il y avait déjà plus de lumière que d'obscurité en moi, et la lumière gagnait du terrain chaque jour. Avec mon bac en poche, j'aurais pu m'inscrire à l'université. Mais je choisis une option plus difficile qui, je l'espérais, serait plus gratifiante. Ma candidature fut acceptée à l'une des écoles préparatoires aux grandes écoles. Avec mon bac littéraire, je fus admise en hypokhâgne au lycée Debussy de Saint-Germain-en-Laye, où mes parents venaient d'acheter leur première maison. Mon objectif n'était pas de devenir professeure à l'École normale supérieure (ENS) mais je savais qu'une année à ce rythme me donnerait une méthode et une capacité de travail au-dessus de la moyenne – si je pouvais y survivre. Le taux d'abandon était traditionnellement énorme. La majorité des étudiants qui s'embarquaient dans cette filière n'allaient pas très loin et la raison principale de leur abandon prématuré était le stress associé à la charge de travail. Je n'étais pas sans le savoir, mais, d'un autre côté, pouvoir résister à ce régime intense me donnerait une équivalence de première année d'université avec des unités de valeur de mon choix, et je pourrais entrer directement en deuxième année. Je n'avais rien à perdre. Le tout était de pouvoir tenir le coup.

Le jour de la rentrée, je ne savais pas que je m'embarquais dans un cycle de quatre années qui seraient les plus heureuses de ma vie étudiante. L'année à Debussy fut, comme prévu, absolument brutale avec un régime sans fin de travail, de devoirs et d'examens. Nous étions un peu plus de trente étudiants au début de l'année scolaire en septembre, mais seulement dix-sept trois semaines plus tard. J'étais toujours parmi eux. J'ai fait durant cette année-là la connaissance de certains des professeurs les plus brillants et les plus attentionnés que j'aie jamais rencontrés. Ils nous ont fait découvrir la beauté et la profondeur de la littérature française et anglaise, et de la philosophie. J'ai finalement compris pourquoi j'avais étudié la grammaire latine pendant cinq ans, lorsque *La Guerre des Gaules* par Jules César se révéla dans toute sa splendeur dans le texte original. Notre professeure était si passionnée que je n'ai pas pu résister et j'ai aussi commencé le grec ancien avec elle. Ces professeurs m'ont éblouie. Leur passion était palpable. Les enseignements sur la poésie anglaise étaient un pur bonheur. Nous versions des larmes de sang, mais notre persévérance fut récompensée un million de fois, même si les premières semaines furent chaotiques et à peu près l'équivalent d'un camp d'entraînement militaire.

Notre ego fut anéanti sans cérémonie dans les cinq premières minutes de notre tout premier cours de littérature française. Notre professeure se présenta. Son nom de famille était Barberis. Je m'en souviens encore. C'était une jeune femme souriante, sympathique et énergique. Elle nous demanda de prendre un papier et un stylo, et elle commença à nous dicter un texte. Nous nous regardions avec un sourire narquois. Une… dictée ? Je n'en avais plus eu depuis la quatrième. C'était sûrement une plaisanterie. Non pas que ce fût un problème car j'avais toujours de très bonnes notes en français, mais vraiment, une dictée en prépa ? Alors qu'elle dictait le texte et que nous écrivions, il devint immédiatement évident que nous ne jouions pas dans la même ligue. Quand elle nous rendit les copies une semaine plus tard, nous avons aussi appris que les notes en classe préparatoire pouvaient être négatives.

Notre charge de travail était intense. Les cours commençaient à 8 heures et se terminaient à 18 heures. Les journées n'étaient plus courtes que le samedi lorsque nous nous arrêtions à midi. Nous rentrions tous les soirs avec une pile interminable de devoirs à rendre pour le lendemain et des projets plus longs qui devaient être remis dans un délai de deux à trois semaines, dans toutes les disciplines. Il n'y avait aucune interruption.

C'est aussi à Debussy que j'ai fait la connaissance de Jean-Pierre Allix qui nous enseignait la géographie, les processus physiques, le climat et l'hydrologie. Il eut mon attention la plus complète dès le premier jour. Ses cours paraissaient toujours passer trop vite. Ce n'était pas seulement parce que j'aimais la façon dont il enseignait. Il avait véritablement piqué ma curiosité. J'attendais sa classe avec impatience, et j'essayais d'en apprendre toujours plus à côté sur n'importe quel sujet qu'il nous enseignait. Je suis rapidement devenue sa meilleure élève. Après quelques mois, il m'a demandé si je voulais préparer le cours et faire la classe, ce que je fis de temps en temps pendant deux heures les samedis matin.

Bien que ce fût un surcroît de travail, cela ne me dérangeait pas et me donnait l'occasion d'étendre mes connaissances. Allix m'apprenait à repousser les limites de ce que je pensais être une surcharge de travail acceptable, ou ma capacité à accumuler des nouvelles connaissances et à les assimiler, et il m'enseignait la manière de communiquer avec les autres. Il pensait probablement que mon objectif était de compléter les deux ans de préparation en hypokhâgne puis en khâgne et de passer les examens finaux pour l'ENS. Il fut surpris à la fin de l'année quand je lui dis que ce n'était pas mon but mais il le comprit.

Les gènes naturalistes de mon arrière-grand-père commençaient à refaire surface en moi. J'avais finalement trouvé quelque chose qui n'était pas de l'astronomie et qui m'intéressait véritablement, et pour lequel j'avais des dispositions évidentes.

Autre chose s'améliorait aussi. Ma relation avec mes camarades à Debussy était excellente. Nous étions tous concentrés sur notre objectif, et comme c'était un concours, la compétition était omniprésente. Mais tout ce que nous désirions était exceller dans les domaines que nous avions choisis respectivement. Nous nous respections parce que nous traversions la même épreuve ensemble, et même si la compétition était réelle, nous partagions également une grande complicité. Je me sentais à l'aise pour la première fois depuis très longtemps. Nous étions souvent tellement épuisés que, lorsque nous étions finalement libérés du dernier cours en fin de journée, nous sortions dans la rue en chantant à tue-tête et en plaisantant comme des gamins. Les habitants du quartier souriaient ou ne faisaient pas attention à nous. Nous n'étions pas la première classe d'étudiants passant par Debussy.

Au milieu de tout cet épuisement et de cette agitation, un sentiment grandissant de paix m'envahissait. Je commençais à accepter l'idée que je pourrais peut-être devenir astronome amateur et avoir une vie professionnelle enrichissante en travaillant sur quelque chose que je commençais à apprécier profondément. La climatologie, l'hydrologie et l'environnement résonnaient en moi. C'est à Debussy que j'ai commencé à apprendre à décoder les processus qui façonnent une planète, et j'ai commencé par la nôtre.

La fin d'une année très exigeante mais gratifiante vint beaucoup trop vite. J'obtins mon équivalence de première année universitaire sans difficulté, et je m'inscrivis en deuxième année à l'université de Nanterre après les vacances d'été. Le campus de Nanterre n'était pas particulièrement attrayant alors. C'est quelque chose que je regrette souvent, ayant depuis fait l'expérience des campus universitaires américains. Les bâtiments de Nanterre se résumaient à des blocs de béton avec des fenêtres. Leur beauté résidait à l'intérieur, non pas dans leurs murs, mais dans l'enseignement que nous y recevions. Les annonces pour les cours et les sorties sur le terrain étaient affichées sur des panneaux en bois, ainsi que la liste des étudiants et leurs notes d'examens à la fin des trimestres. Les cours de philosophie et de sociologie étaient dispensés dans des amphithéâtres qui étaient reliés par de longs couloirs rythmés par des machines à café et des distributeurs automatiques très populaires. Des escaliers et des ascenseurs conduisaient aux étages supérieurs où des salles de classe plus petites, des laboratoires et les bureaux des professeurs se trouvaient.

Je devais encore compléter des cours d'enseignement général, qui comprenaient l'histoire, la géographie, la philosophie, la sociologie et les statistiques. Je choisis la géographie physique et l'environnement comme unités de valeur majeures. Après l'année à Debussy, l'université me parut comme des vacances, et je passai mes examens de DEUG (enseignement général) et licence sans aucune difficulté. J'étais à nouveau une excellente étudiante, ce qui incita l'un de mes professeurs à me demander encore une fois si je voulais passer l'agrégation et préparer le concours de l'ENS. Ma réponse fut la même.

Les deux années que j'ai passées à Nanterre furent heureuses et enrichissantes. J'appréciais chaque minute. Je me sentais à ma place. L'enseignement y était excellent et j'apprenais rapidement. Je continuais d'approfondir mes connaissances en climatologie et en hydrologie, mais aussi sur les risques naturels et la télédétection. Pour mes unités de valeur mineures, j'avais choisi l'histoire et les statistiques pour la science. Je réussissais bien et j'étais appréciée dans mon laboratoire où je reçus mes premiers chèques (même si c'était peu) en préparant méticuleusement des lames minces de pollens pour les analyses sous microscope. Je n'effectuais pas les analyses, mais j'étais curieuse et je passais du temps à regarder les pollens au microscope lorsque Luc Barthélemy, qui dirigeait des projets sur l'environnement au laboratoire, avait un moment. Je trouvais les pollens extraordinaires dans leur diversité de formes, seulement égalée à mes yeux par les diatomées que j'ai échantillonnées depuis dans les lacs andins. Les pollens sont de remarquables marqueurs du climat et de l'environnement et cela me fascinait. Mais j'étais aussi l'apprentie au laboratoire et, en tant que débutante, l'une des leçons les plus importantes que j'ai apprises rapidement (à mes dépens) fut de retenir ma respiration sous la hotte quand c'était nécessaire. Lorsqu'elles n'étaient pas ventilées correctement, les vapeurs d'acide chlorhydrique et d'acide sulfurique étaient un moyen très efficace pour se déboucher les sinus, ce qui m'a été rappelé en quelques occasions.

J'étais au Laboratoire Henri-Elhaï, dirigé par le professeur Gérard Soutadé. Le laboratoire était à la pointe des études environnementales. Nous réalisions des études d'évaluation de risques naturels pour le ministère de l'Environnement. Soutadé emmenait ses étudiants sur le terrain et nous apprenait à reconnaître les couloirs d'avalanche des années après les faits, les zones d'inondation, et davantage encore. Il y avait beaucoup d'aspects pratiques, et nous passions du temps sur le terrain. Je commençais à apprendre à décrypter un paysage planétaire et je m'entendais très bien avec

Soutadé. J'avais des bons résultats, ce qui certainement ne pouvait pas nuire, mais nous avions aussi découvert un autre lien entre nous. Il était originaire du sud-ouest de la France, un petit village nommé Saint-Amans-Soult dans le Tarn, qui se trouvait être le lieu de naissance de mon grand-père Cabrol et un endroit où un certain nombre de Cabrol habitent encore.

Soutadé allait devenir le directeur de recherche pour mon mémoire de maîtrise sur les risques environnementaux dans les Pyrénées françaises. Il y avait emmené la classe en excursion lors de notre année de licence. Là, nous avions exploré la dynamique des différents processus qui modifient les montagnes, y compris en allant à ski en altitude. Nous étions aussi passés en Espagne pour étudier les vestiges d'une inondation centenaire, mais, pour l'atteindre, nous avions dû attendre qu'un immense troupeau de moutons veuille bien débloquer la seule route d'accès au village vers lequel nous nous dirigions. Nous avions patiemment attendu en regardant la petite rivière qui coulait paisiblement entre les montagnes qui nous entouraient. Cette tranquillité trompeuse cachait un potentiel de destruction réel qui s'était révélé au début du XXe siècle, quand cette même rivière avait enflé dans des proportions difficiles à imaginer ce jour-là. Les anciens étaient sages et observants de la nature. Le village avait été construit au-delà du lit majeur et de la plaine d'inondation. C'est quelque chose qui m'est resté en mémoire quand aujourd'hui je vois des lotissements construits au débouché de couloirs d'avalanche qui, bien que temporairement inactifs, ont laissé des traces dans le paysage comme un avertissement ignoré par cupidité.

Je me dirigeais donc vers la préparation d'un mémoire de maîtrise sur les risques et l'environnement dans les Pyrénées françaises. Nous étions en mai 1985. J'étais heureuse et ma vie avait une direction et un but. Je faisais quelque chose que j'aimais, pour lequel j'avais de vraies dispositions, et je suivais l'enseignement d'un directeur que j'admirais et respectais. Nous étions à cinq jours de signer le sujet de maîtrise. Tous ceux qui me connaissaient à Nanterre, y compris Soutadé, étaient bien entendu au courant de ma passion pour l'astronomie et pour l'exploration planétaire. En vérité, il aurait été difficile de l'ignorer. J'avais toujours un magazine ou un livre avec moi et, quand je ne lisais pas, j'en parlais. Un lundi après-midi, nous nous sommes croisés dans le couloir qui menait au laboratoire. Soutadé m'arrêta pour me dire qu'un professeur de géologie qu'il connaissait, André Cailleux, avait commencé à travailler dans un nouveau domaine, la géologie planétaire. Pensant que j'aimerais discuter avec lui, il me proposa d'organiser une réunion. Je ne m'y attendais absolument pas, mais j'étais reconnaissante pour l'opportunité, même si mes pensées cette semaine-là étaient concentrées sur la finition du plan de mon projet de maîtrise que je devais remettre en fin de semaine à l'administration. J'ai dit oui presque distraitement et, sans trop y penser, je suis allée en classe. Soutadé organisa la réunion. Le lendemain, il me fit savoir qu'André Cailleux était disponible et qu'il m'attendrait le jeudi même à l'Observatoire de Meudon.

*

Le jour dit, je fis le trajet de Saint-Germain-en-Laye à Meudon, en partie avec Mimi jusqu'à La Défense. L'ayant quittée à 8 heures, je pris le RER puis le métro et, depuis Montparnasse, le train pour Meudon, qui se trouvait à vingt minutes de Paris avec des arrêts réguliers dans les gares. Alors que le paysage défilait par la fenêtre, je regardais les petites maisons en meulière aux toits recouverts de tuiles rouges si typiques de l'Île-de-France, des jardins avec des roseraies, de l'herbe verte et des rues étroites. Je n'attendais rien de particulier de cette rencontre. J'étais simplement reconnaissante de l'occasion qui m'avait été offerte. C'était ma deuxième visite à l'Observatoire de Meudon. La première avait eu lieu cinq ans auparavant, quand j'avais dix-sept ans. J'étais alors en pleine errance, ne sachant plus où me tourner et j'avais envoyé une bouteille à la mer. En fait, j'en avais lancé deux. La toute première fut destinée à Jacques-Yves Cousteau, à Monaco, quand j'avais quatorze ans. Je lui avais adressé une lettre lui demandant si je pouvais rejoindre l'équipage de la *Calypso*. J'étais déjà une bonne apnéiste après tout. La lettre faisait un peu plus d'une page. À cette époque, n'ayant pas de succès en sciences, j'espérais dans ma tête d'adolescente que je pourrais m'engager sur le bateau de Cousteau et explorer les océans. La plongée était autant une passion que l'astronomie et je grandissais entre *Cosmos* de Carl Sagan et *Le Monde du silence* de Jacques-Yves Cousteau. Des années plus tard, je finis par relier ces « deux points bleu pâle » dans ma recherche, l'un directement lors de ma rencontre avec Sagan à Paris en 1986, et l'autre indirectement, vingt ans plus tard. Je considère Sagan et Cousteau comme mes pères spirituels, alors que j'essaie aujourd'hui de comprendre comment chercher la vie dans l'univers en plongeant dans des lacs qui sont parmi les plus hauts du monde, m'immergeant en quelque sorte dans un océan cosmique.

Je ne reçus pas de réponse à cette lettre qui ne lui est probablement jamais parvenue, mais ce ne fut pas le cas pour la lettre que j'écrivis à Pierre Kohler quelques années plus tard à l'Observatoire de Meudon. Astronome professionnel, Pierre s'était lancé très tôt dans le journalisme scientifique et était devenu une personnalité publique connue. Sa voix était familière sur RTL, une station de radio où il était le directeur du département des sciences et de la technologie. À la télévision, il paraissait gentil et accessible. Durant cette période, je me sentais encore complètement perdue et je lui avais écrit une lettre pour lui parler de ma passion. Ce fut la première d'une correspondance que nous avons entretenue sur une période de plusieurs années. Puis nous nous sommes perdus de vue. Mais une étrange coïncidence a incité Pierre à reprendre contact avec moi presque quarante ans plus tard. Il faisait de l'ordre dans ses dossiers quand il a retrouvé mes lettres, que je ne peux pas croire qu'il ait conservées. À son tour, il a envoyé sa bouteille à la mer à mon adresse électronique de l'Institut SETI. Le timing ne pouvait être plus parfait. Je venais tout juste de commencer à rédiger les premières pages de ce livre, et j'essayais de reconstituer mon passé. Pierre accepta gentiment de partager à nouveau ces lettres avec moi, me renvoyant des copies électroniques. Les relire me conforta dans l'idée que mes souvenirs de cette époque étaient encore bien vivants et précis. Ce fut aussi l'occasion d'un rendez-vous dans les couloirs du temps avec une version plus jeune de moi-même, une toute jeune femme essayant de trouver son chemin, à la fois toujours douloureux mais aussi touchant. Avec la permission de Pierre, j'ai reproduit ici le contenu de la première lettre qui met en perspective les pages précédentes.

J'écrivis à Pierre pour la première fois le 4 novembre 1980 :

Monsieur, je m'appelle Nathalie Cabrol, j'ai dix-sept ans et je suis élève de terminale A. J'espère que vous ne trouverez pas cette lettre trop cavalière mais, si je me permets de vous écrire, c'est que je ne sais plus très bien à qui m'adresser. L'an dernier, j'étais en première D avec l'espoir qu'après un bac D je pourrais faire une double mention en C et ainsi me diriger vers l'astronomie. Malheureusement, les choses ne se sont pas passées comme je l'aurais souhaité. J'ai été orientée en terminale A_3 mais ma passion reste la même depuis que je suis toute petite.

Je vous écris parce que vous êtes une personne que j'ai eu le plaisir de voir souvent à la télévision et vous partagez la même passion que moi. Je sais que vous comprendrez ce que je peux ressentir pour les étoiles et aussi mon impossibilité à y renoncer. J'aimerais, si cela ne vous dérange pas, que vous me disiez quelles sont encore les possibilités qui s'offrent à moi pour atteindre mon but. Je suis prête à n'importe quel effort pour y arriver parce que je n'ai qu'une passion.

Monsieur, c'est avec la plus grande confiance que je m'adresse à vous et excusez-moi encore si je vous ai dérangé. Merci d'avance pour votre compréhension. Nathalie Cabrol.

Mon nom est suivi d'une signature encore un peu hésitante. La réponse de Pierre est datée du 7 novembre, soit trois jours plus tard. J'avais tellement besoin que quelque chose de positif se produise à cette époque, quelque chose qui pourrait m'aider à naviguer en eaux troubles et dans la bonne direction. Sa réponse vint avec une invitation à le rencontrer à l'Observatoire de Meudon le 21 novembre 1980. Exactement six ans plus tard, le 21 novembre 1986, ma route allait croiser celle d'Edmond pour la première fois, également à Meudon, seulement à 2 kilomètres de là au pied de la colline de l'observatoire.

J'ai rencontré Pierre et nous avons parlé, passant une grande partie de la journée ensemble. Je lui ai parlé de mes difficultés avec les mathématiques et la physique. Sa réponse fut de continuer de faire le mieux possible au lycée, bien sûr, mais il me conseilla aussi d'essayer de trouver du travail bénévole à l'observatoire. Une fois sur place, dit-il, tout pouvait arriver. Mais l'univers avait d'autres projets en réserve pour moi.

En ce matin de mai 1985, cinq ans plus tard, je retournais à Meudon pour la première fois depuis que j'y avais rencontré Pierre. Une fois descendue du train et sortie de la gare, j'ai tourné à gauche et entamé la longue montée de l'avenue du Château. L'avenue pavée était bordée par de majestueuses allées piétonnes ombragées par 149 tilleuls centenaires. C'était une vision majestueuse. Après avoir monté la côte, je suis arrivée au poste de garde. Une haute grille métallique était hérissée de pointes tournées vers le ciel ressemblant à des lances recouvertes de feuille d'or. Je me suis annoncée au garde, mentionnant que j'étais attendue. Il consulta sa liste et m'expliqua comment me rendre au laboratoire depuis le poste. Il me donna un plan que je suivis, passant d'abord près d'anciennes écuries dans une cour intérieure transformée en ateliers depuis pour les besoins des astronomes. Je marchais maintenant à l'intérieur du périmètre de l'observatoire.

L'Observatoire de Meudon a deux terrasses. La terrasse inférieure est accessible au public, alors que la terrasse supérieure est réservée au campus de recherche et n'est accessible qu'aux employés. Les télescopes et les laboratoires sont situés sur la deuxième terrasse, et la Grande Coupole de Meudon, qui abrite une lunette construite en 1891, se dresse au milieu du parc. La Grande Lunette est une cousine de la lunette de l'Observatoire Lick au sommet du mont Hamilton dans le comté de Santa Clara en Californie, où j'habite. L'instrument américain fut construit quelques années avant la Grande Lunette (1888) et a un diamètre légèrement supérieur (91 centimètres contre 83 centimètres).

Depuis le poste de garde, j'étais encore à environ quinze minutes de marche du laboratoire où je me rendais. La promenade à travers le parc et le long de l'étang était enchanteresse. Les allées de la terrasse supérieure étaient couvertes de marronniers, et la vue sur la Seine et sur Paris était à couper le souffle. La Grande Coupole apparut enfin derrière les arbres. Elle était imposante avec sa couleur vert cuivre oxydé (à l'époque, elle fut restaurée depuis), son dôme reposant sur le sommet en terrasse du Château-Neuf. Je me rapprochais du Laboratoire de physique du système solaire, ma destination du jour, où un dôme blanc recouvrait le télescope de 1 mètre. J'y arrivai finalement à 9 h 30 précises.

Le laboratoire était dirigé par le professeur Audouin Dollfus. André Cailleux l'avait rencontré quelques décennies auparavant à l'Observatoire du pic du Midi dans les Pyrénées. Dollfus observait la Lune lorsque Cailleux entra. Lors de cette première rencontre, ils discutèrent de l'origine des cratères lunaires. À l'époque, cette origine était encore contestée et beaucoup pensaient qu'il s'agissait de volcans, mais pas André Cailleux. Comme pour tant d'autres choses, il était en avance sur son temps. C'était un esprit exceptionnellement brillant. Maintenant qu'il était professeur émérite à l'université, Audouin Dollfus était plus qu'heureux d'accueillir son vieil ami et complice au moins une fois par semaine à Meudon où ils poursuivaient leur dialogue scientifique entamé des décennies plus tôt.

Je fus invitée à entrer. Dollfus, l'astronome et célèbre aéronaute, était assis à son bureau. Cailleux et moi nous sommes assis en face de lui. Je regardais autour de moi, un peu intimidée. Sur le mur, des photos rappelaient le travail de pionnier qu'Audouin Dollfus avait accompli. Parmi elles se trouvait la photo emblématique le montrant à côté de sa capsule juste après avoir atterri de son vol stratosphérique pour effectuer des observations astronomiques, sa capsule suspendue à une grappe de ballons. Il avait suivi les traces de son père, un autre aéronaute célèbre, et il détenait un bon nombre de records du monde. Notre conversation dura environ quarante-cinq minutes. Dollfus et Cailleux se relayèrent pour me donner une introduction sur la recherche au laboratoire, puis André Cailleux commença à parler de géologie planétaire, en particulier de l'interprétation des données des missions Viking et de la caractérisation de la géologie martienne. Pendant qu'il parlait, je ne pouvais m'empêcher de le regarder et je me disais que, bien que ce ne soit pas une vraie ressemblance, il avait des airs d'Albert Einstein, avec les mêmes cheveux en bataille, la moustache, les rides profondes sur son visage. J'appris avec le temps qu'il avait sa part de génie aussi.

En ce qui concernait Mars, son intérêt, et celui du laboratoire, portait spécifiquement sur l'étude du pergélisol (le sol gelé) et sur l'évolution de l'eau, et, pour des raisons qui m'étaient inconnues, il semblait penser que ça m'intéressait aussi. Puis il me demanda si je voulais voir des images de la mission Viking. Je le suivis dans la salle de réunion à côté du bureau de Dollfus. Le mobilier était modeste et pratique. La salle était occupée en son centre par une grande table. Des étagères grises en métal étaient placées contre le mur et quelques tables étaient alignées contre les fenêtres donnant sur la forêt. Une armoire se trouvait du côté opposé, et un grand tableau noir était fixé au mur. André Cailleux ouvrit l'armoire et prit une série de cartes. Il les sortit de leurs enveloppes jaunes et les déplia sur la table. Ce fut ma première introduction à des données réelles d'une mission martienne.

À la fin de cette journée, et vingt-quatre heures avant de signer un mémoire de maîtrise avec Gérard Soutadé, une main invisible m'avait rattrapée. Toutes ces années, alors que je pensais que le courant de la vie m'éloignait de mon rêve, il m'avait en fait portée à chaque étape, me préparant pour ce moment, pour quelque chose que je n'aurais jamais pu imaginer pendant mon adolescence parce que cela n'existait pas encore. Je ne pouvais pas être astronome, mais j'étais une naturaliste-née, depuis mes premiers pas dans le bois de Saint-Cucufa. Toutes ces années, j'avais dû trouver ma voie et développer mes propres outils. Pendant ce temps, la géologie planétaire avait pris son envol et j'allais pouvoir utiliser ces compétences pour ce qui était le début de la plus extraordinaire épopée humaine : l'exploration spatiale et planétaire. J'étais allée à Meudon pour avoir la chance de rencontrer quelqu'un que je ne connaissais pas, et qui faisait quelque chose qui m'intriguait, mais sans plus. J'ai quitté Meudon neuf ans plus tard, une maîtrise et un doctorat sur l'évolution de l'eau sur Mars en poche.

Étrangement, j'étais prise entre joie et tristesse. J'étais heureuse et appréciée à Nanterre, mais il me fallait quitter cette université car le professeur qui acceptait les étudiants en géomorphologie planétaire, Alain Godard, était à l'université de la Sorbonne. J'ai donc accepté ce transfert. J'étais enfin sur les rails pour réaliser mon rêve.

*

André Cailleux était un merveilleux mentor, et mon directeur de recherche *de facto* bien que professeur émérite. Mes directeurs officiels pour l'administration étaient Audouin Dollfus (astronome) et Alain Godard (géomorphologue). Avec Cailleux, je continuais la relation positive mentor / étudiante que j'avais connue avec Soutadé. J'avais une immense admiration pour Cailleux, qui me traitait toujours avec respect. Il voulait m'envoyer à Poste-de-la-Baleine au Canada pour étudier le pergélisol comme un terrain analogue à celui de Mars, mais ce serait pour plus tard, pour ma thèse de doctorat, du moins c'est ce qu'il espérait. J'étais maintenant officiellement une étudiante en maîtrise à l'Observatoire de Meudon dans le Laboratoire de physique du système solaire. J'étudiais deux anciens chenaux martiens en utilisant l'imagerie des missions Viking. L'un d'entre eux était Ma'adim Vallis, une ancienne rivière asséchée qui débouchait dans un cratère d'impact de 160 kilomètres de diamètre nommé Gusev.

Partout où je me tournais, des dômes blancs m'entouraient. La coupole en cuivre de 18 mètres de la Grande Lunette dominait le paysage. Il était difficile de la manquer. C'était toujours la première chose que je voyais en sortant de notre bâtiment. Oxydée par le temps, la lunette avait connu des astronomes illustres comme Janssen et Lyot. Ils y avaient passé d'innombrables nuits à décrypter les secrets du système solaire en observant à l'oculaire. Juste en face, de l'autre côté de la route, André Brahic avait son bureau dans un bâtiment similaire au nôtre. Jean Heidmann était dans une autre partie de l'observatoire. C'étaient les noms de ceux qui écrivaient l'astronomie moderne. Notre laboratoire était dirigé par nul autre que le célèbre astronaute et aéronaute Audouin Dollfus. Il était connu dans le monde entier pour son travail de recherche sur la physique du système solaire et la polarimétrie, et pour ses nombreux records de vol en ballon, y compris pour des observations astronomiques. Il avait aussi à son actif la découverte de Janus, l'un des petits satellites de Saturne.

Je ne peux m'empêcher de sourire quand j'y repense aujourd'hui. J'étais sur une colline, entourée par des dômes couvrant des télescopes, dans un laboratoire où les photos d'une planète avec des anneaux et ses lunes étaient accrochées aux murs. Mes dessins de petite fille me revenaient en mémoire, et je me sentais comme Mary Poppins. J'avais sauté à l'intérieur de mes dessins et le paysage prenait vie. Comme s'il était encore possible de faire mieux, mon mentor n'était autre qu'André Cailleux, dont les travaux de recherche englobaient la géologie, l'océanographie, l'hydrologie, la glaciologie, la pétrographie, la géographie, la paléontologie, la géologie planétaire et l'histoire. Il fut l'un des premiers chercheurs à proposer l'application des sciences géologiques aux planètes en 1948, alors que l'ensemble des connaissances sur le système solaire provenait encore seulement des télescopes terrestres. C'était un véritable visionnaire, humble jusqu'à l'extrême. Je le revois nonchalamment assis sur le bord de mon bureau à Meudon, les manches de sa chemise retroussées, partageant avec moi ses connaissances comme si j'étais son égale et me donnant le sentiment que mon opinion importait, même si j'avais encore tout à apprendre. Son regard était tranquille et sa voix douce, et il était toujours patient. Mais il pouvait aussi s'envoler dans des tirades passionnées lors d'échanges avec ses collègues.

Environ une semaine après son décès, je fis un rêve une nuit dans lequel je le voyais assis sur le coin de mon bureau. J'étais assise sur ma chaise, écrivant page après page sous sa dictée. Je me suis réveillée peut-être deux ou trois fois cette nuit-là, mais, à chaque fois que je me rendormais, il était de nouveau là et je continuais d'écrire ses mots. Je n'ai jamais oublié ce rêve, et je n'ai jamais oublié André Cailleux. Il fut l'un de mes guides les plus précieux alors que je débutais à peine, doux et gentil, mais aussi un géant, sinon par sa taille du moins par la personne qu'il était.

En septembre 1985, alors que je commençais tout juste mon année de maîtrise, tout était parfait. Les jours passaient trop vite, aussi je prenais un malin plaisir à les prolonger dans la nuit après avoir appris à me servir de la Grande Lunette et de quelques autres télescopes, y compris le télescope de 1 mètre dans notre laboratoire. Daniel Crussaire, un ingénieur qui travaillait à l'observatoire, partageait ma passion pour l'astronomie et était un astrophotographe de talent. Il me guida dans mes premiers mois à l'observatoire, et puis nous avons commencé à observer ensemble. Nous n'avons manqué aucune des oppositions de Mars, celle spectaculaire de 1986 restant la plus mémorable. Je dessinais la planète rouge à l'oculaire de la Grande Lunette et je commençais à comprendre comment Schiaparelli et Lowell en étaient arrivés à voir des canaux partout. Plus j'observais et plus les lignes droites apparaissaient sur le globe martien, le résultat d'une fatigue oculaire. Mais 1986 ne fut pas seulement exceptionnelle à cause de l'opposition de Mars. C'était aussi l'année du retour de la comète de Halley dans le ciel nocturne après une absence de soixante-seize ans. Je courais d'un dôme à l'autre au milieu de la nuit. J'étais au paradis. Je cumulais les observations de nuit et le travail de jour sur ma thèse parfois pendant trois jours d'affilée. Un après-midi, épuisée, je me suis endormie à mon bureau, ce qui a complètement affolé la secrétaire qui pensa que je m'étais trouvée mal. Il était courant pour Daniel et moi de nous endormir sur des chaises ou sur le sol dans la salle de conférences du laboratoire pendant les nuits d'observation en attendant que Mars, ou n'importe quel autre objet que nous voulions observer, se lève sur l'horizon.

L'Observatoire de Meudon est aussi connu pour la physique solaire. Certains des instruments d'observation du Soleil étaient situés sur le toit d'un petit bâtiment blanc en face de notre laboratoire. Nous passions devant tous les jours vers midi en allant à la cafétéria. Les instruments étaient déployés sur le toit en terrasse. Nous montions régulièrement pour aller regarder l'image du Soleil et des taches solaires projetées sur la surface blanche du mur. Des photos étaient prises quotidiennement, accumulant ainsi une archive exceptionnelle de l'activité solaire au fil des ans. Et puis il y avait l'étang. Marchant au travers des allées de marronniers qui menaient à la cafétéria, je passais tous les jours près de la pièce d'eau. Je découvris rapidement quelques foulques qui avaient pris résidence dans les hautes herbes aquatiques. Les animaux ont toujours été mes complices depuis l'enfance. J'ai souvent eu beaucoup plus de succès avec eux qu'avec la plupart des gens, et il ne fallut pas trop longtemps pour que les foulques s'habituent à ma présence et deviennent familières. Je les appelais depuis le bord de l'étang et elles volaient vers moi. Les appeler et leur donner du pain étaient une joie quotidienne.

Un matin d'automne au cours de cette première année je les ai appelées, mais en vain. L'automne et l'hiver passèrent. Puis, un matin de printemps, alors que je marchais près de l'étang, je vis deux foulques au loin. Par habitude, j'ai appelé. Elles me répondirent toutes deux à l'unisson et prirent leur envol pour venir se poser sur l'eau juste devant moi. Elles étaient revenues. Nous avons entamé une conversation, moi leur demandant où elles étaient allées, elles me répondant avec moult « coin », probablement racontant en grand détail leurs aventures dans des lieux lointains et leur retour pour venir me retrouver. Elles prirent leur résidence d'été, comme elles le firent les années suivantes. Ce printemps-là, trois petites foulques virent le jour sur l'étang, et elles, ainsi que toute leur descendance, vinrent et retournèrent à l'étang avec les saisons. Avec le temps, leur familiarité devint un peu incontrôlable. Certains des petits me suivaient jusqu'aux portes de la cafétéria. J'essayais de leur rappeler très sérieusement qu'ils étaient des oiseaux sauvages, mais ça n'avait pas l'air de les soucier beaucoup à l'heure de midi.

Le temps n'a rien changé à mon amour inconditionnel pour les animaux et la nature. J'ai toujours la photo de mes deux foulques avec moi dans mon carnet d'adresses plus de trente ans plus tard. La terrasse de mon appartement californien est un refuge pour les corbeaux, les écureuils, les moineaux et les merles, et même une cane récemment. Je suis loin maintenant de cet étang, dans l'espace et dans le temps, mais la joie profonde que ces foulques m'ont donnée est restée en moi. Leur présence allait devenir un réconfort alors que les nuages s'accumulaient de nouveau à l'horizon.

*

J'ai défendu ma maîtrise le 26 juin 1986, avec félicitations. André Cailleux eut des paroles très aimables pour mes parents qui attendaient devant le Centre national de la recherche scientifique (CNRS) à Meudon-Bellevue au pied de la colline où la présentation avait eu lieu. Après une courte conversation, nous nous sommes dit au revoir pour l'été. Je suis montée dans la voiture de mes parents, et nous avons pris la direction du Cap-d'Agde. Les couleurs étaient plus contrastées, tout paraissait plus beau. J'avais devant moi un été de plongée dans les magnifiques paysages sous-marins de la Méditerranée. Comme d'habitude, j'allais passer plus de temps sous l'eau qu'à la surface, nageant parmi les bancs de poissons et explorant tous les canyons et toutes les vallées que la mer avait à offrir.

L'été passa bien trop rapidement et il fut de nouveau temps de revenir à Paris et de m'inscrire à l'université. C'était l'année du DEA (diplôme d'études approfondies), une étape obligatoire avant le doctorat. Le domaine que j'avais choisi était celui de la géodynamique et cela pour élargir mes connaissances sur les processus physiques qui façonnent les paysages. Le programme était prometteur sur le papier, mais il se transforma très rapidement en un pensum. Nous nous étions inscrits en septembre et les cours étaient supposés commencer en octobre. Malheureusement, trop souvent nous arrivions pour trouver un mot sur la porte nous disant que le cours était remis à plus tard parce qu'un professeur était absent. Je n'avais toujours pas de voiture à l'époque et le trajet depuis la maison me prenait une heure et demie pour aller et autant pour revenir. Au moins, puisque le CNRS était situé au bas de l'avenue du Château qui menait à l'observatoire, je pouvais monter la colline et aller travailler au laboratoire. Ça devint mon refuge dans ce qui aurait pu être une année misérable, mais quelque chose que je n'avais absolument pas vu venir se produisit.

Le cours de géodynamique qui était donné par Alain Godard allait commencer. C'était l'un de mes préférés. Le 21 novembre 1986, le début de la classe avait été retardé parce que Godard discutait avec quelqu'un. Les deux hommes souriaient, apparemment plaisantant l'un avec l'autre, et leur discussion avait déjà duré un bon quart d'heure. Nous attendions patiemment. L'homme qui parlait avec Godard portait un jean bleu clair et une veste de la même couleur, une chemise blanche à fines rayures sombres et une cravate étroite noire. Un sentiment étrange m'envahit soudain. J'étais sûre de le connaître mais je ne pouvais pas me rappeler où et quand nous

nous étions rencontrés. Ils continuaient leur conversation et je ne pouvais pas détacher mon regard de cet homme. Plus je le regardais, et plus j'étais troublée par une avalanche d'émotions. J'avais l'impression de le connaître depuis toujours et, superposé à ce sentiment, quelque chose de plus troublant encore, le sentiment qu'il m'avait manqué, qu'il revenait d'un voyage lointain et que nous venions enfin de nous retrouver dans les couloirs du temps. Puis, alors qu'ils se serraient la main, je ressentis un pincement au cœur. Je ne voulais pas qu'il quitte cette pièce. Je ne voulais pas qu'il s'en aille, maintenant ou jamais. Il vint s'asseoir au premier rang, là où je me trouvais, et le cours débuta. Il y avait un étudiant assis entre nous. Edmond et moi nous sommes regardés pour la première fois par-dessus son épaule, et le reste disparut.

À l'Institut de robotique de l'université Carnegie-Mellon à Pittsburgh, finalement réunie avec Nomad, le rover qui m'a fait découvrir le désert d'Atacama et a aiguillé ma carrière.

6

Convergence

Nous ne nous sommes pas parlé ce jour-là, mais nous savions. J'essayais de ne pas le montrer mais, franchement, j'ignorais ce qui ne tournait pas rond non plus avec moi. Je l'attendais partout, avant et après les cours, assise sur les escaliers devant la salle de classe, prétendant regarder la vue (magnifique) sur Saint-Cloud, Sèvres et Paris depuis la terrasse de Bellevue. Je voulais le voir et être près de lui en permanence sans savoir pourquoi. Pourtant, je n'ai pas osé lui parler pendant encore quelque temps. Mais, un après-midi, nous avons pris le train ensemble pour retourner à la gare Montparnasse et, finalement, nous avons entamé la conversation.

Il me dit s'appeler Edmond Grin. Il avait pris sa retraite tôt après une très belle carrière d'hydrogéologue puis de directeur d'une entreprise de grands projets hydroélectriques, y compris certains des plus grands barrages dans le monde. À cette époque, l'homme qui deviendrait mon mari était retourné à l'université pendant sa retraite plutôt que d'aller à la pêche. Il avait déjà un doctorat, il venait juste de terminer son septième mémoire de maîtrise, tous obtenus dans des universités françaises et suisses, et il envisageait de commencer un second doctorat, celui-là en cosmologie. Edmond est un physicien et un mathématicien d'instinct, il peut écrire et résoudre des équations comme d'autres respirent.

C'est à la fin des cours du matin, le 26 janvier 1987, que quelque chose me poussa à l'inviter à visiter l'observatoire en haut de la colline. Après avoir remonté l'avenue du Château, nous étions une heure plus tard sous la coupole de cuivre de la Grande Lunette. J'ai montré à Edmond comment fonctionnait le plancher mobile en bois, activant la lunette avec les différentes commandes sur le tableau de bord tout en parlant d'astronomie. Des mois plus tard, il m'avoua que c'était le jour de son anniversaire. Je n'aimais plus les week-ends parce que nous étions séparés.

Je n'étais pas prête à parler d'Edmond à mes parents, non pas parce que je craignais leur réaction, mais parce que c'était un sentiment que je voulais d'abord explorer. Mais, les mères étant ce qu'elles sont, il ne fallut pas longtemps à Mimi pour réaliser ce qui se passait. Elle m'avoua se faire du souci, non pas à cause de notre différence d'âge qui est plus que substantielle, mais à cause des conséquences que cela pouvait avoir avec le temps que nous aurions ensemble. J'avais à peine vingt-trois ans et il en avait soixante-six, mais personne n'aurait pu m'obliger à mettre les conventions avant ce que je savais être dans mon cœur la décision la plus importante de ma vie.

Et, pour la toute première fois, j'ai finalement fait confiance à mon intuition et à la main invisible sans questionner, et sans douter. Oui, j'étais très jeune, et oui, il ne l'était plus. Oui, nous ne savions pas combien de temps nous avions… Peu m'importait. Aujourd'hui, trente-cinq ans plus tard, Edmond a célébré ses cent un ans et il paraît toujours en avoir trente de moins. Et c'est moi qui le rattrape désormais. Il n'a pas vraiment changé. Un mariage, une vie d'aventures et d'expéditions ensemble, un cancer, quelques os cassés, trois remplacements de hanches, et des chirurgies en tous genres, d'innombrables visites aux services d'urgences en nous tenant la main, et nous ne savons toujours pas combien de temps nous avons. Mais une chose est sûre : rien de tout ce que nous avons vécu jusqu'à présent ne serait arrivé si nous n'avions pas fait confiance à ce moment précis où nous nous sommes regardés pour la première fois. Notre amour n'a fait que grandir avec le temps, et ne pas savoir combien de temps nous avions nous a permis de vivre chaque jour comme si c'était le dernier. D'une certaine façon, c'était la réponse parfaite aux errances de mon adolescence quand j'avais presque anéanti mes lendemains. Désormais, je désirais le futur. J'avais quelque chose de précieux à protéger que je voulais projeter dans l'éternité. La vie venait de me donner un amour inconditionnel sans même que j'aie eu à le chercher, et sans garantie d'un avenir non plus. J'ai pris ce que la vie m'offrait.

C'était un revirement que je n'avais certainement pas prévu, mais je le saisis à bras-le-corps. Je pensais être assez forte pour faire face à nos quarante-trois ans de différence, et je l'ai été, et Edmond aussi. Le regard des gens ou les remarques à mi-voix de certains étudiants me laissaient indifférente. Leur seule explication était que j'étais avec Edmond probablement parce qu'il avait de l'argent. Si seulement ils avaient su… Mais cela ne me dérangeait pas. Nous étions discrets sur nos sentiments. Nous étions aussi très respectueux l'un de l'autre. Je me souviens encore de nous à cette époque. Il nous fallut environ deux ans pour que nous commencions à nous tutoyer. Ça me fait encore sourire aujourd'hui. Nous nous sommes donné du temps et de l'espace. Puis, il y eut aussi l'une de ces fins de journée où Edmond me raccompagna à la station de métro. Il faisait ainsi chaque jour, me disant au revoir depuis le quai alors que les portières des rames jaunes se refermaient. Je lui faisais signe en retour tandis que le métro prenait de la vitesse et que je le voyais disparaître par l'escalator. Cet après-midi-là, alors que nous étions sur le point de nous dire au revoir comme tous les jours, nous nous sommes regardés un peu plus longtemps et plus intensément que d'habitude sans pouvoir nous quitter des yeux.

J'ai gardé Edmond sous le radar de mon père pendant deux ou trois ans avec la complicité de Mimi. J'avais toujours une relation complexe, quoique meilleure, avec lui. Puis, un jour, elle décida de lui en parler sans me le dire. Mon père n'a jamais abordé le sujet avec moi, ni fait de commentaires. Il a seulement rendu la vie de Mimi un peu plus difficile.

Nous nous sommes mariés avec Edmond en 2000. C'était un beau mariage dans un cadre merveilleux, au cœur d'un lodge en bois dans la forêt de séquoias de Los Gatos dans la région où nous vivons, au bord d'un petit étang… Mimi m'accompagna à l'autel. C'était encore une fois Mimi et moi, comme au début.

Nous avons dû attendre des années avant de pouvoir nous marier. Edmond était séparé *de facto* depuis longtemps, mais pas divorcé, sa femme ayant du mal à accepter l'idée d'un divorce. Elle pensait peut-être, comme beaucoup, que je n'étais intéressée que par l'argent – que je ne savais pas qu'il avait. À sa décharge, elle voulait aussi sans doute protéger ses deux enfants, tous deux plus âgés que moi. Je n'avais jamais eu d'argent et je savais comment vivre avec peu. Je ne plaçais pas mon bonheur dans la richesse matérielle. En revanche, je savais déjà que ma vie était avec Edmond. Quand il comprit où était le problème, il n'hésita pas un instant. Il donna à peu près tout ce qu'il avait pour que nous puissions être ensemble. Il divorça finalement en 1999, et me fit sa demande en mariage pratiquement immédiatement. Il brûla son passé un après-midi dans le jardin de la maison de mes parents en Bourgogne, et sans rien de plus que l'un pour l'autre, nous sommes partis vers l'avenir.

*

En 1987, j'avais d'autres choses en tête et je n'avais besoin que d'une seule personne à mes côtés. Les sorties sur le terrain avec le DEA étaient de nouvelles occasions pour être avec Edmond. C'est ainsi que j'ai découvert le Massif central et l'Auvergne, émerveillée de me réveiller pour la première fois au milieu de volcans à perte de vue depuis la fenêtre de notre chambre. La plupart sont éteints depuis longtemps. Pourtant, le simple fait de penser que je m'étais endormie près de volcans fit s'emporter mon imagination le premier matin quand j'ouvris les volets. J'eus un coup de foudre immédiat pour les collines verdoyantes ponctuées d'anciennes coulées de lave brune et de cônes volcaniques rouges, pour les forêts de sapins sombres et denses, les nombreux lacs et les prairies. Après cette première visite avec le DEA, nous sommes retournés régulièrement en Auvergne, environ deux à trois fois par an, juste nous deux. Nous restions quelques jours, simplement pour faire une pause dans l'année. Nous parcourions les collines à la recherche de trésors cachés. Armés de sacs, de piolets et d'un pique-nique, nous disparaissions à la recherche de cristaux et de minéraux. Nous sommes devenus des experts et, avec le temps, nous avons découvert quelques spécimens magnifiques. Nous nous arrêtions à midi, sortant de la voiture un pain de campagne frais et craquant, un salami et du bleu d'Auvergne. Assis l'un à côté de l'autre, nous profitions de la vue spectaculaire sur les puys. Nous ne rentrions à l'hôtel qu'au crépuscule et nous étions prêts à recommencer le lendemain au lever du jour.

C'est maintenant une plaisanterie dans mon équipe de dire qu'avant que je n'arrive avec mon marteau de géologue, les Andes s'étendaient jusqu'au Pacifique. Je suis réputée pour être experte et précise dans l'échantillonnage, extrayant exactement la bonne pièce d'un bloc sans dégâts collatéraux, mais ce ne fut pas toujours le cas. Mes premiers pas dans ce domaine remontent à ces sorties en Auvergne, et quelquefois à la pharmacie la plus proche. Je suppose que c'est comme ça qu'on apprend.

Je pris aussi ma première leçon de rappel au puy de Sancy. Nous étions à la recherche de cristaux de sanidine, mais la couche qui les contenait était située à mi-hauteur dans un affleurement d'une douzaine de mètres de haut. Le seul moyen de l'atteindre était de descendre en rappel. Edmond pensa que c'était un moment propice pour l'apprentissage. C'était une belle journée et nous avions sorti les harnais, les cordes et les mousquetons de la voiture. Nous avions trouvé un accès au sommet, et attaché les cordes à un grand buisson avec une base épaisse et solide. Puis, Edmond redescendit au niveau de la route après m'avoir expliqué comment faire et attrapa la ligne que je lui avais lancée.

Le problème quand votre petit ami est un chercheur, c'est que peu de choses peuvent distraire son attention, y compris des chevaux se présentant de manière inopinée dans le champ voisin. Edmond fut surpris par des hennissements soudains, et lâcha la corde pendant une fraction de seconde, ce qui me valut une chute de plusieurs mètres. Heureusement, il la rattrapa avant que j'atteigne le sol. J'étais toujours suspendue au-dessus de la route, mais le mouvement me propulsa contre la paroi, et c'est mon coude qui reçut le plus fort de l'impact. Franchement, j'avais envie de rire parce que l'incident semblait sortir tout droit d'un dessin animé, mais la couleur de mon coude commençait à défier rapidement le spectre naturel. Il était très écorché et tournait au violet, mais heureusement rien de cassé. Je n'étais déjà pas vraiment impressionnée par cette démonstration, mais je le fus encore moins par les talents d'infirmier d'Edmond quand il décida de mettre de l'alcool sur mon coude à vif quelques minutes plus tard.

Je me suis améliorée depuis… Seulement quelques années plus tard, je descendais régulièrement en rappel le long du Hangar 1, un ancien hangar à dirigeables du centre NASA Ames, que nous utilisions pour l'entraînement avec l'équipe volontaire d'assistance et de sauvetage. Le hangar sert désormais d'abri aux avions et, depuis les suspentes où nous nous trouvions sous le toit, ils paraissaient petits.

Edmond était jeune dans sa tête et se comportait comme tel pour ma plus grande joie. Pour la première fois de ma vie universitaire, j'obtins mon diplôme avec des notes juste au-dessus de la moyenne. L'obtention du diplôme me permettrait d'accéder au programme de doctorat, ce qui signifiait aussi que j'allais pouvoir retourner à l'observatoire. Edmond commença à m'y rejoindre une fois par semaine, puis deux. Au bout de quelques mois, il était devenu une présence quotidienne, ce qui se révéla rapidement être une bénédiction, non seulement parce que je l'avais auprès de moi, mais aussi parce qu'il allait m'apporter son soutien et me guider dans les moments difficiles qui se profilaient à l'horizon.

Mes années de doctorat n'allaient malheureusement rien avoir de commun avec le rêve de ma maîtrise. Tout changea après le décès d'André Cailleux le 27 décembre 1986. Il m'avait toujours soutenue et encouragée. Audouin Dollfus était mon codirecteur de thèse et m'avait généreusement ouvert son laboratoire. Bien qu'astronome accompli, il n'était cependant pas planétologue. Alain Godard était mon autre directeur de thèse. Il était un géomorphologue de renom, mais lui non plus n'était pas un planétologue. Pour compliquer la situation, il était basé au laboratoire du CNRS de Meudon-Bellevue au pied de la colline, le dernier endroit où je voulais remettre les pieds après le fiasco de l'organisation du DEA l'année précédente.

L'autre raison était que la planétologie était alors un domaine émergent en France. Nous n'étions que trois étudiants et il y avait peu d'argent. Le décès d'André Cailleux avait déclenché une petite guerre de succession et on essayait de me faire changer de directeur de thèse. Je ne voyais aucune raison de le faire, ce qui ne me valut pas les faveurs de ceux qui voulaient m'imposer ce changement. En revanche, cela me donna un soutien solide de la part de mes deux codirecteurs. Cela signifiait aussi que j'allais devoir faire face à plus d'adversité que nécessaire pendant mes années de doctorat. Malgré tout, il y avait une grande différence avec les années précédentes : cette fois, j'avais une main dans la mienne et des amis. Quelque chose d'autre avait changé, et c'était ma capacité à me connecter aux gens. Le fait d'être une jeune femme étudiant la planète Mars avait aussi commencé à attirer l'attention de la presse.

Avant que je ne rencontre Edmond, je ne sortais pas vraiment de ma chambre, sauf avec ma famille ou pour aller au lycée et aux compétitions sportives. Cela changea à partir de 1986. Grâce à Audouin Dollfus, je fus admise à la prestigieuse Société astronomique de France (SAF). À la SAF, j'avais noué de nouvelles amitiés. Durant l'été, l'une de ces nouvelles connaissances, Olivier de Goursac, me demanda si je voulais faire une conférence publique sur Mars à Méribel dans les Alpes françaises. Olivier était membre du comité d'organisation et 1986 marquait le dixième anniversaire de la mission Viking. Il me dit que la conférence s'inscrirait dans le programme du festival d'été et se déroulerait devant environ 500 personnes. L'expression sur mon visage devrait être révélatrice, mais avec beaucoup de persuasion de sa part je finis par accepter.

Jusque-là, je ne me souciais pas vraiment de communiquer ma passion ou mes recherches. Mais à Méribel, lors de cette conférence, quelque chose de complètement inexplicable se produisit. Je me sentis immédiatement à l'aise. Les mots venaient facilement, instinctivement. Bien que ce fût ma première conférence publique, il me semblait avoir fait ça toute ma vie. J'ai laissé parler ma passion et, à la fin de cette soirée, à presque vingt-trois ans, l'auditoire se leva pour m'applaudir. Quelques personnes vinrent me parler ensuite, et nos discussions se prolongèrent jusqu'à tard dans la nuit. C'était le début d'une métamorphose.

Cette conférence me laissa épuisée. C'est toujours le cas aujourd'hui, des centaines de conférences plus tard. J'investis une énergie considérable dans ces échanges, mais je considère que c'est un petit prix à payer pour pouvoir partager cette joie intérieure que me procurent l'exploration, la découverte et la quête d'une réponse sur l'origine et la nature de l'univers et de la vie. Après l'été 1986, j'ai commencé à donner des conférences publiques régulièrement dans des clubs astronomiques, pour des évènements spéciaux, mais aussi dans des maisons de retraite et des écoles. Je continue aujourd'hui à un rythme un peu moins soutenu en raison de mon emploi du temps et de ma recherche, mais cela reste une de mes priorités.

Méribel fut aussi un point de bascule pour mon autre quête, celle-là intérieure, un cheminement que j'avais poursuivi seule jusqu'à ce point. J'avais commencé à dévorer toutes sortes de littératures dès que j'avais été en âge de lire et mon cheminement spirituel avait débuté très tôt, quand j'avais six ou sept ans. Il a probablement toujours été là, mais il s'est cristallisé en cette nuit d'été dans le sud de la France alors que je regardais les étoiles tomber en pluie sur moi. Un sentiment soudain d'appartenance m'avait enveloppé, quelque chose de profondément intuitif, d'immédiat et de paisible. Cette nuit-là, le « où », le « quoi » et le « comment » s'étaient transformés en « pourquoi ».

J'étais attirée par les livres évoquant l'origine de l'univers sous différentes perspectives, depuis l'astronomie en passant par les cultures et les civilisations anciennes, les traditions et les rites. Aussi loin que je me souvienne, j'avais une aversion instinctive pour les religions, peut-être en raison de ma nature rebelle, qui sait ? Par contre, j'étais absolument fascinée par les civilisations qui avaient entrevu l'éternité cosmique tout simplement en restant humaines. Avec leurs succès et leurs échecs, tout en observant les cycles terrestres et célestes, elles avaient fusionné avec le rythme de leur planète. J'ai passé d'innombrables heures à lire des livres sur l'histoire de l'Égypte, de la Grèce, du Pérou et du Tibet. Chacun m'apporta une perspective différente sur ce qui fait aujourd'hui mon cheminement spirituel. Pythagore, Fibonacci, Léonard de Vinci et plus tard Mandelbrot ont satisfait ma curiosité sans fin pour les symboles, les nombres, les modèles et les codes. Je pense réellement qu'ils détiennent certaines des clefs fondamentales à la compréhension de notre univers. Je m'émerveillais du génie mathématique et astronomique des Égyptiens et des Mayas, et je rêvais d'explorer les Andes et l'Himalaya un jour.

Quant à l'au-delà, d'aussi loin que je me souvienne, le *Livre des morts tibétain* résonnait en moi. J'avais un étrange sentiment de familiarité en le lisant. Dès l'instant où je l'ai tenu entre mes mains, ce fut comme des retrouvailles avec un vieil ami. Je n'ai pas encore eu la chance d'aller dans l'Himalaya, mais ce sentiment d'appartenance resurgirait des années plus tard dans les Andes. J'ai une connexion profonde avec le bouddhisme, qui est un mode de vie plus qu'une religion, parce qu'il n'implique personne d'autre que soi-même pour juger de nos actions. Nous prenons des décisions et nous en subissons les conséquences dans cette vie, et peut-être dans d'autres si on suit les enseignements du bouddhisme, non pas parce qu'elles sont bonnes ou mauvaises, mais parce que nous engendrons des actions et des réactions, et leur énergie s'équilibre, comme partout et toujours dans l'univers.

Alors qu'il décrit l'énergie spirituelle d'une entité entrant dans le monde matériel en abaissant ses vibrations, le bouddhisme reflète magnifiquement la transition de la lumière à la matière telle qu'elle est perçue aujourd'hui par certaines théories cosmologiques comme la théorie des cordes. Il parle de la connectivité permanente de l'univers, des probabilités infinies que nos chemins de vie peuvent prendre en fonction de nos choix, et rejette le déterminisme.

Cet été de 1986 fut pour moi une convergence : je faisais mes premiers pas tangibles sur une voie où ma passion pour l'exploration, mon cheminement spirituel et mon amour pour un homme allaient fusionner, transformant une jeune femme introvertie en une exploratrice intrépide.

*

Durant mes années de doctorat jusqu'à ma soutenance de thèse le 20 décembre 1991, les journées étaient rythmées par mes recherches au laboratoire de l'Observatoire de Meudon, Edmond à mes côtés. Ma recherche portait sur l'évolution de l'eau sur Mars. Je n'avais pas vraiment d'argent, sauf le peu que je pouvais gagner parfois quand je ne donnais pas les conférences gratuitement. Je suivais complètement mon instinct. Combien de fois durant ces années, alors que je pensais être sur la bonne voie, Edmond me demanda de tout reprendre à zéro. C'était sans méchanceté, mais il était sans concession. Il me poussait aussi durement que j'avais été poussée pendant ma prépa à Debussy quelques années auparavant. Bien qu'il ne fût pas planétologue, il avait l'expertise pour traiter des questions que j'abordais. Ce n'était pas toujours facile, mais ses paroles résonnent encore aujourd'hui : « Tu ne peux pas construire sur du sable. Enlève-le jusqu'à ce que tu trouves la pierre sur laquelle tu pourras construire une fondation solide. » Il ne m'a jamais imposé son point de vue, mais il m'a toujours aidée à comprendre ce qu'il me faudrait pour avancer sur mon doctorat, et, plus tard, lors des moments clefs de mon existence, pour prendre mes décisions.

Je dois à Audouin Dollfus de m'avoir permis de voyager pour participer à des conférences professionnelles durant ces années, que ce soit en France ou à l'étranger, et de faire mes premiers pas de jeune chercheuse. Ça n'était pas toujours possible, mais chaque fois qu'il le pouvait, il m'emmenait, partageant son maigre budget de déplacement, pour me donner l'occasion d'acquérir de l'expérience. Sa secrétaire, Jacqueline Advielle, s'occupait de la logistique. Je fus aux anges le jour où elle me donna mon premier billet d'avion pour les États-Unis. Mon tout premier voyage et ma toute première conférence internationale furent à Houston, pour le vingtième anniversaire de l'atterrissage d'Apollo 11 sur la Lune. La boucle était bouclée. Alors que l'avion atterrissait à l'aéroport international George-Bush, je repensais à l'enfant que j'étais vingt ans plus tôt, assise au milieu de la nuit sur les genoux de Mimi, et lui disant : « C'est ce que je veux faire », tandis que nous regardions Armstrong et Aldrin poser le pied sur la Lune. La petite fille explorant le bois de Saint-Cucufa était maintenant au Gilruth Gymnasium à Houston, un lieu mythique qui avait été au cœur de cette épopée.

Nous n'avions pas encore les logiciels graphiques sophistiqués que nous avons aujourd'hui, et j'avais imprimé, coupé et collé mes illustrations et les textes sur un fond rouge. J'ai épinglé mon poster en prenant beaucoup de précautions et, ensuite, ce fut l'attente en espérant que des collègues intéressés s'arrêteraient pour discuter. Partout où je tournais mon regard, les noms sur les badges étaient ceux qui se trouvaient sur les couvertures des livres et des manuels dans lesquels j'apprenais la planétologie. Je me sentais toute petite. Les chercheurs présents étaient mes dieux : Ron Greeley, Mike Carr, Vic Baker, Baerbel Lucchitta, Jim Head et tant d'autres. La soirée fut pleine de rencontres et de discussions. J'ai assisté à autant de présentations auxquelles il était humainement possible d'assister. C'est aussi là que j'ai rencontré pour la première fois des jeunes chercheurs de ma génération comme Bob Craddock, Jeff Kargel, Cathy Weitz, Nadine Barlow et Mary Chapman, qui, avec le temps, sont devenus des collègues et des amis.

Entre les sessions ou à l'heure du déjeuner, je m'échappais jusqu'à la cafétéria de la NASA. Une petite boutique de cadeaux vendait des souvenirs de toutes sortes. Bien que n'ayant pas beaucoup d'argent, je mettais toujours un point d'honneur à rapporter tout ce que je pouvais à la maison. La cafétéria fut aussi l'endroit où je vis les missions de la navette en direct à la télévision pour la première fois. L'hôtel local relayait la chaîne de la NASA. À la fin de la journée, j'allumais la télévision, je m'asseyais sur le coin du lit et je regardais la retransmission publique pendant des heures, des directs entre les astronautes et le centre de contrôle de Houston. Tout ça se passait seulement à quelques centaines de mètres de moi, de l'autre côté du boulevard. Je pris aussi quelques photos de l'écran.

À partir de cette année-là, je suis retournée à la conférence de Houston pratiquement chaque année, sauf celle de ma soutenance de thèse. Plus tard, je choisis de me rendre à une autre conférence centrée sur l'astrobiologie puisque c'est mon domaine d'expertise.

Il y eut également deux autres voyages déterminants durant mon doctorat. L'un d'eux fut un séjour d'un mois à l'université Brown à Providence dans l'État de Rhode Island entre mars et avril 1990. Audouin Dollfus pensait que ce serait une bonne expérience pour moi de passer un peu de temps dans le département de planétologie dirigé par Jim Head. Il avait raison. J'ai passé l'un des moments les plus heureux de mon doctorat à Brown, puisant sans relâche dans la richesse des données planétaires du laboratoire, et faisant la connaissance d'un groupe de chercheurs formidables, comme John Grant (avec qui j'ai travaillé quelques années plus tard durant la mission des rovers Spirit et Opportunity sur Mars), mais aussi Jack Mustard, Carle Pieters, Pete Schultz, Scott Murchie, Jayne Aubele et son mari Larry Crumpler. Ce dernier allait aussi faire partie de la mission des rovers. J'avais une chambre dans la maison de l'ex-femme de Jim, à quinze minutes à pied du campus. Ce mois passa trop rapidement mais me donna l'occasion d'une prise de contact quotidienne avec un groupe qui ne s'occupait que de planétologie, et en particulier de géologie planétaire, ce qui me manquait terriblement en France. Bien trop tôt, il fut temps de rentrer.

En dehors de l'aide que cette visite apporta à la préparation de ma thèse, elle me laissa deux souvenirs marquants. Le premier fut celui, un matin, d'une petite fleur jaune. Comme tous les matins, je remontais la rue au milieu des maisons victoriennes pour me rendre au campus. J'avais en tête les soucis que j'allais retrouver en rentrant en France et l'hostilité qui entourait en arrière-plan les différents groupes de planétologie. J'étais d'humeur morose quand je vis soudain cette petite fleur jaune. Elle n'avait pas poussé dans un jardin ou même dans l'herbe mais elle avait grandi dans le petit mur en béton qui bordait le trottoir. À environ un mètre du sol, elle avait trouvé juste ce qu'il lui fallait dans une petite fracture où elle s'était épanouie. Je me suis arrêtée et je l'ai regardée pendant un moment. Puis j'ai souri et ai poursuivi mon chemin. L'autre image qui reste gravée dans ma mémoire est celle de la côte de Newport. C'est là que je découvris pour la première fois la beauté sauvage et extraordinaire des côtes américaines.

*

Quelques mois après être rentrée de Providence, je reçus une invitation pour le Microsymposium de Vernadsky / Brown. C'était un congrès se tenant deux fois par an, à Moscou puis à Providence. Il y avait deux raisons pour cette invitation : j'étais maintenant sur la liste des correspondants de Jim Head qui était l'un des organisateurs ; j'étais aussi la seule personne à l'époque à étudier le cratère Gusev sur Mars et les Russes voulaient y faire atterrir l'une des deux missions (Mars 1994-1996) qu'ils projetaient de lancer avec leur rover Marsokhod.

Mon avion atterrit à Moscou le 14 juillet 1990, et l'un de mes collègues russes me servit de guide pour une visite de la place Rouge et des alentours du Kremlin. La place Rouge me parut plus petite que je ne l'imaginais après l'avoir vue si souvent à la télévision. Elle demeurait cependant impressionnante. Les rues adjacentes étaient vides et froides malgré la lumière de l'été, mais la bonne humeur de mon collègue était contagieuse. Il me laissa à l'hôtel en début de soirée et ce fut bientôt l'heure d'éteindre les lumières. Le jour viendrait vite et je devais parler à l'Académie des sciences russe et, si ce n'était pas suffisant, devant Valeri Barsukov lui-même.

Barsukov était à la tête de l'Institut Vernadsky et il voulait entendre ce que j'avais à dire à propos du cratère Gusev. J'avais vingt-six ans alors et j'étais sur le point de faire une présentation devant un personnage qui ressemblait à s'y méprendre aux portraits de Pierre le Grand, et qui était à peu près aussi intimidant. Je savais garder mon calme mais je dois avouer que cela me demanda un peu plus d'efforts que d'habitude. Heureusement, Ron Greeley et Jim Head étaient aussi dans l'auditoire, et je les connaissais bien désormais grâce aux conférences de Houston et à ma visite à Providence. Barsukov avait son regard fixé sur moi, noir et pénétrant. L'homme était extrêmement intimidant. Il ne m'était pas difficile d'être passionnée par le potentiel de Gusev comme site d'exploration. Aussi, je fis de mon mieux pour me concentrer sur le sujet. À la fin de ma présentation, Barsukov se leva, sourit et me remercia. Il avait apprécié les informations que j'avais données et dirigea les questions. Il mourut deux ans plus tard, l'Union soviétique fut dissoute, et les projets de mission russes Mars 1994 et Mars 1996 ne décollèrent jamais. Gusev était destiné à voir l'arrivée d'un rover portant le drapeau d'un autre pays un peu plus de dix ans plus tard. Là aussi, cela allait me demander patience et résilience.

Edmond fit ce portrait lors de nos vacances en Grèce. Je devais avoir vingt-sept ans.

7

Un saut dans l'inconnu

Pendant les années de préparation de mon doctorat, j'ai développé un réseau et donné un nombre croissant de conférences publiques sur l'exploration planétaire. La presse française commençait à mentionner mon nom, ce qui était gratifiant et je lui en étais reconnaissante, mais cela ne m'aidait en rien dans ma situation. Je continuais de me débattre dans une sorte de *no man's land* entre directeurs de thèse. Cette période fut aussi marquée par d'importantes rencontres, dont celle de Jean-Paul Trachier, journaliste et astronome amateur passionné. Jean-Paul consacra sa vie à expliquer l'astronomie à tous, des enfants à leurs grands-parents. Il fonda « le parc aux Étoiles » à Triel-sur-Seine, en haut d'une colline, sur une rive de la Seine à 25 kilomètres à l'ouest de Paris. Le parc aux Étoiles devint l'un de mes endroits privilégiés pour donner des conférences. Au cours de la même période, j'ai également donné ma première conférence à l'Institut océanographique à Paris. Jean-Paul m'a beaucoup soutenue et fut le premier à me payer décemment pour mon travail. Il voulait que nous écrivions un livre ensemble mais j'ai finalement écrit le livre seule et il parut en 1990. C'était mon premier roman de fiction, *Arthur ou la Flèche du temps*. L'histoire que nous avions en tête lorsque nous avions commencé à en parler était devenue sous ma main le voyage cosmique d'un petit garçon explorant l'espace au travers d'un voyage intérieur.

L'écriture était quelque chose de familier pour moi. J'avais commencé vers l'âge de quatorze ans, avec quelques nouvelles de fiction que j'ai gardées pour moi. Un peu plus tard, j'ai écrit un chapitre pour *Le Grand Atlas de l'espace* de l'Encyclopædia Universalis, traduit la série télévisée américaine *Miracle Planet* en français, avec Edmond, alors que nous étions encore en France. J'ai écrit des articles d'astronomie pour le magazine *Ciel & Espace*, et je ne m'arrêtais jamais d'écrire. Il y avait les articles publiés et les autres, ceux que j'écrivais pour moi-même sur le symbolisme. Je me sentais toujours plus à l'aise avec une page blanche qu'avec les gens. Je m'immergeais littéralement dans l'écriture et j'oubliais le monde physique, négligeant de plus en plus ma relation avec la nourriture. Je n'étais plus à un âge où mes parents pouvaient intervenir. Pendant longtemps, même la présence d'Edmond à mes côtés ne sembla pas pouvoir résoudre le problème. Je portais toujours en moi une culpabilité inconsciente et je me punissais pour quelque chose que je ne pouvais pas exprimer. Il me fallut dix ans de plus pour le comprendre et y faire face de façon consciente, aidée par la présence aimante et le soutien permanent de mon mari, ainsi que poussée par une nécessité : celle de développer ma force physique afin d'arriver un jour au sommet des Andes.

Pendant mes années de thèse, j'ai également arrêté d'aller en vacances avec mes parents. Pendant l'été, Edmond me rejoignait dans le sud de la France et nous traversions Monaco et l'Italie pour mettre la voiture sur le ferry, passant la nuit sur le pont supérieur en attendant d'arriver au Pirée et à Athènes. Les paysages grecs me furent immédiatement familiers, même si c'était la première fois que je les découvrais. Nous avons engrangé des souvenirs merveilleux dans ce pays, le parcourant autant que nous le pouvions, depuis la côte sauvage jusqu'aux sites d'une civilisation dont la présence est toujours gravée dans les monuments en marbre et en calcaire à l'intérieur des terres. Notre base d'opérations était dans un hôtel à Vouliagmeni dans la banlieue mais nous nous rendions à Athènes tous les soirs où nous montions à l'Acropole en passant au travers de Plaka et son marché en mangeant des gyros. Nous conduisions parfois le long de la côte et allions voir au Pirée le coucher du soleil alors que la lumière du jour disparaissait et que le port s'enveloppait de violet. C'est aussi là qu'un après-midi j'ai vu un grand titre sur un journal à l'éventaire d'une librairie en août 1989. Voyager 2 venait tout juste de survoler Neptune. L'image qu'il avait capturée de la géante bleue était absolument spectaculaire et faisait la une des journaux dans le monde entier.

Nous ne restions que quelques jours à Athènes, notre objectif étant d'explorer les îles des Cyclades, ce qui était facile et bon marché à l'époque. Nous prenions le ferry au Pirée et passions d'une île à l'autre. Nous explorions à pied ou bien avec des petites vespas, dormions sur la plage ou dans des chambres que nous louions à des familles locales. Au fil des ans, nous avons visité la plupart des îles, passant plus de temps à Rhodes dans les dernières années. Durant l'un de ces voyages, le ferry arriva au port de Mykonos aux environs de minuit. Mykonos est une île où la fête est permanente. La partie basse de l'île et les moulins étaient illuminés comme en plein jour. Avec nos petits sacs à dos, nous avions décidé de fuir la foule et le bruit, et, au lieu de dormir sur la plage comme nous le faisions parfois, nous avons entamé l'ascension de la colline dans l'obscurité complète. Nous marchions à l'aveuglette en plaisantant. Nous n'avions absolument aucune idée de là où nous mettions les pieds car nous n'avions pas de lampes de poche. Je finis par sentir de l'herbe sous mes pieds. La nuit avançait et une prairie ferait aussi bien l'affaire que la plage. Nous n'avions fait que quelques pas quand un taureau se mit à meugler, apparemment dérangé dans son sommeil. Judicieusement, nous avons choisi de battre en retraite. Nous avons fini par trouver un endroit plat, couvert de gravier fin, pris des serviettes dans nos sacs à dos, et nous les avons étendues sur le sol. Nous nous sommes finalement installés pour ce qui restait de la nuit. Plus bas, la fête continuait. Au-dessus de nous, les étoiles de la Voie lactée tombaient en cascade sur nous. Nous étions pris entre ciel et Terre, et la nuit nous enveloppa. Un lever de soleil ardent sur la mer Égée nous réveilla. Je le regardais si attentivement que je n'entendis pas immédiatement les ricanements d'Edmond mais je finis par réaliser pourquoi il riait. Le prétendu replat sur lequel nous nous étions endormis était en fait le toit en terrasse d'une chapelle encastrée dans la colline. Il était heureux que nous nous soyons arrêtés là où nous l'avions fait. Quelques pas de plus et nous aurions fait une chute de plusieurs mètres. Nous avons levé le camp avant que le chapelain ne se présente.

L'une de nos destinations préférées était l'île de Santorin (aussi connue sous le nom de Thira). Dix ans après notre premier été sur l'île, nous avons eu l'occasion de nommer des formations et des cratères d'impact à l'intérieur de Gusev sur Mars. Une structure d'impact quasi circulaire de 20 kilomètres remplie de lave nous a rappelé nos pérégrinations grecques à Santorin. Nous avons proposé le nom de « Thira » pour ce cratère à l'Union astronomique internationale, qui l'accepta. Lorsque Spirit atteignit le sommet des Columbia Hills, le rempart de Thira apparut dans le lointain. Je souris en voyant sa silhouette se dessiner pour la première fois dans l'une des images renvoyées par le rover. Personne n'a jamais su l'histoire derrière son nom.

*

À la fin des années 1980, j'étais de plus en plus écartelée entre mes sentiments et les situations. Mon père tomba malade à l'automne 1991. Une insuffisance cardiaque massive due à une maladie génétique demandait le remplacement d'une valve. Il refusa de se faire opérer avant que je soutienne ma thèse de doctorat à la fin décembre. Dans l'intérim, il fut renvoyé à la maison avec des diurétiques et continua à travailler.

Je soutins ma thèse le 20 décembre 1991 au CNRS de Meudon-Bellevue. Le grand amphithéâtre était plein : des collègues, des amis, des membres de ma famille, des gens que je ne connaissais pas. Il y avait aussi des personnes que j'avais rencontrées lors de conférences publiques. Mes parents étaient là, tout comme Mme Guerrier, le proviseur de mon lycée, celle qui m'avait donné ma toute première chance en me laissant faire une « double mention » dans une section scientifique. Je l'avais retrouvée par hasard par le biais d'un ami. Il connaissait son adresse et je lui avais écrit. J'eus du mal à y croire quand j'ouvris le courrier quelques jours plus tard et vis son nom sur une enveloppe. Elle ne m'avait pas oubliée. Elle me disait qu'elle serait présente à ma soutenance de thèse. La boucle était bouclée là aussi. Durant le dîner qui suivit ce soir-là, nous avons parlé toutes les deux et elle m'écrivit une autre lettre les jours suivants. J'ai gardé sa correspondance. Elle me disait combien ce que j'avais accompli signifiait pour elle. Elle me dit aussi que j'étais trop mince. Tant d'années plus tard, elle se souciait encore de son élève.

Mon doctorat en poche, il était temps de chercher un poste. Je voulais rester à Meudon où j'étais heureuse. Les astronomes de l'observatoire avaient alors une bien meilleure idée de ce qu'était la géologie planétaire et ils me connaissaient désormais. Ils me voyaient tous les jours. J'allais à leurs conférences et aux séminaires à l'amphithéâtre près de la tour solaire. Je les attendais toujours avec impatience, mais il y avait un thème en particulier que je ne manquais jamais. Jean Heidmann était devenu le leader en France de SETI, la recherche d'intelligence extraterrestre. Il mentionnait régulièrement un nouvel institut dont le but était apparemment de chercher des signes de civilisations extraterrestres, un institut qui avait été fondé quelques années auparavant en Californie. J'étais suspendue à chacune de ses paroles. Il parlait du télescope de Nançay et des contributions possibles à SETI. C'est grâce à Jean que j'ai découvert pour la première fois l'équation de Drake. Je crois que c'était en 1986, très tôt dans l'histoire de l'institut qui fut fondé le 20 novembre 1984. Alors que j'étais assise dans l'amphithéâtre, déjà émerveillée par le simple fait de me trouver là comme étudiante, je n'aurais jamais pu imaginer que onze ans plus tard je deviendrais une chercheuse de ce prestigieux institut. J'étais certainement à des années-lumière de penser qu'un jour je pourrais être à la tête de son centre de recherche, vingt-neuf années plus tard.

Meudon m'avait donné un environnement favorable pour mon développement scientifique mais les options pour les postes étaient peu nombreuses. Comme partout ailleurs, il fallait être l'élève d'un « mandarin » et très bien soutenu par son laboratoire pour avoir la moindre chance. Audouin Dollfus était alors proche de la retraite. C'était une bataille perdue d'avance. J'ai postulé deux fois aux observatoires français et presque réussi la seconde fois sans soutien, me classant juste sous la barre, mais ce n'est pas là où la vie avait décidé de m'emmener.

Entre 1992 et 1994, j'obtins une position postdoctorale de l'Association française pour l'avancement des sciences grâce au professeur Raymond Laugier. Ce financement me permit de continuer ma recherche jusqu'à ce que je quitte Meudon et de respirer un peu financièrement. Durant cette période, je découvris la Guadeloupe et la Martinique lors d'une conférence organisée par Laugier, durant laquelle je réussis même à m'échapper un peu entre les sessions pour disparaître sous les eaux cristallines des Caraïbes.

La bourse postdoctorale ne représentait pas beaucoup d'argent, mais c'était un montant raisonnable et bien plus que je n'avais jamais eu auparavant. Je sentais aussi plus de soutien autour de moi. J'étais enfin libérée du système éducatif et de la pression qui avait pesé sur moi les années précédentes. Je pouvais me concentrer sur ma recherche. L'argent que je gagnais n'était pas suffisant pour être réellement indépendante. La situation d'Edmond était figée dans une séparation qui semblait impossible à transformer en divorce. Le moment n'était pas venu. Mais les choses commençaient à bouger en arrière-plan et prirent forme en 1992. Cette année-là, j'ai posé ma candidature pour une bourse au ministère de l'Enseignement supérieur et de la Recherche, et mon projet fut sélectionné en 1993. C'était l'équivalent d'un vrai salaire pendant environ neuf mois. Mais le gouvernement venait de changer au moment de la sélection et les fonds furent gelés durant la transition gouvernementale. Il fallut attendre une année supplémentaire avant que la situation ne se débloque. Des 800 candidatures initiales pour cette bourse, seulement 60 avaient été retenues, y compris mon projet, mais grâce à un engagement quotidien par le biais d'appels téléphoniques, et plusieurs visites au ministère d'Edmond, qui agissait en tant que superviseur pour mon postdoc, mon dossier fut gardé au-dessus de la pile des 30 qui furent en fin de compte financés. Enfin, quelqu'un signa les documents en mai 1994 et le timing n'aurait pu être plus parfait.

Chaque année à Meudon, une ou deux fois par an, un homme grand et mince portant une barbe faisait une apparition à l'observatoire pendant quelques semaines. Il faisait souvent son jogging sur la route devant notre laboratoire. Nous n'avions jamais parlé ensemble jusqu'à notre rencontre à Val-Cenis lors d'une conférence en 1992. Il s'appelait Christopher McKay. Il était chercheur au NASA Ames Research Center en Californie. La première fois que nous nous sommes rencontrés, nous avons discuté de nos présentations respectives et de notre recherche. Un an plus tard, Chris était de retour à Meudon. Il n'est pas vraiment du genre extraverti, mais pour je ne sais quelle raison, cette fois il avait l'air préoccupé, ce qui me poussa à engager la conversation. Il me dit qu'il avait un concept de mission d'exobiologie pour la recherche de la vie sur Mars, mais il lui manquait un site d'atterrissage. Après l'avoir écouté, je lui dis de passer me voir au laboratoire après déjeuner. Je pensais avoir quelque chose qui pourrait l'intéresser.

Chris arriva en début d'après-midi au laboratoire. Edmond et moi avions déroulé la mosaïque du cratère Gusev sur la table de la salle de conférences. À cette époque, nous concentrions nos recherches sur les anciens lacs martiens, essayant de trouver des traces qui prouveraient leur existence. Ce n'était pas facile. La résolution de l'imagerie Viking était loin d'être celle des missions d'aujourd'hui. La résolution moyenne était de 200 m/pixel, et la meilleure de 40 m/pixel, mais c'était seulement dans des régions très localisées de Mars, en particulier Valles Marineris, le Grand Canyon martien. Les données topographiques étaient encore moins précises et il était difficile d'établir des modèles hydrogéologiques. Cela explique pourquoi nous avions choisi pour commencer les cratères d'impact qui montraient clairement des réseaux d'anciennes rivières convergeant vers ce que nous savions être des bassins. Nous n'avions tout simplement pas suffisamment d'informations topographiques pour faire autrement et, avec les données que nous avions, le système du cratère Gusev et Ma'adim Vallis représentait un cas exceptionnel. Nous pouvions y observer une vallée large méandrant sur environ 900 kilomètres avant d'entrer dans Gusev, un bassin d'impact de 160 kilomètres de diamètre. S'il y avait eu des lacs sur Mars, Gusev semblait parfait pour chercher des preuves de l'habitabilité passée de la planète rouge, et peut-être même de la vie.

Dans les jours qui suivirent notre discussion au laboratoire, Chris me demanda si je voulais venir lui rendre visite aux États-Unis. Je n'avais pas beaucoup d'argent mais il proposa de m'aider. C'est ainsi qu'en octobre 1993 je pris l'avion seule pour me rendre d'abord à Phoenix, en Arizona, et continuer ensuite mon voyage vers la Californie. Je me rendis à l'Arizona State University pour une semaine de travail avec Ron Greeley. Je l'avais convaincu à Moscou que Gusev était un site intéressant, et il avait demandé à l'une de ses étudiantes, Ragnhild (Rags) Landheim, de travailler sur le sujet pour son mémoire de maîtrise. Je lui fis part de mon projet de voyage et il m'invita à m'arrêter à Phoenix en cours de route pour travailler avec Rags, ce que je fis.

Après ma semaine passée à travailler, je pris congé le samedi pour suivre un tour organisé du Grand Canyon. C'était le jour d'Halloween. Tout le monde portait un déguisement. J'étais à l'extérieur de l'hôtel, attendant la navette du tour à 6 heures du matin, lorsqu'une lune absolument gigantesque se leva soudain au-dessus du désert. Je n'avais jamais rien vu de tel auparavant et j'étais absolument stupéfaite. Ma vie était sur le point d'être complètement bouleversée. Cette lune qui se levait venait de me donner un rendez-vous dans le temps, mais pas pour ce jour-là. Ce serait exactement un an plus tard.

Je partis pour San Francisco le lendemain. Ginny Gulick, une des postdocs de Chris McKay, m'attendait à l'aéroport. J'avais fait sa connaissance lors de la conférence de Houston quelques années plus tôt. Durant mon court séjour qui suivit à NASA Ames, je fis une présentation de mon travail sur l'eau sur Mars aux chercheurs de la Space Science Division. Je ne savais pas que c'était un entretien et je suis retournée à Paris forte de cette nouvelle expérience, mais sans toujours savoir vraiment ce que le futur me réservait. La bourse du ministère de la Recherche était toujours bloquée en octobre 1993 et cela ne changea qu'en mai 1994. Chris fut de retour à Meudon en juin. Audouin Dollfus devait prendre sa retraite en septembre. Le laboratoire fermait, la subvention arrivait, et je n'avais nulle part où aller. C'est alors que Chris me demanda si je voulais venir passer les neuf mois de mon postdoctorat à NASA Ames sur son projet. J'avais un site d'atterrissage potentiel pour une mission d'astrobiologie mais pas de mission. Il avait un concept de mission mais pas de site d'atterrissage. Le laboratoire de Meudon fermait et Chris m'ouvrait les portes de la NASA. J'ai dit oui.

Il fallut encore quelques mois pour que les choses se mettent en place. Le laboratoire de Meudon ferma fin octobre 1994 et, avec lui, un chapitre de ma vie. Lorsque je partis à l'aéroport, mon père conduisait. J'étais à l'arrière avec Mimi et Viger, notre yorkie. Nous nous sommes dit au revoir à la porte des salles d'embarquement. Je n'avais qu'un seul sac avec moi. Après tout, je partais seulement pour neuf mois. La mosaïque de Gusev que nous avions montrée à Chris était pliée à l'intérieur de mon bagage. Gusev était la vraie raison de ce voyage. Un cratère martien formé il y a presque 4 milliards d'années à plus de 150 millions de kilomètres de la Terre était sur le point de changer ma vie.

L'homme que j'aimais était assis à côté de moi dans l'avion d'Air France qui nous emmenait ce jour-là. L'avenir d'Edmond était aussi incertain que le mien et lui aussi sautait dans l'inconnu. Nous avons atterri à l'aéroport international de San Francisco onze heures plus tard, le 31 octobre 1994, le jour d'Halloween.

Machine à remonter le temps : vue sur Laguna Blanca depuis le camp intermédiaire sur le Licancabur. La succession de volcans et de lacs donne une impression de terre primordiale. Dans les faits, non seulement le paysage mais aussi l'environnement extrême nous ramènent au début de l'histoire de la Terre et de celle de Mars.

8

Les années de transition

Le 7 novembre 1994 fut notre premier jour à NASA Ames. Badge en main, je ne pus m'empêcher de regarder le mien qui montrait maintenant ma photo à côté du sigle de la NASA. J'avais encore du mal à réaliser ce qui se passait. Le drapeau de la NASA flottait à côté des drapeaux américain et californien tandis que nous roulions vers la Space Science Division. Chris passa devant un bâtiment où un ancien panneau indiquait encore NACA, le sigle du National Advisory Committee for Aeronautics, l'organisme qui précéda la NASA. Le panneau avait été laissé comme marqueur historique. Ça ressemblait à un rêve et je ne voulais surtout pas qu'on me réveille.

Chris gara sa voiture sur le parking de la Division. Il nous présenta aux chercheurs, certains dont j'avais fait la connaissance l'année précédente. Il nous montra notre bureau situé dans un *open space* avec bien assez de place pour nous deux. Les heures suivantes furent occupées à nous installer et nous organiser. La Division nous fournit des ordinateurs et, après une réunion avec Chris, j'avais une meilleure idée de ce qu'il attendait. Ma mission était de faire une analyse géologique et astrobiologique du cratère Gusev afin d'évaluer s'il pouvait être un bon candidat pour une mission par des rovers. Les rouages étaient désormais en marche.

Notre priorité fut de sortir du sac à dos la carte mosaïque de Gusev. Nous l'avons épinglée sur l'une des parois de notre bureau. Gusev est resté affiché là, visible de tous ceux qui passaient dans le couloir. Ce fut une décision délibérée de ma part. Je savais qu'à force de le voir tous les jours, Gusev finirait par faire partie du paysage et de l'identité de la Division, et c'est exactement ce qui se produisit. Quelques années plus tard, j'ai utilisé la même stratégie dans les dernières phases de sélection des sites d'atterrissage pour la mission des rovers martiens en 2002. Aujourd'hui, j'ai toujours cette carte de Gusev. Je l'ai conservée pendant de nombreuses années dans l'un des tiroirs de l'armoire à cartes de la Space Science Division de NASA Ames. Je l'ai reprise avec moi récemment lorsque j'ai déménagé mon bureau pour m'installer à l'Institut SETI, où elle attend maintenant d'être encadrée.

Ces neuf mois allaient passer vite. Nous nous sommes sentis à l'aise tout de suite dans notre vie quotidienne en Californie où nous avons trouvé notre rythme très rapidement. Nous allions à vélo à NASA Ames tous les jours, le centre ne se trouvant qu'à quelques kilomètres de notre appartement.

Nous quittions l'appartement le matin, parcourions les rues de Latham et Church, passant dans des ruelles et des jardins couverts d'orangers et de citronniers. Il y avait aussi un pamplemoussier au coin de Shoreline et Latham. Nous avions pris l'habitude de jouer à un petit jeu sur notre trajet, et nous nous arrêtions pour ramasser les pièces de monnaie que nous apercevions parfois par terre. Avec le temps, notre tirelire dans la cuisine a pris du ventre. Depuis Latham, nous tournions à gauche dans Castro Street, la rue principale du centre-ville. Nous y étions accueillis chaque matin par les parfums d'épices du marché chinois et les odeurs des restaurants thaïlandais, italiens et indiens. Les gens étaient souriants et accueillants. Nous étions à mille lieues des heures de pointe du métro parisien et du stress des transports en commun dans une grande métropole. À l'époque, Castro Street était arborée de tout jeunes platanes encore soutenus par des tuteurs et protégés par des grilles. Aujourd'hui, ces mêmes arbres font environ 15 mètres de haut. Ils sont toujours en pleine croissance et étendent un ombrage bienvenu sur la rue pendant l'été. Ils me donnent une autre mesure du temps à chaque fois que nous y passons. Rouler à vélo était encore facile alors. La baie n'était pas aussi peuplée qu'aujourd'hui et la circulation encore modérée. La vie était bon marché à Mountain View et dans la région. Nous étions au cœur de la Silicon Valley, au cœur de la haute technologie et de l'innovation informatique et, aujourd'hui, des réseaux sociaux.

Nous aimions notre trajet quotidien à vélo, les collines tout autour de nous et la cloche de Caltrain lorsque nous arrivions à la gare. Depuis le passage à niveau, il nous restait environ un kilomètre pour atteindre NASA Ames. Il nous arrivait souvent d'aller travailler le week-end, faisant quelquefois des rencontres inattendues. En passant devant un des hangars un samedi, nous avons vu se profiler la silhouette d'un avion fantastique qui était probablement le SR-71 Blackbird. L'avion U2 décollait toujours de l'aéroport de Ames à l'époque et nous l'avons vu à quelques reprises décoller presque verticalement, comme une vision sortie tout droit d'un film de science-fiction. NASA Ames a contribué à l'histoire de l'aéronautique et de l'astronautique. La réserve militaire du Pacifique y était encore basée à l'époque, et c'était aussi un centre de recrutement. De temps à autre arrivaient des jeunes hommes venus s'enrôler. Ils apprenaient à marcher au pas près du Hangar 1 en suivant un soldat qui tenait un drapeau.

Plusieurs souffleries se trouvaient sur notre trajet quotidien dans le centre, y compris la plus grande au monde. En plus des tests d'avions pour l'industrie aéronautique, c'est aussi dans cette soufflerie que les airbags de la mission Mars Exploration Rover et les parachutes de la mission Mars Science Laboratory furent testés. NASA Ames a contribué à l'histoire prestigieuse du programme spatial américain, y compris les programmes Mercury, Gemini, Apollo et la navette spatiale. Le centre continue aujourd'hui d'y participer d'une façon spectaculaire, collaborant désormais au retour des États-Unis sur la Lune.

L'environnement intellectuel était stimulant et, comme je le craignais, les neuf mois passèrent trop vite. Mai arriva et le projet avait bien progressé. J'avais atteint les objectifs que nous nous étions fixés. C'était le dernier mois de mon postdoc. Alors que je me rendais au bureau de Chris pour discuter de la meilleure façon de boucler le rapport final, il m'interrompit et me demanda si je voulais rester. Je n'avais que très peu de temps pour lui donner une réponse. Le National Research Council (NRC) offrait des subventions de recherche. Être sélectionné par le NRC était prestigieux et la compétition féroce. Chris pensait que j'avais une chance. Je n'ai pas hésité. J'ai dit oui.

Il y avait un nombre limité de postes et beaucoup de candidats. Ce qui préoccupait Chris était davantage le fait qu'une grande partie de ses candidats avaient été sélectionnés récemment, et il craignait que d'autres collègues aient cette fois la priorité. Quand Chris vint m'annoncer ma sélection quelques semaines plus tard, il sourit et me dit : « *You have the luck of the Irish.* »

*

J'avais maintenant devant moi deux années supplémentaires à NASA Ames (1996-1997). Ma recherche portait sur les anciens lacs martiens. Je continuais mes travaux entamés à Meudon et, avec Edmond, nous avions réussi à attirer un peu plus l'attention de la communauté planétologique sur le sujet. Je reste intriguée, encore aujourd'hui, par notre difficulté à l'époque à convaincre nos collègues qu'il pouvait y avoir eu des lacs sur Mars. Tout le monde semblait assez d'accord sur l'idée que l'eau avait coulé à la surface de Mars, mais, pour je ne sais quelles raisons, l'intérêt n'allait pas jusqu'à essayer de comprendre où elle avait pu s'accumuler. Il y avait quelques exceptions parmi nos collègues et eux aussi commençaient à faire entendre leur voix. S'il existe des livres sur ce sujet aujourd'hui, et si l'idée d'anciens lacs sur Mars paraît évidente, ce ne fut sûrement pas le cas au début. Mais, petit à petit, le concept gagnait du terrain.

Deux articles que nous avons écrits entre 1999 et 2001 ont commencé à faire changer les choses. À peu près en même temps, l'idée d'un ancien océan sur Mars gagnait du terrain. Ce fut également l'époque où la NASA annonça un nouveau programme d'exploration intitulé « Mars Surveyor Program » qui incluait la mise en place d'un processus officiel de sélection de sites d'atterrissage pour les missions martiennes. La première mission en lice aurait dû être un *lander* (atterrisseur) en 2001 mais elle fut finalement annulée en raison de la perte des missions Mars Climate Orbiter et Mars

Polar Lander en 1999. Ce fut la perte de ces deux missions qui déclencha la production accélérée des rovers, une mission qui allait amener la sélection de Gusev comme site d'atterrissage pour Spirit.

À cette époque, nous avions présenté Gusev comme un candidat potentiel à chaque occasion qui nous était donnée et le nom du cratère était déjà inextricablement associé au mien dans la communauté planétologique. Nous nous rendions régulièrement à Houston pour les conférences du Lunar and Planetary Institute, et nous parcourions le pays pour participer à tous les ateliers de travail qui nous semblaient importants. Ce fut une période exaltante. Nous avions beaucoup à faire, toute notre recherche convergeait vers l'étude des anciens lacs martiens, les environnements habitables passés sur Mars et les tests de rovers. Nous avions les yeux fixés sur notre objectif. Je passais un nombre incalculable d'heures à parcourir des myriades d'images et de mosaïques des missions Viking à la recherche d'anciens lacs martiens. Alors qu'entre 1994 et 1998 nous avions produit des articles centrés sur Ma'adim Vallis, Gusev et le cratère Gale, nous avons écrit et publié des articles plus fondamentaux à partir de 1999. Ces articles reconstituaient l'histoire lacustre passée de Mars, à commencer par celui intitulé « Distribution, classification et âges des lacs de cratères d'impact martiens », qui fut suivi en 2001 par un autre dont le titre était « L'évolution des environnements lacustres sur Mars : Mars est-elle hydrologiquement seulement dormante ? » et, en 2002, « Formation d'anciens lacs dans les cratères d'impact sur Mars ».

Nous faisions ce que nous pouvions avec la qualité d'image que nous avions. Cette étude des lacs martiens a été considérablement améliorée depuis par ceux qui ont disposé d'images d'une résolution bien supérieure, y compris celles de Mars Global Surveyor, Mars Express, Mars Odyssey et Mars Reconnaissance Orbiter avec son imagerie multispectrale et sa caméra à haute résolution (30 cm/pixel) capable désormais d'identifier des objets d'un mètre au sol depuis l'orbite.

Nous continuions d'étudier Gusev en parallèle. J'avais préparé des cartes et des objectifs astrobiologiques pour une mission hypothétique. J'avais aussi compilé mes résultats dans mon rapport d'étude du NRC pour NASA Ames et publié une synthèse avec Edmond et quelques collaborateurs sur le potentiel de Gusev pour une mission de rover et les hypothèses que le site pourrait permettre de tester.

Scientifiquement, ma recherche était axée sur les lacs. Technologiquement, j'apprenais chaque jour davantage sur l'exploration planétaire avec des rovers en accompagnant Carol Stoker sur le terrain et en accumulant de l'expérience avec Marsokhod et Nomad. J'étais aussi plus à l'aise dans la présentation de mes résultats durant les conférences professionnelles. J'avais trouvé ma place à la Space Science Division de NASA Ames.

Avec la perspective de deux années supplémentaires en Californie et un vrai salaire, nous avions décidé de rendre notre résidence temporaire un peu plus permanente. Le jour suivant ma sélection au NRC, nous avons acheté les meubles que nous louions jusque-là et nous sommes partis en quête d'une voiture. Nous avons opté pour un véhicule 4 × 4 neuf, une Isuzu Rodeo grise, parfaite pour parcourir de longues distances et transporter notre équipement. À partir de ce moment-là, l'horizon fut notre limite.

*

Nous avons commencé à explorer notre nouveau territoire dans toutes les directions, de l'océan au désert, de la Sierra à la chaîne des Cascades et aux forêts de séquoias au nord de la Californie. Mimi venait pendant l'été et nous l'emmenions partout, y compris à Yellowstone. Mon père vint une première fois en 1996. C'était aussi la toute première fois qu'il prenait l'avion. Nous avons passé un mois ensemble, avec mes parents invités dans notre appartement. Mon père revint une seconde fois en 2003. Cette année-là, nous les avons emmenés pour un grand périple. Il avait toujours rêvé de voir Monument Valley. Nous avions préparé une excursion qui nous fit traverser l'Arizona, le lac Powell, le Grand Canyon et Monument Valley. Nous étions émerveillés devant le spectacle de la mousson déferlant sur les hauts plateaux en Arizona ; les orages se déchaînaient en milieu d'après-midi, transformant le désert en une vision d'apocalypse en quelques minutes. Les nuages s'enroulaient sur eux-mêmes dans des nuances de gris, de vert et de noir, soudainement percés par la foudre, comme une épée transperçant un cœur. La foudre tombait à répétition à un rythme rapide sur l'horizon alors que nous roulions sur l'autoroute, déchirant le ciel et explosant au sol, ou bien courant d'un nuage à l'autre. Parfois, en fonction de la température et de l'humidité de l'air, le spectacle continuait bien après le coucher du soleil, comme nous l'avons constaté une nuit depuis le balcon de notre chambre d'hôtel juste à l'extérieur de Monument Valley, alors que la foudre projetait l'ombre longue des buttes comme des fantômes hantant la nuit. J'ai vu mon père pleurer au Grand Canyon. Ce jour-là, les couleurs étaient parfaites et, dans un paysage surréel, des chevaux sauvages couraient en liberté au loin.

Nous profitions pleinement des grands espaces de nature sauvage, et nous n'avions pas peur de parcourir des centaines de kilomètres par jour. On découvrit ainsi les monts Lassen et Shasta, deux des volcans locaux de la chaîne des Cascades. Nous partions la plupart du temps le vendredi après-midi pour revenir le lundi matin à NASA Ames. Nous suivions l'inspiration du moment et nous pouvions partir n'importe quand sur un coup de tête pour gravir Lassen (3 100 mètres d'altitude). Nous quittions la baie à 5 heures du matin, nous arrêtant seulement rapidement sur l'autoroute pour prendre un petit déjeuner, et nous arrivions au pied du volcan cinq heures plus tard. Là, nous changions nos chaussures de ville contre des chaussures de randonnée, mettions des vêtements plus chauds dans nos sacs à dos, de la nourriture et de l'eau, et nous entamions l'ascension. La randonnée jusqu'au sommet était toujours magnifique. Nous commencions à la base du volcan sur un sentier de sable jaune et doux, puis nous entamions une partie plus pentue qui serpentait entre quelques pins isolés car nous étions déjà au-dessus de la forêt. Le ciel d'un bleu profond ajoutait à la symphonie de couleurs qui nous entourait. L'odeur des pins mélangée à celle du tapis d'aiguilles et des plantes de toutes sortes était renforcée par la chaleur de l'été. Il n'était pas inhabituel que la neige accumulée pendant l'hiver recouvre encore une partie du sentier en juillet, parfois en août, et elle pouvait être abondante, rendant certaines zones un peu difficiles à naviguer plus haut vers le sommet car il n'y avait aucune barrière pour sécuriser la pente raide qui descendait 500 mètres plus bas vers la vallée.

Au fur et à mesure que nous montions, le sentier faisait place à des segments de marches rocheuses, puis à nouveau du sable et des pierres. La vue était merveilleuse. Le lac Amador était visible à l'horizon, et le lac Helen s'étendait au pied du volcan. Nous avions une vue imprenable sur le restant du parc. Il nous fallait en général une heure et demie pour arriver au sommet. Là, nous sortions notre pique-nique et profitions de la vue avec la silhouette du mont Shasta se découpant devant nous, environ une heure au nord.

Au fil des ans, nous avons gravi Lassen une bonne trentaine de fois, parfois cinq fois par an. La randonnée par elle-même n'était pas technique, mais elle était longue et demandait de la résistance à l'altitude. Pour cette raison, elle est devenue un des sites d'entraînement pour nos expéditions dans les Andes quelques années plus tard. C'est vraiment là, au milieu de la chaîne des Cascades, que j'ai commencé à ressentir la puissance des volcans et un sentiment de communion qui ne m'a plus jamais quittée depuis. Les puys d'Auvergne étaient différents, et bien qu'ils soient aussi des volcans, leurs silhouettes rondes sont absorbées par le paysage et couvertes de prairies vertes et de pâturages. Ce n'est pas le cas dans les Cascades. Le paysage est brut, escarpé et dénudé, des volcans imposants alignés le long de lignes de faille, juchés sur d'énormes coulées de lave et parsemés d'anciennes caldeiras monumentales effondrées. Ces paysages sont sacrés pour les Indiens de la région, et ils révèlent des explosions épiques encore proches à l'échelle géologique, y compris certaines dans les temps modernes comme la dernière éruption de Lassen qui eut lieu entre 1914 et 1917. Le paysage est aussi composé de lacs grands et petits. Je ne savais pas que mes premiers pas dans la chaîne des Cascades seraient une répétition générale pour quelque chose de plus monumental encore.

Volcans et lacs. Née et élevée dans une banlieue parisienne près d'un petit bois et d'un étang, rien ne me préparait vraiment à une vie d'exploration. Et pourtant, c'était peut-être déjà écrit quelque part depuis le premier jour. Mes premières vacances de petite fille furent au lac de Garde, en Lombardie, au nord de l'Italie. Là où, assise sur le rivage, je passais des heures à jouer avec des galets colorés quand je n'étais pas sur l'eau, dans l'eau, ou sous l'eau. Mes escapades avec Edmond en Auvergne quelques années plus tard étaient au milieu des vieux « puys ». Ces monts volcaniques arrondis paraissant sortir de la terre comme des champignons après la pluie, ponctuant le paysage de collines entrelacées de lacs bleus. Puis il y eut Meudon avec André Cailleux. Ensemble, en cet après-midi de mai 1985, nous avions cherché des régions que je pourrais étudier pour ma maîtrise dans les images de la mission Viking. J'avais choisi Ma'adim Vallis, une ancienne rivière martienne. Elle débouchait dans le bassin de Gusev qui avait dû, à un moment ou à un autre de son histoire il y a des milliards d'années, contenir un lac situé au pied du volcan Apollinaris Patera qui dominait le paysage au nord à plus de 5 000 mètres d'altitude. Pour ma thèse, il y eut aussi Dao Vallis, une autre grande vallée qui descendait la pente d'Hadriaca Patera, un volcan, et qui débouchait dans le bassin d'Hellas. Un lac et un volcan, un volcan et un lac. Aujourd'hui, je vis en Californie où je passe d'innombrables heures à parcourir la chaîne des Cascades pour m'entraîner pour mes expéditions. Je cours sur des sentiers qui serpentent entre des volcans comme Lassen et Shasta et les nombreux lacs qui les entourent. C'est ce qui m'a conduite à plonger dans certains des lacs les plus hauts du monde nichés dans des cratères au sommet des volcans imposants des Andes.

Lacs et volcans. Qu'est-ce qui m'attire en eux et vers eux ? Quelle est la raison de leur présence permanente dans ma vie ? Peut-être est-ce l'ambiguïté de la puissance combinée de l'eau et du feu qui m'attire inconsciemment. Peut-être que cette ambiguïté n'incarne que trop bien mes propres énergies contradictoires, qui je suis, mon chemin de vie. Elles peuvent s'annihiler en un instant ou devenir des forces de création puissantes, et il y a si peu de marge entre création et destruction. Dans le monde physique, leur rencontre façonne de nouvelles terres, tandis que la vapeur évoque des changements de phase et des niveaux d'énergie plus subtils. Ce sont des athanors où la force vitale explose sur Terre.

Les lacs sont les annales akashiques des nombreuses vies de notre planète à travers ses changements d'environnement. Bien que l'activité des lacs puisse être de courte durée, les sédiments qui s'y accumulent enregistrent tous les changements qui se produisent dans leur bassin-versant tout au long de leur vie. Leurs eaux sont propices au déclenchement des processus biologiques, et parce qu'ils changent rapidement, ils fournissent un environnement où l'adaptation et l'évolution sont mises à l'épreuve de façon dynamique. À la fin de chaque cycle, les organismes morts tombent sur le fond, où ils sont rapidement recouverts de nouveaux sédiments, et les conditions anoxiques préservent les fossiles de ces vies passées.

Les volcans sont les centres énergétiques et les purificateurs de notre planète. Ils œuvrent de conserve avec la tectonique des plaques pour effacer le passé. Grâce à eux, les roches et les sédiments anciens sont recyclés et transmutés au sens alchimique du terme, et transformés de nouveau en pierre brute. La transmutation est complète quand ils descendent dans les abîmes terrestres, dépouillés de leur ancienne identité, recombinés et ramenés vers la lumière. Et, alors que le magma se transforme en lave et se solidifie à la surface, un nouveau cycle peut commencer.

Entrer dans les eaux d'un lac au sommet d'un volcan est comme pénétrer dans la mémoire de la Terre et, pour un court instant, avoir la permission d'entrevoir la somme de son histoire.

Une de mes photos favorites. Elle montre Edmond (de dos) et Rob Morris négociant les terrasses rouges sur le mont Shasta. Les nuages commençaient à s'accumuler.

9

Premiers pas

Ma situation professionnelle se stabilisa entre 1996 et 2001. J'avais trouvé ma voie et pris confiance en tant que jeune chercheuse. Je savais ce que je voulais. L'étude des lacs martiens était un domaine de recherche nouveau et prometteur. Je me sentais plus optimiste sur l'avenir, plus à même de pouvoir changer les choses et prête à explorer des horizons nouveaux. Mais il n'y avait pas que la recherche. L'incroyable beauté du pays dans lequel nous vivions rendit plus facile la décision de lâcher enfin mes livres et mon ordinateur, et je commençai à faire ce que j'avais si rarement fait auparavant : explorer le monde physique.

Lassen Volcanic National Park fut un coup de foudre immédiat, et nos voyages dans l'Ouest et le Sud-Ouest américains ne firent qu'aviver mon désir d'explorer davantage. Edmond renouait avec sa passion pour la montagne, et une chose en entraîna une autre. La Sierra n'était pas ses Alpes natales et il dut apprendre à escalader les volcans. Moi aussi. Nous faisions de longues randonnées, tous les deux sous le charme du paysage, nous échappant chaque fois que nous le pouvions. Certaines de nos sorties les plus mémorables furent à Half Dome dans le parc national de Yosemite, et aux monts Whitney et Shasta. Chacune nous laissa des souvenirs inoubliables qui me font encore sourire. C'est là que je fis mes premiers pas (maladroits) dans la montagne, et que j'appris les fondements de ce qui deviendrait si important pour les expéditions scientifiques à venir.

Nous avons gravi ces trois montagnes en l'espace d'un an, atteignant le sommet de deux d'entre elles. Nous avons commencé par Half Dome, une paroi de granit absolument verticale de

1 444 mètres sculptée par d'anciens glaciers dans une superbe vallée en U qui traverse le parc. Son sommet, qui culmine à 2 700 mètres d'altitude, peut être atteint par deux routes : l'une, la plus directe, est le long de la paroi, avec mousquetons, cordes, pitons, systèmes d'ancrage et tout l'équipement d'escalade, y compris des systèmes de suspentes de tentes à mi-paroi (dans le vide) pour les amateurs de sensations fortes qui veulent faire l'ascension par segments. L'autre est un parcours de 25 kilomètres aller-retour, avec un gain d'altitude d'environ 1 200 mètres. C'est l'option que nous avions choisie. Il nous fallut douze heures pour atteindre le sommet et redescendre, une ascension sans fin et exténuante mais accomplie dans des paysages grandioses de cascades et de glaciers au milieu de forêts de sapins. La dernière partie demandait d'escalader une face de granit raide, seulement aidés par des câbles en acier. Une fois au sommet, notre récompense fut un panorama à couper le souffle sur la vallée de Yosemite.

Le mont Whitney (4 421 mètres) avait des caractéristiques assez semblables, avec une approche très longue de 36 kilomètres à pied aller-retour. L'accès au sommet demandait un permis à retirer à la station des *park rangers* de Lone Pine. Cet arrêt obligatoire avait retardé notre départ et nos sacs lourds ralentissaient notre montée. Aussi, alors que le soleil était sur le point de se coucher, nous n'étions toujours pas en vue de « Marmot City », le camp situé à 3 700 mètres d'altitude. Par prudence, nous avions pris la décision de nous arrêter aussitôt que possible pour ne pas être pris par la nuit. Une surface plane sablonneuse près d'une paroi de granit fit l'affaire et notre tente fut montée rapidement. Après dîner, une inspiration soudaine me fit sortir la nourriture de la tente. Nous étions au-dessus de la forêt mais, considérant la faune locale, la prudence s'imposait. La paroi avait une petite niche à un peu plus de deux mètres du sol et à quelques mètres de la tente. C'était parfait pour percher les sacs. Une fois cela terminé, nous eûmes tôt fait de nous endormir après notre longue journée de marche.

Un bruit me réveilla vers minuit. Edmond pensait que c'était le vent. Nous regardions la toile bleue osciller au-dessus de nos têtes, et la nuit était si claire que nous pouvions voir le scintillement des étoiles au travers. C'était un spectacle absolument féerique et je me rendormis avec cette vision. À 3 heures du matin, j'étais sûre que ce n'était pas le vent qui venait de me réveiller une nouvelle fois. Un ours inspectait l'extérieur de la tente.

Nous nous sommes regardés pendant un instant sans rien dire. Nous savions que nous ne pouvions pas rester dans la tente. Si l'ours décidait d'attaquer, nous n'avions nulle part où aller. Finalement, nous avons décidé d'essayer de lui faire peur en frappant sur un bol en métal avec une cuiller et en allumant une lampe de poche. C'est ainsi qu'à 3 heures du matin le silence de la nuit étoilée à Whitney fut interrompu par un spectacle son et lumière accompagné d'un solo de percussion et, sans nous arrêter, nous avons ouvert la tente et sommes sortis. Une fois dehors, il n'y avait rien en vue et aucun bruit et, aussi étonnant que ça puisse paraître après cet incident, nous sommes retournés dans la tente et rendormis pour ne nous réveiller qu'au lever du soleil. Au matin, nous avons enfin pu voir des dizaines d'empreintes de pattes, la plupart près de l'entrée de la tente et de mon côté. Il y en avait aussi près de la paroi où nous avions perché la nourriture.

Nous avions encore un sommet à atteindre mais, avant de l'attaquer, il nous fallait rejoindre Marmot City. Une fois arrivés, nous avons monté la tente, attrapé des sacs légers et commencé la longue ascension dans les pierriers et les restants de neige et de glace qui nous séparaient du sommet que nous atteignîmes vers 16 h 30, encore une fois beaucoup trop tard. Alors que nous admirions le magnifique panorama qui nous entourait, une chose était certaine : il n'y avait absolument aucune chance pour que nous puissions retourner au campement avant la tombée de la nuit, et il aurait été imprudent d'essayer de redescendre au travers du pierrier dans l'obscurité. Notre option était simple : rester là où nous étions et attendre jusqu'au lendemain matin.

La porte d'un petit refuge était ouverte, et un rapide coup d'œil nous fit découvrir un intérieur dénudé, avec seulement un banc et une carte. Tout ce qui comptait était que le refuge avait un toit et des murs solides. Nous y serions à l'abri pour la nuit qui promettait d'être froide malgré tout. Nous étions en septembre et le temps était beau, mais incertain. La neige avait commencé à tomber sur Yosemite au nord. Les sacs de couchage nous attendaient dans la tente au camp, mais nous avions suffisamment de vêtements. La nourriture et l'eau se limitaient à ce qu'il nous restait à la fin de notre journée d'ascension. Il n'y avait plus qu'à essayer de dormir. Quelques instants après nous être allongés, un bruit attira mon attention. La réaction d'Edmond fut instantanée et me fait encore rire aujourd'hui : « Ah non ! Ça ne va pas recommencer ! »

Par la lucarne de la porte, et directement dans la direction du soleil couchant, une ombre massive avançait tout droit vers le refuge. Lentement, la silhouette d'un jeune homme commença à se dessiner. Il portait un sac à dos large. Il s'avéra qu'il venait de terminer ses études et avait décidé de partir à l'aventure en solo le long des sentiers de la Sierra avant de s'engager dans la vie professionnelle. Nos chemins ont convergé cette nuit-là au refuge. Il avait bien plus de nourriture et de vêtements que nécessaire et, alors que nous nous apprêtions à passer une nuit solitaire et austère, nous avons fêté notre rencontre à près de 4 300 mètres d'altitude. Il nous a raconté ses aventures et ses espérances pour l'avenir. Nous lui avons parlé d'exploration planétaire, et nous nous sommes endormis tard dans la nuit.

Durant la descente le lendemain, notre chemin croisa celui d'un *park ranger*. Il parut surpris de notre rencontre avec un ours à cause de l'altitude à laquelle nous nous trouvions, et sa réponse m'occupa l'esprit pendant le restant de la descente. Il pensait que c'était probablement un jeune qui nous avait repérés alors que nous nous étions arrêtés près d'un lac pour déjeuner le midi et il avait dû nous suivre pendant la journée à cause de l'odeur de nourriture.

Whitney fut une expérience merveilleuse grâce à la beauté de l'ascension mais aussi pour tout ce qu'elle nous apprit. Edmond n'était pas habitué à ce type d'approche de la montagne. Celle qu'il connaissait était faite de crampons, de piolets, de harnais, de mousquetons et de cordes. Il apprenait un autre genre d'ascension et, de mon côté, je débutais. Il était prévisible que nous ferions des erreurs et nous les avons faites. La chance a voulu que nous n'avons pas eu à en payer les conséquences et nous en avons tiré les leçons. Cela allait faire partie des éléments importants de ma préparation mentale quelques années plus tard dans les Andes. Nous ne serions plus jamais pris au dépourvu.

*

Puis vint Shasta (4 322 mètres d'altitude) qui nous offrit le terrain le plus semblable à celui que nous allions rencontrer dans les Andes les années suivantes. Nous avions décidé de tenter le sommet du volcan. Rob Morris était avec nous. Il allait devenir garçon d'honneur à notre mariage quelques mois plus tard. Rob est un collègue de l'Institut SETI. Il est aussi un alpiniste accompli, un musicien et un ami fidèle. À l'époque, nous étions tous les trois basés à NASA Ames. Nous avions prévu de quitter Mountain View de bonne heure et de monter jusqu'au lac Helen. L'idée était de camper et de quitter le camp à 3 heures du matin, de mettre nos crampons et de grimper le long d'Avalanche Gulch, un corridor escarpé couvert de neige et de glace dans la ravine centrale du volcan. C'était le chemin le plus raide mais aussi le plus rapide pour atteindre le dernier escarpement des « Red Banks » en fin de matinée. De là, nous ferions les quelque 200 mètres qui restaient pour atteindre le sommet sur un plateau légèrement incliné. C'était le plan, mais encore une fois les choses n'allaient pas tourner exactement comme nous l'avions prévu.

Nous sommes arrivés dans la ville de Shasta en milieu d'après-midi, nous arrêtant dans une épicerie pour compléter notre ravitaillement. En sortant du magasin, la taille et le poids de nos sacs à dos nous firent grimacer. Ils étaient lourds, beaucoup trop lourds. Après Whitney, ce n'était pas une expérience que nous voulions répéter. Ça ne nous servirait pas à grand-chose d'être épuisés avant d'entamer la partie la plus difficile de l'ascension. Aussi, nous avons élaboré un nouveau plan. Nous nous sommes arrêtés dans un hôtel où nous avons réservé une chambre. Au lieu de prendre le matériel de camping avec nous, nous allions faire l'ascension sans nous arrêter depuis Bunny Flat (le début du parcours) jusqu'au sommet et redescendre. Ce serait un aller-retour de 18 kilomètres avec un gain d'altitude de 2 300 mètres, mais nous serions légers, n'emportant avec nous que l'équipement technique (crampons, piolets, casques), des vêtements, des coupe-vent chauds et le ravitaillement. Une fois d'accord sur le plan, nous avons dîné, programmé l'alarme du réveil pour 23 h 30, et nous nous sommes couchés.

Il était environ minuit quand nous sommes arrivés à Bunny Flat. Notre premier objectif était l'intersection juste après Horse Camp, une petite cabane en bois et un refuge à environ 40 minutes. Pour l'atteindre, il fallait traverser la forêt. Ayant appris ma leçon avec les ours insomniaques à Whitney, j'étais arrivée équipée d'une petite cloche attachée à mon sac à dos pour annoncer notre arrivée. Les ours noirs sont généralement de nature timide, bien que notre expérience à Whitney aurait pu prouver le contraire. Ils évitent le contact avec les humains autant que possible, mais l'important est de ne pas les surprendre. Cette petite cloche avait une tonalité douce qui rythmait notre marche dans la nuit et l'obscurité profonde de la forêt, le sentier seulement éclairé par nos lampes frontales. C'était une nuit de juillet et l'air était encore léger après une journée très chaude. Il y avait quelque chose d'absolument surréaliste dans cette scène, nous trois marchant sur le sentier sablonneux, trois minuscules taches de lumière se dirigeant vers un sommet encore invisible. Nous répétions sans le savoir des gestes et des situations que nous allions rencontrer de nombreuses fois dans les années qui viendraient, alors que Rob était devenu un élément incontournable de mon équipe d'expédition. Mais, cette nuit-là, nous marchions ensemble pour la première fois sur cette piste de montagne.

Une fois sortis de la limite des arbres à près de 2 500 mètres d'altitude, le spectacle fut prodigieux. Cachée pendant notre traversée de la forêt, la Voie lactée étendait maintenant son arche étincelante au-dessus de nos têtes. Tout était paisible. Les étoiles projetaient une lumière éblouissante. Nous étions sans voix, contemplant la vision extraordinaire de ce ruban blanc traversant la nuit. Le même sentiment familier m'envahit une nouvelle fois. Les étoiles tombaient en pluie et une main invisible m'étirait à l'infini vers l'espace. En contrebas dans la vallée, la petite ville de Shasta dormait, seules quelques lumières vacillantes rappelant encore une présence humaine. Nous ne pouvions pas nous arrêter longtemps. Il nous restait encore 2 kilomètres à parcourir pour atteindre le lac Helen et nous avions une longue ascension devant nous. Notre rythme était soutenu. Vers 4 heures du matin, une pleine lune énorme se leva au-dessus d'un éperon rocheux droit devant nous. Je n'aurais jamais pensé voir une lune plus grosse que celle que j'avais vue à Phoenix alors que j'attendais la navette du tour pour le Grand Canyon, et pourtant, elle était là, un véritable phare sorti soudain de la nuit, dirigeant son rayon directement vers nous.

Nous avons continué de gravir le sentier dans un rayon de lune pendant un long moment. Une demi-heure plus tard, la lune était plus haute dans le ciel et le sentier tourna à gauche contre une paroi de lave. Nous nous dirigions maintenant tout droit vers le lac Helen et le pied d'Avalanche Gulch alors qu'au-dessus de nous le ciel nocturne tournait au bleu profond avec l'aube. Au moment où je levai les yeux pour admirer l'ombre noire de Shasta qui commençait à se dessiner, un météore traversa le ciel, laissant derrière lui une fine traînée blanche dans un air vibrant juste avant de disparaître.

Il était environ 5 heures du matin lorsque nous avons entamé notre ascension sur la pente glacée d'Avalanche Gulch, deux heures plus tard que si nous avions campé au lac, mais nous prévoyions d'atteindre le sommet vers midi, ce qui était parfaitement raisonnable. Avec les crampons attachés à nos chaussures, la montée semblait facile, bien que très raide. Nous pouvions deviner les silhouettes d'une demi-douzaine d'autres grimpeurs sur la pente ce matin-là, la plupart devant nous, et un autre sur notre gauche. Chaque fois que l'un d'entre nous voyait une pierre rouler sur la pente, il criait « *Rock !* » et tout le monde s'arrêtait pour essayer de localiser le projectile et estimer sa trajectoire. C'est la raison principale pour laquelle Avalanche Gulch est généralement escaladé au petit matin en été. Plus tard, lorsque le soleil chauffe la pente, la glace fond et les roches faiblement ancrées à la paroi par la glace se détachent et tombent.

Nous avions entendu une demi-douzaine de ces appels quand un autre survint. La pente baignait dans la lumière du jour naissant, ce qui probablement sauva un bon nombre d'entre nous. Instinctivement, tout le monde s'arrêta. Cette fois, ce n'était pas une pierre mais un bloc rocheux d'environ un mètre de diamètre qui dévalait vers nous. Il s'était décroché des Red Banks quelques centaines de mètres plus haut et descendait avec une énergie formidable. Pire, sa trajectoire était complètement erratique. Il ne tombait pas en ligne droite, mais rebondissait de gauche et de droite à des hauteurs effrayantes. Et puis, tout sembla ralentir autour de moi. Je pouvais voir le rocher tournant sur son axe à une allure vertigineuse. Rob, Edmond et moi n'étions séparés que par quelques mètres. Ils s'étaient aussi arrêtés, regardant attentivement sa trajectoire. Il n'y avait aucune façon logique de prédire où il rebondirait la fois suivante. La seule option était d'attendre le dernier moment et de plonger d'un côté ou de l'autre s'il n'y avait pas d'autre choix. C'était mon intention, lorsque le rocher rebondit une dizaine de mètres devant nous et décida de dévier sur la gauche, nous manquant de quelques mètres seulement. Nous nous sommes regardés et, après nous être assurés que le grimpeur sur notre gauche allait bien, nous reprîmes l'ascension. Un peu moins de cinq minutes plus tard, un nouvel appel nous figea sur place. Cette fois, la pierre était trop petite pour que nous puissions la voir dans la faible lumière du jour naissant, mais le bruit qu'elle fit lorsqu'elle passa à hauteur de poitrine entre Edmond et moi ressemblait à une balle de fusil. La chance était avec nous et, avec beaucoup de vigilance, nous reprîmes notre progression. L'ascension d'Avalanche Gulch fut difficile, non pas parce qu'elle était technique, mais parce que la ravine était très raide et les parties dégelées couvertes de cendre volcanique épaisse. Lentement, mais sûrement, nous atteignîmes les Red Banks alors que les nuages s'accumulaient dans le ciel.

De par sa hauteur et son isolement dans un paysage de plateau, Shasta crée sa propre météo, et ce fut le cas ce jour-là. Nous avions terminé l'ascension d'Avalanche Gulch et passé les Red Banks. J'étais la première et, depuis le point haut où je me trouvais, j'ai pris la photo qui se trouve toujours au-dessus du manteau de notre cheminée aujourd'hui, celle de Rob et Edmond escaladant les derniers mètres dans les Red Banks. Là où nous nous trouvions, nous étions peut-être à seulement 200 mètres linéaires du sommet, sur un plateau à faible inclinaison, la partie facile de l'ascension, mais le ciel était menaçant et nous avons échangé des regards. Nous étions partis depuis treize heures maintenant, sans nous être vraiment arrêtés. Nous pouvions voir notre but. Nous étions si près. Et pourtant, la voix de la sagesse nous dictait de faire demi-tour. Un orage se préparait et nous étions au cœur de ce qui est connu à Shasta sous le nom de *Lightning Alley* (l'allée de la Foudre). Nous avions pris la seule décision raisonnable qui était de redescendre, quand un *park ranger* apparut venant de la direction du sommet et les nouvelles n'étaient pas bonnes. L'orage avait atteint le sommet où la grêle tombait déjà. Il y avait pire. Un grimpeur qui avait escaladé le glacier par la route sur le versant opposé avait fait une chute et s'était sérieusement blessé. Un accident malheureux. D'autres *rangers* étaient avec lui mais ils ne pouvaient pas l'évacuer car l'hélicoptère ne pouvait pas atterrir au sommet à cause de l'orage.

Le *ranger* ne fit que confirmer ce que nous savions déjà. Redescendre était la seule chose responsable restant à faire. Il se retourna une fois de plus vers le sommet, et le ton de sa voix changea quand il nous dit : « Nous devons partir d'ici maintenant », mettant l'accent sur « maintenant ». Il poursuivit en nous demandant si nous savions faire une glissade. Rob et Edmond acquiescèrent. Ce n'était pas mon cas. Il me donna la version express de l'explication en deux minutes. Il voulait que nous glissions sur la pente de quelques centaines de mètres qu'il nous avait fallu des heures pour monter. Cela aurait pu être une perspective amusante, si ce n'est que la pente était de 42 degrés et des massifs de rochers éboulés nous attendaient de chaque côté jusqu'en bas si nous ne pouvions pas contrôler la descente. L'essentiel était donc de contrôler la descente… Quand il me demanda ensuite de retirer mes crampons, j'ai vraiment cru qu'il avait perdu la tête. Mes crampons étaient la seule chose qui me retenait à la pente mais il ne plaisantait pas. Puis il nous montra ce qui ressemblait à une gouttière, un couloir creusé dans la glace que je n'avais pas remarqué auparavant. Il voulait que nous glissions à l'intérieur de cette gouttière et que nous utilisions nos piolets pour contrôler la vitesse de descente. Il termina en expliquant comment rouler sur le côté et planter nos piolets dans la glace si nous perdions le contrôle. La raison pour laquelle il nous avait demandé de retirer nos crampons devint alors évidente : pour éviter des blessures graves au cas où nous serions éjectés. Puis il demanda à Edmond de se placer derrière lui dans la gouttière, et à Rob et moi d'attendre un peu pour leur laisser prendre de la distance avant de partir à notre tour. C'était comme du bobsleigh… mais sans le bobsleigh.

Edmond et le *ranger* partirent. À les regarder, cela paraissait assez simple. Rob entra à son tour dans la gouttière qui était peu profonde et assez large pour un homme de taille normale, ce qui veut dire grande pour moi. Une fois assis à l'intérieur, il commença à glisser sans pouvoir vraiment freiner. Réalisant ce qui se passait, je sautai immédiatement dans la gouttière à mon tour mais sans pouvoir combler l'écart qui nous séparait et je pris de la vitesse malgré mes efforts pour freiner avec le manche du piolet. Le timing du virage fut loin d'être parfait. Je savais que je ne pourrais pas gérer la courbe avec ma vitesse et il y avait seulement des rochers pour m'arrêter si je ne pouvais pas le faire moi-même. Je pris la décision de m'éjecter de la gouttière avant le virage et, seulement cinq minutes après l'avoir appris, je fis un arrêt d'urgence parfait en roulant sur le côté après avoir planté mon piolet dans la glace. J'étais maintenant sans crampons, sur une pente gelée de 42 degrés et quelques centaines de mètres de hauteur, avec seulement mon piolet pour m'empêcher de descendre. Le choc et la tension sur mon bras avaient été violents, mais le manche du piolet avait une lanière en cuir que j'avais enroulée autour de mon poignet, ce qui me permit de ne pas perdre contact et de m'arrêter parfaitement. Puis une tonne de briques me tomba sur le dos. Rob, qui avait réalisé ce qui se passait, avait réussi à s'arrêter et à s'extraire de la gouttière, et il m'avait littéralement plaqué contre la paroi pour s'assurer que je ne continuerais pas de glisser au cas où l'arrêt d'urgence ne fonctionnerait pas. Tout s'était passé très vite.

Après avoir brossé la neige de nos vêtements et nous être assurés que tout allait bien, notre souci immédiat fut de regagner la sécurité toute relative de la gouttière. Une fois à l'intérieur, le restant de la descente fut sans problème et plutôt agréable. Quelques minutes plus tard, nous avions rejoint Edmond et le *park ranger* au pied de la pente. Nous étions de retour à une centaine de mètres seulement du lac Helen que nous atteignîmes vers 15 heures. Tout bien considéré, nous avions mérité un petit arrêt pour recharger nos batteries maintenant que nous étions en sécurité.

Bien que nous n'ayons pas pu atteindre le sommet si proche, nous n'étions pas déçus. Nous savions que nous avions pris la bonne décision et j'en avais aussi profité pour apprendre une nouvelle technique. Comme pour la plongée en apnée, je m'étais figurativement jetée à l'eau. Je venais d'apprendre à négocier une pente dangereuse sur un volcan en me jetant contre une paroi, sans crampons et, pour une fois, parce qu'on m'avait demandé de le faire.

Après avoir quitté les bords du lac vers 16 heures, nous étions de retour au début du sentier après vingt heures de marche, pratiquement sans nous arrêter vraiment, en dehors des deux courtes pauses au lac Helen. Le lendemain, je ne pouvais plus bouger mon bras droit. Il ne me faisait pas mal, mais de manière évidente quelque chose n'était pas normal. Le déclic que j'avais entendu en arrêtant ma chute sur la pente venait de mon épaule qui s'était partiellement déboîtée. Je n'ai jamais ressenti aucune douleur. J'avais seulement trouvé un peu étrange que ma lanière de sac à dos me gêne dans la descente mais nous étions si fatigués et nos muscles si raides qu'il ne me serait jamais venu à l'idée que je pouvais avoir un problème à l'épaule. Après trois semaines de physiothérapie, j'étais prête à recommencer.

*

Toutes ces histoires peuvent paraître anecdotiques mais elles sont loin de l'être. Elles gravèrent en moi des leçons fondamentales qui furent la clef du succès des expéditions dans les Andes les années suivantes, quelle que soit l'adversité à laquelle nous serions confrontés parfois. La plupart de nos ascensions et de nos explorations qui ont précédé mes expéditions professionnelles se déroulèrent sans problème et elles furent nombreuses. Half Dome, Whitney et Shasta restent gravées dans ma mémoire parce que c'est là que j'ai appris à repousser mes limites physiques. Pendant près de trente ans, j'avais vécu à l'intérieur de ma tête et les seules choses que j'avais poussées vraiment, c'étaient mes capacités intellectuelles. Physiquement, je me sentais à l'aise entourée d'eau, en apesanteur, ayant presque le sentiment de voler. Il n'y avait rien eu de confortable dans ces trois expériences de montagne et ce sont elles qui ont contribué à transformer la jeune femme introvertie que j'étais auparavant en une femme confiante dans sa capacité à affronter le monde physique contre vents et marées, et contre les tempêtes, la glace et l'épuisement.

Ces ascensions m'apprirent aussi que le voyage compte autant que la destination, et qu'il est de notre responsabilité d'être préparé, parce que même lorsque nous le sommes les situations peuvent changer rapidement. La force mentale importe alors autant que n'importe quel outil que nous souhaiterions avoir dans notre sac à dos pour nous tirer d'affaire. Le rocher dévalant sur nous à la pointe du jour était une incarnation différente de la même leçon que j'avais apprise à dix ans, quand j'avais dû me cacher du taureau dans le coin sombre du porche. J'avais dû attendre sans bouger une fois de plus, affrontant ma peur droit dans les yeux, ne pouvant seulement compter que sur ma capacité à juger une situation. Avec le recul, cela ressemblait à une répétition générale. J'eus quelques frayeurs en cours de route, mais c'est là que j'acquis les bases qui m'aidèrent à débuter dans un nouveau rôle deux ans plus tard, celui de chef d'expédition.

DEUXIÈME PARTIE

Marées royales
et rivages planétaires

Le cratère Gusev, un bassin d'impact de 160 kilomètres de diamètre (vu vers le sud) en direction de Ma'adim Vallis. Le cratère de Thira est visible à l'est.

10

Gusev

À la fin de mes recherches financées par le NRC, mon bureau demeura à NASA Ames, mais, n'étant pas fonctionnaire de la NASA, je fus rattachée administrativement à l'Institut SETI en septembre 1998. Je soumettais mes projets de recherche à la NASA à travers des contrats de l'institut. Mes débuts furent un peu laborieux mais tout se mit en place d'un coup. Les pièces restées éparses pendant tant d'années s'assemblèrent enfin entre 2002 et 2003, qui furent des années charnières dans ma vie professionnelle et personnelle. En l'espace de neuf mois, tous les « peut-être » et les potentiels se matérialisèrent pratiquement du jour au lendemain. Le petit projet d'exploration du Licancabur financé par les fonds discrétionnaires de NASA Ames fut suivi d'une avalanche de subventions. Mon premier véritable projet de recherche sélectionné par la NASA fut ma participation à la mission d'exploration de Mars par les rovers en 2003. Tout juste après, Gusev fut confirmé comme site d'atterrissage pour le rover Spirit. Quelques semaines plus tard, c'était au tour d'un projet de recherche de l'Institut SETI dirigé par Chris Chyba d'être sélectionné. Chyba était alors le directeur scientifique du Carl Sagan Center à l'institut et j'étais co-investigatrice de son projet qu'il avait soumis au NAI, l'Institut d'astrobiologie de la NASA. Ce fut pour moi un tournant décisif car il me permit de poursuivre ce que le fonds discrétionnaire de NASA Ames m'avait aidée à démarrer au Licancabur.

J'avais maintenant un financement pour aller dans les Andes et explorer les lacs d'altitude pour les cinq ans à venir. Il y eut aussi le projet de David Wettergreen qui fut sélectionné par un programme d'astrobiologie et de technologie de la NASA. J'étais directrice scientifique sur ce projet qui allait nous permettre de répéter et de tester un concept de mission de rover caractérisant l'habitabilité et la recherche de la vie sur Mars pendant quatre ans dans le désert d'Atacama. J'avais trente-neuf ans et je venais de devenir directrice de recherche du jour au lendemain. À partir de ce moment-là, et pour près de neuf ans, ma vie allait se concentrer sur l'exploration des lacs et des rivages planétaires passés et présents sur Mars et sur la Terre. Cette quête me ramènerait vers notre planète et m'ouvrirait aussi une fenêtre sur le cosmos.

La mission des rovers allait nous permettre avec Edmond de découvrir Gusev depuis la surface en 2004, après l'avoir étudié depuis l'orbite martienne pendant si longtemps. Elle nous entraînerait dans une odyssée fantastique, une exploration de la surface de Mars avec Spirit qui dura six ans, suivie par celle d'Opportunity pendant un total de quinze ans, sur des distances marathoniennes.

J'avais été attirée par Gusev dès le premier instant. La vallée de Ma'adim avait creusé le plateau martien profondément sur des centaines de kilomètres pour terminer dans un cratère d'impact de 160 kilomètres de diamètre. C'est un système fascinant, particulièrement compte tenu de son ampleur. La vallée elle-même a probablement une forte composante tectonique dans sa formation et n'a pas été entièrement creusée par l'eau, mais l'eau utilisa les faiblesses de la croûte martienne pour trouver son chemin vers le bassin. La vallée paraît suivre des failles et des lignes de fracture, mais des terrasses toutes à la même élévation le long de son parcours ne peuvent avoir de sens qu'avec un changement de niveau dans le chenal. L'explication la plus simple, hydrologiquement, est que l'accumulation de sédiments dans le bassin de Gusev a changé le niveau de base du chenal au cours du temps. Il y a aussi un autre vaste bassin au sud qui ressemble à un bassin-versant potentiel pour la rivière mais la résolution des images de la mission Viking ne pouvait que le suggérer à l'époque. L'hypothèse fut confirmée des années plus tard avec la mission Mars Global Surveyor et la caméra à haute résolution HiRISE à bord de Mars Reconnaissance Orbiter. Le système fluvio-lacustre formé par Ma'adim et Gusev était un paradis pour hydrogéologues, un terrain d'étude qui allait demander une investigation approfondie pour pouvoir reconstituer une histoire vieille de presque 4 milliards d'années.

Pratiquement dix-neuf ans s'étaient écoulés entre ma première rencontre avec Gusev au laboratoire de Meudon et le 4 janvier 2004 (UTC), le jour de l'atterrissage du rover Spirit. Au cours de cette période, l'étude de cet ancien bassin d'impact m'avait fait changer d'université et entraînée vers l'exploration planétaire. Il m'avait fait traverser des continents, et m'installer au cœur de la Silicon Valley. À bien des égards, je dois ma vie et ma carrière aujourd'hui à un cataclysme vieux de 4 milliards d'années sur Mars.

Spirit atterrit à Gusev sur une surface complètement plane, et c'était intentionnel. Sa sélection avait été difficile à bien des égards et les contraintes environnementales pour les ingénieurs n'avaient pas été le moindre de ces obstacles. Avec Edmond, j'avais introduit Gusev et Ma'adim dans la communauté planétologique américaine au milieu des années 1990 au travers de publications mais aussi de conférences. Je faisais des présentations dès que l'occasion se présentait, y compris durant la préparation de la mission Pathfinder en 1997. Mais il était évident que le petit Sojourner Truth n'était pas le type de rover qui aurait pu permettre une exploration approfondie de Gusev. La mission Pathfinder, composée d'une plateforme d'atterrissage et d'un rover, était avant tout une démonstration technologique. La petite taille, le design du rover et la durée de la mission n'étaient pas conçus pour couvrir de longues distances. La charge utile était minimale et limitée à l'étude de la structure de l'atmosphère martienne lors de la descente, une expérience météorologique, des caméras pour la science et l'ingénierie, et un spectromètre pour déterminer la composition élémentaire des roches et du sol.

Pour Gusev, nous avions besoin d'un rover capable de couvrir de grandes distances et des instruments qui pourraient nous permettre de révéler l'histoire géologique et environnementale du cratère. L'opportunité se présenta après la perte de Mars Climate Orbiter et Mars Polar Lander en 1999. Mars Odyssey avait été lancé pour accumuler les données climatiques qui viendraient compléter les nouvelles connaissances sur l'évolution géologique passée engrangées par Mars Global Surveyor. Mars Odyssey allait aussi devenir essentiel comme moyen de communication avec les missions au sol qui allaient se succéder à partir de 2004. Les rovers passèrent du concept à la production, et des tests au lancement, en trois ans, de 2000 à 2003. Ils allaient devenir des géologues planétaires de substitution, explorant Mars de façon autonome, seulement guidés par des commandes journalières envoyées depuis une distance de 150 millions de kilomètres.

À bien des égards, cette mission incarna l'engagement exceptionnel de tous ceux qui y participèrent. Le plus étonnant fut de réaliser qu'au-delà des ingénieurs et des chercheurs une nation tout entière se mobilisait pour contribuer à une mission qui pulvériserait tous les records. Des pièces furent construites dans tout le pays par des personnes qui n'avaient rien à voir avec l'exploration planétaire. L'ampleur de leur contribution devint encore plus évidente quand vint le jour du lancement de Spirit alors que nous étions réunis en Floride. Des membres du siège de la NASA, de l'équipe scientifique et technique de la mission, des invités d'honneur ainsi que d'autres dignitaires étaient rassemblés dans l'auditorium principal au Kennedy Space Center pour célébrer le lancement de la mission. Durant l'un des discours, l'administrateur de la NASA à l'époque, Sean O'Keefe, rendit hommage à une femme qui avait cousu les airbags et qui se trouvait dans l'auditorium. D'autres qui, comme elle, avaient contribué à la mission étaient également présents. Quel que soit le nombre de docteurs en science ou d'ingénieurs impliqués dans le projet, son succès reposait sur un atterrissage sûr du rover protégé dans un cocon d'airbags, ses seuls amortisseurs contre un arrêt soudain et brutal après un voyage de six mois dans l'espace. Si cette femme n'avait pas fait son travail correctement, il n'y aurait pas de mission. Point. Elle incarnait parfaitement la dimension humaine et publique de cette épopée.

Spirit et Opportunity symbolisaient la renaissance de l'exploration de Mars après le désastre de 1999, ainsi que les espoirs d'une nation qui refusait d'accepter l'échec et repartait dans l'espace en rugissant. Non seulement les rovers devaient être prêts en un laps de temps absolument ridicule pour ne pas manquer la fenêtre de tir de 2003, mais nous devions aussi leur trouver deux sites d'atterrissage correspondant aux objectifs de la mission. Aussi, la communauté scientifique se mit au travail rapidement. Nous avions deux ans pour identifier ces sites et donner aux ingénieurs suffisamment de temps pour les valider. J'étais alors complètement immergée dans le processus et ce n'est que plus tard que j'ai réalisé l'énormité de la machinerie mise en place en arrière-plan pour que tout soit prêt à temps et pour transformer la déception de 1999 en un triomphe impensable alors.

En janvier 2001, le processus de sélection des sites d'atterrissage débuta. La première réunion eut lieu à NASA Ames, dans l'auditorium de la Space Science Division, à quelques pas de mon bureau. Tous les participants avaient dû soumettre un compte rendu de leurs travaux sur leurs candidats quelques semaines avant la réunion. Les nôtres incluaient huit sites potentiels, tous d'anciens lacs dans des cratères d'impact et tous très intéressants. Mais notre priorité était Gusev, et Gale Crater notre choix alternatif. Si le nom de Gale paraît familier, c'est parce qu'il est désormais le site d'exploration pour le rover Curiosity avec la mission Mars Science Laboratory.

Un total de 156 sites possibles fut proposé durant cette première réunion. Les missions orbitales avaient grandement amélioré la résolution spatiale et spectrale comparée à celle de Viking, et l'un des sites attirait une attention considérable. La région s'appelait Meridiani Planum. La raison de cet intérêt était une signature spectrale très distinctive qui contrastait fortement avec la poussière basaltique couvrant l'ensemble de Mars. La région de Meridiani, en revanche, était recouverte d'hématite, un oxyde de fer. La plupart des processus de formation de l'hématite demandent de l'eau, et parfois des processus hydrothermaux, et la devise du programme d'exploration de Mars était alors de « Suivre l'eau ». La NASA voulait savoir si Mars au début de son histoire était propice à la vie telle que nous la connaissons et, l'eau étant un élément essentiel à la chimie de la vie sur notre planète, Meridiani fut un des sites favoris dès le départ.

Alors que Mars Global Surveyor avait tourné les projecteurs sur Meridiani, la mission avait aussi montré que ce qui ressemblait à des dépôts lacustres dans Gusev au débouché de Ma'adim Vallis avec les données Viking était en fait des dépôts de lave. Cependant, la présence de la vallée suggérait que l'eau avait coulé et s'était accumulée dans Gusev très tôt dans l'histoire de Mars. Gusev était suffisamment ancien pour que des impacts d'astéroïdes plus récents aient pu exposer les anciens dépôts lacustres à la surface. L'intérêt pour Gusev était donc réel et intact dans la communauté. Le cratère de 20 kilomètres de diamètre de Thira à l'intérieur du bassin était considéré comme l'un des meilleurs endroits où de tels dépôts pourraient être accessibles, en particulier dans les buttes érodées d'éjecta du cratère que nous pouvions voir dans l'imagerie orbitale. Il y avait aussi une longue crête au nord-ouest de Thira. Son origine était incertaine, mais plusieurs dépôts clairs intriguaient un bon nombre d'entre nous. Cette crête ainsi que ces dépôts allaient entrer dans l'histoire de l'exploration seulement quelques années plus tard sous les noms de Columbia Hills (les collines de Columbia – un hommage à la navette spatiale perdue) et Home Plate. Mais, en ce temps-là, la sélection de Gusev était loin d'être acquise. Nous étions conscients que la présence de lave pouvait compliquer les choses et c'est pour cela qu'avec Edmond nous avions préparé une étude solide du cratère Gale qui fut publiée en 1998. Nous l'avions sous la main au cas où.

Le choix de Meridiani était évident. Le site était plat comme la main aussi loin que l'on puisse voir. La signature spectrale et l'absence d'obstacle topographique pour la sécurité de l'atterrissage en faisaient un favori absolu. Nous savions que tous les autres sites étaient en compétition pour un seul rover. Une fois la réunion terminée, il nous fallut attendre quelques semaines pour connaître les résultats de la première phase de sélection. La liste des sites avait été réduite de 156 à 7 candidats. Gusev était toujours parmi eux.

Les dix mois suivants furent consacrés à la préparation de la phase ultérieure de sélection. La NASA nous demanda cette fois de penser à l'exploration scientifique mais aussi aux contraintes d'ingénierie des candidats restants pour évaluer le degré de risque d'un atterrissage et la faisabilité de la science. Pendant ce temps, les ingénieurs modélisaient les paramètres atmosphériques et la vitesse du vent, ainsi que d'autres contraintes possibles liées à l'environnement de surface, comme une trop grande densité de roches, de sable ou de poussière, ou d'autres obstacles au sol qui pourraient présenter un danger pour les rovers.

La réunion suivante eut lieu en octobre 2001 à Pasadena près de Los Angeles dans un hôtel proche du JPL, le Jet Propulsion Laboratory. La première journée fut réservée aux présentations scientifiques et la seconde à l'évaluation des ingénieurs. Après les présentations du matin, je m'assis sur un banc à l'extérieur de la salle de conférences, préoccupée. Les nouvelles n'étaient pas bonnes pour Gusev. Le site présentait des risques à l'atterrissage. Mon inquiétude devait se lire sur mon visage car John Grant s'arrêta pour me demander ce qui n'allait pas. John était alors le *co-chairman* du comité de sélection des sites d'atterrissage avec Matthew Golombek. Il en connaissait la raison mais il me la demanda quand même, sourit et repartit après m'avoir donné quelques mots d'encouragement, répétant que nous n'étions qu'au début du processus de sélection et qu'il n'y avait encore rien de fait. La réunion se poursuivit et, à la fin de cette journée, seuls quatre candidats principaux et deux candidats optionnels demeuraient en compétition. À ma plus grande surprise compte tenu des risques identifiés par les ingénieurs, Gusev faisait toujours partie des quatre candidats principaux.

De retour à NASA Ames après la réunion, je pris une décision qui me paraissait nécessaire. Je savais que le moment était venu pour nous de nous séparer émotionnellement de Gusev. Se « séparer » de Gusev voulait simplement dire que nous allions inviter les collègues qui voudraient bien se joindre à nous pour contribuer aux phases suivantes de sélection et à l'étude scientifique de la région d'atterrissage. Il était bon que Gusev soit soumis au regard d'autres chercheurs qui pouvaient amener de nouvelles hypothèses et d'autres points de vue. L'avantage serait que nous limiterions les risques de préjugés, même inconscients, qui auraient pu être fatals à sa sélection.

Beaucoup de collègues de talent avaient vu leurs sites éliminés et étaient désormais spectateurs du processus de sélection. Nous avons contacté ceux qui avaient l'expertise requise et qui voulaient se jeter à nouveau dans la bagarre. Leur participation fut essentielle dans l'analyse des nouvelles données et, comme je l'avais espéré, elle nous permit d'élargir le champ des hypothèses scientifiques que nous pensions pouvoir tester avec la charge utile des rovers. Notre groupe grandit très rapidement, chacun des nouveaux membres apportant une énergie palpable.

La réunion suivante eut lieu à Pasadena en mars 2002. Nous avions préparé une liste des hypothèses scientifiques que nous voulions tester le long d'un parcours possible que nous avions identifié sur l'imagerie la plus récente. Les résultats des modèles développés par les ingénieurs continuaient eux aussi d'arriver, ne laissant plus que trois candidats en lice (Gusev, Meridiani et Isidis). Cette étape obligea le groupe de travail à chercher deux autres sites de remplacement, au cas où les derniers modèles disqualifieraient deux des candidats principaux.

La phase suivante de sélection inclut l'acquisition de données par le spectromètre d'émission thermale THEMIS à bord de Mars Odyssey pour compléter nos informations sur la minéralogie des sites. Les données furent présentées durant la quatrième, et dernière, réunion en janvier 2003. Nous étions de nouveau en route vers Pasadena pour y faire notre dernière présentation. Une fois les trois derniers candidats certifiés pour la sécurité de l'atterrissage, les ingénieurs et les chercheurs commencèrent à voter. Il s'agissait maintenant de choisir deux sites d'atterrissage entre Meridiani, Gusev et Isidis. Le vote était très serré. Après le premier tour, Gusev était troisième et il n'y avait que deux rovers. Les discussions continuèrent avant le second tour de votes. Michael Carr, une sommité mondiale en planétologie et un expert dans l'histoire de l'évolution de l'eau sur Mars, se leva et présenta ses arguments en faveur de Gusev. Il était aussi passionné que moi. Je le suivis et je conclus ma propre argumentation en résumant une fois de plus les points forts de Gusev. Les trois sites étaient incontestablement excellents. Ce n'était pas gagné mais nous avions fait tout ce que nous pouvions à ce stade. Le tour final de votes survint. Matt Golombek compta les mains levées pour chacun des sites. Gusev venait de se placer deuxième derrière Meridiani, devenant ainsi un site potentiel d'atterrissage pour l'un des deux rovers.

Avant que je puisse réaliser quoi que ce soit, la réunion était terminée et la salle se vidait. J'avais un micro et une caméra dans la figure, et un journaliste me demanda quel effet cela me faisait que Gusev soit sélectionné. J'étais toujours assise sur ma chaise, pas vraiment sûre de ce qui venait de se produire. Il y avait à peine un quart d'heure, Gusev avait été sur le point d'être éliminé. C'était la fin d'après-midi. Après l'interview, nous sommes sortis avec Edmond et nous avons marché environ quarante minutes l'un à côté de l'autre sur Colorado Boulevard, en silence, avant de nous asseoir finalement à la terrasse d'un restaurant.

Gusev était désormais l'un des sites d'atterrissage potentiels pour la mission de 2003. Ce n'était pas encore officiel. Nous attendions toujours les résultats de certains des modèles environnementaux et d'autres données scientifiques. La décision finale serait prise par le quartier général de la NASA en fonction des recommandations du comité d'étude. De plus, si, pour une raison quelconque, un seul des deux rovers pouvait décoller, sa destination serait Meridiani pour des questions relatives à la sécurité de l'atterrissage. En février 2003, la recommandation du comité au quartier général de la NASA fut d'envoyer MER-A et MER-B à Gusev et Meridiani. Les rovers n'avaient toujours pas de noms à l'époque. En juin 2003, ils devinrent connus sous le nom de Spirit et Opportunity.

Il y eut une évaluation finale indépendante de la communauté scientifique en mars 2003. En avril 2003, Ed Weiler, l'administrateur adjoint de la NASA pour les sciences spatiales, prit la décision finale. J'étais à mon bureau lorsqu'une de mes collègues fit irruption en criant : « Félicitations ! » Je n'avais pas encore vu les nouvelles mais l'annonce venait juste d'être publiée. Bien que le risque d'atterrissage soit plus grand à Gusev, Ed Weiler avait confirmé la sélection du cratère en raison de son grand intérêt scientifique. C'était désormais officiel. Nous allions atterrir à Gusev.

Abritée dans la capsule au sommet de la fusée Delta II, Spirit s'envole vers Mars le 10 juin 2003 depuis la Floride. Personne ne peut imaginer alors dans quelle épopée fantastique elle nous entraînera avec sa jumelle Opportunity.

11

Préoccupations terrestres et planétaires

Deux mois après la sélection de Gusev, nous étions en Floride pour le lancement de Spirit. J'avais déjà vu le rover bien avant qu'il ne soit placé au sommet de la fusée Delta qui se tenait maintenant sur le pas de tir. Étant l'un des membres de l'équipe scientifique, j'avais fait le trajet jusqu'à Pasadena où les responsables du projet nous avaient montré la « High Bay », ce grand hangar blanc où le rover était assemblé. Pour éviter les risques de contamination, nous n'étions pas admis à l'intérieur de cette salle blanche mais nous étions tous rassemblés à l'étage supérieur devant une longue baie vitrée. Nous avions une vue d'ensemble sur ce qui se passait dans la salle en contrebas. Trois hommes en combinaison blanche se tenaient près du bouclier thermique. L'un faisait des nœuds, un autre près de lui l'observait, alors qu'un troisième supervisait l'opération. Rien n'était laissé au hasard. Leurs mains étaient couvertes de gants blancs et les nœuds réalisés très lentement, avec précision. J'étais fascinée. Ces hommes avaient mon plus grand respect, non seulement pour leur attention aux détails et la concentration qu'ils mettaient dans chacun de leurs mouvements, mais aussi pour leur maîtrise dans l'art de faire des nœuds… Si tout se passait bien, le bouclier thermique serait sur Mars la prochaine fois que je le verrais. Cela me paraissait inimaginable, et pourtant.

Ce jour-là, je vis Spirit pour la première fois, perchée sur une table. Elle n'était pas encore complètement assemblée mais elle commençait à prendre de l'allure. Une note en passant : les vaisseaux d'exploration de la NASA sont tous du genre féminin et désignés par « elles », et les ingénieurs se font un point d'honneur à le rappeler à quiconque l'oublierait. Il y avait encore beaucoup de réglages à faire, beaucoup de tests à compléter, mais je n'avais aucun doute qu'elle serait sur le pas de tir dans les délais. Devant moi, la dimension humaine de l'exploration se dévoilait dans chacun des gestes méticuleusement accomplis – les personnes cachées derrière la magie.

La réunion avait aussi pour but de rassembler l'équipe scientifique pour la première fois et d'organiser une répétition générale des opérations. C'était un entraînement essentiel, des exercices qui devaient transformer une série d'individualités, des ingénieurs et des chercheurs, en une machine bien huilée capable de diriger les opérations d'un rover à 150 millions de kilomètres de distance à la surface de Mars. Nous devions prendre connaissance du rôle de chacun dans la mission, comprendre la chaîne de commandement et la manière d'établir un plan journalier d'activités scientifiques pour le rover, et surtout, quoi qu'il arrive, comment le remettre à temps aux ingénieurs pour la liaison satellite. Il y avait des fenêtres de communication que nous ne pouvions pas rater. C'est aussi durant ces tests que nous avons appris à établir des plans stratégiques d'exploration et à utiliser les données pour prévoir le trajet du rover à long terme.

Nous étions en configuration de mission. Et ce fut une débâcle complète… Nous nous regardions avec des sourires nerveux. Les rovers atterrissaient quand, déjà ? L'analogie la plus proche qui me vint à l'esprit fut celle de mon premier jour de prépa à Debussy quand notre professeur de français avait improvisé une dictée. Je crois que si nous avions été notés au JPL ce jour-là, les notes auraient aussi été négatives. Mais c'est précisément pour cette raison que nous faisions ces tests. Répéter toujours et encore, jusqu'à ce que chaque geste, chaque prise de décision devienne un réflexe. C'est aussi durant l'un de ces tests qu'une source sérieuse de malentendus fit surface. Bien que nous parlions tous anglais et prononcions les mêmes mots, ils pouvaient avoir des significations différentes dans les jargons techniques des ingénieurs et des chercheurs. Il fallait régler le problème immédiatement car un malentendu pouvait avoir des conséquences désastreuses durant la mission. Aussi, nous avons développé un dictionnaire qui devint obsolète avec le temps. Après quinze ans d'exploration commune, nous nous comprenions à demi-mot.

Chaque nouveau test améliorait notre chorégraphie de groupe et, après seulement quelques jours de véritable mission avec Spirit à Gusev, nous ressemblions à de vieux routards de l'exploration. La mission des rovers dura si longtemps (quinze ans au total) qu'il fallut sélectionner d'autres chercheurs pour nous aider lors des opérations qui ne se déroulaient plus au JPL, mais *via* téléconférences avec réunions virtuelles quotidiennes. Après tant d'années, beaucoup d'entre nous avaient choisi de poursuivre d'autres opportunités de carrière et d'autres projets. De nouvelles missions étaient aussi prévues et un grand nombre d'ingénieurs qui avaient acquis une expérience opérationnelle avec Spirit et Opportunity furent affectés à ces nouveaux projets. Cette mission fut un terrain fertile pour les jeunes chercheurs et ingénieurs qui se joignirent à nous au cours du temps et qui reçurent leur formation académique dans le cadre d'une vraie mission. Quelle façon merveilleuse de commencer une carrière…

En juin 2003, il fut enfin temps d'envoyer Spirit vers son destin. Elle nous avait précédés de quelques semaines au Kennedy Space Center. Le voyage de JPL à Kennedy fut l'occasion de voir, pour des raisons de sécurité, Spirit quitter les laboratoires dans un camion sans marquage et sous couvert de la nuit, passant l'entrée principale à minuit, devant des saluts militaires. C'est là que son voyage vers Mars commença. Elle allait traverser dans toute sa largeur l'étendue d'un pays qui s'était rassemblé autour d'elle et d'Opportunity pour rendre cette nouvelle odyssée planétaire possible. Des voitures de police banalisées l'escortèrent jusqu'à destination et le chauffeur du camion qui la transportait accomplissait son dernier voyage avant de prendre sa retraite.

L'équipe était aussi en Floride pour le lancement. Nous avions des réunions le matin et des activités associées à la mission dans l'après-midi, dont une partie au Kennedy Space Center. L'atmosphère était festive et l'excitation palpable. Edmond avait été invité en tant que membre de ma famille. Bien qu'il fût un collaborateur officiel du projet original que j'avais soumis à la NASA, la partie éducative avait été finalement prise en charge par la NASA, aussi sa participation avait été supprimée. Il m'accompagna malgré tout à Pasadena, mais resta à l'hôtel pendant mes heures d'opérations. Quand j'avais enfin fini, nous passions du temps ensemble, ce qui pouvait être à n'importe quelle heure du jour ou de la nuit. Les opérations pouvaient durer de quinze à dix-huit heures par jour, du moment où nous recevions les données du rover jusqu'au moment où nous lui envoyions les commandes pour la journée suivante d'opérations. Mais quand Spirit ne m'occupait pas, nous nous promenions ensemble le long de Colorado Boulevard.

Pour le lancement, notre hôtel à Cocoa Beach donnait sur la plage d'où nous pouvions voir la rampe de lancement à l'horizon. La fusée Delta II était haute et, perchée tout en haut, Spirit attendait son heure. Nous étions à la fin du printemps. Le temps était instable, et des orages puissants dans l'après-midi avaient déjà retardé le lancement de quelques jours. La fenêtre de tir se resserrait, tout le monde était un peu nerveux, mais le délai nous offrait aussi du temps libre. C'étaient des vacances improvisées mais bienvenues, les premières depuis bien longtemps. Nous avions découvert une boutique qui vendait des articles de surf et nous y avions acheté deux planches. Nous n'avions jamais pratiqué le bodysurf ni l'un ni l'autre, mais c'était l'endroit idéal pour apprendre et nous avons surfé quelques après-midi entourés de dauphins.

*

Puis vint le jour du lancement. Le temps était stable et nous avions une fenêtre de tir ouverte en début d'après-midi, le 10 juin à 14 heures, heure locale. Nous avons rejoint la zone d'observation à quelques kilomètres du pas de tir, d'où nous avions une vue imprenable. Nous pouvions entendre le compte à rebours dans les haut-parleurs et le speaker passer la liste des systèmes en revue. Tous feux au vert. Les dix dernières secondes restent gravées à jamais dans ma mémoire. Alors que les derniers feux verts étaient donnés, ma main commença à serrer celle d'Edmond plus fort. Et d'un seul coup, la voix du speaker retentit avec plus de force et d'émotion,

« … *and lift off of the Mars Exploration Rover Spirit…* » (et décollage de Spirit pour la mission Mars Exploration Rover). Il y eut d'abord la lumière, un flash blanc et or absolument fulgurant, suivi d'un tremblement, comme un coup de tonnerre monumental qui nous atteignit quelques secondes plus tard, frappant nos poitrines comme un ouragan invisible. Sur la rampe de lancement, le flash lumineux avait été remplacé par des nuages blancs et gris. Au-dessus de nous, Spirit avait déjà passé la couche nuageuse et se frayait un chemin à travers l'atmosphère terrestre en rugissant, à des kilomètres d'altitude. Il nous fallut attendre deux heures de plus pour avoir confirmation de son insertion sur la trajectoire qui l'emmènerait vers Mars. Spirit était en route vers son destin.

Cet après-midi-là, nous sommes retournés à la plage pour une dernière promenade avant de rentrer chez nous en Californie. J'ai regardé en direction du pas de tir comme je l'avais fait les jours précédents. Il était vide désormais. Spirit était partie. J'ai levé les yeux, essayant d'imaginer où elle pouvait bien se trouver à présent. J'ai aussi pensé à tout ce qui pourrait arriver pendant ces six mois de voyage vers la planète rouge. Il y avait tant de distance à parcourir avant d'atteindre Gusev. N'importe quoi pouvait arriver : des tempêtes solaires, des problèmes mécaniques sur le « bus », le vaisseau spatial qui la transportait. Même si la séparation de Spirit et du bus se passait sans problème, il fallait encore que le bouclier thermique fonctionne parfaitement quand elle traverserait l'atmosphère, que le parachute s'ouvre, que les airbags se déploient, et il lui faudrait survivre à l'impact de l'atterrissage. Il faudrait encore qu'elle puisse corriger sa position si elle n'était pas orientée comme il fallait et… et… et… La liste des « et si » était interminable. Puis mon regard se posa de nouveau sur l'océan. Il était paisible, les vagues caressant le sable dans un doux ressac. J'avais ma réponse juste là, devant mes yeux.

J'avais accompli tout ce qui était en mon pouvoir et il n'y avait rien de plus que je puisse faire dans les six mois suivants. Je me promis d'essayer d'oublier la mission jusqu'à ce que Spirit atterrisse à Gusev. Bien sûr, il était impossible de complètement oublier la mission, mais j'avais la logistique de mon expédition dans les

Andes à préparer et ça m'occuperait l'esprit. Et puis, bien sûr, la vie continuait et, comme ce fut le cas si souvent auparavant, elle allait m'écarteler encore une fois entre ciel et enfer, les évènements extraordinaires de ma vie professionnelle contrastant avec des chagrins profonds dans ma vie personnelle.

Ma sélection dans l'équipe du rover en 2002 fut suivie par la disparition de ma grand-mère Cabrol, qui décéda à quatre-vingt-neuf ans quelques mois plus tard. Ce n'était pas tellement son âge qui rendait son décès douloureux. Ce furent les circonstances qui accompagnèrent sa disparition. J'étais dans les Andes pour ma toute première expédition entre octobre et novembre 2002. Quelques jours après le début de l'expédition, nous avions dû aller à La Paz en Bolivie pour faire signer un permis qui nous manquait encore. Une fois libérée des contraintes administratives, j'avais profité d'un moment de tranquillité pour appeler mes parents et leur faire savoir que tout allait bien. C'est là que j'appris le décès de ma grand-mère survenu huit jours plus tôt. Elle avait été enterrée. Mon cœur se serra. Elle m'avait envoyé une lettre début octobre, avant mon départ sur le terrain. Elle devait être opérée des jambes et l'opération s'était passée sans problème. Le chirurgien avait recommandé qu'elle aille dans une maison de retraite au lieu de rentrer chez elle et de continuer de vivre seule. Ma grand-mère avait gardé sa maison après le décès de mon grand-père en 1975. J'avais continué de lui rendre visite, quelquefois un peu en hiver et deux semaines en été, mais en vérité elle y était souvent seule. Ça lui importait peu. Elle voulait rester dans cette maison où elle avait toutes ses photos et ses souvenirs. Ne plus pouvoir y retourner fut sa condamnation à mort. Bien que l'opération ait réussi, elle décida que son heure était venue et, sans que personne ne puisse expliquer pourquoi, elle mourut une semaine plus tard.

La santé de mon père continuait aussi de décliner. J'étais en communication avec son docteur depuis les États-Unis et les perspectives n'étaient pas réjouissantes. Sa maladie gagnait du terrain. La médecine avait de plus en plus de mal à prendre le dessus sur un œdème qui l'envahissait.

Quelques mois plus tôt, j'avais annoncé à mes parents que, contrairement aux autres années, nous ne pourrions pas leur rendre visite pour Noël parce que nous devions préparer notre départ pour la mission du rover à Pasadena. Puis, le 18 décembre 2003, je me suis réveillée et, sans pouvoir expliquer pourquoi, j'ai demandé à Edmond de nous trouver deux billets d'avion pour la France. Je savais seulement qu'il fallait que nous y allions sans attendre. Edmond ne me posa pas de questions et acheta les billets. Nous arrivâmes le 21 décembre dans l'après-midi chez mes parents. Mon père mourut en fin de matinée le 23 décembre.

La dernière image que j'ai de mon père vivant est lui se regardant dans le miroir de la salle de bains alors qu'il se préparait. Il était environ 10 h 30. J'étais dans le salon avec Edmond. Mon père retourna dans sa chambre. Un voisin arriva et je lui ouvris la porte. Nous étions en train de parler quand Mimi nous interrompit pour me dire que mon père était tombé. Je la suivis dans la chambre où il gisait par terre, inerte. Le voisin appela le docteur du village tandis que Mimi appelait les pompiers. Elle pensait qu'il avait eu une syncope. Le docteur arriva avant les pompiers. Je ne pouvais pas trouver le pouls de mon père et il ne respirait pas non plus. J'ai commencé un massage cardiaque pendant que le médecin l'auscultait pour essayer de trouver un signe de vie. Mimi était toujours dans la pièce et je savais que désormais nos efforts étaient surtout pour elle.

J'ai dû laisser mon père partir après avoir essayé en vain de le ramener à la vie pendant vingt minutes sur le carrelage froid de sa chambre, alors qu'en même temps quelque chose en moi priait pour qu'il s'en aille et qu'il se libère enfin d'une maladie qui le tuait à petit feu. Il mourut là, laissant un abîme dans mon cœur qui ne se referma jamais. Mon père gisait là, mort sur le carrelage de cette chambre. Je venais de le perdre pour la seconde fois, la première quand j'étais une petite fille puis une jeune femme avec qui il partageait si peu ses sentiments, et le jour de sa mort, ce 23 décembre 2003, quand nous avions enfin entamé un dialogue, quand je commençais finalement à découvrir un père.

J'appris plus tard qu'il était intarissable sur ma sélection dans l'équipe du rover et mon rôle dans la sélection de Gusev. Il fut enterré le 25 décembre 2003 dans le cimetière du village où mes parents avaient leur maison. Je n'aurais pas dû être en France ce jour-là mais en route pour le JPL à Pasadena. Étrangement, je continue de penser aujourd'hui que mon père trouva un moyen de me faire savoir que le moment était venu et qu'il était temps de se dire au revoir. J'ai écouté mon intuition ce matin-là en me réveillant et absolument rien n'aurait pu m'empêcher d'aller en France. Quelque chose en moi savait. Mon père ne serait pas un nom de plus sur la longue liste de ceux qui avaient disparu de ma vie sans que je puisse les revoir. Je n'ai pas pu le sauver mais, au moins, j'étais près de lui.

Nous avons aidé Mimi à mettre les papiers en ordre les jours suivants. Puis elle partit quelque temps chez son frère. De notre côté, nous reprîmes le chemin de la Californie et de Pasadena. Mon père ne vit jamais Spirit atterrir à Gusev. D'un autre côté, il ne fut probablement jamais aussi proche de moi qu'au moment où Spirit atterrit, quand je sentis si fort sa présence à mes côtés au JPL. Les choses ne s'arrangèrent pas vraiment dans les mois qui suivirent. La santé de Mimi continua de se dégrader avant que finalement un traitement ne commence à l'aider vraiment.

À la fin des six mois de mission principale en juin 2004, l'équipe scientifique quitta le JPL. La mission allait être dirigée virtuellement par téléconférence depuis nos locaux et nous pensions qu'après six mois de missions à raison de dix-huit heures par jour nous avions mérité quelques vacances. Aussi, nous repartîmes pour la France, emmenant avec nous notre amie Brenda Simmons et, après avoir pris Mimi en passant, notre petite troupe s'embarqua dans un grand tour de France des Pyrénées aux Alpes.

De retour en Californie quelques semaines plus tard, une montagne de courrier s'était accumulée au bureau pendant notre absence et la messagerie des téléphones était au rouge. Edmond commença par ouvrir le courrier qu'il avait emporté de la maison. J'étais occupée de mon côté quand je sentis sa présence derrière moi. Il avait une lettre à la main qu'il jeta sur mon ordinateur. Edmond n'avait jamais de gestes déplacés, ce n'était pas dans son habitude. J'étais interloquée. Je pris la lettre et commençai à lire. Elle venait de l'hôpital. Avant notre départ, Edmond avait fait une série d'examens et les résultats révélaient un cancer.

Depuis le jour où ma carrière prit son essor en 2002, ceux qui m'avaient aidée à trouver ma voie disparurent les uns après les autres, ou bien durent mener un combat sans merci pour leur vie. Au milieu de la mort et de la destruction, j'allais les accompagner dans leurs luttes, constamment confrontée à un tourbillon émotionnel, et malgré tout essayant de maintenir le cap.

Spirit à « McMurdo ». Ce panorama capturé par Pancam, la caméra stéréo à bord de Spirit, montre la région choisie pour « l'hibernation » de Spirit entre les mois d'avril et d'octobre 2006. Pendant cette période, Spirit resta immobile sur une petite colline, ses panneaux solaires inclinés vers le soleil pour maintenir une charge de batteries suffisante pour permettre quelques observations scientifiques journalières pendant l'hiver martien. Elle reprit la route au printemps.

12

Une odyssée fantastique

Durant les heures qui précédèrent l'atterrissage de Spirit, l'excitation était palpable. Mars s'apprêtait à recevoir son exploratrice la plus audacieuse à ce jour, et ce n'était qu'un début. Sa jumelle Opportunity était seulement à trois semaines derrière elle et continuait de naviguer sur le vaste océan interplanétaire. Abritée à l'intérieur de la sonde spatiale, Spirit allait recevoir le plus brutal des réveils après un sommeil prolongé de six mois. Cette incroyable odyssée planétaire me laissa avec un profond respect pour les ingénieurs qui s'occupèrent de nos deux rovers. Ils avaient une véritable affection pour Spirit et Opportunity et ne firent jamais rien qui aurait pu les mettre en danger. Ils étaient protecteurs et attentifs, permettant aussi à l'équipe scientifique de prendre un peu plus de risques (calculés) chaque jour dans nos plans d'activité, tout en gardant une maîtrise absolue de leurs manœuvres et de leur navigation, mais faisant en sorte que nous puissions obtenir nos données. Ce sont mes héros.

La nuit de l'atterrissage, nous étions rassemblés au JPL dans une grande salle de réception, alors que d'autres étaient dans la salle des opérations. Des exclamations de joie accueillirent l'annonce de la séparation du bus et de la sonde transportant Spirit. La situation commençait à s'accélérer. Pas de retour en arrière possible, pas de seconde chance. Les visages trahissaient une tension grandissante. Bientôt, si tout se passait bien, nous aurions notre première communication avec Spirit.

Les premiers jours seraient consacrés à la vérification des systèmes et à la préparation de la sortie qui permettrait enfin à Spirit de déplier ses roues, se redresser, descendre de la plateforme d'atterrissage sur laquelle elle reposait, et enfin toucher le sol martien.

À l'instant de sa séparation avec le bus qui l'avait transportée jusqu'à l'orbite de Mars, tout cela n'était encore que pure conjecture. Spirit était maintenant seule, traversant l'atmosphère martienne, prête à écrire une épopée extraordinaire et certaines des pages les plus glorieuses de l'histoire de l'exploration planétaire. Son Graal reposait quelque part au-delà du rideau ardent de l'atmosphère martienne qu'elle devait encore traverser avant de pouvoir atteindre les roches et les affleurements géologiques qui étaient son but. Gardiens immobiles figés par le temps, ils formaient un livre de pierre, les pages d'une histoire passée plus clémente, quand les conditions auraient pu être favorables à la vie. Spirit avait pour seule armure un bouclier thermique et des airbags. Environ 200 boulons explosifs allaient tous devoir fonctionner parfaitement pour qu'elle puisse atteindre la surface en sécurité. Il ne pouvait y avoir aucune exception.

Je suis restée dans la salle de réception avec les invités au moment de la séparation. C'est de là que j'ai assisté à l'atterrissage en compagnie d'Edmond. Il ne pouvait pas accéder à la salle des opérations et, puisque nous avions accompli ce voyage d'exploration ensemble jusque-là, nous serions, comme toujours, côte à côte pour voir Spirit atterrir à Gusev.

Partout où je me tournais, je pouvais voir des visages familiers de collègues, les directeurs de programmes du quartier général de la NASA, des dignitaires et d'autres invités. L'heure fatidique approchait. J'avais du mal à comprendre qu'en raison du décalage dans le temps Spirit aurait déjà atterri au moment où nous recevrions la confirmation qu'elle entrait dans l'atmosphère martienne. Tout était déjà écrit, pour le meilleur ou pour le pire. Les « sept minutes de terreur » ne seraient que l'écho d'un passé proche.

Puis tout s'enchaîna très vite. Les micros et les haut-parleurs commencèrent à relayer la voix de l'ingénieur indiquant chacune des phases d'entrée, de descente et d'atterrissage. Une voix calme, posée, professionnelle. Nous savions combien de temps nous séparait de la phase suivante : le parachute s'était déployé et le bouclier thermique avait été éjecté. Le radar était verrouillé. Le vaisseau descendait, sa chute ralentie par le parachute, et il cherchait maintenant un endroit sûr pour se poser. La confirmation que les airbags s'étaient déployés nous arriva peu de temps après. Jusque-là, tout fonctionnait comme prévu. La tension était palpable dans la salle quand les haut-parleurs résonnèrent de nouveau : « Nous avons confirmation du vaisseau rebondissant à la surface ! » Des applaudissements commençaient à se faire entendre mais ils étaient encore contenus. L'atterrissage ne serait un succès que si nous survivions au dernier rebond.

Un silence interminable s'ensuivit. Nous nous regardions tous. Puis le signal arriva sur les écrans. Spirit venait de nous envoyer un message pour nous dire qu'elle reposait désormais à la surface de Mars. L'assemblée explosa de joie, tous criant, hurlant, pleurant, sautant dans les bras les uns des autres, comme des enfants dans une cour d'école à la récréation. Quelques instants plus tard, toute communication cessa avec Spirit.

Le signal que nous avions reçu de Mars jusque-là avait été au mieux intermittent, mais il venait de disparaître complètement. L'ingénieur à l'interphone se voulait rassurant. Il y avait toutes sortes de bonnes raisons pour le silence de Spirit. La Terre se couchait dans le ciel martien, ce qui pouvait expliquer la perte du signal. Je me tenais immobile près d'Edmond, attendant en silence comme tout le monde. Dix minutes passèrent et toujours rien. Je me rappelle distinctement avoir pensé : « On ne peut pas te perdre maintenant… », mais je n'eus jamais le temps de finir ma pensée. Après environ un quart d'heure de silence, l'interphone revint à la vie : « Le voilà (le signal) ! Le voilà ! Enfin ! » À travers l'espace interplanétaire, Spirit venait d'envoyer la confirmation que tout allait bien. Le signal avait été intercepté et relayé par le Deep Space Network, les antennes que la NASA utilise à travers le monde pour communiquer avec ses missions spatiales. Un chaos invraisemblable s'ensuivit.

C'était surréel. Nous courions dans les étages. Les ascenseurs s'ouvraient et nous sautions dans les bras de quiconque s'y trouvait, et peu importait si nous nous connaissions ou pas. Nous étions pris dans un tourbillon. De retour à la salle de réception, Dave Lavery, en charge du programme de Mars au quartier général de la NASA à l'époque, m'attrapa par les bras et me fit tourner dans les airs avant que j'aie pu comprendre ce qui m'arrivait. Nous étions fous de joie.

*

Spirit atterrit le 3 janvier 2004 à 20 h 35, heure du Pacifique (le 4 janvier 2004 à 4 h 35 UTC). Trois heures plus tard, elle nous envoya sa première image et le premier panorama suivit un peu plus tard. Le site d'atterrissage était un vrai paradis pour ingénieurs, absolument plat et parfaitement ennuyeux. Nous avions atterri exactement là où nous le désirions : sur une plaine de basalte, avec quelques pierres et du sable. Une roche isolée attira notre attention immédiatement. Bientôt connue sous le nom d'Adirondack, elle fut notre premier objectif d'analyses quand Spirit eut enfin ses roues sur le sol martien. Nous savions grâce aux images à haute résolution de Mars Global Surveyor que nous allions atterrir sur une plaine de lave et, effectivement, la lave était tout autour de nous, et aussi loin que nous pouvions voir. Nous avions espéré trouver un affleurement mais n'avions rien en vue et nous devions nous mettre au travail.

Ce n'était plus un test désormais. Spirit était sur Mars. De retour dans la salle des opérations, nous avons commencé à regarder les images orbitales pour nous localiser avec l'aide du panorama au sol. Nous effectuions une bonne vieille triangulation en regardant les images de Spirit sur le grand l'écran. Pendant ce temps, les ingénieurs passaient en revue les systèmes du rover, évaluant son état, et préparant sa sortie de la plateforme prévue dans les quatre jours qui suivraient. Nous étions sur Mars, posés à l'intérieur d'un cratère d'impact vieux de 3,9 milliards d'années.

Les six mois de mission principale furent inoubliables. Les jours se transformaient en nuits, nos montres avançant de 40 minutes chaque jour en raison de la différence entre la durée du jour martien et du jour terrestre. Nous pouvions arriver au JPL en milieu d'après-midi et finir les opérations tôt le lendemain matin. Nous étions alors accueillis par un soleil éblouissant en sortant de l'ascenseur après avoir complété notre plan pour la journée de travail de Spirit sur Mars. Il était parfois difficile de garder nos yeux ouverts pendant la dernière réunion, quand nous nous rassemblions pour discuter de l'acquisition des données et des analyses que nous voulions effectuer sur Mars le jour suivant. Nous devions toujours prendre en considération les priorités, les instruments et, bien sûr, l'énergie dont nous disposions avec les panneaux solaires pour les opérations mais aussi pour la communication. De courtes pauses nous permettaient d'accumuler les longues heures. Charles Elachi, le directeur du JPL, y mettait du sien pour maintenir le moral des troupes au beau fixe. Il avait demandé qu'un freezer soit installé à notre étage et constamment réapprovisionné en glaces pendant toute la durée de la mission principale. Mon parfum préféré : Cherry Garcia.

Les anecdotes ne manquèrent pas avec Spirit et Opportunity, explorant Mars à l'opposé l'une de l'autre sur la planète. Mais, alors que l'attention était en grande partie portée sur les découvertes et les résultats, beaucoup moins fut dit sur la dynamique de l'équipe de la mission et sur son unité. C'est probablement un héritage tout aussi remarquable de cette première mission de rovers. Notre équipe, que ce soit le management, les chercheurs ou les ingénieurs, a dû ouvrir la voie. Tout devait être inventé : la structure de l'équipe, la chaîne de commandement et les différentes répartitions des tâches. Notre équipe était composée de très fortes personnalités de la planétologie. Lorsque je l'ai rejointe pour le premier test de préparation, j'eus l'impression d'entrer dans la bibliothèque de l'université et voir tous les noms de mes manuels de classe. J'admets que pendant une fraction de seconde j'eus des doutes quant à la possibilité de transformer tant de personnalités scientifiques en une équipe. Pourtant, tous ont joint leurs forces, tous ont profité du privilège de faire partie d'une exploration extraordinaire. Ça ne veut pas dire que nous étions toujours d'accord. Il y avait des discussions autour des priorités et des objectifs quotidiens, mais le succès de la mission était l'objectif de tous, et ces deux rovers et leurs équipes furent dirigés de main de maître par Steve Squyres, le directeur scientifique de la mission, et son adjoint, Ray Arvidson.

J'ai écrit un éditorial en février 2019 pour l'Institut SETI après qu'Opportunity eut cessé de communiquer. Il traduisait mes sentiments alors que le dernier chapitre de la mission se refermait et qu'Opportunity venait d'entrer dans les livres d'histoire de l'exploration planétaire. Je le reproduis ici car il traduit mes sentiments sur cette mission extraordinaire :

Chaque membre d'équipe a ses propres souvenirs, mais tous ceux qui se sont joints à la mission des rovers sur Mars vous diront probablement la même chose : après quinze années d'opérations, cette mission était devenue partie intégrante de chacun d'entre nous. Nous sommes pour toujours une famille, où que l'avenir nous emmène, maintenant que les dernières données ont été reçues et archivées, et que la dernière chanson pour réveiller Opportunity comme chaque matin s'est perdue dans le vent martien quelque part à Meridiani Planum. Où que nous allions désormais, Spirit et Opportunity feront partie de nos existences après les avoir marquées à jamais.

Pendant un court instant, nous sommes devenus les parents et les gardiens de jumelles espiègles. Elles avaient chacune leur personnalité, et chacune allait écrire à sa façon l'histoire de l'exploration. Spirit dut toujours travailler dur pour chacune des découvertes inestimables qu'elle fit, alors qu'Opportunity, après un voyage de 150 millions de kilomètres, réussit un atterrissage en plein dans le mille, au milieu d'un cratère d'impact où un affleurement attendait d'être exploré, et avec lui la première preuve irréfutable que l'eau avait coulé sur Mars dans un passé lointain. Dans des régions opposées de Mars, toutes deux allaient démontrer sans l'ombre d'un doute que Mars avait été autrefois habitable pour la vie telle que nous la connaissons. Elles découvrirent d'anciens environnements hydrothermaux, des carbonates, des sulfates, des argiles, de l'hématite, des sites où l'eau s'était accumulée, des champs de dunes et les traces d'une planète qui avait vacillé entre l'eau et l'aridité, jusqu'au jour où l'eau avait fini par complètement disparaître de sa surface.

Elles avaient emporté avec elles nos espérances pour une première exploration à grande échelle d'une planète qui deviendra peut-être un jour la seconde demeure de l'humanité dans le système solaire, et le monde entier applaudit avec nous. Nous étions exaltés par leurs accomplissements mais aussi continuellement inquiets pour leur santé. On peut blâmer l'anthropomorphisme, mais il était facile d'y succomber. Il y eut les alertes rouges quand l'énergie était à la limite, les ensablements, les pentes insensées, les rochers en travers de la route, les dérapages dans la poussière, et la nécessité de trouver un « refuge pour l'hiver ». Dans notre jargon, cela voulait dire trouver une pente avec juste le bon angle et la bonne orientation. Nous avions besoin d'accumuler de l'énergie avec les panneaux solaires afin de survivre à l'hiver quand les températures devenaient trop basses pour continuer nos recherches ou simplement avancer. En réalité, il n'était même plus vraiment question de science parfois. Nous devions maintenir une température minimale pour préserver le rover. Cette nécessité devint une source de planification stratégique et une course contre la montre chaque hiver martien. Ce fut particulièrement vrai le premier hiver, quand nous avions encore tout à apprendre sur ce que les rovers pouvaient endurer, jusqu'où nous pouvions les pousser, et ce que nous pouvions accomplir avec eux. Nous avons travaillé ensemble avec passion, rovers, chercheurs, ingénieurs, responsables du projet, tous côte à côte. Notre lien avec les rovers ne fit que se renforcer avec le temps.

Spirit atterrit sur une plaine de lave plate comme la main. Les collines de Columbia étaient en vue à 3 kilomètres à l'est mais, à l'allure du rover, un trajet d'une durée de six mois, contre un peu plus d'une heure de marche pour un être humain. Nous voulions accumuler des données en chemin. Nous avions tout juste assez de temps pour atteindre les collines avant l'hiver et, après un court détour par le cratère Bonneville au nord, nous avons mis le cap à l'est et nous n'avons jamais regardé en arrière. Mais, avant de quitter Bonneville, nous avons capturé avec nos caméras une partie du bouclier thermique qui reposait sur le rempart opposé du cratère. C'était désormais un morceau de métal brûlé sur une plaine de lave rouillée. Je me suis demandé pendant un instant ce qu'il restait de tous ces nœuds... Le parachute n'avait pas atterri très loin non plus. Il apparut environ 700 mètres plus à l'ouest dans l'imagerie orbitale.

À partir de ce moment, les collines de Columbia devinrent notre objectif. La récompense de cette course contre la montre survint au Sol 156

– un « sol » est un jour martien, soit environ 24 heures et 37 minutes. Nous étions le 11 juin 2004. Ce jour-là, comme d'habitude à la fin d'une journée de parcours, Spirit envoya un panorama qu'elle avait pris avec ses caméras de navigation. Au premier abord, la paire d'images stéréo en noir et blanc paraissait assez banale mais nous avons compris immédiatement sa signification au moment où elle apparut sur nos écrans. Les roues avant de Spirit étaient posées sur West Spur, le piémont des collines de Columbia, alors que ses roues arrière étaient encore sur la plaine de lave. C'était comme si nous nous trouvions à cheval sur la limite K/T ici sur Terre, là où les dépôts séparent l'âge des reptiliens et des dinosaures de celui des mammifères. Ce jour-là sur Mars, Spirit s'endormit à la limite de deux mondes : la planète Mars du début de son histoire qu'elle s'apprêtait à découvrir, sur laquelle l'eau coulait encore en surface et qui aurait pu être habitable pour une vie primitive telle que nous la connaissons ; et puis la planète Mars telle que nous la voyons aujourd'hui, un monde aride, froid et hostile qu'elle allait laisser derrière elle pour toujours dans les plaines de lave. Spirit allait pénétrer dans une machine à remonter le temps. Elle allait faire d'incroyables découvertes dans les collines de Columbia tout en accomplissant la première ascension sur Mars.

De l'autre côté de la planète, Opportunity voyageait aussi dans le temps, s'immergeant chaque fois un peu plus profondément dans les archives temporelles avec l'exploration d'affleurements à l'intérieur des cratères d'impact Eagle, Endurance, Victoria et Endeavour. Chacun des rovers ouvrit un livre de pierre pour nous, révélant l'histoire incroyable d'un monde perdu. Les cartes postales de Mars que nous recevions chaque jour étaient partagées avec la Terre entière. Quiconque ayant accès à Internet pouvait prendre son café le matin et être parmi les premiers êtres humains à découvrir un nouveau paysage sur une planète lointaine. La mission transforma chaque humain en un explorateur planétaire, jour après jour, pendant quinze ans. Chaque image nous rappelait à quel point Mars est tout à la fois étrangement familière et si différente : un coucher de soleil, une vallée, des dunes, une colline… et pour ainsi dire aucune atmosphère.

Quelques jours après leur atterrissage, Spirit et Opportunity quittèrent prudemment la plateforme des vaisseaux qui les avaient protégées pendant leur voyage. Avant de les quitter pour toujours, elles se retournèrent et jetèrent un dernier regard à ce qui avait été leur refuge jusqu'à cet instant. Si les images emblématiques des « nids vides » nous ont tellement touchés, c'est parce qu'elles représentaient une métaphore de la destinée humaine. Comment ne pas voir un parallèle entre leur épopée et la nôtre ? Ces images étaient des symboles puissants alors que Spirit et Opportunity prenaient enfin leur destinée en main. Elles partaient explorer librement l'immensité du paysage martien, toujours suivies du regard par la formidable équipe d'ingénieurs qui fit en sorte de constamment éviter les problèmes avant qu'ils ne se présentent, permettant ainsi à l'équipe scientifique de devenir un peu plus audacieuse chaque jour. Je me souviens en particulier du jour où nous avons reçu un panorama partiel de Spirit vers la fin du premier printemps martien. L'horizon était incroyablement incliné, ce qui n'avait pas de sens. Puis nous avons compris que c'était Spirit qui était penchée, et par plus de 30 degrés. Comme une adolescente indisciplinée, elle nous avait envoyé un selfie.

Grâce à la maîtrise des ingénieurs, Spirit entreprit l'ascension des collines de Columbia, conquérant le sommet de Husband Hill le 23 août 2005 (Sol 582). Elle nous renvoya un panorama spectaculaire de « Tennessee Valley ». Plus tard, sa jumelle allait aussi obtenir son diplôme d'alpinisme sur une pente encore plus raide, alors qu'elle effectuait des analyses sur les affleurements du cratère Victoria. Glissant et dérapant, elle finit par avoir suffisamment de prise pour trouver son chemin et sortir du cratère. Elle eut aussi à affronter sa propre course contre l'hiver alors qu'elle était en route vers le cratère Erebus, se bagarrant pour trouver une route à travers un champ de dunes sans fin avec peu d'énergie en réserve. Elle fut temporairement piégée dans la « dune du Purgatoire » pendant plus de cinq semaines mais réussit à s'en extraire finalement pour continuer son épopée et entrer dans les livres d'histoire et de records. Spirit n'eut pas la même chance. En 2010, elle se trouva prise dans une trappe de sable fin à l'ouest de Home Plate. Malgré tous nos efforts, il n'y eut rien à faire pour la dégager.

L'histoire de Spirit passa au second plan à bien des égards, comparée à celle d'Opportunity. La plaine de basalte sur laquelle Spirit avait atterri n'était pas aussi spectaculaire que l'affleurement d'Eagle Crater, et les « blueberries » découvertes par Opportunity, des nodules d'hématite, captivèrent immédiatement l'imagination. Pourtant, Spirit fit des découvertes scientifiques extraordinaires et accomplit des exploits technologiques fantastiques. Elle me faisait penser à « Wall-E ». La plupart du temps couverte de poussière, elle atteignit le sommet des Columbia Hills, l'équivalent en hauteur de l'ascension de la statue de la Liberté, alors que tout comme sa jumelle elle était supposée ne couvrir que 300 mètres et ne survivre que 90 jours afin que la mission soit considérée comme une réussite.

Spirit découvrit aussi les premiers affleurements de carbonates à la surface de Mars. Quelques-uns avaient été identifiés depuis l'orbite mais ils étaient rares et nous ne savons toujours pas vraiment pourquoi. Spirit en trouva finalement dans les collines de Columbia. Là, elle découvrit aussi un ancien complexe hydrothermal à Home Plate, preuve d'un passé extraordinairement dynamique, d'explosions épiques déclenchées par la rencontre entre le magma et l'eau. Le complexe montrait aussi des dépôts laissés par des fumerolles et les traces d'anciens bassins où l'eau avait stagné. C'était un endroit idéal pour le développement de la vie. Grâce au voyage de Spirit dans les collines, nous avons appris non seulement que tous les ingrédients favorables au développement de la vie étaient présents à Gusev il y a 3,8 milliards d'années, mais qu'ils étaient aussi présents tous en même temps.

Opportunity devint une exploratrice extraordinaire à travers les années. Elle finit par escalader des collines et creuser des tranchées. Chemin faisant, elle pulvérisa tous les records et remplit les archives de données pour des générations de chercheurs à venir. Des nodules d'hématite aux environnements acides des premières années de son exploration, et des météorites métalliques découvertes en chemin aux dépôts de sédiments prouvant l'existence d'anciennes eaux fraîches sur les flancs du cratère Endeavour plus récemment, elle devint une marathonienne, atteignant la distance emblématique en mars 2015. Elle continua sa route pour devenir le premier rover à parcourir plus de 45 kilomètres.

Spirit et Opportunity furent extraordinaires. D'autres rovers viendront ; certains sont déjà sur Mars. Ils seront plus performants, plus grands ou plus petits, et plus sophistiqués. Ils écriront leurs propres chapitres de l'histoire de l'exploration planétaire, mais Spirit et Opportunity resteront pour toujours les premiers. Ces jumelles espiègles nous ont aidés à cartographier l'inconnu et à faire nos tout premiers pas vers notre futur de civilisation interplanétaire. Elles reposent maintenant sur Mars, dans un monde qui est le leur. La poussière qui s'accumule sur leurs panneaux solaires sera soufflée par les vents capricieux de la fine atmosphère martienne chaque printemps. Elles seront à jamais entourées de panoramas grandioses et de couchers de soleil bleus. Elles reposent entourées de paysages à couper le souffle qu'elles ont si bravement explorés pendant tant d'années. Elles dorment pour l'instant, attendant le moment de nous retrouver. Quand ce jour viendra, nous aurons enfin accompli ce à quoi leur odyssée nous a préparés, le futur d'une humanité interplanétaire. Alors, nous les réveillerons et nous reprendrons l'exploration ensemble, mais cette fois côte à côte.

*

Par bien des côtés, il me semble que je suis déjà allée sur Mars. J'y ai certainement laissé une partie de moi-même, pendant ce court instant où, avec un groupe extraordinaire, nous nous sommes embarqués dans un voyage que personne n'avait entrepris auparavant. Nous avons hissé les voiles sur la poussière rouge de Mars. Spirit et Opportunity devinrent une extension de nous-mêmes. Elles ont incarné dans leur structure métallique notre esprit d'exploration, le meilleur de l'humanité, quand la seule chose à gagner est un peu plus de connaissances.

Bien que la possibilité nous ait été donnée de participer aux opérations des deux rovers, j'avais décidé de me concentrer sur Spirit, ne contribuant pas à plus d'une demi-douzaine de jours d'opérations avec Opportunity durant toute la durée de la mission. Cela ne m'empêcha pas de suivre ses progrès attentivement après la perte de Spirit. Toutes deux représentaient des missions incroyables, bien que j'aie toujours eu un lien particulier avec Spirit et Gusev.

La mission eut son cortège de moments spéciaux, mais le premier survint durant un test d'opérations. Nous avions commencé notre journée à nos postes lorsque Pete Theisinger, le manager de la mission à l'époque, entra dans la salle et, me voyant, pointa son index vers moi, et me dit en riant : « On t'a eu ton Gusev ! » Il m'attrapa et me serra fort dans ses bras. Pete avait fait partie de la dernière réunion au siège de la NASA à Washington et avait donné ses recommandations pour les deux sites d'atterrissage à Ed Weiler, à qui la décision finale appartenait. Jusqu'à ce moment, rien n'était acquis. Il faisait partie de ceux qui avaient donné le dernier coup de pouce, sachant que le risque était plus grand pour l'atterrissage dans Gusev, mais que le gain scientifique rendait le risque acceptable.

L'une des préoccupations principales des ingénieurs était le modèle des vents. Gusev était marginalement acceptable. Tous les modèles montraient des vents forts et une turbulence élevée à cause de la topographie du bassin. Malgré tout, Spirit atterrit à Gusev sans trop d'encombre. Cela dit, quand les données de la descente et de l'atterrissage furent analysées, elles montrèrent des vents supérieurs de quelques kilomètres par heure à la limite acceptable. Spirit impacta la surface si fort qu'elle rebondit à 9 mètres de hauteur et continua de rebondir sur ses airbags pendant longtemps avant de finalement s'arrêter, ce qui apporta une explication à l'intermittence du signal que nous avions reçu au moment de l'atterrissage. Ce fut l'une des fois, mais certainement pas la dernière, où nous pourrions remercier la suringénierie de la mission. Spirit avait échappé au pire.

Bien que ce soit moins personnel qu'avec Spirit, je ressentis la même joie lorsque Opportunity se posa trois semaines plus tard. Son arrivée sur Mars s'accompagna d'une touche supplémentaire de mystère. Le premier panorama était en noir et blanc et de résolution moyenne (nous voulions les données rapidement pour évaluer la situation). Je ne comprenais absolument pas ce que je voyais sur l'écran – et je n'étais pas la seule. Ma première pensée fut que nous avions eu un problème à l'atterrissage et que nous avions éparpillé les airbags un peu partout. J'ai réalisé rapidement que ça n'avait pas de sens. Ces taches blanches étaient tellement abondantes que, si ça avait été le cas, Opportunity n'aurait sûrement pas été en mesure de communiquer. Mon cerveau de géologue finit par se réveiller et enregistra quelques indices révélateurs. Le premier fut la courbure de l'horizon. Nous étions dans un cratère. Opportunity venait de réaliser un *ace*, un trou en un coup de 150 millions de kilomètres, et les taches blanches faisaient partie d'un affleurement exposé juste devant nous. La chance voulait aussi que le cratère soit petit et peu profond. Nous n'aurions aucun problème à nous en extraire.

*

Durant les six mois de la mission principale au JPL, j'avais pris l'habitude d'arriver de bonne heure dans la salle des opérations, bien avant que notre journée ne commence et, avec le décalage horaire martien, ça pouvait être parfois au milieu de la nuit. J'étais très souvent la première de l'équipe scientifique sur place. J'allais m'asseoir à ma station, ou bien à d'autres consoles où les données de la mission étaient archivées, et j'en profitais pour passer en revue ce que nous avions accumulé lors des jours précédents. Je pouvais aussi avancer mes propres analyses de données sur les sédiments et leur séquence stratigraphique le long du parcours de Spirit. Ces données nous procuraient des indices précieux sur l'évolution de l'environnement de Gusev au cours du temps. Dans ce domaine, les premiers mois de la mission avaient été un peu frustrants car nous n'avions rencontré aucun affleurement sur la plaine de lave. Nous espérions que le cratère Bonneville nous offrirait la première occasion, mais, malheureusement, ce ne fut pas le cas. Aussi, après avoir imagé le rempart du cratère, nous nous étions concentrés sur notre but qui était d'atteindre les collines de Columbia avant l'hiver et d'y trouver un refuge pour Spirit.

En cours de route, nous avions creusé quelques tranchées avec les roues du rover et obtenu des résultats intéressants sur l'évolution moderne du régolithe, cette partie superficielle de la croûte martienne pulvérisée par des impacts au cours de l'histoire géologique et recouverte d'éjecta, de poussière et de sable mobile. Nous pouvions voir des dépôts fins superficiels et cimentés, suggérant que l'atmosphère interagissait toujours avec la subsurface, permettant la formation de ces dépôts fins indurés que nous pouvions voir dans le sol. Ces dépôts étaient récents et continuaient probablement de se former. Leur cimentation était le résultat d'une très courte phase liquide dans la fonte rapide de gel avant que la glace ne sublime dans la fine atmosphère martienne. Le même processus pouvait aussi expliquer la couche d'altération que nous avions observée autour de certaines roches. Mais, pendant les mois que dura la traversée de la plaine, c'est à peu près toute l'excitation que nous avions eue pour la sédimentologie. D'un autre côté, ce n'était pas plus mal, puisque nous ne pouvions pas passer trop de temps dans la plaine si nous voulions survivre à l'hiver. Les découvertes nous attendaient dans les collines de Columbia mais elles étaient encore à des mois devant nous.

J'arrivais tôt et, après être entrée dans la salle des opérations, j'ouvrais mon ordinateur et mes fichiers et je travaillais sur mes données. J'identifiais des objectifs scientifiques pour mon groupe de géologie, et je préparais un plan d'activités alors que tout était encore tranquille. Pendant ce temps, à l'autre bout du couloir, les ingénieurs recevaient les données envoyées par Spirit. Chaque jour, comme une chorégraphie bien orchestrée, l'un d'eux faisait irruption dans la salle des opérations et m'invitait à les rejoindre pour regarder les nouvelles images que nous venions juste de recevoir ensemble. Lorsqu'ils me le demandaient, je les commentais. Nous étions les tout premiers êtres humains sur cette planète à découvrir ces nouveaux paysages extraterrestres.

Une nuit, vers 3 heures du matin, j'avais pour une fois décidé d'ouvrir un des fichiers atmosphériques pour regarder des images qui venaient juste d'arriver. C'était inhabituel pour moi. J'avais assez à faire en général avec la géologie et la sédimentologie. Mais, cette nuit-là, l'image que je découvris me laissa perplexe pendant un moment. Une longue traînée blanche coupait une grande partie de l'image. Ça ne ressemblait pas à l'effet d'un rayon cosmique sur la caméra. Nous en avions parfois mais ils étaient ordinairement beaucoup plus petits. Mon collègue, Jason Soderblom, travaillait dans une salle adjacente. Nous étions les premiers de l'équipe scientifique cette nuit-là. Je lui fis part de ce que je venais de découvrir sur l'écran et il me suivit. Après avoir passé en revue toutes les images de la séquence, nous fûmes d'accord qu'il ne pouvait pas s'agir d'un rayon cosmique. Durant les observations atmosphériques, les caméras des rovers étaient tournées vers le ciel. Dans ce cas, nous faisions aussi des observations astronomiques et nous

nous demandions si Spirit n'avait pas attrapé par hasard le passage d'Odyssey, une des sondes en orbite, durant les observations faites juste avant le lever du soleil. La traînée mystérieuse fit l'objet d'une investigation plus approfondie les jours suivants. Après vérification, ni Odyssey ni les anciennes sondes Viking ne paraissaient être responsables. Leurs horaires de passage ne concordaient pas. Ce fut finalement un observatoire terrestre qui nous apporta la réponse : Spirit avait capturé complètement par hasard le passage d'un météore dans le ciel de Gusev.

Certaines des observations astronomiques faites par les rovers nous renvoyèrent des images extraordinaires du ciel de l'hémisphère sud martien, qui était fabuleux non seulement à cause de sa beauté mais aussi parce qu'il paraissait si familier. Je connaissais ce ciel. Je l'avais vu ailleurs, à plus de 150 millions de kilomètres de Gusev, dans les Andes. Là-bas Orion était aussi à l'envers, et les températures nocturnes dans les Andes pouvaient être très proches des températures d'été à l'équateur martien. La familiarité était étrange. Un sentiment de fusion m'envahit une nouvelle fois, qui me rappela que nous n'appartenons pas seulement à une planète, « ce minuscule grain de poussière suspendu dans un rayon de soleil » comme l'avait si magnifiquement écrit Carl Sagan, mais aussi à une grande famille de mondes, formés en même temps, et dérivant à l'unisson dans un espace cosmique de paysages nocturnes partagés.

Durant le premier printemps, alors que nous faisions des progrès dans notre ascension des Columbia Hills, les panneaux solaires de Spirit s'étaient couverts d'une couche épaisse de poussière. Nous ne pouvions que constater chaque jour la chute rapide d'énergie disponible pour les opérations. De l'autre côté de la planète, Opportunity bénéficiait de plus d'énergie parce qu'elle se trouvait plus près de l'équateur martien, et elle accumulait les découvertes dans des paysages révélant un passé humide. Spirit commençait elle aussi à révéler une histoire passionnante, mais nous avions si peu d'énergie à notre disposition que les observations scientifiques étaient limitées au strict minimum. Nous redoutions ce que nous allions entendre alors que nous entrions dans la salle de briefing, et en particulier un jour, quand John Grant fit son entrée. John présidait le groupe de travail et il avait l'air à la fois préoccupé et incrédule. Nous le fûmes à notre tour quelques instants plus tard quand sa présentation apparut sur l'écran dans la salle.

Chaque jour, il nous montrait le budget d'énergie utilisable pour l'équipe scientifique en fonction de la charge des batteries et de l'espace disponible pour la communication. Avec ce bilan, nous savions combien d'observations nous pouvions effectuer et combien de données pouvaient être renvoyées sur Terre, ce qui nous permettait d'établir nos priorités. Le niveau de charge s'afficha sur l'écran, nous laissant complètement perplexes. La batterie était pratiquement au maximum de sa capacité pour la saison. Son niveau de charge avait quadruplé depuis la veille. Des plaisanteries à propos des services d'entretien de Marvin le Martien commencèrent à circuler autour de la table mais, rapidement, la conversation reprit un ton sérieux, et la première pensée qui nous vint fut qu'il y avait un problème avec le rover. Ces données ne pouvaient pas être correctes, mais les ingénieurs avaient déjà vérifié et ils n'avaient rien trouvé d'anormal. Le mystère fut résolu quelques heures plus tard par une série d'images renvoyées par Spirit. Un « diable de poussière » était passé au-dessus du rover et le tourbillon de vent avait complètement nettoyé les panneaux solaires. L'image le montrait encore à proximité du rover alors qu'il s'éloignait sur la colline. C'était inespéré et ce nettoyage express venait de donner un second souffle à Spirit. Nous étions de nouveau prêts à l'attaque. Nous avions une colline à gravir et beaucoup d'explorations à planifier !

Au cours des ans, les diables de poussière nous ont considérablement aidés de chaque côté de la planète. Ils apparaissaient régulièrement au printemps et à l'été, se formant sur la plaine vers 10 heures du matin et disparaissant vers 15 heures ou 16 heures. Leurs horaires et leur morphologie m'étaient familiers pour les avoir connus ailleurs, dans l'Altiplano chilien. Entre 4 000 et 5 000 mètres d'altitude, la pression atmosphérique est environ 60 % celle du niveau de la mer, ce qui affecte leur morphologie. Ceux que j'avais vus parcourir l'Altiplano durant le printemps austral exactement aux mêmes heures ressemblaient étonnamment à ceux de Gusev, et j'avais eu l'occasion de faire connaissance avec leur puissance. L'un d'entre eux était passé sur le refuge de Laguna Blanca en début d'après-midi, transformant le jour en nuit. Il avait propulsé une montagne de gravillons contre les fenêtres comme un barrage d'artillerie, et l'ensemble de la structure s'était mis à trembler. Sur Mars, Spirit captura souvent dans son champ de vision des groupes de trois ou quatre tourbillons alors qu'elle traversait encore la plaine de lave et, plus tard, depuis le sommet des Columbia Hills. Les diables de poussière furent essentiels au prolongement de la durée de la mission, mais il est heureux que nous n'ayons plus à compter sur des panneaux solaires désormais.

Il nous fallut un an pour atteindre le sommet des Columbia Hills. Spirit était la première alpiniste sur un autre monde. Depuis le sommet, elle captura ce qui est aujourd'hui connu sous le nom du « panorama de l'Everest ». Ce fut certainement un Everest pour elle, et la vue depuis le sommet était à couper le souffle. Home Plate apparut vers le sud ainsi que d'autres dépôts clairs qui avaient attiré notre attention dans l'imagerie orbitale bien avant le début de la mission. Le rempart du cratère de Thira était visible à l'est. Là aussi, pour la première fois, je vis finalement le cratère de 20 kilomètres de diamètre depuis la surface. Les souvenirs de nos vacances grecques avec Edmond resurgirent dans ma mémoire. C'était un autre symbole laissé à Gusev qui n'avait de signification que pour nous deux.

Spirit fit ses découvertes les plus importantes à partir de là, nous aidant chaque jour un peu plus à révéler un passé lointain de temps plus cléments, où un volcanisme explosif, des fumerolles, des carbonates et des dépôts de sel se succédaient sur une planète plus dynamique. Sol après sol, Spirit avançait et nous cartographiions. Chaque tour de roue amenait exploration, découvertes et nouvelles connaissances. Au début de son histoire, Mars était habitable pour la vie telle que nous la connaissons. C'était écrit dans un livre de pierre.

*

Nous avons perdu Spirit en 2010. Vint alors le temps de faire nos adieux, et pour moi de réfléchir à ma prochaine étape. Je pris un congé sans solde cette année-là. J'avais besoin d'espace pour réfléchir. J'avais beaucoup bougé pendant les huit années qui venaient de s'écouler. Il était grand temps de faire une pause. Mon année fut occupée à écrire des rapports de projets, quelques articles, mais aussi des projets de recherche, tout en continuant l'analyse des données de Spirit. Opportunity continuait son aventure sur Mars et, pour elle, la fin de la route survint le 13 février 2019, lorsque les ingénieurs, après avoir tout essayé pour la réveiller, comprirent que le rover ne communiquerait plus.

Ma décision de passer à autre chose après la fin de la mission dans Gusev était dictée par un certain nombre de facteurs, mais principalement parce que je voulais mettre le cap sur le prochain chapitre d'exploration. Spirit tout comme Opportunity avaient démontré sans l'ombre d'un doute que Mars était habitable pour la vie telle que nous la connaissons au début de son histoire. La mission suivante, Mars Science Laboratory, visait à confirmer cette notion d'habitabilité sur un autre site. L'objectif suivant serait la recherche de traces de vie, ancienne ou actuelle, ce que nous appelons des « biosignatures », et il était évident que nous ne pouvions pas chercher ces traces avec les mêmes méthodes que celles employées avec les rovers jusque-là. Là aussi, un nouveau chapitre d'exploration allait être écrit et je voulais y contribuer, mais pour ça il fallait que je pense et que j'écrive. En vérité, j'avais déjà entamé cette nouvelle quête l'année de l'atterrissage de Spirit. Tout était arrivé en même temps, ce qui me força à poursuivre toutes ces recherches en parallèle, les données d'un projet complémentant celles d'un autre.

J'avais aussi dû m'occuper d'aider Edmond pendant sa convalescence après son diagnostic de cancer avancé. Il avait subi six mois de chimiothérapie, et ne s'était pas arrêté de travailler un seul jour. Après quelques semaines de rayons, son traitement se termina en avril 2005.

TROISIÈME PARTIE

Immersion

Armée de mon fidèle marteau de géologue, j'explore le champ de stromatolithes de Laguna Blanca en Bolivie avec mon équipe en 2006. Cette photo fut prise quelques jours à peine avant nos plongées avec recycleurs au sommet du Licancabur. Les structures peuvent prendre différentes formes, allant de crêtes allongées, comme ici, à des dômes pratiquement aussi hauts que moi.

13

La flèche du temps

En juillet 2002, debout sur le promontoire près de la tombe de l'Anglais, j'étais hypnotisée par le panorama. Le passé si distant, le présent et les promesses de l'avenir venaient de fusionner à cet endroit, en cet instant. Ma vie jusque-là avait été un reflet parfait du paysage volcanique que je découvrais sous mes yeux, celui de la Terre essayant de toucher le ciel, chaque mètre gagné étant le résultat de forces titanesques conflictuelles agissant dans les profondeurs, transformant les vieilles roches en magma pour qu'elles puissent retrouver le chemin de la surface au travers des fractures de la croûte terrestre et former des roches nouvelles. Ce jour-là, je me fis la promesse non seulement de continuer à gravir ma montagne, mais aussi de la rendre chaque jour plus haute dans le temps qui me serait donné. Et, de là où je me tenais, me sentant si minuscule, cela paraissait être un rêve inaccessible.

Ce moment marqua le début de mon odyssée dans les Andes. Je n'aurais jamais pu me douter à cette époque que je m'engageais dans un voyage où les limites de la science et de la spiritualité allaient se fondre l'une dans l'autre au creux d'un athanor volcanique, dans un voyage qui continue à ce jour. J'ai posé le regard pour la première fois ce jour-là sur Valle de la Luna (la vallée de la Lune) et l'oasis de San Pedro en contrebas, un anachronisme vert au milieu du vaste désert. C'était notre destination pour la soirée. Un ami de Guillermo Chong avait offert de nous héberger pour deux nuits avant que nous ne montions dans l'Altiplano bolivien, de l'autre côté du Paso Hito Cajón (le col de Hito Cajón). Il se trouvait à seulement 45 kilomètres de San Pedro, mais dans cette courte distance l'altitude augmentait de 2 000 mètres. C'était la première fois que j'allais tenter un tel bond si rapidement, et je ne savais pas comment mon organisme allait réagir. Guillermo avait mentionné un refuge à Laguna Blanca, de l'autre côté de la passe. Ce serait notre camp de base, à 4 340 mètres.

La logistique aurait été beaucoup plus facile depuis San Pedro, mais nous étions confrontés à deux obstacles majeurs nous empêchant d'escalader le Licancabur depuis le côté chilien.

Les tensions politiques dans les années 1970 entre l'Argentine, la Bolivie et le Chili avaient entraîné la pose de nombreuses mines dans les régions frontalières. Bien qu'il y ait eu des efforts produits par les gouvernements pour les enlever depuis, l'activité géologique de toute la région compliquait les choses : après quatre décennies et de nombreux tremblements de terre, les mines n'étaient plus là où elles avaient été placées, ce qui, au cours du temps, avait provoqué des accidents. La région autour du Licancabur était l'une de ces zones de danger et nous ne pouvions pas prendre un tel risque. L'autre raison était le volcan lui-même. La route du sommet du côté chilien est beaucoup plus raide et périlleuse, et c'est pourquoi nous avions décidé de passer par la Bolivie. Edmond et Marcus Murbach, un collègue de NASA Ames, étaient avec moi pour cette première reconnaissance. L'ascension du Licancabur au cœur de l'hiver austral n'était pas envisageable. La pente était couverte de glace et les températures nocturnes oscillaient entre – 25 °C et – 40 °C durant la nuit. Nous n'étions pas équipés pour ces conditions, et nous n'étions pas venus pour ça. Nous étions là pour évaluer les besoins logistiques de la première expédition qui aurait lieu trois mois plus tard.

J'ai quitté à regret le promontoire pour retourner au 4 × 4. Il nous fallut ensuite vingt minutes pour atteindre l'oasis de San Pedro. Les rues n'étaient pas encore pavées et le pick-up bondissait sur la terre battue alors que nous traversions Caracoles, la rue principale. San Pedro était relativement tranquille alors, comparée au centre touristique qu'elle est devenue depuis avec des cybercafés à tous les coins de rue. Les chiens constituaient la majeure partie de la population et avaient une préférence pour le milieu de la rue ou les entrées de restaurant pour leur sieste de vingt-trois heures par jour.

La voiture s'arrêta finalement devant une maison aux abords de la petite ville. Notre hôte nous invita à l'intérieur. Il nous montra une cabane de jardin que nous pouvions utiliser pour nos deux nuits en ville. Le jour suivant, Guillermo nous offrit un tour guidé de San Pedro, et nous emmena au musée archéologique Gustavo Le Paige sur la place principale. Le musée était une extension de l'Universidad Católica del Norte à Antofagasta, l'université où Guillermo enseignait. Il connaissait le responsable et, bien que San Pedro soit de taille modeste, je fus impressionnée par les innombrables artefacts précolombiens, particulièrement ceux du peuple atacameño. Je faisais connaissance alors avec une culture remarquable dont la présence dans cette région remontait à la préhistoire. Mon regard se posa sur quelques pointes de flèche dans un présentoir, puis je poursuivis ma visite, passant devant un mural illustrant l'histoire locale, et des momies qui avaient été découvertes dans la région.

Notre promenade nous amena ensuite à explorer les limites du village près de la maison de notre hôte. Le lit d'une petite rivière était couvert de galets. Elle coulait à l'intérieur de gorges disproportionnées pour sa taille, des gorges qui coupaient des laves anciennes rouges et brunes et des dépôts de cendre. La dimension des plus gros blocs et celle des galets dans son lit ne correspondaient pas non plus à sa compétence actuelle mais elle n'était plus que l'ombre du cours d'eau qu'elle avait été environ 12 000 ans plus tôt. À cette époque, des glaciers géants fondaient et des torrents puissants descendaient en rugissant depuis les Andes, une eau qui allait former la plupart des lacs d'altitude que nous connaissons aujourd'hui. La petite rivière avait toujours un courant notable et son allure tranquille était trompeuse. Elle pouvait encore gonfler de façon catastrophique durant les années de pluies exceptionnelles d'El Niño, coupant comme un couteau dans la boue et la cendre, et dévastant tout sur son passage.

Alors que nous marchions, le paysage me ramena en Égypte, qui habitait mon imagination après tous les documentaires que j'avais regardés sur sa civilisation. Les herbes hautes et les roseaux dansaient dans le vent, s'inclinant au passage de la rivière qui circulait entre des blocs de lave orange et brune, sautant joyeusement en cascades ici et là. Cela réveilla en moi les mêmes émotions que j'avais eues deux jours plus tôt quand j'avais vu la pyramide du Licancabur au loin, alors que nous étions toujours dans les champs de dunes près de Calama. Notre exploration continua jusqu'en début de soirée, avant que nous n'allions à « Adobe », un restaurant local qui, au fil des ans, est devenu un de nos repaires favoris.

Une fois de retour dans la cabane de jardin, je partis me coucher, ressentant à la fois de l'excitation et une légère anxiété en pensant à ce qui nous attendait. Ma plus grande interrogation était bien sûr l'altitude. Mes escapades avec Edmond à Shasta et à Whitney étaient encourageantes, mais c'était très différent ici. Cette reconnaissance nous mènerait plus haut et bien plus rapidement. Mais nous n'avions pas vraiment le choix. Nous ne restions pas suffisamment longtemps pour pouvoir nous acclimater lentement. À moitié endormie, je repensais aussi à toutes ces visions accumulées au cours des deux jours précédents, et bien sûr celle du promontoire. Tant d'années plus tard, je ne suis pas sûre d'avoir complètement assimilé cette vision. J'ai juste su ce jour-là que ma vie venait de changer complètement, et je m'endormis sur cette pensée.

*

Nous étions à la frontière chilienne à la sortie du village de bonne heure le lendemain matin. Une fois les formalités accomplies, Guillermo reprit la route et tourna à gauche à la jonction de la route 27. Un panneau vert indiquait Paso Hito Cajón. La route montait régulièrement en pente raide. Elle était extrêmement dangereuse, en particulier pour les camions arrivant d'Argentine qui descendaient vers San Pedro. Les ruptures de freins causaient la plupart des accidents responsables du trop grand nombre d'épaves que nous pouvions voir dans le fossé sur les bas-côtés. Guillermo nous arrêta à mi-chemin pour admirer la vue.

L'immensité du désert d'Atacama s'étendait en contrebas aussi loin que pouvaient porter nos regards, une étendue désertique jaune pâle ponctuée de crêtes et de sommets volcaniques sombres. La ceinture volcanique des Andes s'imposait dans le paysage. Au nord, Licancabur et Juriques dressaient leur stature imposante. Ils étaient beaucoup plus proches maintenant. Bien qu'à 150 kilomètres au sud à vol d'oiseau, Llullaillaco et ses 6 700 mètres d'altitude transperçait l'air hivernal transparent. Dans le monde des volcans, son altitude est seulement surpassée par Ojo del Salado. Dans la même direction, mais bien plus proche de nous, le plateau de Chajnantor s'étendait à perte de vue, dans un espace qui, quelques années plus tard, verrait se dresser les premiers dômes astronomiques de l'Observatoire européen austral et ALMA (Atacama Large Millimeter / submillimeter Array). Un peu au-delà, les volcans géants Pili, Aguas Calientes et Láscar dominaient le paysage par leur stature imposante, même si seuls leurs sommets autour de 6 000 mètres étaient partiellement visibles. La plupart de ces volcans n'avaient montré aucun signe d'activité au cours des derniers 10 000 ans, parfois plus. L'exception était Láscar, qui émettait constamment de la vapeur d'eau, parfois du soufre. Il était entré en éruption une trentaine de fois depuis le XIXe siècle, avec une éruption massive en avril 1993, pendant laquelle une série d'explosions avaient propulsé des colonnes de cendre dans la stratosphère pendant près de trente-six heures, une partie retombant en Argentine. Ces éruptions furent accompagnées de coulées pyroclastiques. Depuis, le volcan avait eu des hoquets parfois spectaculaires, et il était considéré comme instable et dangereux. Je fus confrontée à ses sautes d'humeur à partir de 2007, lorsque nous avons quitté la Bolivie pour commencer notre exploration de l'Altiplano et des Andes chiliennes. J'appris alors à mes dépens que Láscar pouvait se retourner contre nous en une fraction de seconde.

Nous étions à près de 4 000 mètres d'altitude. Bien qu'un peu étourdis, nous ne ressentions pas d'effet sérieux de l'altitude et nous reprîmes la route après avoir trouvé nos points de repère grâce aux explications de Guillermo. Arrivés au sommet du col, une piste sur la gauche de la route nous conduisit vers une petite cabane sans prétention. C'était une structure en béton près de laquelle le drapeau rouge, jaune et vert de la Bolivie flottait en haut d'un mât. Il y avait juste assez de place pour deux personnes à l'intérieur du bureau. L'un d'entre nous dut rester dans l'embrasure de la porte. L'espace était occupé par une table et une chaise de chaque côté. L'officier m'invita à m'asseoir et vérifia mon passeport, ouvrit un tiroir et prit un tampon. À l'intérieur du bureau, une porte semblait mener vers un logement. Le bâtiment ne pouvait probablement pas loger plus de deux officiers des douanes en même temps. Il n'y avait pas physiquement de place pour cela. Dans leurs rotations mensuelles, je suppose que ce n'était pas leur affectation favorite, même si la vue était absolument grandiose. Ils étaient au milieu de nulle part, avec des murs à peine suffisants pour les protéger du froid glacial et du vent. Les petites chaufferettes n'amélioraient pas vraiment leur situation. Il n'y avait aucun confort mais, comme j'allais l'apprendre avec le temps, les Boliviens sont résilients parfois au-delà de la raison.

Une fois nos passeports vérifiés, nous fîmes officiellement notre entrée dans la Reserva Nacional de Fauna Andina « Eduardo Avaroa » (la Réserve nationale de faune andine Eduardo-Avaroa) pour la première fois. Un peu plus d'un kilomètre plus loin, la piste tourna sur la gauche, nous offrant notre première vision de Laguna Blanca. Le souvenir de cette rencontre est celui d'une lumière éblouissante, rendue encore plus intense par le ton laiteux du lac et ses berges jaune pâle. Guillermo gara la voiture devant le refuge qui allait être notre nouvelle maison pour la semaine à venir. La section principale du bâtiment de plain-pied était faite de pierres et de briques d'argile. Le toit en pente était couvert de panneaux ondulés en polycarbonate blanchâtre soutenus par des poutres en bois et il laissait entrer la lumière et un peu de chaleur durant la journée. Le bâtiment avait deux sections de dortoirs séparées par une réserve, la bodega. Elle deviendrait notre entrepôt pour nos expéditions les années suivantes. Un autre bâtiment était connecté en L au premier, celui-là réservé au personnel saisonnier du refuge. Il comportait des dortoirs et des logements pour les conducteurs qui emmenaient les touristes dans l'Altiplano, et pour les guides de montagne et les porteurs.

Le vent léger qui soufflait à notre arrivée allait se renforcer avec le passage des heures. Le ciel était d'un bleu pénétrant et les

Valle de la Luna sculptée
par le temps (région de San Pedro
de Atacama, Chili).

L'un des ingénieurs de notre équipe fore l'intérieur d'un stromatolithe pour nous permettre d'étudier sa structure interne et ce qu'elle peut nous apprendre sur la coévolution de la vie et de l'environnement (Salar de Pajonales, Chili).

Andrea a fait ce portrait lorsque nous étions dans la région de San Pedro de Atacama. Il était le photographe qui accompagnait Helen Macdonald dans notre expédition de 2016. Je leur dois le très bel article paru dans le *New York Times* en mars 2018.

David (Wettergreen) capture un panorama à haute résolution dans le Salar de Pajonales (Altiplano chilien) avec la dorsale des volcans andins en arrière-plan. Ces images sont l'équivalent de celles qu'une caméra d'un rover sur Mars nous donnerait. Ma carrière et celle de David sont à jamais liées depuis Nomad et j'ai une grande admiration pour sa vision et sa créativité.

Laboratoire de campagne à l'intérieur du camion qui transporte notre équipement entre deux sites. Michael Phillips (au premier plan), un étudiant en thèse à l'université du Tennessee à Knoxville, et Pablo Sobron, l'un de nos chercheurs de l'Institut SETI, utilisent le spectromètre Raman pour essayer de déterminer la structure chimique des molécules présentes dans les échantillons. Sur Mars, le Raman à bord de Perseverance essaie de détecter la présence de molécules organiques.

L'un des membres de notre équipe arpente la vastitude du Salar de Pajonales. Comprendre la distribution de la vie dans les milieux extrêmes demande patience et attention.

La dimension humaine de l'exploration... Entre l'Altiplano et les Andes, je parcours le Salar de Pajonales pendant des heures, parfois des jours entiers. L'immersion totale dans le paysage est souvent pour moi le meilleur moyen de le comprendre et de découvrir où les extrémophiles se trouvent et pourquoi. C'est une autre forme d'expérience de pensée.

Quelques-uns de nos spectromètres déployés à El Tatio au Chili, le troisième site géothermal au monde. Là, nous étudions les types d'organismes qui vivent autour de sources hydrothermales mais aussi leur préservation dans les minéraux qui y sont déposés. Les instruments et les ordinateurs sont mis à rude épreuve dans la poussière et les environnements acides.

Le ciel nocturne austral est absolument fabuleux et d'une pureté remarquable dans les Andes. Ici, la Voie lactée se dresse au-dessus de la partie toujours active du Salar de Pajonales. Plus tard dans la nuit, les Nuages de Magellan font leur apparition. Orion est à l'envers comparée au ciel de l'hémisphère nord. Je me souviens du même ciel lorsque nous découvrions les premières photos astronomiques faites par Spirit dans le cratère Gusev sur Mars.

Le camp sous la nuit australe au Salar Grande, désert d'Atacama. Nous étions une petite escouade au début de l'expédition de 2016. Une semaine plus tard, l'équipe atteignait 30 personnes au Salar de Pajonales.

Laguna Verde et Laguna Blanca depuis le camp au sommet du Licancabur.

Lake Lander, notre robot d'exploration, simulant une mission sur Titan avec le glacier d'Echaurren en arrière-plan. Laguna Negra se situe dans les Andes centrales chiliennes, à 70 kilomètres au sud-est de Santiago.

Vu depuis l'un de nos drones, le Salar de Pajonales offre un paysage grandiose à la limite de l'Altiplano et des Andes. Les pick-up donnent l'échelle. Quant à nous, nous sommes les petits points au fond.

Le lac niché au sommet du volcan Simba. Le contraste entre le lac rouge et la glace est spectaculaire.
La couleur de l'eau est le résultat de petites algues qui ont développé un pigment pour se protéger des rayons ultraviolets dans une eau parfaitement transparente.

Le même lac. Une équipe de filmage nous accompagnait.
On voit la transparence de l'eau et la limite des algues.

Valle de la Luna près de San Pedro de Atacama avec ses dépôts sédimentaires basculés par les forces tectoniques.

sommets enneigés renvoyaient la lumière du soleil dans l'espace. La plupart des sommets atteignaient 5 000 ou 6 000 mètres, parfois plus. Ceux qui se trouvaient autour du lac avaient été arrondis par le temps, les âges glaciaires passés et les explosions volcaniques. Les laves rouge clair, les dépôts de cendre blanche et de soufre jaune dominaient le paysage. Il paraissait évident que le lac actuel n'était qu'un pâle reflet de sa splendeur passée. Au début de l'époque de l'Holocène, il y a 11 000 ans, le climat avait soudainement changé, transformant une région de lacs profonds entourés de buissons et d'herbes en une prairie sèche de *puna*. Ces touffes d'herbe jaune isolées ressemblaient à des groupes de toupets perdus dans le vent s'accrochant désespérément sur les pentes volcaniques, témoins endurcis de l'évaporation lente mais irréversible du lac qui s'était accélérée considérablement ces dernières années. Dans les jours qui suivirent, notre reconnaissance allait nous faire découvrir de minuscules cactus de la taille d'un ongle s'abritant du vent derrière des pierres, forces de vie indomptables dans le plus extrême des environnements. Les années suivantes allaient aussi m'apprendre que ce paysage grandiose abritait bien plus de secrets encore. J'observais, absorbant une surcharge sensorielle de lumière dans un silence tonitruant, le bras d'Edmond autour de moi, sa main sur mon épaule. Nous ne pouvions pas nous arrêter de sourire. Notre nouvelle demeure avait une vue à couper le souffle et une immense profondeur d'âme.

Nous allions rester au refuge principal, installés dans des chambrées normalement occupées par des touristes. C'était un bâtiment d'habitation pour les mineurs travaillant au pied du Licancabur au siècle dernier. Il avait été réaménagé pour le tourisme suite à la fermeture de la mine. Deux marches en pierre et une porte en bois bleu-vert menaient à l'intérieur par une entrée étroite. Le couloir sur la droite était long, avec une baie vitrée sur le côté fait de larges fenêtres individuelles régulièrement espacées. Sur la gauche, les dortoirs étaient séparés du couloir par un mur blanc et des portes bleues. Des chambres ne faisant probablement pas plus de 4 × 3 mètres de large étaient équipées de trois lits superposés et pouvaient contenir chacune jusqu'à six personnes ; mais, bien que ce soit la capacité théorique maximale, et la plus lucrative pour le business, c'était une mauvaise idée d'entasser autant de personnes dans un si petit espace et, pire encore, de fermer la porte la nuit. À cette altitude, l'oxygène est rare, et l'accumulation de dioxyde de carbone favorise le mal d'altitude. J'ai toujours essayé d'éviter la surpopulation des chambres pendant les années où nous étions au refuge, mais c'était parfois impossible. Heureusement, au cours du temps, peu de membres de notre équipe ont présenté des problèmes avec l'altitude et jamais rien de critique.

De l'autre côté du bâtiment, à gauche de l'entrée, une alcôve avec fenêtre était occupée par une longue table rectangulaire et deux bancs. Depuis l'alcôve, une volée de marches et une autre porte bleue donnaient accès à la salle à manger. C'était la plus grande pièce du refuge, avec deux longues tables en bois rectangulaires, des chaises et des bancs. Nous étions en moyenne une quinzaine durant les expéditions, sans compter les porteurs, les chauffeurs et les guides, et nous pouvions tous y tenir sans problème. Si nous nous tenions serrés sur les bancs parfois, c'était exprès. La chaleur humaine fut pendant les deux premières expéditions pratiquement la seule source de chaleur que nous avions le soir avant de disparaître rapidement dans nos sacs de couchage. Nous sommes devenus plus astucieux avec le temps, achetant des ponchos et des bonnets péruviens en laine de lama ou d'alpaga à San Pedro avant de monter au refuge, et nous nous glissions dans nos sacs de couchage la nuit en les portant par-dessus nos vêtements. Chaque degré était une victoire difficilement gagnée et bien trop rapidement perdue car le poêle de la cuisine était plus efficace pour extraire l'oxygène de l'air et nous asphyxier que pour nous procurer de la chaleur. Il n'y a pas de bois et le combustible local est la *yareta*, une sorte de mousse qui couvre les rochers en altitude. Pendant les deux premières années aussi, la seule lumière que nous avions la nuit était procurée par nos lampes ou des bougies.

Au-delà de la salle à manger, le refuge avait une cuisine à l'intérieur de laquelle se trouvait un petit renfoncement avec un lit pour la cuisinière. Ce n'était pas le plus mauvais endroit du bâtiment et c'était certainement le plus chaud. Le pain était fait sur place, toujours frais. Le restant était apporté depuis San Pedro par les bus de touristes ou des pick-up deux fois par jour. Le propriétaire du refuge qui était bolivien gérait aussi l'une de ces compagnies de tourisme avec un bureau à San Pedro. Il ravitaillait le refuge régulièrement quand ses chauffeurs montaient à Laguna Blanca. Nous avions aussi nos propres réserves de nourriture, mais, au début, nous dépendions véritablement de la logistique locale.

Avec six heures de route devant lui, Guillermo repartit à Antofagasta en milieu d'après-midi. Il était temps de nous installer. Edmond et moi avions choisi chacun un lit dans l'une des chambres. L'hiver étant la basse saison pour le tourisme, nous avions une chambre pour nous seuls. Une fois notre installation terminée, nous retournâmes à l'extérieur afin de profiter des derniers rayons du soleil couchant. La terrasse naturelle sur laquelle le refuge était construit dominait Laguna Blanca d'environ 40 mètres. Au loin, un groupe de flamants roses marchait au milieu du lac. C'était suffisamment étonnant en soi, mais la vision de mouettes à cette altitude faisant des cercles au-dessus du refuge nous laissa sans voix. Elles avaient les yeux rivés sur la poubelle que la cuisinière venait de sortir.

Le froid commença à se faire sentir plus vivement, nous forçant à retourner au refuge. Nous ne connaissions personne alors, mais cela changerait avec le temps. Il était l'heure de prendre la direction de la salle à manger pour notre premier repas au refuge. La soupe chaude fut la bienvenue et la soirée se termina dans le corridor, à la lumière de nos lampes et d'une bougie, bavardant autour d'une table. Je me sentais assez bien, même si mon cœur battait plus rapidement que d'habitude, une réponse normale au manque d'oxygène. La température tombait trop rapidement pour que nous puissions rester longtemps près des fenêtres, bien que la vue du ciel nocturne austral à cette altitude soit absolument magique. Les étoiles scintillaient comme d'énormes diamants au travers des vitres. L'heure était venue de nous retirer dans nos chambres. Edmond prit un lit, j'en pris un autre et j'entrepris d'enfiler un pantalon et une veste polaires épais, couvris ma tête et mes oreilles avec une cagoule et mis des gants et des chaussettes en laine. Je passais ma liste d'équipement en revue comme un astronaute préparant une sortie extravéhiculaire. Puis, après avoir souhaité bonne nuit à Edmond, je disparus dans mon sac de couchage et lui dans le sien. Il était temps d'éteindre nos lampes.

La meilleure description que je puisse donner des heures qui suivirent est *L'Enfer*. Dans l'espace confiné où nous nous trouvions, le niveau d'oxygène était encore plus faible que dans le restant du refuge et mon cœur battait la chamade. Je dormais par épisodes mais jamais plus que vingt minutes à la fois. Mon cœur pompait si fort que je l'entendais battre dans mes oreilles comme un tambour, ce qui me tenait réveillée. Cette tachycardie ne cessa pas. J'ai pensé que j'allais mourir non pas une fois ou deux mais toutes les vingt minutes, et ça pendant toute la nuit. Après m'être tournée dans tous les sens sans succès pour essayer de trouver une position où je n'entendrais plus ce battement incessant, j'eus finalement recours à une méthode que j'utilise pour réguler ma respiration et mon rythme cardiaque quand je prépare une plongée en apnée. Mais, dès que j'arrêtais, mon cœur repartait de plus belle. C'était comme si j'avais couru le marathon toute la nuit. Je finis par m'endormir vers 4 ou 5 heures du matin et jamais, de toute ma vie, je ne fus si heureuse de voir le soleil se lever. Vers 7 heures, la plaisanterie ayant suffisamment duré, je sortis enfin de mon sac de couchage. Edmond me suivit. Il était plus habitué que moi à l'altitude à l'époque et avait passé une bien meilleure nuit.

Rien ne bougeait encore, aussi nous partîmes tous les deux pour une petite marche vers le lac. En dehors d'un rythme cardiaque élevé, je me sentais assez bien et nous nous mîmes en route. Nous pensions faire une promenade courte pour nous ouvrir l'appétit, et nous voulions voir les flamants roses depuis le rivage. Des volutes de vapeur blanche s'élevaient du lac tandis que le soleil montait sur l'horizon dans le petit matin. La vision était fantomatique et hypnotique. Après avoir descendu les terrasses rocheuses, nous restâmes un moment à admirer un volcan dressant sa pyramide brune sur la rive opposée à environ 200 mètres de nous. Vers l'ouest, une barrière naturelle de volcans géants nous séparait de l'Altiplano chilien. San Pedro était juste de l'autre côté, environ 2 000 mètres plus bas, peut-être à seulement 25 kilomètres à vol d'oiseau. Tous ces volcans, comme le Licancabur et le Sairecabur, approchaient ou dépassaient 6 000 mètres et ils étaient alignés du nord au sud comme une épine dorsale.

Depuis notre point de vue, nous pouvions observer les anciennes terrasses du lac. Plusieurs d'entre elles étaient bien définies dans le paysage, montrant que Laguna Blanca avait été plus profonde autrefois. Quelques années plus tard, alors que nous avions fini la reconstitution de l'évolution de l'environnement lacustre, nos analyses montrèrent que sa profondeur avait atteint 50 mètres au plus fort de son activité au Pléistocène. Les sédiments qui composaient les terrasses étaient beaucoup plus clairs que les matériaux volcaniques des environs et faciles à identifier. Nous pouvions déjà entrevoir une histoire de profonds changements dans l'environnement seulement en les regardant. Plus près de la ligne de rivage, des herbes jaunes courtes et rugueuses occupaient l'extrémité peu profonde du lac. Des algues s'y étaient accumulées en couches épaisses, leur partie supérieure ressemblant à du cuir, une protection naturelle qu'elles avaient développée au cours du temps pour se protéger contre le rayonnement ultraviolet extrême.

Je me sentais de nouveau moi-même grâce à l'air matinal et au soleil, aussi nous avions décidé de continuer notre promenade vers le rivage à l'est. Il n'y avait toujours pas de mouvement au refuge. Nous avions le temps et quelque chose au loin m'intriguait. Cela ressemblait à un mur bas. Après notre visite au musée de San Pedro, j'avais envie d'en apprendre davantage sur la culture des Atacameños, et je me demandais si cela pouvait être une de leurs anciennes constructions. Nous n'aurions probablement pas le temps de l'atteindre, mais puisque tout était encore tranquille, nous partîmes dans sa direction. Le rivage du lac se transforma rapidement en une surface de gravillons blancs, et, alors que nous poursuivions notre marche en direction de l'est, nos regards croisèrent le passage d'une vigogne qui se dirigeait vers la douane bolivienne. Les vigognes sont des cousines des lamas, des alpagas et des guanacos, mais elles sont beaucoup plus minces, de couleur fauve sur le dos et la tête, et blanche sous le ventre. Les voir courir librement dans l'Altiplano en grands troupeaux me donne toujours un sentiment profond de paix, celui de voir enfin notre planète en harmonie, comme elle est supposée l'être. Nous continuâmes notre chemin après avoir suivi cette vigogne du regard pendant un moment.

Alors que nous marchions sur la surface blanche, autre chose attira mon regard, cette fois sur le sol. C'était une petite pierre de la même taille que le gravier mais de couleur bleu-vert. Après avoir retiré mes gants, je la pris entre mes doigts pour la montrer à Edmond. C'était une turquoise, seule au milieu de cette étendue de gravier blanc qui était l'ancien fond du lac dans sa partie maintenant asséchée. C'était une découverte inattendue à cet endroit, mais, considérant la géologie de la Bolivie, pas vraiment surprenante. La pierre était brute. Ce n'était pas un bijou perdu. Après l'avoir mise dans ma poche, nous continuâmes notre chemin, le regard toujours dirigé vers le mur qui paraissait interrompu par endroits maintenant que nous commencions à l'apercevoir de plus près.

Quelques mètres plus loin, mon attention fut de nouveau attirée vers le sol par ce qui semblait être une tache brune, probablement une roche volcanique isolée contrastant sur le gravier blanc. Après nous être approchés, je me baissai pour la ramasser et ne pouvais plus la quitter du regard. Là, au creux de ma main et à peine usée par le temps, reposait une pointe de flèche. Elle était sombre, presque noire, et faisait environ trois centimètres de long sur un centimètre et demi de large. C'était pratiquement la copie conforme de celles que j'avais vues deux jours plus tôt au musée de San Pedro.

Pendant une fraction de seconde, le temps disparut. Cette pointe de flèche était vieille de plusieurs milliers d'années, taillée par un être humain qui vivait dans cette région, ou n'avait fait qu'y passer. Le lac était beaucoup plus profond alors, la végétation plus dense. J'eus soudain le sentiment que cette découverte était significative, comme une conversation entamée à travers le temps entre deux êtres humains cheminant dans les traces l'un de l'autre sur des planètes très différentes, et communiquant à cet instant précis à travers cette pointe de flèche.

Un vortex s'ouvrit dans l'espace et le temps ce matin-là, comme une invitation à entrer dans un monde perdu, guidée par ceux qui m'y avaient précédée et par une sorte de flèche du temps – et celle-ci pointait vers le passé. Je l'ai enroulée dans un mouchoir et je l'ai mise dans la poche de ma veste. Je l'ai gardée là pendant notre première reconnaissance puis je l'ai donnée à Guillermo quand il revint pour nous ramener à Antofagasta une semaine plus tard afin qu'il puisse la remettre au musée de San Pedro.

Je n'essayerai pas d'expliquer rationnellement pourquoi j'ai pensé alors, tout comme je le pense toujours aujourd'hui, que ce moment était si important. Ce sentiment fut renforcé sept ans plus tard, en 2009, durant la dernière expédition du projet. Après avoir quitté la Bolivie, nous explorions les Andes chiliennes dans la région du volcan Láscar. Durant le dernier dîner au camp, Hernán, l'un de nos fidèles conducteurs et aides de camp, avait décidé d'offrir des cadeaux. Il les avait préparés dans des petites boîtes, un cadeau différent dans chacune. Il ajouta qu'il les avait fabriqués lui-même pour que ce soit plus personnel. Nous ne savions pas si nous nous reverrions à l'époque, ou quel serait le futur de notre équipe. Hernán avait donné tous ses cadeaux aux membres de l'équipe durant la journée. J'avais été occupée autour du camp, et quand je revins le soir, il restait deux boîtes, une pour Carlos notre docteur, et une pour moi. Carlos m'invita à choisir en premier et il prit celle qui restait. Assise sous notre tente au milieu de l'Altiplano, j'ouvris le présent et mon regard se figea. Là, nichée au cœur de la petite boîte, reposait une pointe de flèche, à peu près de la taille de celle que j'avais trouvée sept ans plus tôt. Celle-ci avait été taillée par Hernán dans du quartz transparent. Hernán était un Atacameño natif de cette région, un descendant de la même culture que celle de cet humain qui avait taillé la pointe de flèche que j'avais trouvée en 2002. Une fois de plus, un message semblait avoir franchi l'espace et le temps pour me faire savoir que le vortex se refermait. Il était temps de partir.

La pointe de flèche taillée par Hernán est toujours sur mon bureau aujourd'hui. Lorsqu'il me l'offrit cette nuit-là, je fus envahie tout à la fois par une immense gratitude pour son amitié mais aussi par une grande tristesse. Je ne savais pas quand, ou même si, nous pourrions revenir un jour dans cette partie du monde qui m'avait tant donné et avait changé ma vie.

*

À chaque pas que nous faisions, la structure au loin ressemblait de moins en moins à un mur et, une fois sur place, notre étonnement fit rapidement place à de l'incrédulité. Au lieu d'un mur, un champ de stromatolithes s'étendait à perte de vue.

Les stromatolithes sont des structures de morphologie variée (des dômes, des colonnes, des structures allongées) formées par l'activité de cyanobactéries, des algues microscopiques de couleur bleu-vert qui emprisonnent et cimentent des sédiments dans le film organique qu'elles produisent. Ce sont les mêmes micro-organismes qui laissèrent les premiers fossiles connus à ce jour sur Terre il y a 3,4 milliards d'années. Ces stromatolithes s'étaient formés quand le lac était encore actif. Ils allaient nous procurer des indices précieux sur l'impact que le changement climatique pouvait avoir sur une vie primitive, des indices qui étaient pertinents pour la recherche de la vie sur Mars.

Dans les semaines qui suivirent notre retour en Californie, l'analyse de l'imagerie satellite couvrant Laguna Blanca révéla la dimension de ce champ fossile qui s'étendait sur plus 100 kilomètres carrés. Il nous faudrait beaucoup plus de ressources que les fonds discrétionnaires de NASA Ames pour déployer des expéditions à la hauteur de l'intérêt scientifique de cette région. Mais, ce matin-là dans les Andes, quand je vis le champ de stromatolithes, ma première réaction fut d'en choisir un au hasard avant de m'asseoir et, regardant Edmond, je lui dis : « Par où on commence ? »

L'équipe gravissant les pentes du Licancabur durant l'expédition de 2004. Macario ouvre la route, comme toujours, et je suis juste derrière lui. En arrière-plan, Laguna Verde et Laguna Blanca, et le paysage grandiose de lacs et de volcans des Andes.

14

Le peuple de la montagne

La reconnaissance de juillet 2002 marqua le début d'une première vague continue de huit expéditions dans les Andes en Bolivie et au Chili, l'exploration du désert d'Atacama avec les rovers Hyperion et Zoë du projet de David Wettergreen, alors que sur Mars j'explorais Gusev avec Spirit. Tous mes projets se déroulaient en même temps et, malgré le numéro d'équilibriste que cela demandait chaque jour avec mon emploi du temps, devoir les mener de front était bénéfique car leurs résultats étaient complémentaires. De plus, un concours de circonstances venait de me donner les moyens d'augmenter mes financements pour explorer les Andes. L'Institut SETI avait soumis un projet de recherche qui fut sélectionné par l'Institut d'astrobiologie de la NASA en 2003. Le projet était dirigé par Chris Chyba, alors directeur scientifique du Carl Sagan Center à l'Institut. J'étais co-investigatrice dans son équipe, dirigeant mon propre groupe, et ma recherche était axée sur l'analogie entre les lacs andins et les anciens lacs martiens. Cette recherche allait devenir le cœur du High Lakes Project, une extension naturelle du travail commencé grâce aux fonds discrétionnaires de NASA Ames dans les Andes.

Je pouvais désormais compter sur un financement de cinq ans et, bien que le budget ne fût pas très important, c'était tout de même le double de ce que j'avais eu par an jusque-là. D'autres évènements conspiraient en ma faveur : le timing de la mission des rovers sur Mars n'aurait pu être plus parfait. Nos sites d'exploration dans les Andes étaient désormais considérés comme des exemples uniques pour comprendre Mars au début de son histoire. Ils étaient également scéniques et spectaculaires et les découvertes que nous y faisions attiraient l'attention. Aussi, bien que modeste au départ, notre financement augmenta rapidement grâce à des sponsors privés, dont le National Geographic, qui apporta son soutien en 2003. La NASA elle-même, ainsi que nos collaborateurs américains et étrangers, ajoutèrent des financements pour que des étudiants puissent nous accompagner sur le terrain. Certains de nos collègues utilisèrent également leurs propres subventions pour pouvoir participer aux expéditions. Ils avaient compris immédiatement le caractère unique de la région et la grande valeur intellectuelle des échantillons que nous ramenions. Notre budget annuel devint donc suffisant pour permettre le déploiement d'expéditions ambitieuses et le projet se transforma en une véritable investigation multidisciplinaire d'astrobiologie.

Les chercheurs associés au projet étaient experts en planétologie, en astrobiologie, en sciences de la Terre et de l'univers, en écologie microbienne, en sciences de l'environnement, en géophysique et en limnologie – l'étude des lacs. Nous avions aussi avec nous des ingénieurs, des médecins et des éducateurs. Au cours de huit expéditions entre 2002 et 2009, le High Lakes Project explora neuf lacs situés entre 4 200 et 5 940 mètres dans les Andes centrales, la plupart en Bolivie et trois au Chili entre 2006 et 2009. Il permit aussi l'exploration de trois lacs situés au sommet des volcans Licancabur, Aguas Calientes et Poquentica. Nous avons utilisé la plongée en apnée pour la reconnaissance du lac du Licancabur et d'autres lacs à plus basse altitude entre 2003 et 2004. Notre expédition avec les recycleurs eut finalement lieu en 2006. Plus de cinquante chercheurs venant de vingt-six institutions dans dix pays furent impliqués dans le projet, permettant aussi d'encadrer une douzaine d'étudiants et contribuant à la publication de trois maîtrises et deux doctorats.

Des journalistes, des écrivains et des équipes de tournage de documentaires des États-Unis ou d'Amérique du Sud demandaient à nous accompagner chaque année. Certains débarquèrent à l'improviste sur le terrain après avoir eu vent de notre arrivée. Je ne m'en plaignais sûrement pas. L'une des premières conséquences de cette visibilité fut de recevoir de nombreuses candidatures d'étudiants de premier cycle universitaire ou de jeunes chercheurs postdoctorants me demandant ce qu'ils pouvaient faire pour se joindre à nos expéditions. Combien de fois ai-je reçu (y compris de la part de mes collègues) des messages me disant qu'ils feraient n'importe quoi pour nous accompagner. Si je les avais pris au mot, je crois que je n'aurais jamais eu besoin de porter mon sac pendant toutes ces années ! Leurs messages me touchaient toujours beaucoup, chacun me ramenant à l'époque de mes quatorze ans, lorsque j'avais écrit à Cousteau.

Je ne pouvais bien sûr pas inviter tous les étudiants qui m'écrivaient, mais je suis heureuse d'avoir pu en emmener un bon nombre au fil des ans. Ils devinrent une partie intégrante d'expéditions scientifiques en haute altitude terriblement exigeantes. Ils apprenaient leur métier aux côtés de chercheurs professionnels et, question de pratique, on ne pouvait guère faire mieux. Mais l'apprentissage allait dans les deux sens. J'étais passée d'étudiante à directrice de recherche sans aucune transition. Là encore, personne ne m'avait appris comment faire, et j'ai fait pour ça comme pour le reste : j'ai appris chemin faisant. Au fil des ans, j'ai dirigé des étudiants dans des projets d'étude sur les milieux extrêmes, en particulier l'impact des rayons ultraviolets sur les écosystèmes microbiens, l'astrobiologie, l'habitabilité des lacs martiens et terrestres et l'exploration planétaire. L'un d'entre eux, Andy Hock, plongea à mes côtés dans le lac du Licancabur en 2003 et 2004. J'espère sincèrement qu'en dehors des projets scientifiques qu'ils ont accomplis à mes côtés, ma contribution principale à leur éducation et à leur maturation aura été de leur apprendre l'indépendance, le travail d'équipe, l'équilibre entre la gestion et la prise de risques, et la prise de décision. La vie m'avait donné plus que ma part de formation dans ces domaines, et c'étaient des leçons qu'ils pourraient appliquer en toutes circonstances, où que la vie les emmène.

Ceux qui vinrent avec nous furent profondément transformés par cette expérience. En l'espace d'une semaine, je voyais la métamorphose s'accomplir. De jeunes adultes parfois encore hésitants et émerveillés par la perspective d'une aventure se transformaient sous nos yeux en collègues responsables, se portant volontaires pour tout, pour être sûrs que nous atteindrions nos objectifs. Peu importait que le travail fasse partie des tâches qui leur étaient assignées ou non, ou que ce soit le jour ou la nuit. Ce n'était ni facile ni confortable la plupart du temps, et ils devaient puiser profondément dans des ressources physiques et mentales que, souvent, ils ignoraient posséder. C'était un incroyable voyage à la découverte de soi pour eux aussi, et une chose merveilleuse à observer. Ils étaient venus pour participer à un voyage scientifique où notre planète devenait une machine à remonter le temps pour comprendre le passé de Mars. Ils en revinrent aussi avec une plus grande connaissance d'eux-mêmes.

Le projet toucha aussi des milliers d'enfants dans des écoles au Chili et aux États-Unis, avant, pendant et après chaque expédition, parfois au travers de liaisons satellite en direct du terrain. L'un de ces évènements fut un direct entre l'Exploratorium de San Francisco et le refuge de Laguna Blanca en 2003. Deux enseignants de Redding, dans le nord de la Californie, avaient mené un projet pour un groupe d'écoles dans leur académie. Ils étaient venus en Bolivie avec nous en 2002 mais n'avaient pas pu nous rejoindre l'année suivante. La Bolivie était agitée alors par des troubles sociaux et, bien que nos sites soient loin de La Paz, l'épicentre de la contestation, leur proviseur n'avait pas voulu prendre le risque de les laisser partir. Aussi, ils avaient conduit un bus plein de gamins depuis leurs écoles jusque dans la baie de San Francisco, un trajet de cinq heures pour leur donner la possibilité de nous parler. Ils firent bien plus encore.

En préparation de leur voyage à l'Exploratorium, ils avaient organisé des activités pour leurs écoles et recréé leur propre expédition dans le parc volcanique régional de Lassen, à environ une heure de Redding. Ils prirent les enfants avec eux, les emmenèrent au sommet de l'un des volcans, et leur montrèrent comment échantillonner des roches et de l'eau dans les ruisseaux. Ils leur apprirent le travail d'équipe et la démarche scientifique d'observation, de collecte de données et leur interprétation, tout comme nous sur le terrain. La récompense pour ces enfants fut leur voyage dans la baie de San Francisco où ils passèrent une journée entière à l'Exploratorium et assistèrent à une liaison satellite avec la Bolivie durant laquelle ils me posèrent des dizaines de questions.

Quand je revins deux semaines plus tard à NASA Ames, ma boîte aux lettres était obstruée par une grande enveloppe. Intriguée, je la pris et au dos était indiqué le nom de l'école de Redding. Une montagne de cartes de remerciement et de dessins ensevelit mon bureau lorsque je l'ouvris, le submergeant sous un tsunami multicolore. Cartes et dessins étaient faits à la main et couverts de cœurs. Certains illustraient l'expédition des enfants à Lassen National Park, alors que d'autres imaginaient notre expédition en Bolivie. Je me souviens de l'une de ces cartes en particulier, que je tins longuement entre mes mains. Elle finissait par ces mots : « Je ne savais pas qu'un gamin comme moi aurait un jour la possibilité de faire quelque chose comme ça. » Je n'ai jamais oublié ces mots. Il est tellement gratifiant de pouvoir apporter de la joie à ces enfants, mais il est aussi déchirant de comprendre qu'aussi petits qu'ils soient, certains portent déjà en eux un sentiment de fatalité. « Un gamin comme moi… »

Tant d'années plus tard, le même sentiment de révolte m'envahit chaque fois que j'y repense. Aucun enfant ne devrait avoir le sentiment que ses rêves sont hors de portée. Je me suis demandé longtemps ce qu'il avait pu entendre durant sa jeune vie pour exprimer un tel sentiment. Lui ainsi que tous ceux que je ne rencontrerai jamais sont l'une des raisons pour lesquelles j'ai finalement accepté d'écrire ce livre. J'étais l'une de ces gamines. Mes parents n'étaient pas riches, et rien dans ma situation initiale ne me préparait à la vie que je me suis construite pour moi-même. Mais, malgré leurs différends, mes parents jouèrent un rôle clef avec leurs encouragements et furent toujours d'accord sur le fait que rien ne me serait impossible si je travaillais dur et que je restais fidèle à mon rêve. Cela fit partie de l'outillage intellectuel qu'ils me léguèrent, l'une des plus belles preuves d'amour et de confiance données à un être humain, quelque chose qui me permit de trouver la force de tracer mon chemin contre vents et marées et de réaliser mon rêve d'enfance. J'espère que mon histoire permettra d'allumer une flamme suffisamment forte dans le cœur de ces enfants pour qu'ils comprennent qu'ils méritent de rêver d'aventures, de vies extraordinaires et de vivre ces rêves extraordinaires. J'espère qu'ils comprendront qu'ils sont les instruments de leur succès. Ils sont leur chemin de vie et ne doivent jamais laisser quiconque décider ce qu'ils peuvent être ou ne pas être. Cette force est en nous, et elle nous permet de créer notre propre destinée.

Éteindre la flamme d'un enfant, quels que soient son statut social, son sexe ou sa race, non seulement c'est criminel, mais c'est aussi détruire notre futur. Dans les années qui suivirent, je mis un point d'honneur à développer des programmes d'éducation et de communication pour chacun de mes projets. Je n'ai pas d'enfants, mais j'espère qu'une partie de mon héritage restera dans chaque petite flamme que j'ai pu inspirer à allumer, une flamme cheminant à la surface de la Terre, prête à allumer un brasier d'espérance quand son heure viendra.

*

Le High Lakes Project nous permit de développer une formidable machinerie logistique qui est toujours en place pour mes projets actuels près de vingt ans plus tard. Après des débuts quelquefois hésitants au cours des deux premières années de déploiement, elle devint la pierre d'angle de notre succès scientifique. Durant nos débuts, Guillermo Chong, au Chili, et Gloria Hovde, alors mon assistante de recherche aux États-Unis, s'occupèrent de l'administration et des formalités de douane pour l'équipement. Avec le temps, nos expéditions devinrent de plus en plus complexes et je ne voulais plus imposer la charge de la logistique à Guillermo qui avait suffisamment de travail à l'université d'Antofagasta, sans compter ses nombreuses responsabilités officielles. Nous devions également devenir autonomes si nous voulions réussir. Cela permit aussi à Guillermo et à sa femme, Cecilia Demergasso, de se concentrer sur leur collaboration scientifique à nos projets. Cecilia est une brillante chercheuse et directrice du Centre de biotechnologie à la Universidad Católica del Norte à Antofagasta, et tous deux contribuent largement à nos recherches grâce à leurs laboratoires et à leurs étudiants.

La transition se fit au fil des ans. Le génie de l'aide logistique menée par Cristian Tambley, que j'ai rencontré pour la première fois juste avant l'expédition d'octobre-novembre 2002, nous permit de devenir parfaitement opérationnels. Guillermo nous présenta. Cristian avait alors vingt-deux ans et était étudiant à l'université. Il faisait aussi partie du club de montagne. Sachant que nous voulions gravir le Licancabur, Guillermo pensa qu'il pourrait nous aider. Le jour de notre rencontre, Cristian vint avec Victor Gaete. Tous les deux n'auraient guère pu être plus différents qu'ils n'étaient. Cristian était réservé et introverti. Victor riait tout le temps. Ils étaient les meilleurs amis du monde et devinrent rapidement nos meilleurs compagnons. Victor était le fidèle fantassin, prêt à tout pour aider. Mince, avec des cheveux noir d'encre tombant juste au-dessus de ses épaules et une légère barbe, ses yeux souriaient en permanence. Aucune tâche ne le rebutait, et il se portait toujours volontaire même pour les plus déplaisantes. Il était constamment de bonne humeur, plaisantant en permanence, et courait sans arrêt d'un endroit à l'autre. Sous cette façade joviale se cachait un jeune homme attentionné, avec un cœur énorme, toujours prêt à tout donner. Cristian était le cerveau de l'opération, le chef d'orchestre, toujours calme, posé et concentré derrière ses lunettes. Voir Cristian et Victor interagir était souvent proche de la comédie. Mais ils accomplissaient leurs tâches d'une façon spectaculaire et avec une efficacité sans faille, travaillant sans relâche jusqu'à ce que tout soit prêt.

Cristian a apporté une grande sensibilité et beaucoup de cœur à notre équipe. Cette même sensibilité et cette attention systématique s'étendent à la planète qu'il explore, ce qui nous a rapprochés rapidement. Nous partageons des perspectives et des vues spirituelles proches sur le rôle, les responsabilités et la place des humains sur Terre. Un jour, alors que nous revenions tous les deux au refuge de Laguna Blanca après avoir passé vingt-quatre heures à San Pedro, l'étendue du paysage ponctué de volcans géants et le reflet éblouissant du soleil sur le lac couvert de flamants roses s'imposèrent à nous alors que le 4 × 4 roulait en direction du refuge. Je regardais, émerveillée, enveloppée par un sens profond de sérénité et d'appartenance. Au même moment, Cristian murmura « Nous voilà revenus chez nous », exprimant tout haut ce que je pensais tout bas au même instant.

Cristian devint mon alter ego au Chili, orchestrant avec une maîtrise parfaite les expéditions les plus complexes. Sans lui, tout aurait été beaucoup plus difficile, voire impossible. Entre les chercheurs, les ingénieurs, les conducteurs, les guides, les porteurs, les docteurs et les cuisiniers, nous sommes toujours entre vingt et trente personnes sur le terrain pendant quatre à six semaines, et nous devons transporter notre caravane et son équipement, manger, dormir et gravir les volcans, tout cela la plupart du temps dans le plus profond isolement. Seul un magicien pouvait orchestrer cette opération, et je venais d'en trouver un.

*

Une fois la logistique en place, atteindre nos objectifs scientifiques signifiait devoir travailler au sommet d'un volcan proche de 6 000 mètres d'altitude. Le groupe de chercheurs changeait en partie d'une année sur l'autre mais je pouvais m'appuyer sur le noyau dur de l'équipe pour le déploiement et la maintenance des instruments et des ordinateurs sur le terrain. Là aussi, la chance me sourit. Rob Morris rejoignit notre groupe et devint immédiatement un pilier du projet. Grand, athlétique, son regard était perçant mais doux. Rob était un alpiniste et avait déjà partagé quelques aventures avec Edmond et moi, notamment l'ascension de Shasta. Il s'occupait des stations météorologiques et de tout ce qui avait trait à l'informatique, que ce soit au refuge ou sur le terrain. C'était également un plongeur, ce qui faisait de lui le compagnon idéal. Il fut rapidement rejoint par Clayton (Clay) Woosley, qui m'aidait à préparer les expéditions et quelques-unes de mes expériences à NASA Ames et sur le terrain. Avec Rob, Clay, Cristian et Victor, mon équipe comptait quatre MacGyvers qui pouvaient intervenir et répondre aux besoins de l'équipe à n'importe quel moment, nous assistant dans les domaines clefs du projet, et nous aidant à faire face efficacement aux imprévus.

La santé du groupe était entre les mains de médecins urgentistes et d'ambulanciers paramédicaux dévoués qui se relayaient chaque semaine au refuge ou bien dans la montagne durant les ascensions. Ils étaient chiliens pour la plupart mais trois d'entre eux étaient américains. Un grand nombre d'entre nous étaient certifiés en premiers secours mais il devint très rapidement clair qu'il était préférable d'être accompagnés par des professionnels. Nous évoluions à très haute altitude et de petits problèmes pouvaient se transformer en urgences lors de longues heures de travail, sans parler de la plongée. La présence d'une petite clinique à San Pedro et d'un hôpital plus important à Calama avait un côté rassurant mais nous devions pouvoir compter sur nous-mêmes toutes les fois que nous étions isolés à des centaines de kilomètres de l'installation médicale la plus proche. Nous savions que nous étions entre de bonnes mains.

Leur travail quotidien consistait la plupart du temps à faire des check-up, surveiller notre taux d'oxygène, et réparer les plaies et bosses qui accompagnent toujours le travail quotidien avec des pierres et des marteaux de géologues, ou le séjour prolongé de nos mains dans l'eau salée sous un rayonnement ultraviolet extrême. L'exposition au vent et au froid pouvait aussi contribuer à l'épuisement lorsque nous travaillions pendant de longues heures sans relâche et souvent sans ménager nos efforts. L'expédition de 2005 fut un bon exemple de ces conditions parfois difficiles. Elle nous entraîna dans un périple de plusieurs semaines à travers l'Altiplano et les Andes boliviennes, depuis le refuge de Laguna Blanca dans la région sud du Potosí jusqu'à la capitale La Paz. Je retranscris ici des notes prises dans mon journal d'expédition cette année-là qui donnent une bonne idée de ce à quoi nous pouvons être exposés parfois.

30 OCTOBRE 2005 : REFUGE DE LAGUNA BLANCA

Les conditions météo sont brutales cette année dans l'Altiplano. Devant le refuge, Laguna Blanca est gelée tous les jours avec de rares exceptions. Macario nous a dit que le lac du Licancabur a disparu sous 80 centimètres de glace. Il n'y aura pas de plongée cette année et j'ai dû réévaluer nos options pour accomplir nos expériences scientifiques en toute sécurité. C'est pour le moins un défi. Au cours de notre entraînement sur Juriques il y a deux jours, nous avons été accueillis au second sommet à 5 400 mètres par un vent *soutenu* de plus de 100 kilomètres-heure. J'ai failli être projetée par terre alors que je prenais pied sur la crête après être sortie de derrière le versant du volcan qui nous protégeait. Rob est parvenu sur la crête. Il est grand et costaud, et pourtant il a fait une démonstration de soufflerie en restant penché à plus de 30 degrés sans tomber, veste ouverte et prêt à hisser la voile. Nous ne sommes pas restés longtemps là-haut, juste le temps de prendre quelques photos avant de retourner nous abriter. Nous avions froid en revenant aux 4 × 4 mais tout le monde est en bonne santé.

Aujourd'hui, les conditions sont meilleures. C'est incroyable la différence qu'il peut y avoir dès que le vent tombe un peu. Nous sommes montés au camp intermédiaire sur le Licancabur pour notre deuxième entraînement. J'ai pu constater que l'équipe est de bonne humeur et, le moins que l'on puisse dire, c'est que personne n'est anoxique. Nous n'avons pas eu besoin de radio. Tout le monde chantait à tue-tête. La paix de l'Altiplano fut quelque peu troublée, mais Macario, notre guide, n'arrêtait pas de rire. Nous avons atteint nos objectifs d'entraînement qui étaient d'effectuer deux ascensions à 5 400 mètres avant de penser au sommet du Licancabur.

Cette année sera spéciale. Les températures au sommet sont d'environ – 40 °C sans prendre en compte le vent, ce qui m'a forcée à prendre des décisions. D'un côté nous n'avons jamais été aussi bien préparés pour la documentation sous-marine du lac et pour la bathymétrie. C'est décevant mais nous devons oublier cet objectif pour le moment. De l'autre, Poquentica, un autre volcan, nous attend à 700 kilomètres au nord. Le lac à son sommet est notre autre objectif pour cette année. Nous ne connaissons pas cette région et tout sera à découvrir. Apparemment, cette partie de la Bolivie n'est pas atteinte par les tempêtes qu'El Niño a amenées près du refuge, et nous ne devrions pas avoir de problèmes là-bas.

Toutes nos recherches au sommet du Licancabur ne sont pas perdues. J'ai modifié nos plans par rapport aux années précédentes. La température est si basse qu'il est hors de question de dormir au sommet mais au camp intermédiaire. Nous quitterons le camp de bonne heure le matin du 3 novembre, et nous irons directement au sommet pour collecter les données météorologiques et déployer un nouveau dosimètre UV. J'ai prévu d'extraire des échantillons de sédiments sous la glace près de la rive et ensuite nous partirons, soit pour retourner au camp intermédiaire si nous sommes fatigués ou tard sur la pente, ou directement au refuge si nous le pouvons. Les conditions sont si dures cette année que je ne prendrai avec moi que ceux qui sont les plus en forme. C'est la première fois que je n'emmène pas l'équipe complète au sommet, mais il n'y a rien de normal cette année et la prudence est de rigueur.

Malgré les conditions difficiles, le travail sur le terrain autour des lacs a progressé sans problème, et nous avons déjà accompli beaucoup de ce que nous avions prévu dans notre programme d'échantillonnage et de déploiement d'instruments et de stations. Les microbiologistes devraient nous rejoindre au refuge le 5 novembre, et nous partirons ensuite ensemble vers le nord. Je trouve quelque peu ironique (ou peut-être est-ce approprié), alors que nous sommes ici pour étudier les environnements extrêmes, que nous soyons devenus partie intégrante de l'expérience cette année, juste au cas où nous aurions oublié la signification du mot *extrême*. Mais, pour le moment, nous avons eu autant de succès que les micro-organismes vivant dans les lacs. Nous nous adaptons.

2 NOVEMBRE 2005 : REFUGE DE LAGUNA BLANCA. VEILLE D'ASCENSION

Jusqu'à présent, cette expédition nous a présenté bien des défis. Nous avons eu un échantillonnage de tout ce qu'on peut connaître dans ce genre d'environnement : mauvais temps, lac du sommet gelé, températures à – 40 °C, intoxication alimentaire, et un virus respiratoire qui a touché une grande partie de l'équipe. Tout le monde va bien maintenant mais j'ai préféré ne pas prendre de risques et j'ai envoyé ceux qui ont encore des symptômes à San Pedro pour récupérer pendant quelques jours. Ils reviendront au refuge le 5 novembre et nous continuerons l'expédition ensemble. Le groupe de huit qui reste va prendre la direction du Licancabur demain après un faux départ aujourd'hui. La cause du délai est un manque de porteurs. Franchement, je pense que ce retard est une bonne chose car il semble que le temps se soit finalement stabilisé ces trois derniers jours et nous pouvons commencer à reconnaître les tendances des années précédentes. La température est un peu remontée aussi. Il semblerait que la neige et la glace qui couvraient la ravine centrale du Licancabur, qui est normalement notre passage pour le retour, aient commencé à fondre ces derniers jours. Cela nous donnera peut-être une option supplémentaire pour revenir au refuge.

Finalement, nous commençons l'ascension demain. Nous avons été patients avec la montagne et nous sommes récompensés. Nous monterons d'abord au camp intermédiaire. Je prévois de partir du refuge vers 9 h 30. Nous devrions être au pied du Licancabur à 10 heures. Puisque nous ne plongeons pas, nous avons moins d'équipement et nous sommes un peu plus légers cette année. Malgré tout, nous monterons doucement et nous prendrons notre temps pour aller au camp à 5 400 mètres. C'est un gain de 900 mètres depuis notre point de départ et, avec un rythme soutenu, nous devrions y être vers 14 heures. Ensuite, nous construirons le camp et nous nous préparerons pour ce qui sera probablement une nuit très froide dans la montagne. Le 4 novembre, nous partirons aux premières lueurs du jour et nous sprinterons vers le sommet. Nous allons prendre avec nous des tentes de secours et quelques réchauds, juste au cas où nous serions pris par le mauvais temps au sommet. Si tout se passe bien, nous n'aurons pas à les utiliser.

Nous devrions atteindre le sommet vers midi, faire nos prélèvements jusqu'à 15 heures, déployer nos stations et collecter les données de l'an passé. Si nous trouvons de l'eau libre, un des objectifs est d'en prélever avec des sédiments pour analyser les micro-organismes qui s'y trouvent. Cela nous permettra de continuer notre inventaire de biodiversité avec les analyses métagénomiques. J'aimerais aussi prendre des échantillons de glace du lac. Greg Kovacs, l'un de nos membres d'équipe resté à Stanford cette année, a suggéré que le lac gelé pourrait nous donner l'occasion d'étudier le rôle et la nature des aérosols qui se déposent dans les sédiments. La glace sera envoyée au laboratoire ensuite pour l'étude des pollens et des spores. Nous redescendrons dès que nous aurons terminé notre travail dans le cratère et, avec un peu de chance, nous aurons suffisamment de temps pour revenir aux 4 × 4 au pied du volcan avant que la nuit ne tombe. Autrement, nous nous arrêterons au camp intermédiaire pour y passer la nuit encore une fois.

Bien qu'éprouvants, les dix premiers jours de l'expédition ont été vraiment productifs pour la science. Je suis particulièrement satisfaite des découvertes que nous avons faites alors que nous prélevions des échantillons sur les rives de Laguna Verde. J'ai hâte de montrer aux microbiologistes les organismes microbiens qui vivent quelques centimètres sous la surface. Apparemment, les colonies varient en couleur, leurs pigments vont du vert au rose et à l'orange vif. Bien qu'il n'y ait aucun signe de vie en surface, elle est absolument partout dès que l'on retourne la croûte salée. Clay, Melissa et Peter m'ont aidée à prélever des échantillons et à établir des profils stratigraphiques le long des anciennes terrasses. Puis Edmond et Mimi (qui nous a accompagnés cette année), avec l'assistance de Melissa, ont découvert le lit d'une ancienne rivière maintenant asséchée qui entrait dans le lac au Pléistocène. Ils ont aussi échantillonné ses terrasses. Andy, Rob et Ross ont déployé une nouvelle station météo.

Ces derniers jours ont continué de mettre en évidence l'esprit fabuleux qui règne dans cette équipe. Le groupe donne l'impression que tout est facile dans un environnement extrêmement exigeant. Je ne vois que solidarité, amitié, et beaucoup de bonne humeur et d'humour, quelles que soient les conditions. Demain nous partons. Une nouvelle ascension du Licancabur. Chacune est unique mais celle-là sera probablement particulière. Pour ceux qui voudraient encore l'ignorer, on propose et la montagne dispose, sans exception. Nous devons simplement rester à son écoute. Je reprendrai mes notes dans deux ou trois jours.

2 AU 3 NOVEMBRE 2005 : DÉPART POUR LE CAMP INTERMÉDIAIRE

Jamais auparavant je ne me suis autant posé la question de savoir si nous pourrions atteindre le sommet. J'ai passé des heures à peser le pour et le contre, le temps instable, le vent qui peut être dangereux par moments et le froid, le lac gelé, et la sécurité du groupe. La réponse a été la patience. Tout d'abord patience avec la montagne, observant, écoutant le vent, regardant sa direction, regardant les nuages, une sorte d'immersion dans le décryptage du paysage que l'on apprend avec le temps. Puis patience avec mon impatience. Je ne peux pas me permettre de prendre des décisions précipitées. Plus d'une fois j'ai pensé annuler l'ascension du Licancabur cette année pour concentrer mon attention sur Poquentica au nord. Puis Cristian me fit une proposition que je pouvais enfin accepter. Il me paraissait inacceptable d'exposer l'équipe à 6 000 mètres au genre de temps et de températures que nous avons subis jusqu'à maintenant, sans même parler des vents à plus de 100 kilomètres-heure parfois et leur effet sur des températures déjà glaciales. Mais Cristian m'a proposé d'établir notre camp de base à 5 400 mètres. Ça ne sera pas une partie de plaisir mais les conditions devraient y être un peu meilleures. Après tout, il ne fait « que » – 25 °C là-haut... Ce sera notre centre d'opérations. Si le temps se dégrade, nous pouvons être de retour au refuge en une heure et demie. S'il est stable, nous y passerons la nuit, monterons aussi vite que possible au sommet le matin suivant, et ensuite, retour au refuge en fin d'après-midi avec l'option de pouvoir nous arrêter au camp intermédiaire s'il est tard ou que nous sommes fatigués.

Ce plan ressemble davantage à une opération de commando qu'à une expédition scientifique et, pour qu'il réussisse, il faudra que les troupes soient en excellente santé. Nous avons discuté de cette option avec l'équipe et tout le monde semble excité à l'idée de pouvoir quand même accomplir des objectifs scientifiques au sommet cette année tout en maintenant la sécurité du groupe. La seule interrogation est vraiment pour nos deux nouveaux coéquipiers. Leur expérience de la montagne est l'entraînement que nous leur avons donné à 5 400 mètres la semaine dernière. Ils s'en sont bien sortis mais la situation est différente ici. Nous envisageons un effort soutenu pour aller du camp au sommet et refaire le chemin dans le sens inverse sans beaucoup de pauses. Mais ils veulent venir, aussi Cristian et moi devons penser à des solutions d'urgence à chaque étape de l'ascension. Tout bien considéré, et après une longue discussion et des suggestions diverses, nous sommes partants. Notre médecin, Ross, devra garder l'œil sur tout le monde.

4 novembre 2005 : sommet du Licancabur

Notre plan a fonctionné parfaitement, même si je ne recommande pas ce genre d'exercice tous les jours. La nuit au camp intermédiaire s'est déroulée sans problème. Mars brillait dans le ciel comme un phare. Les Nuages de Magellan et Orion la tête en bas sont toujours mes favoris. Nous avons quitté le camp à 7 h 35. Puis notre groupe, avec l'ensemble de l'équipement, est monté à une allure de 200 mètres verticaux par heure dans une atmosphère dont la pression est entre 550 et 480 millibars, les anciens comme les nouveaux. Nous sommes tous montés comme une machine bien huilée, ne nous arrêtant que quelques fois pour boire ou pour recharger les batteries. Nous avons atteint le sommet tout juste après 11 heures.

Pour la première fois ces dix derniers jours, le vent était léger sur la pente et la température acceptable. Le Licancabur nous ouvre-t-il ses portes une nouvelle fois ? Je finis par le croire après avoir vu le même scénario se répéter quatre ans de suite maintenant. Le temps a été exécrable et glacial ces derniers jours, à l'exception des trois qui ont précédé l'ascension. Notre patience a payé. Notre route habituelle est couverte de neige et de glace, ce qui nous a obligés à faire un détour mais c'est plus sûr. Nous avons quand même dû passer au milieu de blocs géants, ce qui a demandé un peu d'escalade parfois mais cette route est la seule disponible. Nous n'avons pas le choix. Un vent soutenu mais toujours léger nous attendait au sommet. Nous avons pris beaucoup de photos, simplement heureux d'être arrivés, en particulier nos deux nouveaux et Ross qui, bien qu'il soit un vétéran de la montagne, est un nouveau dans notre équipe et vient d'accomplir sa première ascension dans les Andes.

Nous savions dès le départ que ce serait une course contre la montre, aussi nous n'avons pas perdu de temps pour descendre vers le lac au fond du cratère. Le spectacle qui nous y attendait était magnifique. Bien que je regrette de ne pas avoir pu plonger cette année, la vue était à couper le souffle (peut-être l'altitude aidait un peu aussi). Le lac était complètement gelé mais pas de manière homogène. La glace était blanche sur le versant sud-ouest mais bleu-vert et plus fine du côté nord-est, une autre façon de nous rappeler que nous sommes dans l'hémisphère sud. L'ensemble formait une sorte de yin et yang très impressionnant. Nous nous sommes mis au travail rapidement. Je suis allée avec Clay sur la rive sud où nous avons trouvé de l'eau libre et, pendant l'heure suivante, nous avons collecté des échantillons de sédiments et d'eau à différentes profondeurs. La glace que nous avons recueillie va nous permettre d'étudier la contribution de l'atmosphère aux dépôts des sédiments du lac. Les sables, les poussières et les aérosols transportés par le vent tombent dans l'eau et nous avons la possibilité de connaître leur nature simplement en récupérant la glace, en la faisant fondre et en filtrant l'eau. Nous regarderons ce qui reste sous le microscope aux États-Unis.

Andy, Rob et Ross ont filtré une quantité considérable d'eau, ramassé les expériences que Macario avait apportées le jour précédent. Ils ont aussi déchargé les données d'une année de mesures météorologiques, relancé la station et installé le nouveau dosimètre UV. Après une courte pause, nous avons quitté le cratère. La vue au sommet m'a fait grincer des dents. De larges volumes de nuages s'accumulaient tout autour de nous. Il était temps de partir, et vite. Le mauvais temps venait du Chili, ce qui n'était pas une bonne nouvelle. Malheureusement, comme le versant est du Licancabur est gelé, il nous a fallu redescendre par la même route que celle que nous avions prise pour monter. Ce n'est certainement pas ma préférée. L'année dernière, nous avions emprunté la ravine centrale et nous étions arrivés en à peine deux heures au pied du volcan, ce que je ne recommande pas aux genoux fragiles. Cette année, la route alternative nous a pris quatre heures. Après un court arrêt au camp intermédiaire pour nous reposer un peu, nous avons quand même fini par arriver aux 4 × 4 vers 17 h 30.

Notre ascension en chiffres : nous sommes montés et redescendus du Licancabur avec tout notre équipement en 10 heures, y compris 8 heures de marche et 2 heures de travail dans le cratère. Nous avons progressé de 200 mètres verticaux par heure, que ce soit le 3 ou le 4 novembre, et accompli tous les objectifs scientifiques que nous pouvions accomplir. Une fois de plus, le Licancabur a ouvert sa porte. Le mauvais temps a stoppé durant notre ascension et les conditions plus clémentes se sont maintenues jusqu'à notre retour au refuge. J'ai eu à peine le temps de fermer la porte avant que le vent de 100 kilomètres-heure ne refasse son apparition. Il a duré toute la nuit. Le jour suivant, la neige est tombée tout autour de nous, mais pas autour des lacs. Ça fait quatre ans de suite que la même chose se reproduit. J'en arrive vraiment à croire que l'esprit des Incas a décidé de veiller sur nous.

Je suis reconnaissante de voir mon groupe en bonne santé et heureux, les anciens comme les nouveaux. Ils ont tous un immense sourire sur la figure. Ils le portent sur leur visage et dans leur regard : ils ont accompli leur mission durant l'année la plus difficile que nous ayons connue jusqu'à présent. La montée fut brutale et pourtant personne ne s'est plaint. Ils ont mon plus grand respect et une bien meilleure idée de la signification de ce que « science de l'extrême » veut dire. Il leur a fallu du courage et de l'abnégation pour collecter des données qui pourront peut-être un jour nous aider à mieux comprendre la possibilité de vie sur d'autres planètes. Notre prochaine destination est Poquentica. Un autre volcan. Un autre monde à découvrir. Nous quitterons Laguna Blanca le 8 novembre. Je reprendrai ce journal quelque part entre Laguna Colorada et Salar de Uyuni.

9 AU 15 NOVEMBRE 2005 : VOYAGE SUR UNE AUTRE PLANÈTE

Combien de planètes avons-nous traversées depuis quelques jours ? Leur beauté est à couper le souffle. Je me demande si nous sommes toujours sur Terre. Est-il possible que la science de l'extrême nous entraîne littéralement au-delà de notre propre planète tout en parcourant sa surface ? J'ai en mémoire des milliards d'images, d'odeurs et d'impressions accumulées ces cinq derniers jours dans notre périple à travers les Andes. Nous avons emmagasiné des souvenirs pour toute une vie, accompli nos objectifs scientifiques et enregistré des données qui vont nous occuper pour les années à venir tout en faisant des rencontres inoubliables avec d'autres êtres humains, à la fois si différents et pourtant si proches de nous.

Nous avons quitté le Licancabur le 8 novembre et traversé l'Altiplano vers Laguna Colorada, un lac aux eaux rouges et aux îles de borax blanc. Des sources hydrothermales déversent de l'eau fraîche dans ce lac salé, où 40 000 flamants roses viennent se reproduire chaque année. Pendant que nous prélevions des échantillons, nous avons trouvé des œufs de l'an passé et des ossements de flamants sur la rive, exprimant en un instant, et sans un mot, le cycle de la vie devant nos yeux.

La traversée de l'Altiplano pour atteindre Salar de Uyuni fut une des expériences les plus intenses de ma vie. Il y avait un sentiment de liberté sans limites : pas de routes, juste des traces de pneus sur la surface d'un immense désert où la vision n'est limitée à l'horizon que par des volcans gigantesques, tous entre 5 000 et 6 000 mètres d'altitude. Lorsque nous avons traversé « Árboles de Piedra » (les arbres de pierre) dans le désert de Dalì, nous aurions pu croire que cette formation rocheuse était en fait les restants d'une ancienne cité inca. Les Incas étaient encore là il y a 500 ans à peine. Quand je repense à la demi-heure que nous avons passée à la parcourir à pied, je pouvais sentir leur esprit encore partout présent, et un sentiment de puissance et d'immensité. Il n'y avait que roche, sel, et ciel, terre et espace, et un sentiment profond de communion.

Errant dans la pampa de Siloli, nous avons atterri dans une métaphore de notre quête astrobiologique. Nous aussi sommes des nomades évoluant entre ciel et terre, essayant de comprendre nos origines et notre destination. La réponse paraît évidente à Siloli : nous sommes de minuscules géants, avançant les yeux grands ouverts, émerveillés comme des enfants, nomades et explorateurs par nature. L'Altiplano nous ramène sans cesse à cette quête. Au milieu de cette immensité désertique, l'une des plus grandes civilisations que la Terre ait portées vit le jour et disparut, mais l'esprit des Incas et leur histoire sont toujours profondément présents à « Incahuasi » (la maison de l'Inca). Je pars avec regret. Une fois passé le « Paso del Inca » (le col de l'Inca), nous sommes en route pour une autre planète appelée Uyuni.

Le Salar de Uyuni est une ancienne mer intérieure (ou un lac salé géant) de 12 000 kilomètres carrés qui reliait le lac Titicaca au lac Poopó il y a 6 millions d'années. La surface plane du lac est complètement blanche et l'épaisseur de la croûte de sel atteint 6 mètres par endroits. Des sources bouillonnent et des algues ainsi que d'autres micro-organismes vivent dans des ruisseaux d'une couleur orange presque fluorescente. Bien sûr, nous nous arrêtons et nous prenons des échantillons, mais nous regardons aussi autour de nous, complètement émerveillés. Ici, la courbure de l'horizon terrestre est évidente. La Terre et le ciel semblent se toucher mais où exactement est plus difficile à percevoir, nous laissant au seuil d'univers parallèles.

Nous reprenons notre chemin. D'anciennes îles paraissent si proches et pourtant il semble que nous ne puissions jamais les atteindre. Je me demande dans quelle dimension nous voyageons, mais une chose est certaine, nous remontons le temps. La « Isla del Pescado » ressemble à un poisson géant sur la vastitude blanche, mais ce n'est pas notre destination. Nous allons à Incahuasi. J'ai déjà mentionné ce nom précédemment comme un symbole de la région du Potosí où les Incas ont dominé pendant si longtemps. Ici, nous atteignons la véritable Incahuasi, une ancienne île où les Incas vivaient et ont laissé des artefacts, ainsi que des habitations. Dominant une désolation de sel, ce promontoire est entièrement couvert de stromatolithes et de cactus géants. La vie était présente ici aussi. Il y a tellement de pensées qui se bousculent en moi. Nous savons si peu de choses sur la force de vie et la possibilité qu'elle se soit développée dans d'autres mondes. Ce voyage ancre encore plus profondément en moi cet optimisme que je ressens quand je pense à la recherche de la vie dans l'univers.

Notre passage à Uyuni m'a fait réaliser un rêve de petite fille. Nous nous arrêtons près de cavités dans le sel et nos guides nous montrent comment extraire de superbes cristaux de halite (du sel). Nous avons devant nous un véritable trésor minéralogique. Bien sûr, l'astrobiologie n'est jamais loin de mes pensées, particulièrement avec ces échantillons dont quelques-uns montrent des pigments roses, violets et orange. Ils vont prendre la direction du laboratoire dès que possible.

Oruro est notre arrêt suivant. C'est une grande ville bruyante, avec trop de lumières et trop de gens. L'équipe est contente de cette pause mais, personnellement, j'aimerais pouvoir reprendre le chemin du désert immédiatement. Je ne suis pas encore prête à retourner vers la soi-disant civilisation. La ville me semble plus extraterrestre que tout ce que nous avons traversé jusqu'à présent. L'astrobiologie m'a transformée en ermite, mais ça ne me gêne pas. Dans la montagne, je n'ai pas besoin de feu rouge ou de feu vert pour savoir quand avancer ou m'arrêter (la population d'Oruro non plus, apparemment). Je n'ai qu'à regarder le ciel, les nuages, la direction du vent et je sais.

Cette ville n'est pas notre alliée. Une visite dans un restaurant local se termine par deux cas sévères d'intoxication alimentaire et trois cas plus légers. Ceux qui sont le plus atteints restent à Oruro pendant vingt-quatre heures pour récupérer. L'un de nos équipiers reste avec eux pour être sûr que tout va bien et pour rester en contact avec nous. Un bon lit au calme dans un hôtel est le meilleur remède. Nous repartons avec le restant de l'équipe et une bonne dose d'antibiotiques.

Notre voyage jusqu'à Julo, notre destination au pied de Poquentica, est aussi rythmé de paysages inoubliables faits de dunes brunes, de coulées de lave sombres, de canyons, de milliers de lamas, d'alpagas, de vigognes et de moutons. La géologie est puissante et la biologie fascinante. Nous observons des lichens roses, de l'herbe qui s'enroule sur elle-même et reste rase. Si seulement nous avions plus de temps... À l'horizon, le volcan Sajama se dresse à 6 500 mètres d'altitude, couvert de glaciers, de crevasses et de falaises. Plus loin, un volcan fume doucement. Celui-ci paraît plus accessible, bien que sa hauteur soit probablement autour de 6 000 mètres aussi. J'aimerais bien savoir ce que contiennent ses volutes de gaz et quel type de vie existe là-haut. L'année prochaine, peut-être ?

Poquentica est notre destination. Après avoir quitté Oruro et conduit neuf heures, nous entamons une piste à la tombée de la nuit. Dans le lointain, un orage se développe sur Sajama. La piste disparaît et nos 4 × 4 doivent utiliser le lit d'un petit torrent pour continuer pendant quelques kilomètres, puis la piste réapparaît. Nous arrivons finalement à Julo, un tout petit village niché au pied de Poquentica. Les habitants nous accueillent chez eux. Des chambres chaudes avec des gens qui ont un cœur énorme. L'adjoint au maire est heureux de nous voir mais il me présente un petit problème. Il va peut-être falloir que j'achète un lama en signe d'amitié. C'est à ajouter à mon portefeuille diplomatique. Nous n'étions pas vraiment préparés pour ça mais je pense avoir trouvé une situation qui satisfait tout le monde.

Le sommet de Poquentica est, comme celui du Licancabur, presque complètement gelé, mais la situation est un peu meilleure car nous sommes plus au nord et le climat est un peu plus clément (en suivant la logique de l'hémisphère sud, bien sûr). J'ai retardé notre ascension de vingt-quatre heures pour réorganiser notre plan d'activité au sommet et accumuler autant de science que possible. L'état général de l'équipe est excellent. Nous avons encore un cas léger d'intoxication alimentaire mais la situation s'améliore aussi de ce côté-là. Nous avons le temps pour faire les choses correctement. J'attends avec impatience de pouvoir escalader pour la première fois ce volcan. Quelque chose de nouveau attend d'être découvert au sommet, quelque chose que nous pourrons comparer au Licancabur, et si, jusqu'à présent, le temps a été un problème, cette expédition a déjà montré des résultats très prometteurs.

Demain, nous entamons l'ascension et nous resterons deux nuits et deux jours au sommet. Les préparations sont en cours et chacun est concentré sur l'objectif. Je n'aurais jamais pu imaginer que l'astrobiologie m'emmènerait si profondément au cœur de notre planète. L'expérience humaine est aussi enrichissante que l'aventure scientifique. Toutes deux sont profondes et ont changé beaucoup d'entre nous à des degrés variés. La façon dont nous percevons le monde et l'univers est aussi le résultat de qui nous sommes. Cette expérience nous a rendus plus proches des lieux que nous explorons, nous mettant peut-être aussi dans une meilleure position pour les appréhender et pour comprendre leur signification dans notre perception de l'univers qui nous entoure.

Demain nous montons à Poquentica. Je partagerai mes impressions sur ce nouveau volcan à notre retour. Poquentica est notre destination finale pour cette année, et nous sommes prêts. Au-delà, le lac Titicaca et Tiahuanaco nous attendent. Mes livres d'enfance prennent vie.

16 AU 17 NOVEMBRE 2005 : POQUENTICA

Je n'ai jamais eu autant l'impression de marcher à la surface d'une autre planète que durant ces derniers jours. L'ascension fut dure, terriblement exigeante, mais tellement enrichissante. Là où le Licancabur a les lignes pures d'une pyramide parfaite, Poquentica a la beauté que seul le temps peut conférer à un paysage, nous donnant le sentiment de marcher à la surface de la Lune ou peut-être de Mars. À coup sûr, à cette altitude, nous pouvons prétendre que nous nous en approchions.

Poquentica est un volcan éteint (en principe). Des tours de soufre se dressent vers le ciel, défiant des pentes de 40 degrés faites de gravier gris et de sable. Elles défendent l'accès au cratère. Nous devons naviguer dans un passage étroit et trouver un moyen de contourner des abysses vertigineux. Poquentica n'est pas une promenade de santé et demande le respect. En suivant Macario, nous arrivons jusqu'aux tours. La matinée est superbe et le vent calme quand nous atteignons le replat où nous nous arrêtons un moment pour reprendre notre souffle dans une atmosphère sans air. Sous nos pieds, la surface est couverte de cristaux purs de soufre et d'autres minéraux. C'est un paradis pour géologue. Notre objectif est encore loin, pas en distance puisque le sommet de Poquentica est à 5 850 mètres d'altitude, mais dans la volonté qu'il va nous falloir pour conquérir les dernières crêtes. Le vent finit par se lever et il est froid. À gauche, la roche est maintenant dénudée et la pente couverte de sable. À droite, rien, sinon un vide de 500 mètres vers le pied du volcan. Cette passe est une lutte entre mental et physique.

Nous arrivons enfin au sommet vers 13 heures, après une ascension de cinq heures de 4 500 à 5 850 mètres. La vue de l'intérieur du cratère nous fait oublier les difficultés de la montée. Le lac est un peu en contrebas, la plupart de sa surface est gelée, comme nous le savions déjà, mais il y a bien assez de surface libre pour ce que nous avons à faire. Au loin, Sajama, avec son sommet couvert de neige, apparaît par une ouverture du rempart nord. Il est absolument spectaculaire et la vision nous laisse sans voix. Il sera éclairé par la pleine lune cette nuit. Puis quelque chose d'inattendu se produit. Nos tentes paraissent se dresser toutes seules dans le cratère. En parlant d'efficacité, nos porteurs sont en train de monter le camp pendant que nous admirons la vue. C'est une surprise bienvenue et je crois que je pourrais m'y habituer. Même fatigués, nous avons l'habitude de nous occuper nous-mêmes de notre camp, mais nous apprécions leur aide et nous le leur faisons savoir. Les porteurs et Macario nous laissent ensuite tous les cinq, Rob, Clay, Cristian, Peter et moi, et retournent au village environ une heure plus tard. Nous sommes livrés à nous-mêmes ce soir et il est temps de nous mettre au travail. Le tourisme sera pour plus tard.

L'équipe est plus fatiguée qu'au début de l'expédition. Nous avons passé près d'un mois à (très) haute altitude et ascensionné trois géants, Licancabur, Escalante et maintenant Poquentica. Je pense qu'il est plus sage de ne passer qu'une nuit au sommet et nous changeons notre plan. C'est pourquoi nous commençons notre exploration immédiatement, le premier objectif étant de trouver un bon endroit pour la station météo. Nous le trouvons finalement et commençons à essayer de la fixer dans le sol avec des piquets. Quelle chance ! Nous venons de trouver le sol gelé à moins de 10 centimètres sous la surface. On va en avoir pour un moment. Le vent s'est levé et il faut puiser dans l'énergie qui nous reste pour continuer. Je commence à frissonner malgré mes vêtements et je suis la première à battre en retraite dans ma tente où je finis par me réchauffer mais cela me prend du temps.

Le restant du groupe me rejoint une heure plus tard. Nous en avons assez fait pour aujourd'hui. Il est temps de faire chauffer la soupe. Les plus courageux se préparent également une sorte de dîner lyophilisé et nous essayons de dormir un peu. Quelques heures plus tard, je suis réveillée par une légère nausée. Je ne sais pas quoi penser. Nous sommes montés rapidement pour éviter d'avoir à faire un camp à mi-pente. C'est peut-être la cause, mais j'en doute. Nous sommes bien acclimatés après plus d'un mois à monter et à descendre à ces altitudes. Ma suspicion se porte plutôt sur le problème digestif qui a fait le tour de l'équipe depuis Oruro. On verra bien. Il n'y a pas grand-chose que je puisse faire maintenant. Je ne dors pas beaucoup mais la nausée disparaît. Malgré tout, je ne suis pas au mieux de ma forme le lendemain matin.

Rob quitte la tente à 6 heures, prêt à en finir avec les piquets de la station météo. Clay et Cristian sont ses assistants. Je reste dans la tente pendant encore un moment, n'ayant pas beaucoup d'énergie, et j'attends que le soleil soit un peu plus haut dans le ciel. La chaleur (relative) rend toujours les choses un peu plus faciles et la stratégie paraît fonctionner. Une heure plus tard, dont j'ai passé la plus grande partie à finalement dormir, je me réveille en meilleure forme. Avec Peter, je me rends sur le rivage du lac. Mon plan est de prélever des échantillons d'eau et de sédiments, de la neige, de la glace et du sol gelé. Peter n'est pas en forme non plus et apparemment pour les mêmes raisons, mais nous avons quand même une matinée productive tous les deux sur la rive. Une fois l'échantillonnage complété, nous décidons de retourner aux tentes et c'est à ce moment-là que je réalise que la journée risque d'être longue, très longue. Nous devons nous arrêter tous les 5 mètres, épuisés, et il nous faut vraiment prendre notre temps pour parvenir aux tentes. Une fois arrivée, je me dirige vers mon sac de couchage et je bois un litre de jus d'orange. Peter a une autre stratégie qui inclut de la nourriture, mais rien que l'idée me redonne la nausée.

Vers midi, mon énergie est de retour une fois de plus. Le restant du groupe est revenu au camp. La station est enfin ancrée, l'expérience d'ADN a été exécutée et Rob est prêt à aller au lac pour faire la collection d'eau pour les analyses géochimiques. Je décide d'aller avec lui. Nous y arriverons plus vite à deux. Et, alors que nous avançons vers le lac, ma radio crépite et j'entends que le « deuxième train » arrive. Edmond, Melissa et Mimi, qui n'étaient pas montés avec nous hier, s'approchent du sommet. Cette nouvelle amène des sourires sur tous les visages et pour de nombreuses raisons. D'abord, elle signifie que l'équipe entière va se retrouver au sommet. Pour certains, cette ascension sera le symbole d'un renouveau. Bien que fatiguée, je veux les accueillir. Rob m'accompagne. Il a travaillé tellement dur, il pourrait faire une pause mais, comme toujours, il est à mes côtés. Quelques minutes plus tard, je vois Edmond apparaître au sommet et je lui souhaite la bienvenue à Poquentica. Melissa est juste derrière lui et Mimi pas très loin non plus. Maman... Si j'avais des doutes sur l'origine de ma volonté, il me suffit de te regarder. Ce n'est pas que papa en manquait non plus. Je suis tellement fière de toi et d'Edmond. Accolades, photos, bonheur. C'est une journée très spéciale. Ce sera une photo très spéciale.

Le temps s'envole. Nous laissons les nouveaux arrivants et nous retournons finir le travail que nous avons commencé au bord du lac où nous faisons davantage de mesures, et prélevons plus d'échantillons. Pendant ce temps, le petit groupe de porteurs qui a accompagné le restant de notre équipe ce matin est en train de désarmer le camp. Rob et moi prenons notre temps pour revenir. Je regarde le rempart du cratère qui n'est pourtant pas loin mais je me demande comment je vais faire pour y arriver. Nous prenons le temps de nous reposer un peu. Les porteurs ont amené de la nourriture supplémentaire mais ça ne m'intéresse toujours pas. Par contre, je bois beaucoup et je m'endors au soleil, le premier bon sommeil en quarante-huit heures.

Il est temps de partir. J'attrape mes bâtons et mon sac à dos. Felix, le chef des porteurs locaux, me sourit et me demande de prendre sa main. Je ne discute pas et, lentement, nous arrivons sur le rempart du cratère. Je regarde la descente abrupte qui nous attend. Partout où nos regards se tournent, il n'y a que des pentes de 40 degrés. Je souris. Je connais la musique. Du moment qu'il faut descendre, tout ira bien. Je n'en avais pas la moindre idée encore mais, ce jour-là, nous allions battre notre record de descente établi au Licancabur en 2003, qui était de deux heures. Poquentica n'avait pas de pistes. Nous allions les créer.

Nous entamons la descente. Mon énergie revient simplement en pensant aux 4 × 4 qui nous attendent dans la vallée en contrebas, mais aussi au courage qu'il a fallu à Edmond et à Mimi pour trouver la force d'arriver au sommet après avoir dû faire face aux autres montagnes que la vie nous impose parfois et qui sont tout aussi périlleuses. Je sais descendre, ce n'est pas compliqué. Il suffit de courir ! C'est certainement beaucoup plus facile dans ce sens-là : cendre et sable. Nous respirons une montagne de poussière. Elle est partout. Nous retraversons cet incroyable paysage, passant par les « portes de soufre » une fois de plus. Je ne peux toujours pas croire à la beauté extraterrestre que notre planète peut avoir parfois.

Nous sommes de retour aux 4 × 4 en moins de cinquante-cinq minutes après avoir quitté le sommet ! Personne ne peut arrêter Edmond aujourd'hui. Je ne l'ai jamais vu courir comme ça. Toute l'équipe est là, mission accomplie. Les stations enregistrent et les échantillons vont prendre le chemin des États-Unis. Nous avons profité de l'opportunité que le mauvais temps nous a offerte pour échantillonner de la glace et étendre nos objectifs scientifiques, et nous pouvons maintenant comparer deux lacs extrêmes d'altitude.

Notre destination cette année était Poquentica. Nous avons traversé l'Altiplano et les Andes et atteint nos objectifs malgré les obstacles. En chemin, nous avons fait la connaissance de gens merveilleux, découvert des endroits inoubliables et baigné dans la beauté pure de cet endroit reculé de notre planète. Les lacs d'altitude des Andes recèlent les clefs de nos origines, des indices importants sur la capacité d'adaptation de la vie et sur la possibilité de la trouver ailleurs dans l'univers. L'ironie ultime est qu'ici la Terre paraît tellement extraterrestre. Ce fut un périple incroyable et merveilleux dans l'espace, mais aussi dans le temps. Notre planète a tant à nous apprendre. Il suffit de la regarder et d'écouter, d'être prêts à prendre nos sacs à dos et nos bâtons de marche, prêts à explorer avec humilité, mais aussi être toujours prêts à faire place à la curiosité et à l'émerveillement. L'ignorance est notre seule défaite. Notre grandeur réside dans la réalisation que nous ne sommes que des grains de poussière dans un vaste univers, mais nous abritons aussi en nous un univers infini de curiosité. Comme le disait si bien Carl, nous sommes « l'univers qui se questionne lui-même ».

*

Quand je repense à ces missions d'exploration, je ne peux m'empêcher de me souvenir de Macario, notre guide, mon ami, qui fut réellement l'un des principaux artisans de nos succès. Il gagnait sa vie en accompagnant les touristes au sommet des volcans, mais le Licancabur était sa montagne. Il était déjà connu comme le meilleur guide lorsque nous nous sommes rencontrés pour la première fois en octobre 2002. Le regard brun de Macario, marqué par de profondes pattes d'oie, souriait et brillait en permanence, renvoyant un mélange de sagesse ancestrale et d'espièglerie. Élancé, les cheveux noirs, coiffé d'une casquette de baseball ou d'un bonnet de laine la plupart du temps, il me guida sur les pentes et au cœur des rites sacrés des Andes, nous ouvrant la route et balisant le chemin. Nous nous sommes compris immédiatement. J'ai toujours admiré sa curiosité insatiable et son sens profond de la tradition. Il parlait espagnol avec les touristes et avec nous, mais aussi quechua, la langue inca, une langue ancestrale qui avait précédé l'éclosion de cette civilisation. Il comprit rapidement mon respect et ma curiosité pour les traditions. Je voulais en apprendre davantage sur son univers. Il voulait en savoir plus sur le mien. Notre amitié s'est liée autour des mêmes questions entrevues au travers de perspectives différentes et complémentaires.

Un épisode révélateur de notre interaction se produisit lors d'une des premières expéditions. Une journaliste d'un magazine sud-américain nous avait accompagnés sur le terrain. Macario m'avait demandé ce que je cherchais et comment il pouvait m'aider. J'avais extrait une petite quantité de croûte blanche salée qui était typique du rivage de Laguna Verde où nous nous trouvions. La retournant, je lui avais montré les pigments jaunes et orange qu'elle contenait. Je lui répondis que j'étais venue avec mon équipe pour comprendre comment des organismes microbiens primitifs pouvaient survivre dans un environnement aussi extrême, ce qui pourrait nous donner des indices importants sur la manière de chercher la vie sur Mars, si elle existait. Une chose en entraîna une autre et, de la recherche de la vie sur Mars, la conversation s'élargit à l'univers et à l'origine et la nature de la vie. Alors que nous parlions, les eaux turquoise de Laguna Verde ondulaient dans des tons d'aigue-marine, couvertes de mousse organique qui se déposait doucement sur le rivage près de nous. Le soleil était haut. Nous étions dans les heures relativement agréables de la journée. L'immensité et la beauté brute du paysage étaient propices à l'introspection et à une conversation plus philosophique. Ce jour-là, Macario me parla du caractère sacré du Licancabur pour les Atacameños, les peuples natifs de l'Atacama et de l'Altiplano, dans ce qui est aujourd'hui le nord du Chili, le sud de la Bolivie et le nord-ouest de l'Argentine. Il me parla de la signification du nom Licancabur, « la montagne du peuple », et aussi sa place dans le « Triangle sacré du feu » avec Llullaillaco et Quimal. Les heures passèrent, assis sur le rivage salé, parlant et utilisant des pierres, du sel et de l'eau pour échanger et illustrer nos idées. Le froid et le vent eurent finalement raison de nous. Il était temps de rentrer au refuge. Sur le chemin du retour, pas très loin du pick-up, la journaliste m'attrapa par le bras et me regarda intensément, paraissant à la fois confuse et fascinée. Elle n'avait posé que peu de questions tout l'après-midi pendant que nous conversions avec Macario et elle était restée silencieuse la majeure partie du temps. Elle me dit seulement : « Macario ne parle pas anglais, vous ne parlez pas espagnol (et je ne le comprenais pas vraiment à cette époque), et pourtant, vous vous comprenez. » Cela ne m'était pas venu à l'esprit un seul instant jusqu'à ce qu'elle le mentionne. Il semblait que Macario et moi nous comprenions au-delà des mots. Au fil des ans, j'ai appris un peu d'espagnol, et notre équipe bolivienne et chilienne un peu d'anglais. Nous nous débrouillons avec une sorte d'espéranto qui n'appartient qu'à nous. Mais Macario et moi n'en avons jamais eu besoin.

Comme beaucoup dans les Andes, Macario mâchait des feuilles de coca, dont les vertus médicinales aident à faire face à l'altitude. La coca est un remède relativement bon marché lorsque les faibles revenus rendent l'achat de médicaments sur ordonnance difficile. Elle présente aussi des bénéfices pour les systèmes respiratoire et digestif. La coca, ainsi que de nombreuses autres plantes poussant dans l'Altiplano et dans les Andes, aide les populations locales à minimiser certains problèmes de santé dans des villages isolés.

Macario utilisait aussi de temps à autre la coca pour de courtes cérémonies durant lesquelles il demandait la protection de Pachamama dans des passages difficiles en montagne, ou en préparation d'une ascension. Ce fut le cas en 2003. Nous étions en Bolivie durant le printemps austral, mais, malgré tout, les pentes du Licancabur étaient encore couvertes de glace dans la partie supérieure du volcan. Une fois nos prélèvements et nos recherches terminés, nous étions ressortis du cratère et avions repris la même route que lors de l'ascension. Les descentes sont notoirement toujours plus difficiles, et souvent bien plus dangereuses que les montées. C'était le cas pour cette nouvelle route. Les pierres couvertes de sable étaient glissantes et des dérapages tout juste contrôlés conduisirent à quelques moments de tension. Macario, qui menait le groupe, s'arrêta, posa son sac à dos par terre et l'ouvrit. Il en sortit un sac en plastique rempli de feuilles de coca. Un peu interloquée, je me souviens d'avoir regardé Edmond et de lui avoir dit que le moment était peut-être mal choisi pour une « pause coca ». Mais Macario avait autre chose en tête. Il prit une poignée de feuilles et commença à les lancer dans différentes directions sur la pente, tout en parlant quechua. Une fois les feuilles dispersées, il rangea le plastique dans son sac à dos qu'il remit sur ses épaules. Il me regarda ensuite en me disant « On peut y aller maintenant », et la descente se poursuivit. Nous étions de retour au pied du Licancabur deux heures plus tard sans plus de problèmes, après avoir retraversé le tablier d'éboulis.

J'appréciais particulièrement ces moments passés ensemble à préparer les ascensions. J'avais entendu parler des légendes du Licancabur, dont celle d'un trésor inca jeté dans le lac pour qu'il échappe à l'invasion espagnole, et en particulier celle d'une boule de cristal. La légende est répétée à travers les Andes pour un certain nombre de volcans. Aussi, il est difficile de savoir de quel volcan exactement il s'agit, ou même si cette légende est fondée. J'ai personnellement un grand intérêt pour les cristaux et les minéraux, et une collection qui comprend ceux qu'Edmond et moi avons découverts dans nos explorations en Auvergne ou ailleurs quand nous étions encore en France, et d'autres, des pièces de collection que j'ai achetées au fil des ans. Sachant que nous allions ascensionner le Licancabur et connaissant cette légende, j'avais apporté dans mes bagages une petite boule de cristal. Je l'avais montrée à Macario lors de notre première expédition ensemble et je lui avais demandé s'il accepterait de la prendre pour que nous l'amenions au lac. C'était ma façon de lui montrer mon respect pour la tradition. Il acquiesça, prit la sphère et la garda avec lui durant l'ascension. Une fois à l'intérieur du cratère, Macario organisa une cérémonie courte en quechua puis il lança la boule de cristal dans le lac du Licancabur. Pour les Atacameños, le volcan, avec sa forme de pyramide parfaite, est un temple sacré à ciel ouvert, un temple qui touche le ciel. En offrant cette boule de cristal, je voulais faire comprendre à Macario et aux Atacameños de notre équipe que leurs traditions étaient importantes pour nous aussi et, au fil du temps, nous n'avons jamais pris plus d'échantillons que nécessaire pour nos analyses scientifiques.

J'ai apporté une nouvelle boule de cristal à chacune de nos expéditions. En 2004, la cérémonie au bord du lac fut spéciale à plus d'un titre. Cette année-là, la boule de cristal était une « petite planète » en verre soufflé ressemblant à une Terre des temps géologiques passés. Elle était bleue, avec des volutes de blanc, de vert et de brun qui rappelaient des océans, des nuages, des continents et de la végétation. Elle avait été fabriquée par Josh Simpson, un artiste qui créait ces planètes miniatures pour des collections privées ou pour être emportées autour du globe et laissées dans des endroits spéciaux. C'était en quelque sorte des capsules temporelles de notre époque, et des souvenirs de ceux qui les y avaient apportées. Ses œuvres étaient inspirées par *Blue Marble*, la photographie faite par les astronautes d'Apollo lorsqu'ils avaient vu la Terre pour la première fois depuis l'espace. Cela semblait être l'offrande parfaite. J'avais parlé de cette tradition à l'une de mes amies de l'Institut SETI, Diane Richards, et c'est elle qui décida de m'apporter cette petite planète de verre avant mon départ pour les Andes. Elle organisa sa propre cérémonie dans mon bureau avant de me la remettre. Un mois plus tard, cette petite planète reposait sur un bloc de lave dans le cratère du Licancabur, juste au bord du lac. J'avais préparé un texte court en anglais. Cristian le traduisit en espagnol, et Macario en quechua. Chacun de nous en lut quelques passages. Puis Macario la prit et la lança dans les eaux du lac.

Parmi ceux qui se tenaient sur le rivage avec nous lors de cette cérémonie symbolique se trouvait Scott Parazynski, un astronaute de la NASA spécialiste des sorties extravéhiculaires avec la navette spatiale. Il est aussi docteur en médecine. La NASA l'avait autorisé à se joindre à l'expédition parce que nos déploiements lui permettaient de perfectionner des compétences nécessaires aux astronautes qui seraient un jour envoyés sur la Lune ou sur Mars : le commandement, l'adaptation à l'isolement, l'autonomie et l'aptitude à survivre dans des environnements extrêmes, l'évaluation des risques et la vie en groupe en espace confiné. En tant qu'astronaute et spécialiste de mission, Scott avait aussi conçu et développé un système bathymétrique pour mon projet. Le système comportait un sonar et un capteur thermique à bord d'un petit bateau télécommandé. Il le testa pour la première fois cette année-là, et obtint des profils de la profondeur du lac. Le système reçut quelques modifications au cours du temps, mais, dans l'ensemble, c'est celui que nous avons toujours utilisé pour cartographier le fond et la température des eaux du lac du Licancabur jusqu'à la fin du projet. Des années plus tard, les composantes du système furent montées sur un zodiac électrique et nous permirent de cartographier Laguna Negra, un lac glaciaire bien plus large et bien plus profond, pour un autre projet : « Planetary Lake Lander ».

En 2004, Scott accompagnait une équipe médicale de l'université Stanford dirigée par Greg Kovacs qui était avec nous sur le terrain. Nous étions devenus des sujets d'étude pour les tests de moniteurs physiologiques portables. Bien évidemment, rien n'aurait pu empêcher Scott de me rejoindre dans l'eau et il me demanda s'il pouvait me suivre dans mes plongées en apnée au Licancabur. Greg nous accompagna aussi. La plus grande partie du lac était libre de glace. Scott prit des photos du zooplancton et, quand il fut temps de rejoindre le rivage, nous fîmes un petit arrêt pour échanger nos impressions alors que nous étions toujours aux trois quarts immergés au milieu du lac. J'étais curieuse de savoir ce qu'il pensait de son expérience. Après tout, c'était un astronaute, un vétéran, et rien ne pourrait jamais surpasser ça. Avec son masque soulevé sur le sommet de sa tête et le tuba reposant sur son épaule, il me répondit : « Sur une échelle de 1 à 10 ?… 20 ! »

*

Macario était le leader naturel d'un groupe de porteurs, d'aides de camp et de conducteurs. Le refuge avait aussi des cuisiniers, y compris quelques-unes des personnalités les plus attachantes de nos expéditions. Maxima devint ainsi une figure centrale dans notre équipe. Elle ne faisait pas tout à fait 1,50 mètre, portait son tablier en permanence et nous offrait avec le sourire sa spécialité quotidienne de « saucisses-frites ».

La plupart des travailleurs au refuge étaient des saisonniers amenés par le propriétaire. Ils venaient de San Pedro, ou plus souvent des villages et petites villes dispersés dans l'Altiplano bolivien. Il y avait un turnover, mais là aussi un noyau s'établit et devint partie intégrante de l'équipe du projet chaque année. Pour des expéditions plus importantes, comme celle de 2006, Macario faisait appel à une aide supplémentaire pour l'assister dans la montagne, souvent des jeunes de son village de Quetena Chico, et Aurelio, son fils aîné. De jeunes recrues d'un fort bolivien situé au nord du refuge étaient aussi appelées. Tous avaient en commun un sens aigu de l'observation et une connaissance approfondie de l'environnement dans lequel ils vivaient qu'ils démontrèrent souvent. Cela paraît naturel dans un isolement aussi extrême où les ressources sont rares et où les gens avec des revenus très modestes vivent essentiellement de ce que la terre peut leur donner. Alors que nous montions sur les pentes des volcans, ils récoltaient la *pupusa* ou la *chachacoma*, des plantes médicinales qui soulagent les symptômes du rhume, de la grippe et les infections respiratoires, ainsi que le mal d'altitude. Mimi bénéficia de cette connaissance ancestrale alors que nous étions à Julo vers la fin de l'expédition de 2005. Une des femmes du village vit un bouton sur son pied. Elle lui prépara une infusion d'herbes locales et lui demanda de la boire immédiatement pour éviter une forte fièvre alors qu'elle ne présentait encore aucun symptôme. Les soins que cette femme procura dans ce village isolé de 100 habitants perdu au milieu de l'Altiplano permirent à Mimi d'atteindre San Pedro deux jours plus tard avec seulement un léger mal de gorge. Quand elle se rendit finalement à la clinique locale, le docteur diagnostiqua une scarlatine, mais elle n'en développa jamais tous les symptômes.

Autour du globe, la survie des populations autochtones dépend encore parfois de leur capacité à demeurer en symbiose avec leur environnement, décryptant ses flux et reflux comme les anciens marins naviguaient sur les océans. C'est un mode de vie qui se perpétue encore aujourd'hui à travers les cultures et les traditions, mais aussi par nécessité en raison des inégalités socio-économiques et de la discrimination qui privent ces populations d'opportunités. Beaucoup ne peuvent tout simplement pas se permettre d'acheter des équipements ou des outils modernes. Quand elles sont plus intégrées à la société moderne, de nombreuses études indiquent que ces populations perdent ce lien avec leur savoir ancestral.

Alors que nous substituons de plus en plus la technologie et les gadgets au langage de la nature, nous nous séparons chaque jour davantage de notre planète, et nous vivons à travers un sentiment erroné, celui d'être des observateurs extérieurs au monde et des apprentis sorciers tout-puissants. Nous devenons orphelins de nos racines, de ce sentiment d'appartenance à notre environnement et de ce lien que nous avons rompu. À bien des égards, nous sommes devenus des explorateurs extraterrestres sur notre propre planète, l'étudiant et interagissant avec elle au travers de technologies et de moyens artificiels, et redécouvrant avec étonnement ce qui était à nous au début. Cela ne veut pas dire que le progrès et la technologie sont des choses négatives. Ce n'est pas nécessairement ce que nous créons qui est mauvais ou négatif. C'est l'usage que nous en faisons.

Je fus témoin, et j'en ai souvent bénéficié, du sens aigu de l'observation des populations locales, y compris celui d'un groupe de jeunes garçons entre douze et quatorze ans qui étaient au refuge et qui nous aidèrent durant l'une des expéditions. Ils nous avaient suivis autour des lacs. Ils étaient espiègles, remplissant l'Altiplano de leurs rires et de leurs plaisanteries. Mais ils étaient aussi disciplinés et respectueux, et derrière leur espièglerie se cachait un sens de l'observation déjà remarquablement développé. Ils apprirent rapidement et commencèrent très vite à s'impliquer davantage dans notre recherche. Ils étaient répartis dans différents groupes sur le terrain, certains aidant au prélèvement d'échantillons, d'autres à l'installation d'instruments et d'enregistreurs de données.

J'effectuais un profil stratigraphique sur les anciennes terrasses avec mon étudiant et, alors que nous analysions des dépôts sédimentaires et ramassions des échantillons, nous avions découvert les restes d'un ancien bassin aujourd'hui asséché. Il faisait environ 50 centimètres de large et il était peu profond, perché sur une ancienne terrasse du lac, juste au-dessus de la transition entre Pléistocène et Holocène alors que le lac était encore profond. Le plus frappant était la présence d'une demi-douzaine de stromatolithes fossiles d'environ 10 centimètres de diamètre distribués sur les bords du bassin. Leur dimension n'avait rien de commun avec celle des dômes métriques de la rive est de Laguna Blanca quelques kilomètres plus loin, mais il n'y avait aucun doute sur leur origine. Le bassin ressemblait à une ancienne source hydrothermale et sa position indiquait qu'elle avait alimenté le lac. La différence de taille était significative. Elle montrait un changement drastique dans l'environnement et une transition entre deux mondes : celui du passé dans lequel l'eau abondait et l'autre, celui d'aujourd'hui, où l'aridité domine. Trouver d'autres exemples était important pour compléter notre reconstitution et mieux comprendre cette transition climatique et sa magnitude. Mais il était tard et, malgré notre enthousiasme pour notre découverte, nous devions retourner au refuge.

Je profitais toujours des repas du soir pour faire le point de la journée avec notre équipe. Chacun parlait de ses observations et de l'avancement de sa recherche, et parfois de découvertes. Nous en profitions aussi pour demander un soutien technique quand il était nécessaire et faire le point sur la logistique des activités du lendemain. Quand vint mon tour, je fis un résumé de nos observations et de leur signification possible. J'avais rapporté un échantillon d'un de ces petits stromatolithes qui circula autour de la table, passant de main en main. Les garçons le regardèrent aussi. Le lendemain matin, alors que je préparais une expérience au refuge et planifiais mon après-midi sur le terrain, la porte s'ouvrit et les adolescents firent irruption dans le corridor avec d'immenses sourires sur leurs visages. Le plus âgé vida le contenu de ses poches sur la table où se trouvait mon équipement et les autres en firent autant. J'avais maintenant devant moi une demi-douzaine de petits stromatolithes ronds, pratiquement identiques en taille et en morphologie à ceux que nous avions trouvés la veille avec mon étudiant. Les garçons voulaient me montrer où ils les avaient trouvés. Aussi, après avoir attrapé mon sac à dos et mon marteau de géologue, je les suivis avec mon étudiant. L'endroit n'était pas loin du refuge. C'était une autre dépression sablonneuse, semblable à celle que nous avions trouvée la veille, mais beaucoup plus large, probablement près de 5 mètres de diamètre. De nombreux fossiles de stromatolithes reposaient sur ses bords. L'un des adolescents courait déjà plus loin, me faisant signe de le rejoindre. J'avais devant moi un nouveau bassin, puis un autre, et encore un autre. Avec leur aide, ce jour-là, nous découvrîmes un grand nombre de ces anciennes sources hydrothermales, bien assez pour nous permettre de développer une reconstitution solide de cette transition climatique clef qui transforma complètement l'Altiplano. Ces garçons et leur éveil n'étaient pas des exemples isolés. Ils étaient la règle plutôt que l'exception.

L'intégration de la mémoire collective et de la tradition des populations autochtones à nos méthodes de recherche scientifique devint une fondation de mon approche dans les Andes. Avec Macario, Hernán était aussi une autre grande source d'histoires locales. Il est chilien et vit à San Pedro, et il se joignit à notre équipe durant l'expédition de 2005. Il nous a accompagnés depuis dans presque tous mes projets au Chili. Quand je n'étais pas avec Cristian ou Macario en tête des convois qui transportaient nos équipes de la ville aux Andes, ou bien traversant l'Altiplano, Hernán s'était désigné lui-même comme mon chauffeur. Il devint au cours du temps un atout inestimable sur le terrain. Hernán a les cheveux noirs et la peau sombre typiques de ceux qui vivent en altitude. Il est jovial, farceur et artiste dans l'âme. Il parle fort et son rire tonitruant emplit souvent l'air autour du camp. Il connaît les traditions orales et les mythes de la région. De plus il a toujours une histoire à raconter sur les lieux où nous passons, ou sur les découvertes que nous faisons. Il me suit souvent comme mon ombre sur le terrain, et parfois s'aventure au loin pour revenir les bras chargés d'échantillons remarquables, ou avec des informations qui m'ont conduite plus d'une fois à des observations importantes. Hernán ainsi que les autres membres de notre équipe nés dans cette région sont essentiels au succès de nos explorations et à nos découvertes. Ils sont aussi extrêmement ingénieux, et ils doivent l'être, quand le garage, l'épicerie ou la clinique les plus proches se trouvent à des dizaines ou à des centaines de kilomètres. Combien de fois ai-je vu nos conducteurs désassembler les moteurs des 4 × 4 et les réassembler en moins de temps qu'il ne m'en faut pour lacer mes chaussures ? Ils disparaissent accroupis sous le capot, seuls leurs dos visibles ainsi qu'une pile de clefs de toutes sortes répandues sur le sol autour d'eux. Je préfère ignorer comment ils nous ont amenés à destination parfois, mais ils y sont toujours parvenus.

La vie de groupe en isolation pendant des semaines dans des conditions climatiques difficiles et souvent inconfortables ne va pas toujours sans anicroches. Nous sommes humains après tout et il y a parfois des accrochages. La fatigue, le stress, des problèmes d'équipement, et simplement quelquefois un peu d'impatience, peuvent créer des tensions pour des détails. Cela ne dure jamais bien longtemps – nous ne pouvons pas nous le permettre. Nous avons une mission à accomplir et nous sommes toujours tous d'accord sur ce point. Passer outre à ces tiraillements est facilité par la solidarité et une bonne communication qui caractérisent toutes les équipes avec lesquelles j'ai eu le privilège de travailler sur le terrain jusqu'à présent. Et, pour le cas où je l'oublierais, des souvenirs d'expéditions sont là pour me le rappeler, en particulier celui des « petits soldats ». C'est un épisode du « High Lakes Project » qui a toujours le pouvoir tout à la fois de me briser et de me réchauffer le cœur.

*

Certaines de nos expéditions déploient plus d'équipement que d'autres au sommet des volcans. Ce fut le cas parfois au Licancabur, et nous faisions appel alors à un fort local de l'armée pour nous apporter une aide supplémentaire. Cette fois-là, nous attendions l'arrivée de soldats, et j'étais sur le terrain le jour où ils arrivèrent. Je ne fis leur connaissance qu'à mon retour au refuge vers 16 heures. Après avoir ouvert la porte de la salle à manger, je découvris des adolescents assis autour de la table où une collation leur avait été préparée. Ils se levèrent tous à mon entrée. Ils étaient jeunes, très jeunes, encore trop minces pour remplir leurs uniformes, et les manches de leurs vestes leur arrivaient à mi-mains. Après m'être présentée, le plus âgé, qui devait avoir dix-sept ans tout au plus, vint au-devant de moi et me dit qu'ils avaient été envoyés pour nous aider. Comme je l'avais supposé en voyant le fusil qu'il portait sur son épaule, il était le responsable de cette escouade, qui était formée de garçons d'une quinzaine d'années. Après l'avoir remercié, je l'invitai à s'asseoir. Le groupe semblait toujours aux ordres et, bien qu'assis à table, leur chef avait encore son fusil sur l'épaule. Je lui fis signe d'aller le poser contre le mur, loin de la table. Je n'aimais pas beaucoup l'idée d'une arme à feu chargée dans une pièce pleine de gamins, et bientôt remplie de membres de mon équipe. Il me regarda avec de la panique dans les yeux, me disant qu'il devait le garder parce que son commandant ne lui permettait pas de s'en séparer. Il était responsable de son arme. Après l'avoir regardé droit dans les yeux, et avec suffisamment d'autorité dans la voix pour qu'il n'y ait pas de discussion possible, je lui dis : « Ici, c'est moi qui commande. Tu prends le fusil, tu vas le poser contre le mur. Quand tu auras fini, tu t'assois et tu manges ton goûter ! »

Je n'avais pas l'intention de lui faire perdre son autorité devant son escouade, mais il était aussi évident qu'ils étaient tous encore à un âge où ils avaient autant besoin d'une présence maternelle pour s'occuper d'eux et pas seulement d'un commandant de fort. Ils étaient beaucoup trop jeunes pour être soldats, mais je comprends aussi pourquoi des familles dans l'Altiplano envoient leurs garçons dans l'armée si tôt, même si ce n'est que pour quelque temps. Ils sont nourris chaque jour, alors que ce n'est pas toujours possible dans des grandes familles avec peu de revenus.

Il se leva, mit le fusil contre le mur et revint s'asseoir à table. Ils sourirent tous et commencèrent à s'occuper des boîtes de biscuits et du chocolat chaud. Je ne pus m'empêcher de sourire en sortant de la salle à manger, alors que leurs rires remplissaient l'atmosphère du refuge. Pour le moment, tant qu'ils seraient avec nous et qu'ils ne travaillaient pas, ils pouvaient redevenir des adolescents pour un court instant.

Leur chef montra toutes ses qualités de leader les jours suivants durant l'ascension du Licancabur. Les petits soldats nous avaient aidés à installer nos expériences autour de Laguna Blanca et Laguna Verde. Puis ils avaient transporté la nourriture et l'eau pendant les quelques jours où nous étions au sommet. Ils partaient du refuge tard dans la soirée et ascensionnaient le volcan avec les autres porteurs pour redescendre avant le lever du jour. Une nuit, je fus réveillée par des bruits inhabituels autour du camp. Je n'étais pas sûre de leur origine, peut-être le vent, ou bien l'un des membres de notre équipe entreprenant une courte sortie nocturne. Les sons étouffés étaient suffisamment inhabituels pour que je me décide finalement à investiguer. Après avoir attrapé ma lampe frontale, je sortis pour découvrir les petits soldats recroquevillés dans un renfoncement rocheux juste derrière ma tente, serrés les uns contre les autres, leur chef littéralement couché sur eux pour essayer de leur donner un peu de chaleur dans la nuit glaciale à près de 6 000 mètres. Ils avaient seulement leurs uniformes sur eux. Le fusil était là aussi. Ils étaient là depuis environ une heure, me dit leur chef. Il ne lui était pas venu à l'esprit de venir me réveiller. En fait, je ne comprenais même pas pourquoi ils étaient là. Ils auraient dû retourner au refuge, mais il y avait apparemment eu un problème de communication avec le restant des porteurs qui étaient déjà repartis. Après avoir réveillé le camp, nous avons fait chauffer du café et donné des couvertures aux petits soldats qui s'abritèrent dans les tentes pour se réchauffer. L'image de ce jeune soldat utilisant son propre corps pour protéger les plus jeunes recrues est restée gravée en moi.

Et puis il y eut Machelo. Alors que nous nous étions arrêtés à la douane bolivienne en 2004, un officier grand, mince, extrêmement discret et efficace s'était occupé de nos documents. Il tamponna nos passeports et nous laissa passer. Une fois installés au refuge, nous étions restés dans la salle à manger après dîner. Notre conversation fut interrompue dans la soirée par Cristian me disant qu'un officier des douanes voulait me parler. Une fois à la porte, je reconnus l'officier que nous avions vu dans l'après-midi et l'invitai à entrer et à s'asseoir à une table. La raison de sa visite était sans rapport avec notre documentation qui était en ordre. Son nom était Vladimir et il semblait proche de la trentaine. Il avait entendu parler de l'expédition et demanda si nous aurions du travail pour son jeune frère, Machelo. Lui et son frère venaient d'une famille de dix enfants. Je n'avais pas la moindre idée de pourquoi Machelo était avec lui alors qu'il était de service, mais Vladimir pensait que son jeune frère serait mieux avec nous, qu'il aurait un meilleur logement, de la nourriture et, si nous le pouvions, peut-être aussi du travail pour lequel il serait payé. Nous avions toujours besoin d'aide, et nous avions bien assez de place, aussi j'ai accepté.

Vladimir disparut dans la nuit, et je rejoignis l'équipe dans la salle à manger. Une heure plus tard, il était de retour, son frère derrière lui dans le noir. Quand ils furent à l'intérieur, je vis Machelo pour la première fois. Sa ressemblance avec son frère aîné était absolument frappante. Bien que l'un soit un homme fait et l'autre encore un adolescent, ils auraient pu être jumeaux. Machelo était aussi fin que son frère, dégageait le même calme et avait le même regard, la même introspection et la même voix douce. Il était à peine plus grand que moi à l'époque, peut-être 1,72 mètre. Je dis à Vladimir ce que je pouvais offrir pour l'aide de Machelo, et quels étaient les arrangements pour son séjour au refuge. Il nous remercia et repartit.

C'est ainsi que Machelo fit irruption dans ma vie et dans celle d'Edmond. Il commença par aider partout où il pouvait mais bientôt il développa une grande affection pour nous. Il aida Edmond à construire son expérience pour l'étude du rayonnement ultraviolet, à porter l'équipement autour du lac, et aussi parfois des sacs dans la montagne. Il veillait sur Edmond en permanence et l'affection était mutuelle. Aussi, quand il me demanda s'il pouvait revenir l'année suivante, la réponse fut facile et Machelo nous accompagna plusieurs années de suite. Puis, à la fin d'une journée sur le terrain la seconde année, alors que je marchais dans le corridor du refuge, je le vis appuyé contre l'une des vitres, un petit carnet jaune et un crayon à la main. Il avait l'air concentré et, une fois près de lui, je lui demandai ce qui l'occupait avec autant d'attention. Il me répondit qu'il faisait des maths simples, des divisions, des multiplications, mais il essayait de les rendre plus compliquées chaque fois. C'est ainsi que notre conversation commença. Je lui demandai s'il allait à l'école et ce qu'il aimerait faire à l'avenir. Sa réponse fut typique de celles que j'avais entendues tant de fois auparavant. Faisant partie d'une famille de dix enfants, il avait arrêté l'école. Il faisait des petits boulots pour le moment. Il aimait les animaux et son rêve aurait été de devenir vétérinaire, mais il ne voyait pas comment ce serait possible.

Son histoire résonnait en moi comme un écho lointain de l'histoire de ma propre famille, celle de gens brillants qui avaient dû abandonner leurs rêves. Mimi rêvait de devenir chirurgienne mais avait dû faire face aux nécessités de la vie. C'était injuste et révoltant. Il n'y avait rien que je puisse faire pour rectifier le passé, mais ce n'était pas le cas avec Machelo. Après en avoir parlé avec Edmond, nous décidâmes de le renvoyer à l'école. Il termina enfin son enseignement secondaire, puis entra à l'université. Cinq ans plus tard, il en sortit avec son titre de docteur vétérinaire et devint le vétérinaire de la Reserva Nacional de Fauna Andina « Eduardo Avaroa », au pied du Licancabur, là où nous nous étions rencontrés pour la première fois, tard le soir, dans un petit refuge. Là, il s'occupe des animaux sauvages et domestiques, et sert quelquefois de guide de montagne. Il vit la vie dont il rêvait et, en retour, il nous a donné le plus beau cadeau que l'on puisse offrir, une personne pensant à nous comme à ses parents, un fils dans cette terre aux horizons sans fin qui nous a tant donné.

Le lac du Licancabur vu depuis le rempart du cratère en 2006. Les eaux transparentes laissent voir le fond. Sur la rive nord, l'équipe commence à installer la tente médicale et l'équipement en préparation pour deux plongées avec recycleurs.

15

Des lacs sur Terre et sur Mars

L'immensité du paysage me saisissait aux moments les plus inattendus. Je me sentais à la fois insignifiante et pourtant complètement intégrée. Je m'arrêtais durant de courts instants, regardant les lacs en silence. Le vent, le froid, le soleil étaient devenus des acteurs de second plan sur une scène grandiose qui semblait élargir ma conscience au-delà de l'espace que j'occupais à cet instant précis. J'étais là pour trouver des réponses au passé de Mars. Pourtant, en arrière-plan et sans le savoir, je commençais déjà à articuler les éléments d'une pensée qui, quelques années plus tard, allait devenir la base de questions plus fondamentales sur la nature de la vie et de l'univers. Mais, déjà, le vent soufflant du sable sur mon visage et le froid me ramenaient à la réalité du moment. Les roches qui m'entouraient contenaient des fossiles de cyanobactéries, des petites algues microscopiques bleu-vert. Les lacs que nous étions venus étudier étaient des machines à remonter le temps nous permettant d'entrevoir ce que leurs analogues martiens auraient pu être il y a 4 milliards d'années. C'était la raison de ma présence dans ce paysage grandiose.

Les missions de rovers nous donnent des informations essentielles sur les anciens types d'habitats microbiens qui auraient pu voir le jour sur Mars. Il y avait eu de l'eau, beaucoup d'eau sur la planète rouge, coulant dans des rivières, formant des lacs, probablement des océans et des mers intérieures aussi. Nous espérions que les sédiments des anciens lacs aujourd'hui asséchés pouvaient encore encapsuler les preuves du développement de la vie. Mais, bien qu'il existe un programme d'exploration régulier, les possibilités de missions sont limitées par des contraintes budgétaires et par les fenêtres de lancement. C'est pourquoi, au fil des ans, la communauté scientifique s'est appuyée sur l'étude d'analogues terrestres pour combler les lacunes dans nos connaissances, et pour nous aider à préparer les missions futures sur d'autres planètes et sur leurs satellites. Dans ce contexte, les Andes représentent probablement l'un des meilleurs sites analogues de l'ancien environnement martien. Nous concentrons notre recherche sur ce que le paysage révèle des types d'environnements que nous avons découverts jusqu'à présent sur Mars, et sur la vie microbienne primitive qui aurait pu s'y développer et y survivre. Nous portons particulièrement notre attention sur l'identification de « biosignatures », des indices peut-être laissés par la vie passée et, qui sait, peut-être aussi présente.

Pour nous aider dans cette reconstitution, la transition entre le désert d'Atacama, l'Altiplano et les Andes offre une substitution spatio-temporelle sans précédent qui nous donne la possibilité d'explorer un continuum d'environnements analogues à ceux de Mars à différentes époques de son histoire géologique.

Situé dans la région d'ombre pluviométrique entre les Andes et la côte ouest du Pacifique, le désert d'Atacama est extrêmement aride, subissant une érosion très lente. Il est resté pratiquement inchangé au cours des derniers millions d'années. Le paysage paraît s'être formé hier, et pourtant certaines ravines et certains chenaux ont des millions d'années. Des affleurements datent de la transition entre le Crétacé et l'Éocène. Ils ont été préservés, souvenirs d'une époque où les dinosaures venaient tout juste de disparaître de la surface de la Terre.

L'Altiplano, plus humide, se dresse au-dessus du désert d'Atacama entre 3 500 et 4 200 mètres. Sa surface est parsemée d'innombrables bassins formés à la suite de soulèvements successifs et de subsidences de la croûte terrestre, donnant le rythme à un bras de fer titanesque qui se joue en profondeur entre les plaques tectoniques. Dans l'Altiplano, le Pléistocène fut caractérisé par une série d'âges glaciaires suivis par une fonte des glaces à l'échelle continentale durant la transition avec l'Holocène il y a 11 700 ans. Les bassins altiplaniques devinrent alors les réceptacles pour ces eaux de fonte, formant des lacs larges et profonds alimentés par des torrents et des rivières dévalant les pentes. La plupart ont complètement disparu aujourd'hui dans le désert d'Atacama, leur présence ayant été effacée par l'aridité qui s'installa à la fin du Pléistocène. En revanche, ils sont toujours présents en nombre dans l'Altiplano, bien qu'ils s'évaporent rapidement désormais. Ces *lagunas* ne sont que les pâles reflets des vastes étendues d'eau des lacs du Pléistocène. Dans les dernières phases de leur existence, les fantômes de ces anciens lacs continuent de hanter le paysage en draperies pâles, variant du jaune au blanc, leur surface asséchée balayée par le vent, et parsemant le désert de dépôts salés connus localement sous le nom de *salars*.

Au-dessus de l'Altiplano, les Andes s'étirent comme une dorsale géante sur toute la longueur du continent sud-américain, ses volcans colossaux dominant le paysage. La majorité d'entre eux dépassent 5 000 mètres d'altitude et certains sont bien plus hauts. Ojo del Salado atteint 6 893 mètres à la frontière du Chili et de l'Argentine. La transition entre l'Altiplano et les Andes est faite d'une succession d'environnements volcaniques et hydrothermaux. Ils forment des oasis colorées riches en faune, alimentées par des sources chaudes, et un paysage dynamique marqué par des geysers et des centres géothermiques comme El Tatio, Sol de Mañana et Puchuldiza où l'eau surchauffée est mélangée à la boue et à l'argile bouillonnante. Un énorme volume d'eau circule en profondeur à travers les systèmes de fractures et les failles qui relient des aquifères ancestraux. Les réservoirs de magma fournissent la température nécessaire pour maintenir la formidable activité hydrothermale et le volcanisme omniprésent dans le paysage.

Cette transition dans l'environnement offre une analogie profonde avec Mars au début de son histoire, et une fenêtre sur son évolution quand le climat martien devint aride il y a 3,5 milliards d'années après être passé par des cycles plus humides pendant presque 500 millions d'années. Mais l'analogie ne s'arrête pas là. Ce qui fait de cette région du monde un analogue si unique est l'action combinée de son altitude et de son aridité. Leur impact sur l'environnement est très similaire à ce que Mars connut quand la planète perdit son atmosphère et son champ magnétique, transformant un monde dont l'environnement était proche de celui de la Terre avec des rivières, des volcans, des régions hydrothermales et des lacs, en une planète aride, battue par les vents, couverte de poussière, froide et inhospitalière, et bombardée par un rayonnement ultraviolet et cosmique mortel. Du fait de l'altitude et de la latitude, la couche d'ozone est naturellement plus mince au-dessus des Andes centrales, ce qui a pour résultat un rayonnement ultraviolet extrême amplifié par l'aridité. La topographie joue aussi un rôle important. Les Andes ne forment pas une chaîne de montagnes continue comme les Alpes ou l'Himalaya. C'est une juxtaposition de volcans individuels imposants qui s'élèvent sur un plateau par lui-même déjà très haut, ce qui provoque des perturbations importantes dans la circulation atmosphérique et les vents.

En raison de l'altitude, l'atmosphère est ténue, seulement environ la moitié de la pression barométrique du niveau de la mer, ce qui entraîne des changements de température rapides et extrêmes, et la différence d'altitude entre le sommet et le pied des volcans crée des turbulences importantes dès que le soleil se lève sur l'horizon. Comme une horloge, le vent fait son apparition chaque jour autour de 10 heures et ne tombe qu'avec le soleil couchant. Ces courants irréguliers dans une topographie complexe à haute altitude sont aussi probablement responsables du nombre élevé d'anomalies observées dans la couche d'ozone, avec des chutes brutales en comparaison des valeurs normales moyennes. Ces anomalies surviennent en général durant le printemps et l'été australs et ont pour résultat des pics exceptionnels dans l'indice UV, qui dépassent de beaucoup toutes les valeurs connues ailleurs sur notre planète. Elles entraînent aussi des inversions répétées entre les UV et la température, des inversions qui ont des effets néfastes sur les organismes vivants et devraient, en principe, détruire leur capacité à réparer leur ADN. Quand leurs actions sont combinées, ces conditions créent un des environnements les plus extrêmes de notre planète.

Les dosimètres UV que nous avons déployés au sommet du Licancabur ont enregistré les plus fortes doses de rayonnement ultraviolet court (UVA et UVB) connues à ce jour sur Terre. Un processus similaire eut lieu sur Mars lorsque son atmosphère fut érodée par les vents solaires et qu'elle perdit son champ magnétique, permettant à des UV encore plus courts et mortels (UVC) d'atteindre la surface. La Terre est protégée contre les UVC par une atmosphère épaisse et par un champ magnétique puissant, mais, dans les régions où nous déployons nos instruments, les mesures se rapprochent dangereusement de la limite des UVC. Pourtant, la vie s'adapte, et nous voulons comprendre pourquoi, et surtout comment. La réponse à ces questions a des implications critiques pour l'exploration planétaire et pour la recherche de la vie au-delà de la Terre. Même si l'analogie entre les Andes et Mars n'est pas parfaite, c'est un laboratoire naturel remarquable. Les similitudes sont suffisamment frappantes à l'échelle environnementale pour que des connaissances fondamentales puissent y être acquises sur les questions que nous voulons résoudre.

L'impact du changement climatique que nous vivons actuellement sur Terre est visible absolument partout dans ce paysage. Les lacs sont probablement les endroits où sa signature est la plus marquée. Comme l'a écrit si justement mon collègue Craig Williamson, « les lacs sont les sentinelles du changement climatique ». C'est vrai sur Terre comme sur Mars. Leur surface réduite leur permet de réagir pratiquement instantanément aux changements qui se produisent dans leurs bassins-versants. N'importe quel changement à l'échelle planétaire, régionale ou locale est enregistré dans les dépôts des bassins ainsi que dans la taille des grains, la forme, la minéralogie et la composition de leurs sédiments. Ces changements modifient à leur tour la chimie des lacs, ce qui détermine les types d'organismes qui peuvent y survivre et leur capacité à s'adapter. Les lacs sont également des capsules temporelles de bien d'autres façons. Ils fournissent, par exemple, un environnement où les sédiments se déposent régulièrement au cours des saisons. Quand les organismes meurent, ils tombent au fond des bassins et sont rapidement recouverts par ces nouvelles couches de sédiments qui créent un environnement où l'oxygène ne peut pas pénétrer, et un endroit où les fossiles peuvent se former et être préservés. Cela explique pourquoi ces dix-huit dernières années la NASA a envoyé Spirit et Curiosity dans d'anciens environnements lacustres. Le but de ces missions était de comprendre si Mars avait eu un environnement favorable à la vie par le passé. C'est aussi pourquoi Jezero, qui est un cratère d'impact ayant autrefois abrité un lac, est la destination de Perseverance, le rover de la mission Mars 2020 de la NASA. Les lacs ont cette unique propriété de conserver les variations de l'environnement dans leurs moindres détails et toutes sortes de fossiles, qu'ils soient physiques ou chimiques. Perseverance est le premier rover portant un équipement scientifique permettant de détecter des biosignatures

À une époque où l'exploration planétaire transitionne entre la caractérisation de l'habitabilité passée et la recherche de la vie, il est essentiel d'acquérir une connaissance en profondeur de l'environnement martien, et une grande part de cette connaissance peut être obtenue grâce à l'étude des analogues terrestres. La raison est simple, mais fondamentale. La vie et l'environnement coévoluent. Si des parallèles peuvent être faits, la plupart des métabolismes majeurs qui entretiennent les cycles biogéochimiques terrestres ont évolué très tôt. C'est pourquoi il est indispensable de comprendre la succession des processus physiques et environnementaux, et l'impact de leur action combinée dans les 700 premiers millions d'années de l'histoire de Mars. Cette connaissance nous permet d'envisager les métabolismes possibles et les stratégies d'adaptation dont la vie aurait eu besoin pour survivre sur Mars quand le climat changea, et aussi de comprendre si des biosignatures ont pu être préservées, et dans quelles conditions.

Mais, en imaginant que la vie soit apparue sur Mars, se pourrait-il qu'elle soit complètement différente de la vie terrestre et que nous fassions fausse route dans nos hypothèses ? Et si la vie n'était jamais apparue sur Mars ? En ce qui concerne cette dernière question, le meilleur moyen de le savoir est de chercher. Pour ça, il faut bien commencer quelque part, et il est toujours difficile de modéliser quelque chose de complètement inconnu. Dans le cas de Mars, le modèle terrestre est une hypothèse raisonnable, et voici pourquoi : un certain nombre de facteurs font pencher la balance en faveur de l'hypothèse non seulement que la vie aurait pu se développer sur Mars, mais aussi qu'elle n'aurait peut-être pas été fondamentalement différente de ce que nous connaissons sur Terre. Les éléments constitutifs de la vie sur notre planète sont présents sur Mars, comme en témoigne l'abondance de molécules organiques découvertes par Curiosity à Gale Crater. Cependant, les molécules organiques ne sont pas la vie. Ce ne sont que des « briques » de la vie qui, comme des pièces de Lego, peuvent devenir n'importe quelle structure, mais ne représentent rien de particulier avant d'avoir été assemblées. Pour Mars, nous ne savons pas si la transition entre cette chimie prébiotique et la vie a eu lieu. Cependant, il existe des théories acceptées sur les types d'environnements nécessaires pour favoriser cette transition. Tous étaient présents sur Mars, et nous pouvons encore voir leurs signatures dans la géologie et la minéralogie du paysage aujourd'hui. Ces environnements existaient et étaient actifs à une époque où Mars et la Terre étaient encore très semblables.

La vie est apparue rapidement sur notre planète, ce qui est un autre facteur important. Les premières preuves directes de son existence sont des fossiles datant de près de 3,5 milliards d'années, des fossiles d'algues bleu-vert dans des formations de stromatolithes en Australie. Il s'agissait déjà de micro-organismes avancés et hautement adaptables. Depuis, ils ont conquis de nombreuses niches écologiques. Ils sont présents partout dans les environnements extrêmes, y compris dans nos régions d'étude dans les Andes. Leurs descendants occupent les lagunes altiplaniques en larges colonies. Ce sont ces mêmes organismes qui ont formé le grand champ de stromatolithes de Laguna Blanca à la limite du Pléistocène et de l'Holocène.

Ces cyanobactéries sont la première preuve directe d'une vie que nous pouvons reconnaître parmi les roches les plus anciennes de la Terre, mais il y a aussi des indices indirects d'une activité biologique antérieure. C'est un domaine de recherche qui a fait beaucoup de progrès récemment, même si un grand nombre de ces résultats demandent encore confirmation. Certains indices, y compris des structures microscopiques et des carbonates, pourraient avoir de 4,1 à 4,28 milliards d'années. Si ces résultats sont vérifiés, ils sont prodigieux à bien des égards, car cela revient à dire que la vie est apparue presque aussitôt que la surface de notre planète s'est solidifiée.

*

On me demande souvent pourquoi les agences spatiales internationales ont une telle obsession pour l'exploration de Mars, une planète désolée et stérile, à la surface de laquelle toute vie est impossible aujourd'hui, alors que les lunes glacées du système solaire externe ont révélé des geysers et des océans intérieurs où les chances de trouver la vie sont probablement plus grandes. Alors, pourquoi ne pas tout simplement oublier Mars ?

Il y a de nombreuses réponses possibles à cette question. En dehors de la perspective de l'établissement d'une colonie humaine, ce qui rend Mars unique est sa géologie qui renferme peut-être le secret de nos propres origines. En tant qu'astrobiologiste, cette possibilité me fascine. La Terre est si active et dynamique que les roches les plus anciennes ont été détruites pour la plupart par l'action de la tectonique des plaques et par l'érosion. C'est ce que j'appelle « l'horizon biologique de la Terre ». Au-delà de cet horizon, notre origine n'est plus accessible. Ce qui rend Mars si unique, c'est qu'elle peut nous aider à franchir cet horizon et à comprendre comment la vie est apparue sur Terre.

Ici, tout est question de mécanique orbitale. Au début de son histoire, le système solaire était un environnement chaotique où des mondes en formation, y compris la Terre, étaient encore impactés très fréquemment par des astéroïdes et des comètes gigantesques, un bombardement massif qui dura plusieurs centaines de millions d'années. La mécanique orbitale montre que les débris éjectés dans l'espace par ces collisions cataclysmiques auraient mis 2 à 3 millions d'années en moyenne pour parcourir la distance séparant Mars de la Terre (et un peu plus longtemps pour des débris éjectés depuis la Terre pour atteindre Mars). Ce mécanisme est connu sous le nom d'« échange planétaire ».

Les météorites martiennes découvertes en Antarctique démontrent de façon irréfutable que ce mécanisme de transfert n'est pas seulement une théorie. Leur origine est confirmée par les bulles d'air contenues à l'intérieur des roches dont la signature isotopique est unique et caractéristique de l'atmosphère martienne. Cette signature nous prouve incontestablement que des matériaux furent échangés entre Mars et la Terre et, si la vie était apparue sur Mars, l'une des hypothèses est qu'elle aurait pu être transférée par ce processus sur notre planète. Bien qu'un peu plus long et un peu plus compliqué, le transfert de la Terre à Mars est aussi possible. Mais, au risque de peiner les amateurs de science-fiction, je parle ici du transfert (dans le meilleur des cas) de micro-organismes ou de matériaux prébiotiques, et non pas d'une armada de vaisseaux spatiaux. Mars, tout comme la Terre, venait à peine de se former. Nous savons aujourd'hui grâce à nombre d'études que des bactéries et d'autres micro-organismes protégés à l'intérieur d'astéroïdes auraient pu survivre à l'entrée dans l'atmosphère. Que ces organismes aient atterri sur Terre ou sur Mars, ils y auraient trouvé des conditions assez comparables pour prendre racine, se disperser et coloniser les habitats disponibles.

Si nous avons une origine commune avec Mars, la biologie simple qui aurait pu s'y développer est peut-être ce qu'il y a de plus proche de la vie primitive terrestre originelle. On peut aussi espérer que les traces des processus associés à la transition de la chimie prébiotique à la vie aient survécu dans les affleurements géologiques les plus anciens, qui datent de près de 4,3 milliards d'années sur Mars. L'érosion et l'activité géologique sont bien moindres sur la planète rouge que sur Terre et, dans beaucoup d'endroits, ils ont été à peine modifiés depuis le refroidissement de la surface. Si cette hypothèse se vérifiait, la pierre de Rosette de nos origines nous attend peut-être dans un de ces affleurements martiens, et c'est là que nous apprendrons comment tout a commencé.

C'est une des hypothèses parmi d'autres. Trouver des indices qui peuvent la soutenir ou la réfuter, ou bien trouver des réponses à toutes ces questions, est la raison pour laquelle j'emmène mes équipes dans les Andes.

*

Les lacs que nous étudions sont tous différents. Durant les quatre premières années du projet, notre base fut dans la région du Potosí en Bolivie. Le refuge surplombait Laguna Blanca, mais ce lac résiduel n'était qu'une partie de l'histoire. La datation par le radiocarbone de ses terrasses montre qu'il faisait partie d'une étendue d'eau beaucoup grande au Pléistocène appelée Laguna Verde, un lac majestueux de 27 kilomètres de long et d'environ 7 kilomètres de large, et d'une profondeur de 50 mètres. Avec le temps, l'évaporation et la topographie, ce lac se divise aujourd'hui en deux. L'extrémité la plus profonde du bassin (5 mètres) est située à l'ouest au pied du Licancabur et a gardé le nom de Laguna Verde. À l'est, Laguna Blanca est la partie la moins profonde.

Bien que les deux lacs aient une origine commune, leur apparence et leur chimie ne pourraient être plus différentes aujourd'hui. Le pH des eaux de Laguna Blanca est presque neutre et son rivage parsemé d'herbe courte jaune et de dépôts d'algues. Près du bord, et dans le lac, des sources froides fournissent de l'eau et des minéraux qui ne font que retarder la marche inexorable de l'évaporation. Elles sont entretenues par des anciens aquifères qui circulent encore en profondeur. Les sources les plus chaudes que nous avons mesurées à Laguna Blanca sont autour de 12-18 °C. Bien que cette température soit relativement basse, elle montre que les eaux de l'aquifère sont en contact avec des roches chauffées et un magma encore actif en profondeur. D'abondantes colonies de diatomées occupent aussi le bassin. J'ai passé de nombreuses heures à observer leurs morphologies variées et délicates sur des micrographies. Je les trouve fascinantes dans leur démonstration du génie et du sens artistique de la nature. L'écosystème de Laguna Blanca est complexe et comprend du zooplancton sous forme de copépodes rouges qui sont communs dans tout l'Altiplano. Ce sont eux qui donnent la couleur rose aux flamants dont ils sont la base de la nourriture avec les algues. Les ostracodes sont également présents. Il s'agit d'une autre forme de zooplancton, une sorte de crevettes microscopiques qui atteignent quelques centaines de microns en moyenne.

Laguna Blanca est toujours reliée à Laguna Verde par un chenal étroit et peu profond que l'on peut traverser à pied. J'appelle ce petit passage « les portes de l'Enfer ». Beaucoup de microorganismes qui entreprennent la traversée de Laguna Blanca vers Laguna Verde meurent en quelques minutes. L'eau turquoise à l'aspect paradisiaque de Laguna Verde est trompeuse et recèle une composition chimique redoutable. Le lac est alcalin et son eau laiteuse. Les vagues couvrent son rivage de mousse organique blanche qui lui donne parfois l'apparence d'un bain moussant géant soumis aux caprices du vent. Le rivage lui-même est soulevé par un sel blanc qui est mélangé à des argiles et des matières organiques avant de faire place un peu plus loin à du sable et du gravier fait de sédiments lacustres beiges et bruns et de matériaux volcaniques. Des terrasses escarpées se succèdent, derniers témoins du changement climatique brutal qui se produisit au début de l'Holocène. Ces terrasses encerclent la majeure partie de l'ancien lac du Pléistocène, disparaissant à l'est pour faire place au champ géant de stromatolithes.

Trois chenaux sont les seuls vestiges des anciennes rivières qui convergeaient vers le bassin à la fin du Pléistocène. À l'époque, l'activité du Licancabur aurait rendu le paysage encore plus spectaculaire. Au début de notre exploration, j'imaginais la lave coulant sur ses pentes, des cendres projetées dans les airs, alors que la neige et la glace recouvraient les volcans voisins. Laguna Verde était entourée de hautes herbes aquatiques et de buissons, et la région était probablement riche en grande faune, en oiseaux migrateurs, et bien plus encore. Les nuits illuminées par les coulées de lave incandescentes descendant vers le lac devaient offrir une vision absolument grandiose.

Cette image mentale fut rapidement confirmée par nos analyses. Des profils radiocarbones, géologiques et biologiques des terrasses nous permirent de tourner les pages du temps et de reconstituer couche après couche l'histoire de Laguna Verde dans chacun des échantillons que nous avions prélevés. L'âge radiocarbone nous montra que les plus anciennes terrasses dataient de 13 270 ± 100 ans avant le présent, ce qui indiquait la fin du Pléistocène. Comme elles étaient en contact avec des coulées de lave du Licancabur, je fis une recherche dans la littérature scientifique et finis par trouver les résultats d'une équipe qui avait étudié les volcans andins. Leur base de données incluait l'âge des coulées de lave du Licancabur et indiquait 13 240 ± 100 ans, un âge remarquablement proche, compris dans la marge d'erreur de celui que nous avions pour les terrasses. Les résultats de ces deux études indépendantes confirmaient que le Licancabur était actif lorsque Laguna Verde était au maximum de son volume.

Même s'il s'agissait en soi d'une contribution scientifique intéressante pour la reconstitution de l'histoire géologique régionale, ce résultat allait bien plus loin. Il nous donnait également un marqueur temporel de l'activité la plus ancienne de Laguna Verde, et il y en avait d'autres. Nous avions entrepris de collecter des échantillons à chacune des transitions majeures de l'environnement qui étaient visibles sur les terrasses et de les dater, et, pour chacun des niveaux étudiés, nous avions posé les mêmes questions que si ces échantillons venaient de Mars : quelles sont les signatures des changements de milieu visibles dans la géologie, la minéralogie, la géochimie et la composition des sédiments, et que nous apprennent-elles sur l'évolution des habitats disponibles pour la vie microbienne ? Quel type de vie microbienne s'est développé dans ces environnements ? Pouvons-nous suivre sa trace à travers le temps et les changements ? Pourquoi, mais aussi comment, certaines espèces ont disparu alors que d'autres ont survécu ? Comment les détecter et les identifier ? Ces deux dernières questions sont aujourd'hui au cœur de mon projet actuel en astrobiologie qui est centré sur la détection et l'identification de biosignatures.

L'histoire qui se révéla devant nos yeux était celle d'un volcan et d'un lac évoluant de conserve dans un environnement qui devenait beaucoup plus aride, mais toujours rythmé par de rares épisodes plus humides. Cela aurait tout aussi bien pu être une description de l'évolution de Mars au début de son histoire. Les échantillons ainsi que de nombreux microfossiles fragmentés et l'argile rouge collectée sur les terrasses de la fin du Pléistocène indiquaient un environnement lacustre à haute énergie, avec un lac profond, agité par de grosses vagues. La présence d'argile suggérait un climat encore quelque peu humide, ou bien que les roches étaient sous l'eau, et peut-être dans une source hydrothermale comme semblait l'indiquer la présence de dépôts de silice qui encapsulaient les fossiles. Ce niveau géologique marquait la fin du Pléistocène. À partir de là, l'environnement allait devenir remarquablement différent de ce qu'il avait été pendant des millions d'années. On observait pour la première fois des signes évidents de saisons marqués dans la croissance des stromatolithes et les fossiles d'algues bleu-vert qu'ils contenaient. Le climat avait changé et la vie enregistrait ces changements dans la stratification des structures qu'elle construisait. Plus récemment, dans la stratigraphie, les carbonates recristallisés dans lesquels les fossiles étaient emprisonnés montraient l'apparition d'eaux stagnantes. Le niveau du lac avait commencé à baisser.

*

Les échantillons que nous avions collectés dans la colonne stratigraphique nous permettaient d'identifier des fossiles et de brosser un tableau de l'évolution de la diversité microbienne alors que les maigres ressources de l'environnement disparaissaient, mais aussi de recueillir des indices importants pour l'exploration. Les copépodes et les ostracodes sont des organismes déjà trop complexes pour ce que nous espérons trouver sur Mars, ce qui n'est pas le cas des cyanobactéries. Ces algues bleu-vert microscopiques sont suffisamment anciennes et simples pour avoir eu des analogues sur Mars et nous avons identifié leurs fossiles dans chacune des strates des terrasses des lacs, quel que soit le climat.

Bien que les micro-organismes n'aient pas beaucoup changé avec le temps, les modifications dans la taille des structures qu'ils construisaient, leur composition et les sédiments qu'ils utilisaient étaient autant d'indices que quelque chose avait été profondément modifié dans l'environnement. Les dômes métriques avaient été remplacés par des structures de forme similaire mais de seulement quelques centimètres de diamètre qui n'étaient plus observées que dans des niches très localisées, contrairement au champ spectaculaire de stromatolithes de 100 kilomètres carrés du Pléistocène qui remplissait l'horizon à l'est.

Comme il est courant dans les environnements extrêmes, nous avons aussi fait un certain nombre de découvertes en cours d'exploration. Plus d'un tiers des espèces que nous avons échantillonnées étaient nouvelles et n'avaient aucun lien de parenté avec des cyanobactéries connues. 11 % d'entre elles étaient des taxons nouveaux et seulement des cousines distantes de cyanobactéries répertoriées. Comme leurs ancêtres, ces descendantes d'anciennes colonies doivent faire face à des facteurs extrêmes et survivent à l'environnement actuel grâce à des astuces d'adaptation. Le lac pléistocène leur fournissait une protection contre le rayonnement UV extrême, mais les eaux désormais peu profondes et transparentes des sources hydrothermales actuelles ne leur donnent plus aucun abri. Une des stratégies d'adaptation pour ces espèces est de cohabiter en communautés symbiotiques qui forment des tapis d'algues. Ces tapis ont une texture ressemblant à celle du cuir dans leur partie supérieure qui leur sert en quelque sorte d'écran solaire et qui protège les couches inférieures. Ces algues ont aussi un « interrupteur » naturel pour se protéger contre les rayons UV, un gène qu'elles peuvent activer ou désactiver selon les besoins. Le rayonnement est si fort et si nocif dans cette région du monde que cet interrupteur reste ouvert en permanence. En revanche, lorsque nous avons rapporté et cultivé des échantillons de ces cyanobactéries en laboratoire, il ne fallut qu'une seule génération pour que la colonie ferme cet interrupteur, démontrant ainsi la rapidité remarquable d'adaptation de cette espèce à un environnement dans lequel elle n'avait plus besoin de cette protection supplémentaire.

Les lacs nous donnent également des informations importantes sur la manière dont la biodiversité est acquise dans un tel environnement. La vie sur Terre occupe toutes les niches écologiques possibles. Ses signatures sont visibles partout depuis l'espace, comme dans la chlorophylle des forêts ou les algues dans les océans. La biosphère, sa diversité et sa capacité d'adaptation ont explosé au fil du temps sur notre planète en réponse aux changements de l'environnement, que ce soit à la suite de cycles climatiques ou de désastres naturels, ou bien encore à cause de catastrophes cosmiques, comme les impacts d'astéroïdes et de comètes. Mais la vie modifie aussi l'environnement, et l'exemple le plus connu est celui de la transformation de l'atmosphère primitive de notre planète par les ancêtres des algues bleu-vert.

Cependant, la biodiversité peut être mise en péril dans un environnement extrême lorsque les ressources naturelles se raréfient. La séparation de Laguna Blanca et Laguna Verde nous a donné un exemple de ce qui peut se passer dans ce cas. Le lac large et profond d'autrefois se transforme désormais en deux écosystèmes distincts, avec quelques chevauchements dans les espèces. Nous avons vu ce schéma se reproduire d'innombrables fois dans tous les lacs que nous avons étudiés dans l'Altiplano. Lorsque les ressources pour la vie sont limitées et que les habitats microbiens sont sous pression, ce sont les conditions à l'échelle locale d'un bassin qui dictent les règles de l'adaptation et de la survie.

Appliquée à Mars, cette observation suggère que si la vie s'est développée dans des lacs, il est probable qu'un scénario similaire se soit produit alors que le climat changeait et devenait plus aride. La biodiversité aurait pu être acquise par l'adaptation des micro-organismes à des bassins de plus en plus isolés, la vie réagissant aux changements de surface jusqu'à ce qu'elle ne puisse plus s'adapter. Puis, soit elle disparut, soit elle s'adapta à des habitats souterrains. Le lac du Licancabur nous donna l'un des meilleurs exemples de la façon dont ce scénario aurait pu se dérouler et nous montra également qu'abondance de vie ne doit pas être confondue avec biodiversité.

Nous commencions à comprendre ces processus d'adaptation et notre région d'exploration mais il restait encore beaucoup à faire. Malheureusement, il nous fallut partir. Des changements politiques rendirent la poursuite de notre recherche difficile en Bolivie. Les *rangers* du parc avec lesquels nous avions développé une merveilleuse amitié au fil des ans en furent profondément attristés. L'expédition de plongée de 2006 fut la dernière grande expédition scientifique déployée avec mon équipe en Bolivie. Cependant, comme tout dans la vie, ces choses vont et viennent en cycles, et j'espère que nous pourrons retourner dans cette merveilleuse région du monde dans un avenir proche.

Une de mes photos préférées de plongée. Elle fut prise à Catalina Island lors de notre certification pour le recycleur (visible sur la photo). Je suis à environ 15 mètres de profondeur au milieu de la forêt de varech, afin d'éviter les rencontres inopportunes avec les requins blancs assez communs dans la région.

16

Plongée au cœur d'un volcan

Après quatre expéditions consécutives, notre équipe était parfaitement rodée et l'expédition de 2006 au Licancabur n'allait ressembler à aucune des précédentes. Nous étions désormais parfaitement conscients du potentiel exceptionnel qu'offraient les sites que nous explorions. Nous savions aussi qu'une investigation complète du lac au sommet du Licancabur allait nécessiter plus que de la plongée en apnée. Nous avions besoin de pouvoir prendre notre temps sous l'eau pour observer, explorer et échantillonner méthodiquement. Seule une expédition avec des bouteilles pouvait le permettre. Cette perspective passionnante eut l'avantage d'attirer des sponsors. Et, pour une fois, l'argent n'était pas ma préoccupation principale. Ce qui me manquait était quelqu'un qui pourrait m'aider à orchestrer la préparation et le déroulement de la plongée.

Chaque expédition avait quelque chose de spécial et d'unique. En 2002, tout était nouveau. Nous découvrions nos sites pour la première fois, une pointe de flèche pour nous montrer la route. En 2003, nous avions effectué notre première reconnaissance en apnée dans le lac du Licancabur, établissant un record du monde sans le savoir. La seconde reconnaissance fut faite en 2004. Les données sur le rayonnement ultraviolet enregistrées par nos dosimètres entre 2003 et 2004 au sommet du Licancabur et à Laguna Blanca révélèrent les doses les plus élevées jamais mesurées à la surface de la Terre. En 2004, nous étions devenus des sujets d'expérimentation pour le développement de systèmes physiologiques, contribuant au développement d'équipement médical capable de sauver des vies. L'expédition de 2005 fut aussi unique. Nous avions traversé l'Altiplano bolivien dans sa totalité, atteint le sommet de trois volcans de près de 6 000 mètres, échantillonné leurs étangs et leurs lacs sommitaux, et continué l'exploration de Laguna Blanca et de Laguna Verde. Nous avions aussi fait une reconnaissance de Laguna Colorada, parcouru une constellation de petites oasis et des étendues d'eau hydrothermale. Tous ces sites avaient révélé de nouveaux extrémophiles, des micro-organismes adaptés aux conditions extrêmes, et de nouvelles espèces qui continuaient de nous démontrer les trésors de créativité que la vie peut concevoir pour survivre.

Ces oasis étaient dispersées sur des centaines de kilomètres dans l'étendue sans fin de l'Altiplano, étirant l'expédition de 2005 sur une période de six semaines. La beauté du paysage était à couper le souffle. Il ne nous fallut pas longtemps après avoir quitté le refuge pour découvrir le « désert de Dalí » où les caprices du vent, de la glace et du temps avaient sculpté de superbes formations rocheuses. Plus au nord, la petite ville de Quetena Chico nous attendait pour une cérémonie. Macario et un bon nombre de ses porteurs étaient originaires de Quetena Chico et y résidaient lorsqu'ils ne couraient pas la montagne. Nous y étions invités pour une inauguration au centre culturel qui présentait une exposition sur l'art traditionnel bolivien. Le centre venait d'ouvrir une nouvelle salle dédiée à notre projet, avec des photos de nos expéditions que nous leur avions transmises. La population locale mettait beaucoup de fierté dans le soutien qu'elle apportait à notre équipe, et ce soutien était absolument primordial à notre réussite et à l'accumulation d'une connaissance qui allait nous aider dans la recherche de la vie dans l'univers. J'avais été invitée avec Edmond à couper le ruban de la nouvelle salle et nous étions entourés par des officiels locaux, des photographes et un groupe vêtu de costumes traditionnels colorés. Une fois le ruban coupé, les photos prises, les interviews données, nous nous étions tous rassemblés à l'extérieur pour assister à des danses folkloriques.

Notre longue caravane avait ensuite repris la route vers le nord en direction de La Paz avec seulement devant nous l'immensité de l'Altiplano, nos conducteurs suivant des pistes invisibles qu'eux seuls pouvaient deviner. Des troupeaux de vigognes et de lamas croisaient notre route, certains nous regardant passer, d'autres nous poursuivant. Lagunes, flamants, volcans, oasis hydrothermales, vigognes, lamas, tous composent un patchwork coloré tissé dans ma mémoire, ponctué par la présence de mon équipe, sérieuse mais joyeuse, et du crépitement des communications radio entre nos véhicules souvent noyés dans la poussière. L'expédition de 2005 fut une odyssée scientifique fantastique et j'avais à mes côtés les deux personnes qui comptent le plus au monde à mes yeux : Mimi et Edmond. Ils revenaient chacun de leurs batailles personnelles. C'était la célébration d'un renouveau pour eux aussi.

Nous avions traversé le Salar de Uyuni, solitude blanche seulement rythmée par des cactus et des îles de sel éparses, vestige fossile d'une mer intérieure qui occupait l'Altiplano il y a des millions d'années. Avant de partir explorer le salar, les conducteurs nous avaient recommandé de nous arrêter près d'une série de petites constructions où, selon Macario, le sel était ensaché avant d'être vendu sur les marchés. Notre groupe entra dans une pièce sombre où seule une lumière diffuse pénétrait à travers une fenêtre et la porte ouverte. Mon attention fut d'abord attirée par un gros tas de sel granulaire au centre de la pièce, à côté duquel était posée une bouteille de gaz. Une femme en costume traditionnel bolivien était assise sur un tabouret près de la fenêtre. Elle avait près d'elle des petits sacs en plastique transparent qu'elle remplissait de sel à la main, un par un, en les scellant méthodiquement à la chaleur de la flamme entretenue par la bouteille de gaz. Elle en remplissait peut-être trois ou quatre par minute. Elle répétait les mêmes gestes heure après heure, jour après jour, dans cette petite pièce sombre au milieu d'un paysage immense perché sur une petite planète enveloppée par des cieux infinis. Cette pièce était sa réalité, une autre histoire de survie et d'adaptation dans un environnement extrême, celui-ci fabriqué par la main de l'homme.

Après avoir quitté Uyuni, nous avions continué vers le nord, admirant en cours de route des champs de pommes de terre cultivés en terrasses selon la tradition inca. Quelques années plus tard, ces champs attireraient l'attention de la NASA qui commençait à penser aux sources possibles de nourriture pour l'exploration humaine future de Mars. Notre destination était Julo, à un peu plus de 100 kilomètres au sud de La Paz et encore très profondément ancré dans l'Altiplano sauvage. Alors que nous approchions, un poste de contrôle sorti de nulle part apparut comme un mirage dans l'Altiplano. L'officier de garde vérifia nos papiers et enregistra nos plaques d'immatriculation. Nous étions proches de la frontière du Chili et, à cause du trafic de drogue, il voulait contrôler les allées et venues dans la région.

Je garde un souvenir particulièrement émouvant de notre séjour à Julo. Le village devint notre camp de base pour l'ascension finale. Là, comme partout où nous nous étions arrêtés auparavant, nous avions bénéficié de la gentillesse et du soutien de la population locale. La salle commune du village avait été vidée pour y placer des tables et des bancs afin que notre équipe ait un endroit où manger et se réunir. Une chambre par maison avait été libérée pour nous recevoir, et nous avions vécu avec les habitants pendant quelques jours, le temps de préparer l'ascension de Poquentica.

Mais ma mémoire me ramène sans cesse à la population locale et à son isolement, si loin de La Paz, dans une communauté qui ne pouvait compter que sur elle-même et sur sa solidarité. Elle dépendait en grande partie de son cheptel et de ce que la terre produisait. Nous en avons été les témoins un matin, alors que nous marchions dans la rue étroite en terre pour nous rendre dans la salle commune, et que nous avions croisé un groupe d'hommes abattant des lamas dans une ruelle adjacente. Ils les avaient ensuite dépecés et découpés, mettant les pièces de viande dans des boîtes pour être distribuées plus tard, ou peut-être vendues sur le marché. Ils en avaient mis quelques-unes de côté pour préparer un repas honorant notre présence au village. C'est tout ce qu'ils possédaient et ils nous l'avaient offert.

*

Ces images fortes et les souvenirs de notre dernière expédition me revenaient quand l'annonce arriva dans la cabine que notre avion commençait sa descente vers l'aéroport J.F. Kennedy. Nous étions revenus le 8 décembre de l'expédition de 2005, à peine quelques semaines auparavant, et nous étions de nouveau dans un avion, cette fois en direction de New York qui était sous la neige. De nouvelles chutes étaient prévues pour les jours suivants. Les avenues étaient magiques dans la soirée, les flocons tombant doucement et flottant autour des lumières jaunes comme des papillons de nuit. Notre hôtel était près de Central Park et nos chambres au quarantième étage. D'immenses baies vitrées nous donnaient une vue absolument vertigineuse sur l'avenue en contrebas, où les voitures paraissaient ridiculement petites. Depuis notre point de vue, la fluidité de leur mouvement les faisait ressembler davantage à des globules rouges dans une artère plutôt qu'au trafic routier.

Quelques mois plus tôt, j'avais reçu un prix intitulé « Woman of Discovery » dans la catégorie « Air et espace ». Ce prix m'avait été remis par WINGS WorldQuest, une association semblable à l'Explorers Club, mais dédiée aux femmes exploratrices. Je retournais à New York pour faire une présentation sur l'expédition qui venait de se terminer, Edmond et Mimi à mes côtés. J'avais eu le privilège de rencontrer Jane Goodall et Edie Widder qui étaient les invitées d'honneur. Nous étions sept à recevoir des prix dans diverses catégories, et chacune d'entre nous avait fait une présentation plus tard dans la soirée. Parmi les lauréates figuraient Sue Hendrickson, dans la catégorie « Océan », et Ana Pinto (« Sciences humaines »). Sue et moi avions passé quelques moments ensemble pendant l'évènement, au cours desquels j'avais pu apprécier sa personnalité plus vraie que nature, et j'étais complètement fascinée par ses récits d'exploration. Sue est une archéologue marine. Elle a aussi découvert l'un des squelettes les plus complets de *Tyrannosaurus rex* qui est aujourd'hui exposé au Field Museum à Chicago et nommé « Sue » en son honneur. J'aurais pu l'écouter toute la nuit. Ana est une archéologue et anthropologue espagnole, et une autre personnalité inspirante avec qui je me suis sentie immédiatement proche. Ses recherches portent sur l'évolution humaine, les processus de fossilisation et les origines du comportement des humains modernes.

En cette soirée de février 2006, le hasard des plans de table m'avait placée à côté de l'explorateur et plongeur professionnel Eric Smith qui parcourt les océans sur des navires de recherche. Ses nombreux projets et réalisations incluent des excavations avec Franck Goddio, l'archéologue marin français, avec qui il a découvert la cité engloutie de Thônis-Héracléion. Après avoir fait les présentations d'usage, Eric et moi entamâmes une conversation, une discussion qui continue aujourd'hui, quinze ans plus tard. Durant la soirée, la conversation s'orienta sur le lac du Licancabur et mon projet d'y déployer une expédition de plongée. À ce stade, c'était juste un rêve, d'autant que je n'étais toujours pas certifiée pour la plongée avec des bouteilles. Hormis ce « détail », je comprenais aussi trop bien la complexité d'un tel déploiement et je ne savais pas par où commencer. Ce qui me surprit peut-être le plus, c'est qu'Eric ne riait pas du tout, mais au contraire écoutait très attentivement. Après la cérémonie de remise des prix, nous sommes repartis chacun de notre côté mais en nous promettant de rester en contact.

Après un séjour de quelques jours à New York, j'avais repris le chemin de la Californie et j'étais de retour à NASA Ames. Nous avions continué de communiquer avec Eric, et plus je le connaissais, plus il devenait évident qu'il pourrait être un partenaire de grande qualité pour notre équipe de plongée. Il avait aussi un goût pour l'éducation et la communication, et nous pourrions toujours utiliser son talent pour partager notre passion pour l'exploration et la découverte avec le public et les écoles. L'étendue de son expérience était extraordinaire et absolument parfaite pour le projet que j'avais en tête.

Ce que j'ignorais, c'est que les choses commençaient à bouger aussi en arrière-plan. La conversation que j'avais eue en février à New York avec Milbry Polk, la cofondatrice et directrice exécutive de WINGS WorldQuest à l'époque, allait me réserver l'une des plus grandes surprises de ma vie. Je lui avais parlé de mon projet de plongée au Licancabur et, à mon insu, elle avait pris des contacts. Un après-midi, alors que je travaillais à mon bureau, un courrier électronique attira immédiatement mon attention. Après l'avoir lu, j'étais absolument incrédule, le regard encore fixé sur l'écran. Il avait fallu près de vingt-neuf ans…

Je ne pouvais m'empêcher de sourire et de secouer la tête. Sur l'écran, le message était signé par Dominique Sumian, membre d'équipe et ancien chef des plongeurs des expéditions de Jacques-Yves Cousteau sur la *Calypso*. Dominique travaillait maintenant à Aqua Lung à San Diego et offrait de m'aider. Il était un expert mondial en techniques et en équipement de plongée, et il allait nous faire bénéficier de toutes les connaissances accumulées au cours d'une vie de plongée aux côtés de Cousteau. Il avait aussi des collègues qui pouvaient apporter leur expertise et il proposait de nous mettre en contact.

Bien qu'ayant pris l'habitude de ce genre de synchronicité dans ma vie, j'étais abasourdie et, après ce premier e-mail, les pièces du puzzle s'assemblèrent rapidement. Au fil du temps, nous avons découvert avec Dominique que nous connaissions les mêmes plages dans le sud de la France. Ensemble, nous nous sommes lamentés sur leur destruction par les promoteurs immobiliers. Nos rencontres me permirent aussi d'entendre des histoires sur les expéditions de Cousteau et de la *Calypso* par quelqu'un qui les avait vécues. Le soutien de Dominique fut généreux et infatigable, et je lui dois, ainsi qu'à ceux qui ont répondu à son appel, le succès retentissant de l'expédition de 2006.

Les tables de plongée avec les paliers de décompression n'existaient pas pour l'altitude du Licancabur et je ne savais pas quel équipement était le plus adapté. L'étape suivante fut d'informer Randy Berthold de mes intentions. Randy était le président du groupe qui supervisait la sécurité des projets en environnement extrême à NASA Ames, et, à partir de cet instant, la machine fut lancée. Notre expédition allait faire l'objet de la revue la plus complète que nous ayons jamais faite, et pour de bonnes raisons. Il n'y avait pas de place pour l'erreur. La NASA prit un grand intérêt et apporta son soutien à l'expédition de 2006, non seulement parce que les objectifs étaient audacieux et spectaculaires, mais aussi pour sa pertinence pour l'exploration planétaire humaine. De plus, comme pour tout projet qu'elle supervise, la NASA avait pour priorité d'assurer notre sécurité pendant les opérations.

Eric Smith nous rendit visite à NASA Ames au mois de mars 2006. Je l'avais invité à devenir un membre à part entière du projet et, suivant les recommandations de Dominique Sumian, l'équipe décida d'utiliser un recycleur d'oxygène. Aqua Lung nous prêta généreusement les recycleurs sans coût pour le projet. Ce n'était pas des recycleurs civils typiques non plus, mais des appareils utilisés par des commandos militaires, bien plus petits et beaucoup plus pratiques. Ils étaient ajustés sur la poitrine et non pas sur le dos. La cartouche d'air était petite et placée juste au-dessus de la ceinture de plomb. Le système complet pesait 2 kilos à peine et était absolument parfait pour nos objectifs. Il était très léger et chaque kilo économisé pour l'ascension représentait davantage d'énergie conservée pour monter et plonger.

Avec cet équipement, nos objectifs scientifiques pouvaient devenir ambitieux. Cela signifiait que nous allions passer trois jours complets au sommet. Le premier jour allait être consacré à la bathymétrie du lac, où nous avions prévu d'utiliser la carte résultante pour planifier nos profils sous-marins les jours suivants. Nous allions aussi échantillonner la diversité microbienne du lac le même jour et collecter du zooplancton près du rivage. Le deuxième et le troisième jour seraient réservés à la plongée, et deux options se présentaient à nous : soit tenter les deux plongées le même jour et garder une journée pour les impondérables si le temps était incertain ou éventuellement une plongée supplémentaire, soit effectuer une plongée par jour. Notre objectif principal était de réaliser une étude complète de la biodiversité le long de profils sous-marins et de prélever des échantillons d'eau et de sédiments à différentes profondeurs pour comprendre les caractéristiques physico-chimiques des habitats que le lac procurait à son écosystème. Nous avions prévu d'apporter des appareils photo et des caméras vidéo et de documenter notre exploration sous-marine. Notre plan était clair et, du mois de mars 2006 jusqu'au moment où l'équipement fut expédié en Bolivie à la mi-octobre, nous avons passé la plus grande partie du temps à nous entraîner.

L'environnement extrême dans lequel nous allions nous immerger nous obligeait à développer une technique et un protocole de plongée particuliers, tout en respectant des directives de sécurité précises. Conformément aux normes de l'American Academy of Underwater Sciences, notre plan devait passer l'examen minutieux d'un comité de contrôle pour la plongée, qui était composé de membres appartenant à cinq bureaux différents de la NASA. Ils évaluèrent les risques en milieu extrême, l'aspect médical, la sécurité lors de la plongée, la gestion générale du projet et l'aspect scientifique. Il fallait aussi que nous démontrions avoir un plan robuste pour maintenir des taux d'ascension sous l'eau qui ne posent pas de risque avec l'altitude. D'un autre côté, les risques étaient diminués par la faible profondeur du lac, mais le comité préférait que nous suivions un protocole strict. Nous devions aussi élaborer un plan pour contrer les risques combinés de la plongée et de l'altitude, en particulier ceux liés à l'hypoxie – le manque d'oxygène –, l'hypothermie et les urgences médicales. En fin de compte, le choix d'un système fonctionnant à l'oxygène résolut la plupart de nos problèmes.

En parallèle, je m'étais enfin décidée à m'entraîner pour obtenir ma licence de plongée, ce qui fut fait à Monterey en Californie en mai 2006. Avant de recevoir les recycleurs, nous avons poursuivi notre entraînement avec des bouteilles conventionnelles, et le fond de la piscine de NASA Ames était devenu mon bureau principal. J'en étais arrivée à plaisanter avec mes collègues, promettant de me faire installer une ligne téléphonique au fond du bassin. Je m'entraînais au moins trois fois par semaine avec Rob, Clay et Eric, mais aussi avec Randy qui, en plus d'être le président du comité d'évaluation, était également plongeur. Ensemble, nous avions essayé de développer les techniques les plus appropriées à nos objectifs et à l'environnement. Randy devint rapidement le leader de notre groupe de plongeurs et notre mentor. Nous nous entraînions ensemble, à l'exception d'Eric qui était retourné en Floride et continuait son entraînement seul. Eric devint notre responsable de sécurité en plongée. Nous étions une équipe de cinq plongeurs, capables d'assumer les différentes tâches pour toutes les activités scientifiques sous-marines, et nous avions prévu des plans d'urgence au cas où l'un de nous serait dans l'incapacité de plonger pour une raison ou une autre.

Les recycleurs étaient presque parfaits. En plus d'offrir des avantages pour la plongée, ils pouvaient aussi nous aider à contrebalancer les effets néfastes de l'altitude. Malgré tout, un inconvénient risquait de poser un problème sérieux en cas d'incident : ces appareils sont des systèmes en circuit fermé qui ne produisent pas de bulles. Aussi, contrairement aux systèmes conventionnels, la position d'un plongeur ne peut pas être repérée directement depuis la surface. Bien que nous allions être les uns près des autres en permanence, nous devions être prêts à toute éventualité. Si pour une raison quelconque nous avions un problème tous en même temps, l'équipe restée sur le rivage devait pouvoir nous localiser immédiatement afin d'intervenir rapidement.

Nos reconnaissances en apnée en 2003 et 2004 nous avaient aussi montré que le lac était vaseux et que nous pouvions être rapidement perdus dans un brouillard organique si nous nagions trop près du fond. Les sédiments soulevés par nos palmes restaient longtemps en suspension et nous ne pouvions pas perdre un temps précieux avec ce problème. C'est pourquoi nous avons créé un système spécialement adapté à nos besoins. Conciliant plongée et alpinisme, le système était composé d'une bouée, d'une ligne de longueur ajustable et d'une ceinture de plomb modifiée qui était reliée à la ligne par des mousquetons. Un système de positionnement global était placé dans un container étanche sur la bouée. Son horloge interne synchronisée sur celle des appareils photo et des caméras vidéo nous permettait de connaître la position exacte des photos et des vidéos ainsi que celle des échantillons sur la carte bathymétrique. Une ligne tendue reliant la bouée à la ceinture de plomb permettait à chaque plongeur d'ajuster son axe de rotation de gauche à droite sans avoir à trop utiliser ses palmes. Les combinaisons étanches nous obligeaient à porter une surcharge de plomb sur nos ceintures équivalant à un tiers de notre poids. Il nous fallut des heures d'entraînement pour commencer à nous sentir à l'aise avec ce système, mais, après des semaines passées dans la piscine, son utilisation devint plus naturelle. Le plan pour la plongée, les protocoles et les procédures évoluèrent avec le temps, et le manuel final ressemblait probablement à celui d'un astronaute.

L'entraînement se poursuivit avec des bouteilles conventionnelles pendant environ deux mois, mais nous devions maintenant apprendre à utiliser les recycleurs. Aussi, Dominique nous invita à Aqua Lung à San Diego, où notre groupe fit connaissance avec un instructeur militaire de plongée qui utilisa des scénarios théoriques pour nous apprendre les paliers de décompression. Notre entraînement dura trente-deux heures, plus la théorie et la certification dans l'administration d'oxygène médical. La théorie fut suivie par la pratique, avec quelques plongées en piscine. La certification demandait aussi des plongées dans l'océan. Là encore, Dominique fit appel à l'un de ses amis, et c'est ainsi qu'au petit matin nous nous sommes retrouvés sur un quai de port devant un magnifique bateau à deux étages ayant une plateforme de plongée à l'arrière. Une fois le groupe et l'équipement à bord, nous avons mis le cap sur Catalina Island. Jusqu'à cet instant, tout avait été surréel, mais cela ajoutait une touche supplémentaire de magie. Je partis m'installer à la proue au cours de la traversée qui, je crois me souvenir, dura près de deux heures. À mi-chemin, une colonie de plusieurs centaines de dauphins nous rejoignit et entreprit de faire la course avec le bateau. Je les entendais « cliquer » au rythme de la proue montant et s'abaissant dans l'eau. Parfois, nos regards se croisaient et j'aurais pu jurer qu'ils souriaient. Cette même colonie nous rattrapa le soir à notre retour à San Diego.

Notre certification à Catalina Island reste un souvenir inoubliable. Nous étions entourés par des poissons de toutes sortes, des garibaldis orange et des néons bleus et jaunes nageant gracieusement dans de vastes forêts d'algues qui ondulaient autour de nous dans le courant du grand bleu, mais aussi par des langoustes qui nous suivaient du regard avec curiosité. Notre certification se fit par paires, entre 12 et 15 mètres de profondeur, alors que nous étions physiquement reliés par une ligne que nous tenions. Dominique nous surveillait du coin de l'œil. Il était avec nous sous l'eau et nous suivait avec un système conventionnel de bouteilles. J'avais sur moi une combinaison complète et, comme l'eau n'était pas froide, il craignait que j'aie trop chaud et que je me fatigue rapidement. Aussi nous avons commencé tous les deux un petit ballet sous-marin durant lequel j'ai retiré des parties de ma combinaison que je donnais à Dominique qui montait pour aller les poser sur la plateforme du bateau puis redescendait. Quand nous avons refait surface à la fin de la dernière plongée, un groupe de scouts semblait avoir suivi nos évolutions depuis un moment, particulièrement intrigués par les allées et venues de Dominique entre le fond et le bateau. Puis l'un d'eux, pensant sûrement faire de l'esprit, cria en direction de Dominique : « Hé, tu te prends pour Cousteau ? » On ne peut vraiment pas inventer ce genre de chose…

Une fois notre certification obtenue, Dominique envoya les recycleurs à NASA Ames, ce qui nous permit de continuer à nous familiariser avec leur utilisation pendant quelques semaines et d'être ainsi parfaitement à l'aise avec les différentes parties du système avant l'expédition. Le compte à rebours avait commencé. Nous avions passé l'évaluation officielle. Il était temps d'envoyer l'équipement, d'acheter les billets d'avion et de s'occuper des derniers détails de la logistique avec Cristian pour ce qui allait être une expédition longue et passionnante. Mais celle de 2006 n'allait pas manquer non plus de sa dose de suspense.

Nous ne pouvions pas être plus préparés que nous ne l'étions, mais une mauvaise nouvelle faillit annihiler tous nos efforts. À peine vingt-quatre heures avant notre départ, Randy tomba malade. L'équipe partit sans lui, espérant qu'il pourrait récupérer suffisamment vite et nous rejoindre au refuge de Laguna Blanca avec quelques jours de retard. Nous avions encore le temps. Malheureusement, les recommandations de son médecin étaient de ne pas plonger et de ne pas aller plus haut que l'altitude du refuge. C'était un coup dur. Malgré tout, grâce à l'intervention rapide de son médecin, Randy se rétablit suffisamment pour être autorisé à voyager et à nous rejoindre quelques jours plus tard, mais il ne pourrait pas plonger ni aller au sommet du Licancabur.

Son absence nous força à passer d'une configuration de deux équipes, l'une de deux et l'autre de trois plongeurs, à une seule équipe de trois. Randy était le maître plongeur. Le seul moyen pour le comité de sécurité de NASA Ames de nous laisser continuer était qu'Eric accepte de prendre la place de Randy, ce qui signifiait qu'il devrait rester sur le rivage pour superviser la mission et assurer notre sécurité. C'étaient les ordres que j'avais reçus des États-Unis alors que nous étions au refuge. Être le leader d'une équipe amène aussi ces moments où l'on a l'impression de porter le poids du monde sur son dos. Il fallait que j'en informe Eric. Je le pris à part dans sa chambre, lui expliquant ce qui se passait. Il n'hésita pas un seul instant et, quels que soient les sentiments qui furent les siens, il ne les montra jamais. La seule chose qu'il m'a dite fut : « Si je dois récurer les toilettes (il employa un autre mot) pour qu'on réussisse, dis-moi quand je commence. » Je savais déjà que j'avais affaire à quelqu'un de spécial le jour où nous nous sommes rencontrés. Cette soirée-là, je découvris réellement la profondeur de son caractère et son dévouement total.

Notre préparation avait été si intense et si complète que nous avions un plan de rechange pour répondre à cette nouvelle situation. Avec Eric comme leader, l'équipe de plongée redescendit à San Pedro pour y retrouver Randy qui venait d'arriver des États-Unis afin de diriger quelques séances d'entraînement supplémentaires dans la piscine de l'hôtel. Le reste de l'équipe scientifique était resté au refuge pour continuer l'exploration de Laguna Blanca et Laguna Verde. Henry Bortman nous accompagnait. Journaliste de vulgarisation scientifique qui écrivait sur l'espace et l'astrobiologie, il était venu pour documenter notre mission autour des lagunes et les plongées au sommet du Licancabur. Matthieu Galvez, un étudiant français, Edmond, Cristian et Victor étaient aussi avec nous. Randy était déjà arrivé à « La Hosteria » à San Pedro. Il était déçu mais professionnel à l'extrême. Il redistribua les rôles et responsabilités et, avec Eric pour le remplacer, nous avons commencé quelques jours d'entraînement dans la piscine pour nous familiariser avec la nouvelle configuration de l'équipe.

Le premier matin nous vit faire une entrée peu discrète à la piscine, équipés des pieds à la tête avec nos combinaisons étanches, nos masques et nos palmes, portant des recycleurs de commando, des appareils photo, des caméras vidéo, des ceintures de plomb massives ainsi que tout l'équipement nécessaire à notre entraînement. Le résultat fut de faire fuir quelques touristes. La gérante de l'hôtel, qui était devenue une amie au fil des ans, nous demanda gentiment si nous pouvions rester d'un côté de la piscine pour permettre aux touristes d'y accéder aussi. Nous faisions également en sorte de leur expliquer le but de notre mission quand ils nous posaient des questions. L'un d'eux, un touriste allemand, s'approcha de moi à la fin du deuxième jour. Il avait un sourire narquois et me demanda : « Et où pensez-vous plonger exactement dans les environs ? » Considérant que nous étions au milieu du désert d'Atacama, sa question semblait parfaitement légitime. J'étais toujours assise au bord de la piscine, les palmes dans l'eau, avec tout mon équipement, mon masque relevé sur la tête. Le sommet du Licancabur était visible au-dessus du toit de l'une des habitations de l'hôtel. En pointant le doigt dans sa direction, je répondis : « Vous voyez le gros volcan là-bas ? »

*

Durant l'expédition de 2006, j'ai pris des notes dans un journal personnel que je reproduis ici. Ce journal commence durant les jours précédant l'ascension.

16 NOVEMBRE

Cinq jours et quatre nuits dans la montagne. Jamais auparavant nous ne sommes restés aussi longtemps sur le Licancabur, volcan sacré des Incas, une sorte d'Avalon au cœur de l'Altiplano. Il teste le caractère et la volonté, ouvrant et fermant ses portes aux voyageurs temporels. Les ouvrira-t-il pour nous cette fois ? C'est un voyage physique, mental et spirituel. Au sommet, un lac d'émeraude nous attend. Bien que ce ne soit pas une pierre précieuse, il fait certainement partie du trésor des Incas qui se rassemblaient chaque année sur le rivage de ce lac mystérieux. Ces dernières années, nous avons seulement entrevu ce qui se cachait au cœur de ce joyau. L'année dernière, l'émeraude était emprisonnée dans un écrin de glace. Le moment n'était pas encore venu.

Alors que nous nous mettons en route ce 16 novembre, je me demande ce qui nous attend cette fois. Il suffirait de si peu pour que toute notre préparation et nos espoirs d'exploration soient réduits à néant : mauvais temps, maladies, tant d'éléments sur lesquels nous n'avons aucun contrôle. Autour de nous, le temps est calme ce matin. Il fait bon et un peu plus chaud que la normale cette année, et il n'y a pas de vent. Le Licancabur nous ouvre-t-il ses portes ? Sommes-nous prêts ?

L'équipe est aussi prête que possible, il n'y a aucun doute là-dessus. Nous avons tellement d'équipement avec nous, près d'une tonne au total, dont la moitié qu'il va falloir emporter au sommet. Pour la première fois, nous devrions avoir le temps d'explorer, mais, bien sûr, seulement si nous pouvons arriver au sommet, surmonter notre anxiété et entrer dans un domaine en grande partie inconnu où il nous faudra affronter nos démons. La douleur dans mon côté droit me ramène à cette réalité.

Elle me surprend parfois à l'improviste, rien de méchant mais seulement des côtes endolories lors de notre dernière séance d'entraînement à San Pedro : 18 kilogrammes de plomb contre quelques os. Le combat n'était pas vraiment égal. C'est juste un rappel que la plongée devra aussi être une bagarre contre cette douleur.

Nous avons commencé l'ascension vers 10 heures du matin à près de 4 500 mètres. Le temps était beau avec peu de vent. Nous n'étions plus à l'entraînement. Il nous fallut nous frayer un chemin à travers le sable volcanique puis à travers les rochers. Nous avions un bon rythme tout en prenant notre temps. À 14 heures, nous étions à Lunch Rock (le rocher du déjeuner), à environ une heure du camp intermédiaire à 5 400 mètres. Cette partie est toujours spectaculaire, quand nous quittons la ravine centrale du volcan pour monter sur la crête. Il nous faut passer au travers d'un champ de blocs instables, avec pas grand-chose de plus sur notre droite que 900 mètres de vide descendant tout droit vers Laguna Verde. C'est évidemment un encouragement à regarder devant soi ! Vers 16 heures, nous étions installés et j'ai pu prendre un moment pour admirer le Licancabur qui commençait à étendre son ombre sur sa propre pente, si loin en contrebas qu'elle touchait Laguna Verde en une parfaite pyramide d'obscurité. Les réchauds étaient en route pour préparer les repas. Puis le silence tomba sur notre petit camp perché sur la seule terrasse que nous avions dû bâtir nous-mêmes quelques années auparavant sur cette pente de 42 degrés. Je ne voulais même pas songer au gros tremblement de terre qui avait secoué le refuge quelques jours plus tôt, envoyant valser les tables et les chaises, et répandant l'eau de la fontaine partout sur le carrelage de la salle à manger. Cette pensée était futile. Si nous devions avoir un tremblement de terre là où nous nous trouvions, eh bien autant ne pas y penser.

17 NOVEMBRE

Je dois monter alors que je n'ai pas de jambes et je ne suis pas la seule. Henry a eu des jours meilleurs aussi. J'étais à peu près sûre que mon problème était lié à la nourriture et pas non à l'altitude, mais ça ne semble pas être son cas. Certains membres de notre équipe sont plus lents, aussi nous avons fait deux « trains » dans le segment de route vers le sommet qui se trouve un peu au-dessus de 5 900 mètres. Le premier train est parti 30 minutes avant nous. Nous regardons Macario, Henry, Edmond et Eric démarrer sur la pente. Nous les suivrons rapidement. Clay, Rob et Matthieu sont en pleine forme. Cristian est en train de coordonner l'ascension avec les porteurs comme d'habitude, concentré sur les détails si importants pour notre sécurité. C'est une équipe solide. Chacun sait exactement ce qu'il a à faire et l'exécute parfaitement. Cela me laisse vraiment peu de soucis et du temps pour me concentrer sur l'aspect scientifique de notre mission. Enfin en théorie car, pour le moment, je suis surtout concentrée à essayer de mettre un pied devant l'autre quand vient notre tour de démarrer sur la pente. Je suis derrière Aurelio, le fils de Macario, et notre guide pour aujourd'hui puisque son père est devant avec le premier groupe. Je comprends rapidement que ce ne sera pas mon ascension la plus facile sur le volcan. Aucun rythme, pas de force et apparemment rien que je puisse faire pour améliorer la situation. Les garçons sont patients avec moi. Eux ont l'air en pleine forme, et j'ai vraiment le sentiment de les retarder, mais ils m'encouragent en gardant le sourire et, patiemment, nous grimpons.

Il nous faut une heure pour rejoindre le premier groupe. Eric se fait du souci pour Henry qui semble montrer des symptômes de mal de l'altitude, rien de critique, mais quand même. C'est un coup dur. Henry et moi savons quelle est la meilleure décision à prendre et ça n'en a pas été une que j'aurais souhaité prendre pour aucun d'entre nous. Nous évaluons les différentes options qui s'offrent à nous. Toutes demandent de descendre à différentes altitudes, mais Henry ne veut pas créer de stress supplémentaire. Avant que je dise quoi que ce soit, il choisit de redescendre au refuge. Je sais à quel point il voulait être avec nous au sommet, et aussi combien d'effort et de volonté il a mis dans son entraînement les jours précédents dans l'ascension de Juriques et celle d'Escalante. Mais il n'y a rien d'autre à faire. Nous l'avons regardé un moment alors qu'il commençait sa descente avec l'un des porteurs et puis nous nous sommes remis en route.

La vie est faite de merveilleuses ironies parfois. Edmond n'a pas pu faire l'ascension du Licancabur pendant deux ans de suite. En 2004, il se battait contre un cancer à la maison. En 2005, il était de retour sur le terrain avec nous, mais une bronchite quelques jours avant l'ascension l'avait empêché de nous accompagner sur le Licancabur. Il avait quand même atteint le sommet de Poquentica dix jours plus tard à presque

5 900 mètres. Cette année, nous savions que la possibilité de le revoir sur les pentes du volcan géant était réelle et c'est pourquoi nous avions suivi un entraînement soutenu dans la chaîne des Cascades en Californie.

Edmond est de retour au Licancabur cette année, et avec de l'énergie à revendre. L'équipe l'a surnommé « Mojo », ce qui est devenu son nom de code pour la radio. À quatre-vingt-six ans passés, en fait près de quatre-vingt-sept, il continue de montrer ses talons aux jeunes sur la pente. Mais d'où peut-il bien tirer toute cette énergie ? Aujourd'hui, sur le Licancabur, il pouvait monter pendant une heure d'affilée sans s'arrêter, la même chose la veille. Et moi ? Je ne pouvais aller nulle part. Je le regarde et je souris. Je crois que je sais exactement ce qu'il me reste à faire. Comme aux premiers jours quand il me montrait la route en montagne, je me suis mise derrière lui, j'ai placé mes pieds dans ses traces, et en ce jour de novembre c'est Edmond qui m'a montré le chemin du sommet où tous les porteurs l'accueillirent avec un tonnerre d'applaudissements. J'étais aux anges. Nous avions attendu deux ans le moment de pouvoir le revoir ici. Au cours des mois passés, j'avais rêvé de pouvoir lui donner la main dans les derniers mètres menant au camp du sommet. Mais c'était tellement mieux ainsi. C'est sa force qui m'a tirée sur la pente aujourd'hui, chaque pas un peu plus haut, et c'est lui qui m'a donné la main pour faire les derniers mètres. Quel retour ! Bienvenue au Licancabur, Merlin.

Quatre jours et trois nuits au sommet, et une vue sans limite au-dessus de l'Altiplano et des volcans colossaux qui nous entourent. Cette extravagance d'espace favorise l'introspection. Nous avons monté le camp et l'humeur du groupe est au beau fixe. Pourtant, je sais qu'il y a plus de pression que d'habitude sur chacun d'entre nous, beaucoup de choses intériorisées. Tout le monde sourit et, derrière les sourires, la pensée des deux plongées est omniprésente. Tout le monde y contribue, et les plongeurs ne sont que la partie visible. Il y a aussi Randy qui n'est pas là. Tout est arrivé si vite et au dernier moment, ce qui nous a demandé de restructurer notre équipe complètement. Nous connaissons son dévouement pour cette mission et nous savons à quel point il est déçu. Il est au refuge, dirigeant l'équipe d'assistance, et en alerte permanente au cas où nous aurions besoin de lui. Son rôle est essentiel pour notre sécurité. Il a mis tellement d'effort dans chaque détail, s'assurant que rien de critique ne serait oublié : routes d'évacuation en cas d'accident de plongée, des millions de scénarios. Je ne suis pas sûre qu'il en ait oublié un seul. Nous voulons le succès de cette mission aussi pour lui, pour les mois d'entraînement dans la piscine et dans l'océan à nous apprendre les techniques, à les perfectionner et à les répéter sans fin pour être prêts dans un environnement où il savait qu'aucune erreur ne nous serait pardonnée. Le seul lien désormais avec notre ami et notre mentor est au travers d'une radio pleine de bruits statiques, mais c'est bon de l'entendre.

Il y a Eric. Lui aussi ne va pas plonger, changeant de rôle à la dernière minute pour devenir le maître de plongée et assurer notre sécurité depuis le rivage. Quel que soit ce qu'il ressent, Eric n'a jamais exprimé le moindre regret et porte en permanence avec lui la « bible » de trois kilos de Randy, et j'ai des photos pour prouver qu'il nous a persécutés jusque dans la piscine, brandissant le manuel de plongée au-dessus de nos têtes. En plus de cette responsabilité, Eric est aussi notre officier médical, s'assurant quotidiennement que toute l'équipe va aussi bien que possible. Ai-je mentionné qu'il s'occupe de la partie éducation et communication de l'expédition ? Il transporte sa caméra vidéo partout. Il ne manque jamais d'occupation. Un homme avec la bonne attitude et un cœur énorme.

Cristian et Matthieu ont aussi des raisons de penser aux plongées. Ils ont eu dix jours pour s'entraîner dans leurs nouveaux rôles d'assistants. Ils n'étaient pas préparés pour ça mais ils ont fait preuve d'une application remarquable lors de nos derniers jours d'entraînement à San Pedro. Ils ont appris où et quand apposer les différentes pièces d'équipement, comment organiser le restant sur le rivage. Ils ont aussi appris à se servir des bouteilles d'oxygène médical au cas où nous en aurions besoin après les plongées. Ils soulèvent les ceintures de plomb monstrueuses avant de les attacher sur nous. Toute erreur de leur part pourrait avoir des conséquences désastreuses. Ils sont devenus experts dans leur domaine et très rapidement. Eux aussi, au camp du sommet, font comme les plongeurs, repassant sans cesse dans leur tête tous les protocoles, s'emmêlant dans les séquences, et craignant que cela ne se produise pendant la mission. Et pourtant ils sourient, le regard tourné vers un horizon sans limite. Nous avons besoin les uns des autres. Nous nous connaissons depuis longtemps maintenant, mais cette année est différente. Nous comptons les uns sur les autres pour notre sécurité, et la connexion entre nous est palpable.

Je pense aussi à ceux qui ont contribué de manière si importante pour faire en sorte que nous soyons là aujourd'hui en prenant sur leur temps pour nous entraîner et nous certifier, nous prêtant l'équipement, nous emmenant sur leur bateau à Catalina Island pour ces trois premières plongées dans l'océan avec les recycleurs. Les garibaldis, les requins léopards et les langoustes sont loin désormais, mais Dominique, l'autre Eric et Mike, bien qu'à 8 000 kilomètres de nous aujourd'hui, vous êtes avec nous sur cette montagne.

Et puis, il y a nous trois. Clay, Rob et moi, qui pensons à tout ce qu'il y a encore à faire avant de pouvoir plonger dans le lac au sommet, et aussi peut-être à tout ce qui pourrait arriver. Nous nous connaissons depuis longtemps, mais les mois passés ont créé un lien spécial entre nous. Je plaisante souvent en disant que j'ai passé plus de temps au fond de la piscine de NASA Ames qu'assise à mon bureau ces quatre derniers mois, mais ce que j'ai fait, ils l'ont fait deux fois plus, juste pour être sûrs. Je me sens en sécurité avec eux, bien qu'ils continuent de me suspendre à cette ligne et à ajouter du plomb à ma ceinture ! Clay et Rob sont des plongeurs vétérans. Ce n'est pas mon cas avec à peine cinq mois d'expérience. Je regarde, j'écoute et j'apprends. Ma longue expérience de plongée en apnée est cependant très utile.

Plonger avec des recycleurs est aussi proche que possible de la plongée en apnée. Pas de bulles, le silence et un système léger porté comme un troisième poumon sur la poitrine. La ligne coulissante à laquelle nous sommes suspendus nous évite de soulever les sédiments du fond, mais elle m'aide aussi beaucoup car je ne suis pas encore experte dans le contrôle de ma flottabilité. J'ai une passion pour la plongée en apnée, pour le sentiment de liberté et de légèreté qu'elle me donne, mais j'ai vite compris qu'à cette altitude elle ne pourrait pas m'aider à atteindre mes objectifs. Demain sera notre premier contact avec le vrai sommet et le lac, une journée de science dans le cratère et un intermède avant les deux jours suivants marqués « Plongée n° 1 » et « Plongée n° 2 » sur notre programme.

18 NOVEMBRE

Lever de soleil à plus de 5 900 mètres avec une légère brise. Il fait chaud et je suis étonnée de voir qu'il fait seulement + 2 °C. Nous sortons des tentes, pour le petit déjeuner, puis c'est au tour du check-up médical. Tout le monde est en bonne santé et le niveau d'énergie est bon. Nous passons la première heure et demie à organiser notre équipement et à trier ce qui doit migrer vers le cratère aujourd'hui pour préparer la plongée de demain. Chacun de nous prépare aussi son matériel scientifique pour les activités de la journée. Nous le porterons nous-mêmes. Les porteurs sont suffisamment chargés avec le restant de l'équipement.

Nous commençons l'ascension finale pour le véritable sommet du Licancabur vers 10 heures du matin. Le sommet est environ 100 mètres au-dessus de notre camp. Je sais déjà ce qui nous attend : 40 minutes de montée difficile dans la cendre, les pyroclastes et les éboulis. Je répète sans cesse que les premiers 1 400 mètres d'ascension ne me dérangent pas mais ces derniers 100 mètres... Nous plaisantons avec les porteurs, proposant de construire un tunnel l'année prochaine pour relier le camp et le rivage du lac qui sont à peu près à la même altitude de chaque côté du rempart du cratère. Je crois même que quelqu'un propose un ascenseur. Edmond laisse la jeunesse rouscailler. Il est déjà à mi-pente ! Il sera le premier à voir le lac. Frimeur !

Un lac vert émeraude nous tend les bras, juste 100 mètres en dessous des bords du cratère. Le soleil crée des millions de reflets, comme autant de diamants. Je n'ai jamais vu le lac comme ça, jamais. Sa beauté et sa majesté sont magnifiées et la raison apparaît rapidement. Le niveau de l'eau a remonté de manière remarquable depuis l'an passé, entre 50 et 80 centimètres. Le niveau est plus haut qu'en 2002. Chapel Rock, le « rocher de la Chapelle », sorte de mini-dolmen formé par des blocs éboulés, est sous l'eau pour la première fois.

Après être descendus, nous transformons le cratère en une fourmilière et chacun sait exactement ce qu'il a à faire. Un groupe prépare l'emplacement pour la préparation des plongées du lendemain. Pendant ce temps, j'enfile ma combinaison. Il n'est pas question de plonger aujourd'hui mais je dois prendre des échantillons d'eau, de sédiments et des micro-organismes avec les filets à plancton. Clay et Eric établissent la carte bathymétrique du lac. Il y a un grand sentiment d'accomplissement.

Nous voyons les profils topographiques sous-marins apparaître sur l'écran de l'ordinateur tandis que notre petit bateau télécommandé parcourt des traverses sur le lac. Les données thermales qui s'affichent nous donnent une idée de la température de l'eau : + 4,7 °C. Pas de doute, nous avons besoin de combinaisons étanches. Mais il y a autre chose. J'ai aperçu des bulles sur la rive nord plus tôt dans la matinée et je les ai montrées à Matthieu qui a improvisé un système d'extraction de gaz. C'est la première fois depuis 2002. Le pH de l'eau est bon pour la plongée et la cartographie nous montre un point chaud très localisé à + 14 °C autour des bulles. Le Licancabur est un volcan dormant, mais, à voir ces résultats, il ne dort apparemment que d'un œil. C'est nouveau, et ça me donne à réfléchir. Un bon nombre des volcans formés à la même époque que le Licancabur ont connu leur dernière éruption au début de l'Holocène, mais ils ont tendance à se réveiller ces derniers temps. Bien que je sois certaine que la vue serait imprenable, j'aimerais quand même être un peu plus loin le jour où ça arrivera.

La carte bathymétrique va nous servir de base pour la préparation des plongées et nous aider à repérer les points les plus profonds qui semblent être à un peu plus de 5 mètres. Aujourd'hui, nous avons aussi fait la maintenance de notre station météorologique et déployé un nouveau dosimètre pour mesurer le rayonnement ultraviolet. Nous avons terminé à 15 h 30 mais nous ne quittons pas le cratère immédiatement. Nous avons une liaison satellite prévue avec la Cité des sciences à Paris entre 15 h 30 et 16 heures. Nous ouvrons la ligne mais nous ne pouvons pas établir la communication. À 16 h 20, il commence à faire trop froid dans le cratère pour rester. Le vent s'est levé et il est temps de retourner au camp.

19 NOVEMBRE, PLONGÉE N° 1

Je me suis réveillée avec un peu d'appréhension. J'ai eu une bonne nuit de sommeil mais nous sommes maintenant au pied du mur. C'est aujourd'hui que nous plongeons, le point culminant de tous ces mois de préparation et de tout cet effort. J'ai besoin de chasser de mon esprit l'incident de la ceinture de plomb lors du dernier entraînement à San Pedro, un incident qui n'est arrivé qu'une fois seulement au cours de tous ces mois de préparation et je crois en connaître la raison. Les hommes ont un torse plus large et le recycleur couvre le mien complètement jusqu'à ma taille, ce qui me rend l'accès à la boucle de ma ceinture de plomb difficile. Aussi, nous avons réglé le problème, et nous nous sommes mis d'accord avec Rob. C'est lui qui détachera ma ceinture à la fin des plongées. Mes côtes vont mieux et je ne veux pas recommencer, spécialement à cette altitude et dans de l'eau à 4 °C.

Le compte à rebours commence aussitôt que nous quittons le camp. Cette pente… Nous sommes à deux heures de plonger. Il est 9 heures et nous devons grimper jusqu'au cratère avant même de pouvoir entrer dans l'eau. La pensée d'être en combinaison de plongée au sommet d'un volcan de 6 000 mètres me traverse soudain l'esprit. Je ne peux pas m'empêcher de sourire. Je crois que ça symbolise parfaitement mon cheminement dans l'existence.

Le temps est parfait, aucun vent et la surface du lac est immobile. La transparence de l'eau est invitante. Il semblerait que nous ayons un rendez-vous avec le lac aujourd'hui. Nous devons maintenant préparer les recycleurs. Nous avons notre bâche bleue familière par terre. Tous les systèmes sont « *go* », comme nous disons dans notre jargon. Tout est aligné au sol et nous savons quoi faire : mettre la cartouche d'épurateur en place ; fixer les réservoirs d'oxygène ; vérifier les valves ; gonfler les sacs et mettre les recycleurs dans l'eau pour vérifier qu'il n'y a pas de fuite. Quelques minutes plus tard, nous commençons à changer de vêtements, remplaçant les tenues de montagne par l'équipement de plongée : sous-vêtements, combinaison étanche. Nous nous regardons souvent, nous sourions et nous regardons l'eau. Aujourd'hui, notre objectif est de caractériser la diversité biologique du lac.

Nous y voilà. Nos assistants se rapprochent dès qu'Eric commence le compte à rebours et la liste de vérifications des systèmes. Cristian est mon assistant. Il attache le recycleur sur moi, vérifie l'étanchéité de tous les joints. Maintenant vient la partie pénible : attacher une ceinture de 18 kilogrammes autour de ma taille, un tiers de mon poids. Avec ça sur moi, je ne vais pas aller loin sur terre. J'ai l'impression d'être une baleine, un mammouth ou peut-être un hybride des deux. Maintenant le masque. Une fois le masque sur ma figure, j'entre dans un monde intérieur encore vaguement connecté à l'extérieur mais déjà ailleurs, dans le lac. Mes plongées en apnée de 2003 et 2004 étaient légères, accompagnées d'un immense sentiment de liberté. Ce rendez-vous aujourd'hui est très différent. Je suis un chevalier en armure, un chevalier prêt à entrer dans le royaume mystique d'une eau émeraude et à combattre mes craintes qui, indéniablement, sont présentes, en grande partie parce que je me sens tellement lourde.

J'entends les commandes et les appels. Je vois Rob et Clay et nous nous indiquons d'un signe que tout est « *okay* ». Les palmes sont la dernière chose que j'enfile. Nous sommes dans l'eau mais pas complètement prêts encore. Nos assistants nous attachent chacun à nos bouées, une ligne qui est notre cordon ombilical entre les bouées à la surface et le fond. Nous vérifions notre équipement une dernière fois. Eric commence le compte à rebours deux minutes après avoir purgé nos systèmes. Le moment est venu.

Les eaux peu profondes et froides sont baignées de lumière près du rivage. Le lac d'émeraude s'est transformé en or. L'eau reflète le soleil sur le sable du fond, chaque rayon scintillant en pénétrant l'eau cristalline. Pour le moment, mon attention est encore davantage concentrée sur mon équipement que sur ce qui m'entoure. Je commence à nager et ces quelques mètres depuis le rivage viennent déjà de répondre à l'une des questions fondamentales du projet : est-ce que la vie peut survivre et s'adapter dans ce lac ? Nous devons pratiquement nous frayer un chemin au travers des millions de copépodes, d'ostracodes, de vers et d'autres micro-organismes que je ne peux pas identifier, sans parler de tout ce qui est accroché sur les rochers du fond au-dessous de nous.

Le lac est fascinant. Le sable est couvert par endroits par ce qui ressemble à des taches de sang. Ce sont des copépodes juvéniles. Ils ont encore besoin de fabriquer leur pigment et utilisent l'ombre des rochers pour se protéger des rayons ultraviolets courts quand le soleil est haut dans le ciel. Les adultes n'ont pas ce souci apparemment. Ils nous ont donné une leçon de physique en 2004, quand nous avons capturé en images une colonie distribuée dans la colonne d'eau du lac, la densité de leur distribution reflétant exactement la profondeur d'atténuation des UVA et des UVB. Plus loin sur le fond du lac, je peux voir maintenant du vert et du blanc. Il faut bien que je commence quelque part. Il est évident que le facteur limitant ne sera pas de trouver des traces de vie, mais plutôt le froid qui est déjà très présent quelques minutes seulement après le début de la plongée.

Rob est à ma gauche. Clay patrouille au-dessus de nous. J'attrape ma première bouteille d'échantillonnage dans mon filet ; je montre le numéro de la bouteille à Clay pour qu'il la photographie, comme nous nous sommes entraînés à le faire, et j'essaie d'échantillonner les copépodes rouges sur le sable doré. Bien qu'un peu plus haut que moi dans le lac, Clay commence à remuer le fond avec ses palmes et je perds mon objectif dans un nuage organique opaque. Je lui fais signe de prendre un peu de distance. Je repère un autre de ces groupes de copépodes et, cette fois, je réussis le prélèvement. Il m'est plus facile de me concentrer sur ma tâche maintenant que sur la mécanique de cette plongée. L'un de mes sacs d'échantillons s'échappe de ma main déjà légèrement engourdie par le froid. L'épaisseur des gants n'aide pas non plus. Je vois le sac monter dans l'eau et Clay tendre son bras pour l'attraper. Pendant une seconde, j'ai un flash-back. Je revois les astronautes s'envoyant des objets à travers la cabine de la navette spatiale. Nos mouvements sont ralentis comme dans l'espace. Clay me repasse le sac.

Après cet épisode, et un court retour au rivage pour ajuster ma ceinture de plomb, nous poursuivons la plongée. Le temps passe et nous sommes toujours dans la partie peu profonde, deux mètres au plus. Il y a tellement à voir et à collecter ici. Mon attention est attirée ensuite par quelque chose de blanchâtre qui semble plâtré sur les roches brunes. Nous l'atteignons. Je suis maintenant parfaitement à l'aise et je me concentre sur ce qui se trouve devant moi. Je me cale près du fond, prête à gratter la matière blanche pour l'échantillonner quand je comprends qu'elle a du volume. Je tire aussi délicatement que possible avec mes mains gantées, et je découvre des algues vertes cachées sous la substance blanche. Je passe quelques minutes à cet endroit, remplissant les sacs d'échantillons les uns derrière les autres. Clay prend les photos et Rob filme. J'ai finalement complètement oublié ma combinaison, le plomb, le recycleur, la ligne. Je suis seulement concentrée sur les objectifs scientifiques.

Alors que je finis la collection de cet étrange matériel, je réalise que la sensation de froid se fait plus présente et plus intense. C'est dommage. Je commençais vraiment à me sentir à l'aise. Mais il serait imprudent de ne pas écouter les signes avant-coureurs. L'hypothermie n'est jamais une plaisanterie, et encore moins à cette altitude. Je fais le signe signifiant « froid » à Rob et Clay. Ils commencent à le sentir eux aussi et me répondent « remonter » et nous commençons notre ascension vers la surface.

Une fois notre équipement raccroché sur les bouées, Rob vient vers moi et détache ma ceinture de plomb que je sens glisser le long de mes jambes. Elle est toujours attachée à la ligne et ne coule pas. Et soudain, libérée de ce fardeau, je me sens infiniment légère. Nous sommes à peu près à 20 mètres du rivage d'où nous avons démarré, encore si près. C'est un témoignage de combien ce lac est fascinant. Je ressens à la fois de la joie et des regrets de ne pas avoir pu encore atteindre la partie la plus profonde. Demain n'est jamais assuré en montagne. Cependant, ce que nous avons vu durant cette première plongée est déjà exceptionnel. Nous avons accompli la première plongée et accumulé des échantillons et des prises de vue. Nous avons déjà réussi notre mission. Espérons que nous pourrons atteindre la partie profonde demain. Ce qui compte maintenant, c'est que la plongée n° 1 est un succès et nous sommes en bonne santé et heureux.

Nous atteignons le rivage où Eric, Matthieu, Edmond, Macario et les porteurs nous attendent. Les assistants retirent les masques et les recycleurs et nous placent sous oxygène médical. Je n'en ressens pas le besoin, mais ça ne peut pas nuire. Dans l'heure qui suit, Eric surveille nos signes vitaux (saturation d'oxygène, rythme cardiaque, respiration, pression sanguine) tous les quarts d'heure. Deux heures après être sortis de l'eau, nous sommes de retour au camp, de l'autre côté du cratère. Depuis ma tente ouverte, je regarde l'horizon illimité. Je pourrais croire que j'ai rêvé mais les sacs d'échantillons et les bouteilles stockées au camp sont la preuve du contraire. Notre première visite dans le lac est une grande réussite, mais elle ne fait que nous inciter à vouloir recommencer. Cette fois, nous irons au cœur du lac, au plus profond, et ce sont ces pensées qui m'accompagnent tandis qu'un magnifique soleil couchant enveloppe le camp, comme pour fêter avec nous une journée inoubliable.

20 NOVEMBRE, PLONGÉE N° 2

Je me réveille complètement prête cette fois et sans arrière-pensée. Je veux retourner dans le lac et plonger, *maintenant !* La nuit n'a pas été très bonne mais qu'importe. Je me sens bien. Nous quittons le camp à 9 heures après une communication radio avec Randy au refuge. À 10 heures, nous sommes au bord du lac. Persévérance. C'est notre jour. Nous entrons dans l'eau à 11 h 30. Comme prévu, cette fois, Rob dirige la plongée. C'est lui qui va collecter les échantillons. Clay est toujours responsable de la photographie. Quant à moi, ma mission est de filmer. Eric m'a donné sa caméra. Je me suis entraînée avec celle de Clay, jamais avec celle-là, mais bien qu'un peu plus lourde elle est très semblable. Notre objectif est de prélever des échantillons tous les 50 centimètres dans notre profil sous-marin jusqu'à la partie la plus profonde du lac. Nous ne voulons pas passer plus de temps dans la partie plus proche du rivage et nous allons directement vers le centre, commençant là où nous nous sommes arrêtés la veille. Tout paraît facile. Attachée à ma ligne, je suis suspendue entre ciel et terre et je « plane » au-dessus de Clay et de Rob, choisissant mes angles de prise de vue, profitant simplement du moment en m'assurant que je capture ce qu'ils font et, pour la première fois aussi, documentant l'ensemble du lac.

Je trouve un endroit parfait pour faire un panorama au centre. Je suis environ à mi-hauteur entre la surface et le fond. En bougeant à peine mes épaules, je peux me donner suffisamment d'élan pour tourner sur l'axe de ma suspente et faire un panorama de 360 degrés. Mais, avant de commencer, je veux profiter du moment. Après des mois de préparation et depuis le début de l'expédition, j'ai finalement un peu de temps pour moi, et je suis émerveillée. Tout est surréel. Les eaux bleues transparentes s'assombrissent légèrement avec la profondeur. Les rayons d'un soleil de midi sont diffractés et ressemblent à des millions de flèches en or pénétrant la surface, et je suis suspendue dans ce lac à l'intérieur du cratère d'un volcan dormant (je l'espère).

Puis, soudain, tout disparaît. Je ne sens plus la morsure lointaine du froid au travers de ma combinaison. Je suis suspendue, enveloppée de bleu et d'or. En réalité, pendant un court instant, j'ai l'impression d'avoir complètement fusionné avec l'eau. Tout sens d'espace et de temps a disparu. C'est comme si ma conscience pouvait atteindre absolument tout à la fois, me donnant instantanément une compréhension universelle et un aperçu de l'infini, et je ne ressens que paix et sérénité.

À ce jour, la seule façon pour moi de décrire ce qui s'est passé dans le lac à cet instant est une « fusion ». Il n'y avait plus de séparation entre moi et tout ce qui m'entourait. J'étais moi, mais j'étais aussi le lac, le volcan et l'univers. J'étais tout à la fois sans dimension et infinie. Jusqu'à ce moment, ma recherche avait été essentiellement centrée sur la caractérisation de la vie et de ses signatures dans les environnements extrêmes et sur d'autres planètes. Quelque part, j'avais inconsciemment ancré dans mon esprit que la recherche sur la *nature* de la vie était du domaine des sciences humaines, une recherche que j'avais poursuivie en parallèle. En sortant de l'eau ce jour-là, j'ai su que cette fusion que je venais de vivre au cœur du lac devait aussi avoir lieu dans ma recherche. Il devint évident pour moi à cet instant que la communauté scientifique ne pouvait pas continuer à chercher la vie au-delà de la Terre sans concentrer le même niveau d'effort à essayer de comprendre sa nature et l'influence que nous avons sur ce que nous explorons.

Mais, alors que je me trouvais encore au cœur du lac, j'avais une mission à finir, même si le sentiment d'émerveillement ne me quittait pas. Plus bas, Rob ne perdait pas de temps. À chaque arrêt dans le profil, il prenait une bouteille numérotée qu'il montrait à Clay pour la photographier. Je les avais tous les deux sur l'écran de ma caméra vidéo et je continuais de prendre des panoramas pendant qu'ils avançaient entre deux sites d'échantillonnage. La vision était absolument hypnotique. Le sable doré près du rivage avait disparu, remplacé par des blocs énormes ici et là dans des eaux d'un bleu profond ponctuées par des dépôts sombres et rouges sur le fond du lac. Des crevettes minuscules et d'autres organismes m'entouraient, flottant devant la caméra. Le fond du lac couvert de copépodes ressemblait à un tapis rouge. Rob était maintenant dans la partie la plus profonde, juste à côté d'un bloc de lave géant. Il paraissait minuscule. Aussi, je descendis pour le rejoindre. Le temps passait et je n'avais pas froid. J'avais enfin trouvé ma place, et je me sentais bienvenue.

J'avais du mal à croire que vingt-cinq minutes s'étaient déjà écoulées. Clay fit signe à Rob qu'il commençait à avoir froid et tous deux indiquèrent qu'ils allaient entamer leur remontée. Je les vis attraper leurs suspentes. Je filmais. Je les vis accrocher leur équipement sur les bouées et je filmais toujours. C'est seulement après que Clay s'est libéré de sa ceinture de plomb que j'ai réalisé que j'étais toujours sur le fond, continuant de filmer. Il allait falloir que je pense à entamer la remontée moi aussi, mais pas avant d'avoir regardé autour de moi une dernière fois.

Le Licancabur nous avait ouvert son cœur deux courts instants pour un rendez-vous magique dans l'espace et dans le temps, mais le moment était venu de repartir. J'ai commencé ma remontée doucement. Une fois sous ma bouée, Rob s'approcha de moi, me débarrassa de ma caméra et déboucla ma ceinture. Je fis surface le poing en l'air, envahie par un sentiment intense de joie. Nous étions maintenant tous les trois à la surface, ensemble, près de la rive opposée du lac. La bonne nouvelle était que nous avions documenté l'ensemble du lac. L'autre nouvelle, c'est que nous étions maintenant à plus de 100 mètres de notre point de départ et qu'il fallait nager pour regagner l'autre rive où notre équipe d'assistance et Eric nous attendaient en nous faisant de grands signes.

Adrénaline. Nous remorquions nos suspentes et nos bouées tout en nageant vers le rivage. Arrivée au milieu du lac, je me rendis compte à quel point c'était une mauvaise idée d'essayer d'aller vite. J'étais à bout de souffle, même avec le recycleur. Nous étions tout de même à 6 000 mètres. Une « torpille » venait d'entrer dans l'eau. C'était Eric. Il savait bien que nous n'avions pas de problème. Il voulait seulement nous aider à ramener l'équipement sur le rivage et peut-être aussi avoir juste une chance d'être dans l'eau avec nous au moins pour un court instant.

Une fois de retour au rivage, nous avons reçu de l'oxygène supplémentaire, et chacun de nous vida deux cylindres. Nos signes vitaux étaient bons. Cette plongée avait simplement demandé beaucoup plus d'efforts. Nous avions couvert l'ensemble du lac. La mission était un succès complet. Maintenant que nous étions réchauffés à l'intérieur de la tente médicale sur le rivage, nous ne pouvions que rire comme des gamins, nous arrêtant parfois pour penser à ce que nous venions de découvrir, nos impressions, les échantillons que nous avions rapportés, et à une expérience inoubliable.

Nous avons quitté le Licancabur le jour même et sommes redescendus au refuge en deux heures, la plupart du temps en courant. Avant d'entamer la descente, je me suis arrêtée un moment au sommet pour regarder l'horizon sans fin de volcans géants et de lacs. Nous étions en milieu d'après-midi, mais déjà le 21 novembre 2006 en France. La pensée de cette date me fit sourire alors que je regardais Edmond juste un peu plus loin. Il y avait exactement vingt ans jour pour jour, nous nous étions rencontrés. C'était si loin d'ici. Nous nous étions pris par la main et nous avions fait confiance à la vie. Quel panorama extraordinaire pour contempler le chemin parcouru. Mais nous ne regardions pas en arrière. Un horizon illimité était ouvert devant nous.

La radio de Macario me ramena au présent. Il me regarda en levant les yeux au ciel et en secouant la tête. Au refuge, Maxima lui demandait ce qu'il fallait préparer pour dîner, ce qui déclencha un éclat de rire général. Puis il fallut entamer la descente, Edmond devant, comme d'habitude. À chaque pas que je faisais, la vision d'un rocher, d'un reflet, d'une couleur, d'un lac et la vie qu'il protégeait en son sein me revenait en mémoire, la vision d'une oasis improbable touchant le ciel.

Nous venions d'accomplir deux plongées, deux visites au cœur vivant du Licancabur, et nous avions engrangé tant d'échantillons et de souvenirs inoubliables. Je ne pouvais pas m'empêcher de regarder le sommet en redescendant, ressentant une immense reconnaissance pour le privilège de cette visite.

Arrivée près des ruines incas à la base du volcan, mon regard vagabonda vers la gauche, vers l'endroit où Macario et moi avions eu une cérémonie privée en l'honneur de Pachamama quelques jours plus tôt. La sphère de cristal était là, quelque part. Les trois jours suivant notre retour au refuge, des nuages et une tempête de neige s'abattirent sur la région. La porte de ce volcan mystique s'était une fois de plus refermée derrière nous.

En 2016, l'activité du volcan Láscar força l'équipe à quitter le campement et à annuler l'ascension de Simba.

17

Petites mésaventures et énorme tremblement de terre

Nous explorons des environnements extrêmes dans une région géologiquement active, ce qui peut nous exposer à des situations parfois dangereuses. Comme le dicton le dit si bien, il n'est pas question de savoir *si* quelque chose va arriver, mais plutôt *quand* ça va arriver. Et lorsque le problème survient, nous devons être prêts à réagir. La sécurité est toujours notre priorité et chaque expédition doit être approuvée par un comité d'évaluation à NASA Ames. Bien qu'elle puisse être fastidieuse, cette évaluation m'a toujours beaucoup appris. Au fil des ans, le comité nous a fourni des experts dans tous les domaines de risques auxquels nous pouvions être exposés. C'est ainsi que Peter Hackett, qui a atteint le sommet de l'Everest sans oxygène, nous a fourni son expertise pour les expéditions du Licancabur. En suivant son plan d'acclimatation, nous n'avons jamais eu d'incidents graves ou besoin d'oxygène pour les ascensions elles-mêmes. Le comité nous apporta un soutien total, en particulier en 2006, pour ce qui allait devenir une expédition pour les livres de records.

Le but était d'éviter les situations dangereuses qui pouvaient compromettre notre santé ou notre sécurité, individuelle ou collective. Cela allait des plaies et des bosses à des problèmes plus sérieux comme les différents stades du mal d'altitude, comment les reconnaître et les traiter, ou les incidents de plongée et comment y répondre. Le rôle du comité était de nous aider à développer des plans d'intervention. Bien sûr, le scénario idéal était d'éviter les problèmes en premier lieu, mais, si c'était impossible, il nous fallait être prêts à réagir aussi rapidement et efficacement que possible. Et puis, il y avait la catégorie des risques inscrits sous le titre « Cas de force majeure ».

Nous travaillons sur des volcans et nous savons que n'importe quoi peut arriver n'importe quand, et il n'y a rien que nous pouvons vraiment y faire. Les volcans que nous escaladons ne sont pas sous surveillance. Par contre, nous savons que des tremblements de terre précèdent en général les éruptions, et il existe aussi d'autres signes précurseurs. Les tremblements de terre liés à une activité tectonique remarquablement dynamique dans cette région nous soucient davantage, parce qu'évidemment ils peuvent frapper n'importe où et n'importe quand sans signes précurseurs. Nous sommes à la jonction de deux plaques tectoniques et le Chili est l'un des endroits où les tremblements de terre sont parmi les plus puissants sur Terre.

Pour diminuer les risques, j'ai toujours essayé de limiter les équipes sur le terrain à 12 ou 15 chercheurs à l'altitude des grands lacs et à 8 au sommet des volcans, mais ce fut rarement possible. Le nombre de personnes dans une équipe est toujours un compromis entre l'expertise nécessaire et le plus petit nombre d'individus possible, parce qu'à 6 000 mètres chaque personne qui s'ajoute est un risque potentiel supplémentaire. L'expédition de 2006 fut une exception de taille, mais nous avions besoin d'un groupe large pour pouvoir accomplir nos objectifs.

La plupart des expéditions se passent sans véritables problèmes, les plus grandes frustrations étant les retards dans l'arrivée de l'équipement ou la météo. Les récits d'expédition qui suivent décrivent un certain nombre d'évènements qui eurent lieu durant le High Lakes Project et qui font partie de la galerie des plaies et bosses et autres mésaventures qui me reviennent toujours en mémoire. Certains sont drôles, d'autres un peu moins, et quelques-uns d'entre eux auraient pu finir de façon très différente.

LA GIRAFE

Bien que nous nous acclimations très bien à l'altitude, il nous faut toujours quelques jours d'ajustement et parfois certaines de nos actions montrent clairement que nous ne sommes pas au top de nos capacités mentales. L'altitude peut aussi avoir des répercussions physiques. Nous sommes dehors toute la journée, travaillant dur. Normalement, je m'adapte très bien et je n'ai pas pour habitude d'avoir des problèmes, mais, en 2003, j'étais fatiguée de façon inhabituelle pour des raisons qui n'avaient rien à voir avec l'altitude et qui dataient d'avant l'expédition. Ce jour-là en particulier, j'avais eu quelques épisodes de vertiges alors que je récupérais des stations de mesure autour des sources à Laguna Blanca. L'un d'eux fut suffisamment fort pour que je me décide à appeler un de nos 4 × 4 pour venir me chercher. Je m'étais assise sur le rivage en attendant le véhicule, mais le vent s'était levé et je commençais à avoir froid. Aussi, je pris le parti de me lever et de commencer à marcher. C'est seulement lorsque le 4 × 4 me rattrapa que je compris que je partais en direction opposée à celle du refuge. C'est comme ça que ma journée commença. Une fois de retour au refuge, je passai le restant de la journée à me reposer et à préparer mes expériences pour l'ascension du Licancabur.

Dans les jours qui suivirent, l'ascension et les plongées en apnée se passèrent sans problème, mais il y avait incontestablement quelque chose qui ne tournait pas rond. Une fois de retour au refuge, notre docteur essaya de me convaincre d'aller à la clinique de San Pedro pour un check-up. Je ne voulais pas quitter l'équipe, même si ce n'était que pour vingt-quatre heures, mais ce ne fut plus vraiment ma décision quand, quelques heures plus tard, il devint évident que je ne tenais plus sur mes jambes. À la clinique de San Pedro, le médecin ausculta mes poumons. Je lui dis que mes poumons n'étaient pas le problème, et que ce n'était pas l'altitude, ce à quoi il me répondit : « C'est moi le docteur. » J'étais trop fatiguée à ce moment-là pour argumenter, aussi je le laissai continuer sans plus rien dire. Selon lui, j'étais sérieusement déshydratée, ce qui devint évident quand l'infirmière décida, après avoir essayé sans succès de trouver une veine, de me faire une intraveineuse avec une aiguille pour bébé. Et puis, plus rien.

Quand je repris mes esprits, la première chose que je vis devant moi fut une girafe. Je n'avais pas la moindre idée de là où je me trouvais, et il me fallut un moment pour rassembler mes idées. Malgré tout, je commençais à me demander sérieusement ce qu'ils avaient mis dans l'intraveineuse parce que la girafe était toujours là. Elle avait des longs cils magnifiques et elle me regardait droit dans les yeux sans bouger. Il me fallut un moment avant de comprendre que je n'étais plus dans la salle d'examen mais dans une salle de pédiatrie. Il y avait des dessins et des peintures aux murs pour les enfants et sur le mur le plus proche de moi était peinte une girafe. Je n'en avais aucun souvenir, mais Cristian me dit qu'une urgence était arrivée à la clinique et que j'avais été déplacée dans la salle de pédiatrie. À ce jour, je peux encore voir les yeux de cette girafe me regarder. Après une nuit passée à San Pedro, nous sommes retournés au refuge. Au fil des ans, j'ai eu quelques problèmes de ce genre, la déshydratation et l'épuisement étant la cause de la plupart d'entre eux. Bien que les docteurs de l'expédition essaient de me le rappeler régulièrement, j'oublie souvent, aujourd'hui comme hier, que je ne suis qu'humaine après tout.

LA VALISE

Monica, l'une de nos cuisinières au refuge, avait décidé d'aller au sommet du Licancabur avec nous. C'était une jeune femme adorable, avec une forte personnalité et toujours très souriante. Elle était institutrice mais elle était au refuge quand nous l'avons rencontrée, donnant un coup de main partout où elle le pouvait. Elle souhaitait se joindre à nous parce qu'elle était curieuse de comprendre ce que nous faisions. Elle nous avait accompagnés autour des lacs près du refuge les jours précédents, mais je crois que la véritable raison pour elle de nous suivre au sommet était qu'elle était persuadée qu'un groupe de chercheurs ne pouvaient pas être capables de se nourrir par eux-mêmes.

Le jour de notre départ pour le sommet, j'étais avec Cristian, occupée au refuge à charger l'équipement sur les 4 × 4. Une fois prêts, le signal du départ fut donné. Je n'avais pas vérifié ce que Monica avait préparé, ou la nourriture qu'elle emportait. C'était sa responsabilité. L'équipement fut déchargé au pied du Licancabur et notre groupe s'organisa en ligne pour l'ascension. Ceux qui donnaient le rythme régulier et lent pour la montée étaient devant. Notre guide Macario était le premier, puis Edmond qui était une horloge suisse quand il s'agissait de donner le rythme, et moi. Derrière, les membres d'équipe les plus athlétiques entouraient ceux qui étaient moins expérimentés. Cristian fermait la marche le plus souvent, ce qui lui donnait une position stratégique pour observer le groupe et me contacter par radio quand il pensait nécessaire de faire une pause.

Nous étions donc rassemblés près des ruines incas au pied du volcan, chacun ayant son sac à dos, des bâtons de marche, des anoraks, nos chaussures de montagne et nos casques. Puis il y avait Monica. Elle portait son chapeau en laine habituel, un anorak, des chaussures de sport et, en plus de son sac à dos d'école, elle avait avec elle une énorme *valise* marron. M'approchant d'elle, je lui demandai ce que la valise contenait, ce à quoi elle répondit : « Tout ce dont j'ai besoin pour cuisiner. » La valise pesait autant qu'un âne mort. J'étais sur le point d'appeler l'un des porteurs pour l'aider, mais elle refusa catégoriquement, soulignant qu'elle était responsable de son équipement, un point c'est tout. Malgré mon insistance, il n'y avait pas de discussion possible, et pas moyen de savoir non plus ce que la valise contenait. C'est ainsi que Monica porta la mystérieuse valise jusqu'au camp intermédiaire à 5 400 mètres, ne se plaignant jamais et ne demandant jamais d'aide.

Le groupe arriva au camp intermédiaire à 15 heures. La vue sur Laguna Verde était absolument stupéfiante et j'en profitais autant que je pouvais, mais nous étions tous fatigués par l'ascension, il avait fait froid toute la journée et la température continuait à tomber rapidement. Notre priorité avait été de construire le camp sur la terrasse étroite. Nous avions planté nos quatre tentes jaunes perpendiculairement à la pente, avec tout juste assez de place pour un passage étroit entre le mur construit avec des blocs de lave et l'entrée des tentes. Cet espace était un peu encombré par des cordelettes pour attacher les tentes et les empêcher de s'envoler au cas où le vent se lèverait. Cela créait un risque de chutes, mais la priorité était de sécuriser nos abris.

Nous étions tous dans nos tentes à 16 heures, à l'exception de Monica. Sa tente était au fond de la terrasse, à l'opposé de la route d'ascension.

Les bruits inhabituels venant de cette direction m'intriguèrent suffisamment pour que je décide de renfiler mes chaussures et ma veste, et que je sorte de ma tente précautionneusement, faisant attention de ne pas tomber. Monica était à l'extérieur et je n'arrivais pas à en croire mes yeux. Elle préparait le dîner au bout de la rangée de tentes. Une bouteille de gaz alimentait une flamme vive sur une cuisinière portable près de sa tente, qui bien sûr touchait la suivante parce que nous étions tous serrés les uns contre les autres sur une terrasse où il y avait très peu de place. Cette vision réveilla à elle seule mes vieilles angoisses pour les bouteilles de gaz, sans compter la revue mentale du nombre de violations des codes de contrôle pour les risques d'incendie au camp que je voyais défiler devant moi.

Monica faisait cuire des spaghettis à 5 400 mètres, et personne, je dis bien personne, n'aurait pu l'empêcher de faire ses pâtes, pas même les lois de la thermodynamique. Il était trop tard pour intervenir et son sourire me désarma. Elle n'avait pas la notion du danger qu'elle créait. J'aurais probablement dû arrêter cette expérience culinaire, mais elle semblait avoir les choses en main et l'équipe avait besoin d'être nourrie. Je lui dis de faire très attention avant de retourner dans ma tente en secouant la tête. Une heure plus tard, j'entendis Monica qui avançait sur la terrasse, s'arrêtant à chaque tente. Elle arriva finalement à la nôtre. Il faisait désormais un froid glacial dehors et je n'ouvris qu'une partie de la fermeture éclair pour voir ce qui se passait. Elle me dit que le repas était prêt et qu'elle nous apportait nos assiettes. Edmond avait faim. Ce n'était pas mon cas mais nous avions besoin d'énergie pour affronter le restant de l'ascension le lendemain. J'ouvris donc complètement la tente pour découvrir une véritable assiette en céramique remplie de spaghettis, couverts de sauce tomate et de fromage râpé, et servie avec de vrais couverts et un verre. Maintenant, j'avais plus qu'une idée sur ce que la valise contenait, une valise que Monica continua de porter le lendemain. Ma seule recommandation fut qu'elle installe la cuisine un peu plus loin des tentes au sommet.

« PLONGER » DANS LAGUNA BLANCA

En novembre 2002, nous étions à peine redescendus du sommet du Licancabur après la toute première expédition. Nous avions tous le sentiment d'avoir accompli notre mission. Nous avions prélevé nos échantillons et effectué nos plongées en apnée avec mon étudiant Andy dans le lac au sommet. Nos stations et nos dosimètres étaient installés et enregistraient des données sur l'environnement. Avec l'important volume de données et d'échantillons que nous avions accumulés à Laguna Blanca et Laguna Verde, et le déploiement de toutes nos expériences, cette première expédition était une réussite. Nous étions satisfaits et nous voulions faire une dernière vidéo pour notre programme d'éducation et de vulgarisation scientifiques. Nous avions dans l'idée de faire une dernière plongée, cette fois à Laguna Blanca. Nous étions sûrs que les conditions seraient plus favorables que celles que nous avions rencontrées à Laguna Verde alors que nous préparions les plongées pour le sommet. Laguna Verde est un lac extrêmement alcalin, mais nous ne savions pas encore à quel point. Malgré le plomb que j'avais continué d'ajouter à ma ceinture, il m'était impossible de m'immerger et je continuais de flotter comme un bouchon au vent. Laguna Blanca paraissait donc être une meilleure option.

Brian Grigsby, l'un des éducateurs de l'expédition, était avec nous. Nous enfilions nos combinaisons une dernière fois avec Andy, et nous espérions que Brian allait capturer des images spectaculaires du paysage qui nous entourait. Enfiler des combinaisons de plongée n'est jamais une affaire simple et nous étions fatigués par l'ascension du Licancabur. Cela nous prit donc un peu plus de temps que d'habitude, une vingtaine de minutes en tout. Brian nous avait demandé de commenter le lac et le paysage pendant que nous nous préparions. Je ne pouvais pas m'empêcher de regarder les flamants roses. Ils étaient spectaculaires et c'était toujours tellement étonnant de les voir à cette altitude.

Nous étions finalement prêts à entrer dans l'eau, équipés des pieds à la tête. Avec nos palmes en main, je suppose que nous avions l'air très professionnels. Nous continuions de commenter avec Andy pour la vidéo tout en avançant dans le lac. Nous parlions de la descente du jour précédent, de cette dernière plongée et des magnifiques flamants avançant en groupe devant nous au milieu du lac… Et c'est précisément à ce moment-là que nous avons finalement réalisé que si les flamants marchaient au centre du lac, où espérions-nous plonger exactement ? Laguna Blanca ne faisait probablement pas plus de 50 centimètres de profondeur. Notre plongée se limita donc à nous asseoir dans l'eau et à rire comme des gamins, ce qui était quand même une bonne manière de finir l'expédition.

L'ÉCHAPPÉE BELLE

Il fallut parfois faire face à des situations plus sérieuses. Un incident se produisit lors d'une des plongées au sommet du Licancabur. J'aime la liberté que me donne la plongée en apnée. Au niveau de la mer, j'utilise des combinaisons plus ou moins épaisses en fonction de la température de l'eau. Plonger à 6 000 mètres dans de l'eau à 4 °C apporte ses défis et n'est jamais vraiment confortable car l'hypothermie nous guette toujours. C'est pourquoi j'ai décidé de plonger avec une combinaison étanche. L'avantage est de pouvoir porter des vêtements en dessous, ce qui permet de combattre plus efficacement la température glaciale de l'eau. L'inconvénient est que nous devons ajouter du plomb sur nos ceintures et, bien sûr, il faut le monter au sommet. Ce n'est pas une situation idéale mais c'est un compromis.

Nous avions trouvé de bonnes solutions et déjà effectué un certain nombre de plongées sans aucun problème. Cependant, il y a un autre inconvénient aux combinaisons étanches dans ces circonstances, en dehors du fait qu'elles ne sont absolument pas conçues pour la plongée en apnée. Leur taille tend à piéger beaucoup d'air quand on les enfile. C'est pourquoi nous les purgeons avant de plonger en expulsant l'air restant par une valve. Une fois l'opération finie, la valve est refermée. J'ai fait cette opération un nombre incalculable de fois auparavant et rien ne sortait de l'ordinaire ce jour-là. J'ai plongé et commencé mon exploration du lac. Puis j'ai essayé de me retourner pour remonter à la surface et reprendre ma respiration quand il devint évident que quelque chose m'en empêchait. J'étais inversée. Je n'y ai pas prêté trop d'attention à ma première tentative, pensant qu'il me suffirait de donner un coup de reins plus énergique. Après avoir réessayé sans succès, je compris que de l'air était resté emprisonné dans les jambes de ma combinaison. Il agissait comme un flotteur, me maintenant la tête en bas à mi-chemin entre le fond et la surface.

Après quelques tentatives supplémentaires avec le même résultat, j'ai compris que si je ne trouvais pas un moyen de rectifier la situation rapidement, j'allais devoir faire face à deux options extrêmement déplaisantes : l'une était de refaire surface à un moment ou à un autre avec les poumons complètement vides dans une atmosphère dont la pression est la moitié de celle du niveau de la mer, et l'autre était de ne pas refaire surface du tout. Je préférais quand même la première option. Aussi, j'ai rassemblé ce qui me restait d'énergie et j'ai essayé une nouvelle fois, finissant par refaire surface vers le milieu du lac. Je n'avais plus vraiment d'air dans les poumons et, sachant que je n'aurais pas beaucoup d'énergie à dépenser, j'ai décidé de faire la planche.

Bien qu'il soit près de midi, la seule chose que je voyais était un voile noir sur lequel zigzaguaient des myriades de points minuscules argentés. Paraissant lointaine et atténuée par ma cagoule, la voix de Cristian me parvint depuis le rivage. Il voulait savoir si tout allait bien... J'ai bien essayé de lui répondre mais il n'y avait pas grand-chose qui sortait de moi à ce moment-là. Aussi, je me suis contentée de faire le signe international pour indiquer que tout était « *okay* », ce qui à ce moment précis était vraiment beaucoup dire. Après quelques minutes, tout rentra dans l'ordre et je rejoignis le rivage. J'allais bien, mais je l'avais échappé belle.

LES PARAPENTISTES

En dehors des check-up quotidiens, l'équipe médicale avait un rôle critique. Si nous ne nous sentions pas bien, les médecins nous remettaient sur pied rapidement. Mais ils durent aussi parfois faire des interventions un peu plus intensives. L'une d'entre elles se produisit en 2005 et n'avait pas de lien direct avec notre groupe d'expédition.

Cette année-là Ross, un médecin urgentiste de Los Angeles, était notre responsable médical. J'avais vu des nouveaux arrivants au refuge un après-midi en rentrant de ma journée sur le terrain. Ce n'était pas inhabituel. Les touristes s'arrêtaient régulièrement pour explorer la région pendant quelques jours. La plupart arrivaient en 4 × 4, mais aussi parfois à vélo (nous en avons même vu deux arriver en monocycle), après avoir traversé l'Altiplano depuis La Paz, ou venant de San Pedro et quelquefois de bien plus loin. Certains finissaient un tour du monde à bicyclette, après avoir pris une année sabbatique. Nous avons eu les conversations les plus extraordinaires avec des gens venant du monde entier parfois autour d'un repas au refuge.

Nous avons fait connaissance avec ce nouveau groupe le soir à dîner. Ils étaient français et parapentistes. Ils voulaient ascensionner le Licancabur pour décoller depuis le sommet du volcan et faire du parapente au-dessus de Laguna Verde. Après dîner, je suis sortie dans le couloir pour aller chercher ma radio qui chargeait sur sa station. L'un des Français, Philippe, s'arrêta pour parler. Il allait se coucher de bonne heure parce qu'il voulait se lever vers 3 heures du matin avec son groupe pour décoller du sommet au lever du soleil. Je lui fis part de mes inquiétudes sur son timing. Mon expérience avec le sommet m'avait montré qu'une fois le soleil levé le vent prenait de la force mais que l'atmosphère ténue entraînait des changements de direction et des rafales soudaines. Je lui demandai aussi s'il avait un moyen de communiquer avec le refuge. Je lui proposai d'être à l'écoute, juste au cas où, puisque nous travaillerions au pied du volcan toute la journée autour des lacs. Son groupe avait des radios pour rester en contact pendant le vol, mais je n'étais pas sûre que ce serait suffisant pour lui permettre de communiquer avec le refuge s'il en avait besoin. Le refuge était à plusieurs kilomètres du volcan et il y avait quelques crêtes qui parfois créaient des obstacles pour les radios. Sur mon insistance, il prit ma radio. J'étais au moins sûre que celle-ci fonctionnerait depuis le sommet. J'en profitai aussi pour lui demander son plan de vol. Si tout allait bien, il serait prêt à décoller à l'heure où nous prendrions notre petit déjeuner le lendemain. Je lui promis d'avoir ma radio allumée et d'écouter leur trafic. Après lui avoir souhaité une bonne nuit, je rejoignis Cristian et pris une autre radio. Comme aucune d'entre elles n'était encore chargée, je la laissai sur la station pour la nuit.

Le lendemain, après m'être préparée pour la journée, je pris la direction de la salle à manger pour retrouver l'équipe pour le petit déjeuner. Par habitude, j'avais attrapé la radio qui avait chargé pendant la nuit. Au travers du bruit statique, une voix lointaine appelait : « Nathalie, c'est Philippe. Est-ce que tu m'entends ? » Je répondis à l'appel et demandai comment les choses se passaient au sommet, et le moins que l'on puisse dire, c'est qu'elles ne se passaient pas bien. Philippe était arrivé au sommet au lever du soleil. Il était en avance sur son groupe et avait décidé de décoller le premier. Il avait attrapé les courants ascendants immédiatement, mais presque aussitôt il avait été précipité sur la pente du volcan par une bourrasque et son parapente avait percuté un champ de blocs.

Il était seul avec son guide. Sa voix était solide et calme. Quand je lui ai demandé s'il était blessé, il me répondit qu'il saignait abondamment de la tête et, compte tenu de l'expression de son guide, il pensait que ça ne devait pas être bon signe.

Quand j'avais rencontré Philippe au refuge, j'avais vu un homme robuste et athlétique qui avait l'expérience de la montagne. Son calme après cet accident me faisait penser qu'il ne paniquerait pas. Malgré tout, il était au mieux à des heures de la base du volcan. Je lui demandai ensuite de faire un inventaire de son état. Il semblait que sa tête avait subi la majeure partie de l'impact, ce qui n'était pas rassurant, mais au moins il n'avait pas d'os cassés. Il y avait toujours la possibilité d'un saignement interne mais seul le temps nous le ferait savoir. Il se sentait suffisamment fort pour descendre mais, si ça devait changer, je lui conseillai de s'arrêter là où il se trouverait et de nous attendre avec son guide. Nous allions partir à sa rencontre. Et c'est avec cette nouvelle que j'interrompis le petit déjeuner de l'équipe. Tout le monde passa à l'action. Ross prépara son équipement médical et je pris un groupe avec moi. Nous avions élaboré un plan d'action tandis que nous conduisions vers le pied du Licancabur. Ross allait organiser un point médical près des ruines incas pendant qu'avec Macario, Rob, Clay et deux porteurs je commençais l'ascension du volcan. Je demandai à Rob et Clay de se positionner sur des hauteurs pour être sûrs que la communication entre les radios serait ininterrompue. J'aurais besoin de l'avis de Ross le moment venu.

Philippe communiquait par radio au fur et à mesure qu'il descendait, et il descendait vite avec son guide à travers la ravine centrale. C'était une bonne nouvelle. Chaque mètre qu'il faisait dans notre direction était un temps précieux gagné pour lui donner l'attention médicale dont il avait besoin. J'étais convaincue d'une chose : depuis le moment de son accident, Philippe avait marché à l'adrénaline et c'est ce qui le faisait courir sur cette pente mais elle allait disparaître à un moment ou à un autre. C'est aussi pourquoi je l'appelais régulièrement, pour entendre si quelque chose avait changé dans sa voix ou dans son niveau cognitif. Il était beaucoup plus facile pour lui de descendre que pour nous de monter et, considérant l'impact qu'il avait décrit, je m'attendais à trouver plus de dégâts que ce qu'il avait admis. J'étais soucieuse. Il y avait aussi autre chose qui me préoccupait. J'avais en mémoire l'accident de Mimi quand j'étais adolescente, avec des symptômes neurologiques sévères qui étaient apparus une demi-heure plus tard.

Philippe descendit le volcan en deux heures. J'eus un soupir de soulagement en apercevant la couleur de son anorak contrastant sur les blocs volcaniques sombres, et finalement le contact fut établi. Il avait un bandage autour de la tête en dessous de son bonnet en laine mais il n'avait pas l'air trop mal en point. Nous avions encore une bonne distance à couvrir pour retrouver Ross. Après l'avoir examiné rapidement, je lui demandai s'il voulait de l'aide pour marcher mais il refusa. Je m'attendais à ce que ça change et, alors que nous marchions une dizaine de mètres derrière lui, je dis à Macario de tenir ses deux porteurs prêts à aller l'aider. Pratiquement au même instant, Philippe s'arrêta, me regarda et me demanda si les porteurs pouvaient le soutenir.

Lorsqu'il s'agit de survie, l'arsenal d'un être humain est extraordinaire. L'adrénaline qui avait permis à Philippe de descendre le volcan en deux heures avait disparu au moment où il nous avait vus. Malgré tout, il continua la descente jusqu'à notre point médical où Ross le prit en charge. Étonnamment, en dehors d'un large bleu sur la cuisse, sa tête semblait être le seul problème demandant une attention sérieuse. Notre groupe repartit donc vers le refuge. Philippe était un peu secoué mais conscient et il bougeait bien, et Ross pensait qu'il pouvait s'en occuper sans avoir besoin de descendre à la clinique de San Pedro.

Une fois de retour, le refuge fut transformé en clinique de campagne. Après m'être changée, je ressortis pour découvrir Philippe assis sur un tabouret à l'extérieur, et Ross occupé à nettoyer sa plaie. Il mentionna une longue coupure sur le front mais il pouvait la suturer. Il ajouta que la suture devrait être faite sur deux niveaux et, pour ça, il devait faire une anesthésie locale avec quelques injections. Ironiquement, c'est à ce moment-là que je vis Philippe pâlir un peu pour la première fois. Il me regarda en demandant si je pouvais lui donner un morceau de bois qu'il pourrait tenir. « Regarde autour de toi », répondis-je, montrant le paysage rocheux désertique. Je lui offris de prendre ma main, s'il promettait de ne pas la casser, et c'est ainsi que, pour la première fois de ma vie, je vis un os de crâne exposé sur quelqu'un de vivant. Il avait eu beaucoup, beaucoup de chance ce jour-là. Il était ouvert sur environ 20 centimètres depuis le haut du front jusqu'au sourcil et c'est pourquoi Ross devait faire deux niveaux de sutures, le second lui permettrait de regagner l'usage de son muscle sourcilier.

La première et la seconde piqûre furent les plus difficiles. Ensuite, l'anesthésie fit son effet et il ne sentit plus rien. Une fois l'anesthésie faite, Philippe et Ross retournèrent à l'intérieur du refuge, et ils utilisèrent la longue table de l'alcôve comme table d'opération. Victor servait d'assistant, Ross suturait et, comme ils n'avaient plus besoin de moi, je partis rejoindre le restant de l'équipe dans la salle à manger. Et là, dans une scène surréaliste, une partie de notre groupe se mit à table, pendant que juste en dessous de nous Ross recousait notre parapentiste.

« JE CROIS QUE LÁSCAR EST EN TRAIN D'ENTRER EN ÉRUPTION »

En 2007, nous avions établi notre nouveau centre d'opération au Chili. Nous explorions Laguna Lejía et Aguas Calientes et préparions l'ascension de Simba, un volcan d'environ 5 900 mètres avec un lac rouge sang à son sommet. Nous utilisions le nom local pour le volcan et non pas son appellation espagnole pour ne pas le confondre avec le lac que nous étudiions dans la même région à plus basse altitude. Le nom espagnol du volcan était aussi Aguas Calientes, et cela aurait pu créer des confusions dans l'archivage de nos échantillons et de nos données.

Le printemps austral de 2007 était particulièrement froid. La température était restée autour de – 18 °C les deux premières nuits et elle ne s'était guère améliorée le restant de la semaine. Les journées étaient froides et humides, ce qui était atypique pour la saison. Nous avions même eu quelques chutes de neige, rien qui ne puisse causer un problème parce qu'elle fondait immédiatement, sauf sur les sommets où elle restait parfois un peu plus longtemps. Mais la température basse et l'humidité ne faisaient pas un bon mélange avec l'altitude et les conditions rendaient notre travail quotidien plus fatigant.

Notre camp de base se situait à 4 300 mètres, presque exactement à la même altitude que le refuge de Laguna Blanca. Nous l'avions baptisé « Chilifornia » à cause de ces premières journées de temps misérables, un jeu de mots en anglais entre *Chile* et *chilly* (Chili et froid) et *California* parce que c'était la provenance de presque toute l'équipe américaine.

C'est ainsi que Chilifornia devint notre nouveau refuge pour le projet à partir de 2007, jusqu'à sa fin en 2009.

Nous faisions une reconnaissance sur notre nouveau site et nous n'avions pas perdu de temps depuis notre départ de Bolivie. Malgré le froid et l'humidité, nous avions commencé l'exploration de Laguna Lejía qui se trouvait de l'autre côté de la crête où se situait notre camp. Je voulais aussi retourner au sommet de Simba. Nous y avions déployé une station météorologique et un dosimètre UV en 2006 alors que nous visitions la région pour la première fois après l'expédition de plongée au Licancabur. Si nous pouvions arriver au sommet et récupérer les données de nos instruments, cela compenserait la déception du départ forcé de Laguna Blanca et de Bolivie quelques jours plus tôt, et nous permettrait de boucler une expédition très productive. En dehors du fait que nous avions découvert que le potentiel astrobiologique de la région était extraordinaire, le paysage était absolument grandiose.

Nous explorions, entourés de volcans géants et sombres, nous sentant minuscules dans un paysage surdimensionné, vibrant en brun, orange et jaune, où de grands troupeaux de vigognes vagabondaient en liberté, où les lamas et les renards nous rendaient visite parfois, et les nandous, ces cousins américains des autruches, toutes plumes au vent, faisaient la course avec nos 4 × 4 à plus de 40 kilomètres-heure. Nous arrivions toujours à l'époque où elles avaient leurs petits qui les suivaient de près, jusqu'à une douzaine parfois. Des diables de poussière gigantesques balayaient le rivage blanc de Laguna Lejía, et le vent mettait en mouvement des trains de vagues sur le lac.

Nous nous sentions complètement absorbés par la nature, d'une façon très symbiotique. Nous en faisions partie intégrante sans imposer notre présence. Nous étions tellement couverts de poussière que nous disparaissions dans le paysage. Mais la météo ne nous aidait pas et c'était de plus en plus frustrant car il ne nous restait que quelques jours pour accomplir l'ascension de Simba. Bien que les résultats autour des lacs de l'Altiplano soient plus que satisfaisants, le lac rouge au sommet du volcan était mon objectif.

Après avoir collecté des échantillons à Laguna Lejía dans la matinée, j'avais décidé de rester au camp dans l'après-midi pour mettre de l'ordre dans mes notes et organiser mes données. Dans le milieu de l'après-midi, le ciel devint menaçant, sombre et particulièrement spectaculaire. Une tempête de neige se préparait. C'était parfait, exactement ce qu'il nous fallait... Évidemment, la météo ne se souciait pas de notre emploi du temps et, malgré mon impatience, je ne pouvais que regarder un ciel apocalyptique avec émerveillement. Je sortis du camp pour admirer de plus près de gros flocons de neige tomber autour de nous. Le restant de l'équipe n'était pas trop loin, capturant le spectacle en photos et en vidéos. Nous étions sans voix. Il était 15 heures et le jour s'était transformé en nuit, des volutes de nuages gris et blancs nous passant au-dessus de la tête, et pour certains pas tellement plus haut. La neige tomba pendant environ une demi-heure, puis tout le monde retourna au camp. Je m'étais attardée un peu. Le ciel redevenait bleu mais il faisait toujours humide. C'était complètement inhabituel et très différent de ce que je connaissais en Bolivie. Il m'était difficile de faire des prévisions pour les jours à venir, mais, malgré tout, je regardais le ciel en essayant de comprendre notre nouveau domaine, et en tâchant de tirer des conclusions de mes observations.

Je suis restée là pendant un bon moment, regardant le dernier nuage disparaître. J'avais aperçu Macario qui revenait au camp et je lui fis signe de m'attendre. Quand je fus à sa hauteur, je dis à mon ami et complice qu'il était grand temps d'avoir une petite conversation avec Pachamama. Bien qu'ayant fait ma remarque sur le ton de la plaisanterie, Macario me regarda. Dans la mythologie inca, Pachamama est une déesse qui symbolise la fertilité et cause les tremblements de terre, et elle a le pouvoir de créer et de protéger la vie sur Terre. Il me regarda et me dit sans même sourire : « Donne-moi dix minutes », et il disparut.

De retour au camp, j'ai continué mon travail et l'analyse des données de Laguna Lejía. Environ un quart d'heure plus tard, Macario réapparut et me demanda de le suivre à l'extérieur où il me montra un petit tas de feuilles de coca, du sel et des branches posées sur le sol. Les branches attirèrent particulièrement mon attention parce qu'il n'y avait pas d'arbres ou de buissons autour du campement. Je me demandais bien où il avait pu les trouver mais je ne lui posai pas de questions. Il voulait que je réunisse l'équipe. Quelques instants plus tard, Macario alluma un feu avec les branches, le groupe formant cercle autour du feu, nous tenant tous par la main à sa demande. Il commença à parler quechua, prenant des poignées de coca qu'il jeta dans le feu. Il nous demanda ensuite de faire de même. Il prononçait ce qui semblait être une invocation quecha à Pachamama. Quand la cérémonie fut terminée, l'équipe se dispersa et retourna à ses occupations. Macario me regarda et les mots qu'il prononça alors sont restés gravés dans ma mémoire. Ils allaient résonner de façon presque prophétique seulement quelques jours plus tard. Macario sourit et me dit : « Tout ira bien. Notre ascension sera protégée. » Pourquoi choisit-il ces mots ? Ils avaient peu de rapport avec la météo, mais c'est ce qu'il me dit. Un quart d'heure plus tard, le ciel s'était éclairci, le temps avait changé, et bientôt il faisait si chaud que je finis par dormir en tee-shirt à 5 400 mètres d'altitude.

Le lendemain, le temps était superbe et pour la première fois paraissait stable. Il n'y avait pas de temps à perdre. C'était le moment de prendre les décisions. La nuit précédente, j'avais demandé à Macario d'équiper la pente, de préparer les porteurs et de commencer les rotations d'équipement vers le sommet. Nous devions faire aussi vite que possible. Les jours perdus à cause du mauvais temps ne nous permettraient de passer qu'une nuit au camp intermédiaire. Ensuite, il faudrait attaquer le sommet où nous n'aurions que quelques heures pour faire des prélèvements dans le lac, prendre des échantillons sur le rivage et dans le volcan, décharger les données que nos stations avaient accumulées pendant l'année et faire la maintenance de la station météo et du dosimètre UV avant de les remettre en fonction. J'attendais donc avec anxiété que Macario et les porteurs reviennent pour me donner des nouvelles, et ce serait « *go or no go* ».

J'étais sur le rivage de Laguna Lejía, ramassant des échantillons tout en gardant ma radio allumée. Je pouvais suivre le trafic des communications sur la pente de Simba, seulement à quelques kilomètres de nous. Tout paraissait se dérouler sans problème pour Macario et ses porteurs. C'était une journée magnifique, sans vent, un ciel bleu profond d'altitude et un soleil pénétrant qui nous forçait à appliquer de l'écran solaire à répétition, quelle que soit l'épaisseur des vêtements que nous portions. Láscar, le volcan voisin de Simba, renvoyait des volutes de vapeur blanche, ce qu'il fait plus ou moins en permanence quand il est tranquille. Tout était paisible, un changement bienvenu comparé à la semaine précédente. J'entendis ensuite Macario et les porteurs confirmer qu'ils retournaient au camp. Je pouvais déjà voir la poussière de leur véhicule sur la piste de la rive opposée du lac. Il était temps de rappeler mon petit groupe, retrouver la piste principale et passer la crête au milieu des volcans et les blocs de lave pour regagner le camp.

Un débriefing avec Macario confirma que les conditions étaient bonnes pour l'ascension le jour suivant. Les sacs contenant les tentes, les sacs de couchage, la nourriture et l'eau nous attendaient déjà au camp intermédiaire. Nous pourrions de cette façon monter beaucoup plus légers le jour suivant et gagner du temps. Le restant de la journée fut occupé à préparer l'ascension et à vérifier notre équipement. Nous étions une petite escouade composée de Cristian, Victor, Clay, Ingrid Peate, une collègue de l'université d'Iowa, et Kate Harris, une étudiante en astrobiologie qui venait de passer deux mois dans l'Himalaya. Dans les années qui suivirent, Kate se fit un nom en parcourant la « Route de la soie » à bicyclette avec une amie d'enfance. À l'époque, elle était encore étudiante, une de ces jeunes chercheuses qui m'avait envoyé un message dans les mois précédant l'expédition pour me demander si elle pourrait se joindre à nous.

Carlos, notre docteur, faisait aussi partie du groupe pour l'ascension. Edmond avait des difficultés à marcher cette année-là. Notre dernier sommet ensemble fut celui du Licancabur en 2006, et jamais plus nous n'avons fait d'ascension dans les Andes ensemble. Il profita de ces deux jours pour aller à San Pedro à « La Hosteria », l'hôtel où nous résidions avant de monter dans l'Altiplano. Il avait prévu de remonter au camp de base le jour de notre retour. Notre groupe d'ascension était complété par Macario et les porteurs. Le plus jeune m'avait suivie comme mon ombre sur le terrain. Il s'intéressait à nos recherches et m'avait assistée dans la collecte d'échantillons. Il se réjouissait à la perspective de pouvoir m'aider au sommet. Tout le monde partit se coucher de bonne heure ce soir-là.

Le lendemain matin, notre équipement et nos sacs à dos furent chargés dans les 4 × 4. Deux des pick-up allaient revenir au camp et l'un d'eux resterait au pied de Simba en cas d'urgence. Nous étions en route. Au fur et à mesure que nous approchions de Láscar, la piste devenait plus profonde. Nos roues s'enfonçaient et les 4 × 4 dérapaient. Les conducteurs devaient utiliser tout leur savoir-faire pour ne pas s'enliser et caler dans le sol noir de plus en plus épais. C'était seulement un avant-goût de ce qui nous attendrait un peu plus tard sur la pente. Contrairement au Licancabur, les pentes de Simba sont couvertes de cendres et de sable, sauf dans la partie supérieure des terrasses rouges, une heure avant d'arriver au sommet. Je dois avouer que j'ai maudit cette pente plus d'une fois en montant. Nous pouvions utiliser une ravine dans la toute première partie de l'ascension pour rejoindre le camp intermédiaire. Son fond rocheux nous donnait une meilleure prise. Le cauchemar du passage dans les éboulis et le sable nous attendrait bien assez tôt au-delà du camp.

Par coïncidence, le camp intermédiaire de Simba se trouve à 5 400 mètres comme au Licancabur et la pente est assez semblable. Par contre, bien que les surfaces planes soient plus petites en moyenne, il y en a davantage et elles sont distribuées sur une plus grande surface. Un affleurement rocheux procure un peu d'abri contre la poussière, mais aussi contre le vent. La terrasse fait directement face à l'est, vers l'Argentine qui se trouve seulement à 40 kilomètres à vol d'oiseau. La nuit, le ciel est illuminé par les éclairs et la foudre qui zèbrent les nuages au-dessus de la pampa argentine, alors que tout est calme là où nous nous trouvons.

Une fois au camp, la température était relativement agréable et tout le monde disparut dans les tentes après dîner. La nuit fut sans problème et, vers 6 heures du matin, le camp ressemblait déjà à une fourmilière. Carlos, notre docteur, n'était pas au mieux de sa forme, ce qui me souciait. Il pensait que c'était un problème digestif et il buvait du thé en espérant que ça passerait. Nous avions encore deux heures devant nous avant de quitter le camp et la situation pouvait encore changer.

Notre plan pour la journée voulait que Macario, le jeune porteur, Clay, Kate, Ingrid, Carlos et deux autres porteurs composent le premier groupe qui allait partir devant avec moi. Pendant ce temps, Cristian et Victor attendraient les porteurs qui étaient retournés la veille à Chilifornia et, ensemble, ils désarmeraient le camp. Une fois cette tâche terminée, Victor et les porteurs redescendraient une partie de l'équipement au pied du volcan, ne laissant que le minimum pour nous. Après quoi Cristian et un porteur entameraient l'ascension pour nous rejoindre au sommet. C'était le plan et notre groupe se mit en route à 8 h 30. À partir de ce moment-là, rien n'allait se passer comme prévu durant une journée qu'aucun de nous n'oubliera jamais.

Carlos commença à se faire distancer à partir du moment où nous avions quitté le camp. Je pouvais le voir perdre du terrain à chaque virage. Au bout de quarante-cinq minutes, il communiqua par radio pour me dire qu'il ne se sentait pas suffisamment bien pour continuer et qu'il retournait au camp. Il redescendrait plus tard dans la matinée à la base du volcan avec Victor et les porteurs. Je lui fis signe de loin alors qu'il entamait sa descente. De là où je me trouvais je pouvais le voir progresser, et Cristian, que j'avais aussi alerté, le surveillait depuis le camp. J'avais sur moi un kit médical d'urgence. Il faudrait que ça nous suffise. Heureusement, tout le monde semblait être en bonne santé.

Le groupe de porteurs fit son apparition au camp vers 9 h 30. Je les avais vus arriver depuis ma position plus haut sur la pente. Tout le monde semblait occupé à désarmer les tentes, les petits points jaunes disparaissant un par un. Carlos était arrivé aussi. Une heure plus tard, Cristian communiqua avec moi par radio alors que nous étions encore à une heure et demie des terrasses rouges, la partie rocheuse. Ils avaient fini de désarmer le camp, me dit-il, et ils étaient prêts à redescendre à la base du volcan. J'ai cru sur le moment que j'avais mal compris, et je lui demandai de répéter et de confirmer qu'il allait nous rejoindre avec un porteur et que le restant de leur groupe redescendait avec Victor et Carlos. Il me répéta que tout le monde descendait.

C'était un dialogue de sourds. Dans n'importe quelle autre circonstance, Cristian et moi pouvons lire dans les pensées l'un de l'autre, mais à ce moment-là c'était comme si deux conversations séparées avaient lieu dans des univers parallèles et nous ne pouvions pas nous comprendre. Malgré mes demandes répétées, la réponse restait la même. Le plus frustrant était que Cristian ne fournissait aucune explication pour sa décision et pour le changement de plan. Il aurait dû nous rejoindre au sommet pour assister Clay avec les stations. Fait inhabituel aussi chez moi, j'ai décidé de ne pas argumenter. Nous n'avions pas beaucoup de temps pour commencer et, si nous voulions tout accomplir au sommet, il fallait nous remettre en route et vite. Il y aurait un temps pour les explications et pour comprendre ce qui se passait. Connaissant Cristian, il y avait sûrement une raison. Je pouvais arriver à accomplir nos tâches avec le groupe qui m'accompagnait. Ça nous prendrait juste un peu plus de temps. Je repris l'ascension après avoir raccroché ma radio. J'avais besoin de me concentrer sur notre objectif.

Il nous fallut peu de temps pour rejoindre les terrasses rouges, ce qui nous donna l'occasion de nous arrêter un moment afin de nous reposer. Il était juste avant midi. Comme tous les jours à la même heure, le vent commençait à se lever, rendant le contact radio avec Cristian plus difficile. Une fois reposé, notre groupe se remit en route. Nous étions à moins d'une heure du sommet. Cette partie de l'ascension était absolument spectaculaire mais aussi plus dangereuse. Le sable et la cendre avaient été remplacés par des blocs de lave fracturés et l'approche du sommet de Simba se faisait en dessous d'un mur de lave d'environ 30 mètres de haut avec de nombreux blocs éboulés. Depuis les terrasses rouges, il nous fallait trouver notre chemin dans un champ de blocs et passer en dessous d'un surplomb pendant les 50 derniers mètres qui nous séparaient du sommet. Mais, avant d'atteindre le surplomb, nous devions négocier un passage étroit avec une vue plongeante vertigineuse sur 1 300 mètres vers l'Altiplano en contrebas. Il n'y avait guère plus que de l'air entre nous et la base du volcan, ce qui nous forçait à regarder attentivement où nous mettions les pieds.

Une fois passée cette partie délicate de la montée, la ravine centrale du volcan apparut sur la droite devant nous. Notre route était sur la gauche, sous le surplomb volcanique formant une sorte de voûte au-dessus de nos têtes, comme une entrée inachevée de pyramide ouverte sur la droite vers la ravine. D'autres blocs éboulés obstruaient partiellement le passage dans cette direction mais ils ne nous gênaient pas. Nous allions tout droit.

Macario se trouvait environ cinq mètres devant nous. Je pouvais déjà voir la crête du rempart du cratère au sommet qui n'était plus qu'à une cinquantaine de mètres, mais Macario s'arrêta, prit sa radio et répondit à un appel. Il demanda ensuite à la personne de répéter. Il se retourna, regarda autour de lui et commença à faire signe de nous éloigner du surplomb et d'aller vers la ravine. J'étais interloquée mais je n'ai jamais questionné les décisions de Macario et j'ai dit à notre groupe de faire ce qu'il disait. Alors qu'il était toujours en contact radio, son regard se fixa sur l'horizon derrière nous. Intriguée, je me retournai pour découvrir que l'Altiplano avait disparu.

La vue illimitée que nous avions quelques instants plus tôt en atteignant le surplomb était désormais perdue dans une montagne de poussière. Il fallait nous éloigner le plus possible du surplomb. Je ne comprenais pas encore ce qui se passait mais un tel volume de poussière ne pouvait être dû qu'à une avalanche. Ce qui me troublait davantage était la magnitude du nuage. Une fois le groupe sur le bord de la ravine, je rejoignis Macario qui me tendit la radio. Cristian était à l'autre bout, frénétique et, pour la première fois depuis que je le connaissais, je sentis de la panique dans sa voix. Il parlait vite, ce qui m'obligea à lui demander de ralentir. Le groupe subissait un énorme tremblement de terre à la base du volcan. Les 4 × 4 bondissaient sur place et le sol ondulait en vagues impressionnantes, disait-il. De là où il se trouvait, il voyait des avalanches partout sur les montagnes environnantes. Simba subissait des avalanches aussi et la partie du sommet qu'il pouvait voir depuis la base était recouverte d'un mur de poussière.

J'étais absolument déconcertée. Nous ne sentions pas le tremblement de terre là où nous nous trouvions près du sommet et la seule indication d'avalanche se trouvait loin et en dessous de nous, mais pas là où nous étions. Cristian continua. Les avalanches étaient sur le rempart sud-est de Simba. Nous étions à l'opposé, sur le rempart nord-ouest, mais je comprenais son inquiétude. Nous étions sous un surplomb de 30 mètres fait de blocs fracturés, et ceux qui se trouvaient à son pied nous montraient qu'il valait mieux ne pas oublier les lois de la gravité. Il n'y avait qu'une seule solution. Il fallait éloigner l'équipe du surplomb et finir les quelques mètres qui nous séparaient du sommet. Je dis à Cristian que je le rappellerais dès que nous y serions. Le sommet de Simba est très large et relativement plat. Nous y serions en sécurité et nous pourrions attendre les répliques possibles du tremblement de terre depuis cette position. Je m'attendais à ce qu'elles arrivent rapidement.

Une fois au sommet, j'essayai sans succès de rappeler Cristian. Ma radio ne passait pas et le bruit statique et le vent m'empêchaient d'entendre quoi que ce soit. Le groupe était assis près de moi. Nous étions en sécurité pour le moment et nous pouvions attendre que la situation s'éclaircisse. Macario me passa sa radio qui semblait fonctionner mieux. Cristian était inquiet. Il m'appelait toutes les minutes, me donnant trop d'informations sur beaucoup trop de choses en même temps. Aussi je lui dis de reprendre plus calmement et de me contacter seulement s'il avait quelque chose d'important à nous communiquer. Le tremblement de terre était passé, au moins celui-là, mais ses conséquences ne faisaient que commencer.

Cristian me dit que le flanc opposé de Simba était toujours couvert de poussière, mais il y avait des nouvelles plus inquiétantes. Dans son appel suivant, il me dit : « Je crois que Láscar est en train d'entrer en éruption. » Il avait toute mon attention. Láscar et Simba ont une pente commune à l'opposé de celle où nous nous trouvions, mais si Láscar décidait d'exploser, les chances ne seraient pas de notre côté. L'adrénaline envoya mon sang dans mes pieds en un instant, mais, presque immédiatement, quelque chose d'autre prit le dessus. Je pouvais le sentir et je me souviens encore aujourd'hui à quel point cette sensation était différente. J'avais eu une bonne journée dans la montagne jusque-là, mais, en un instant, mon esprit était devenu une machine analytique, complètement concentrée sur notre survie. Je posais des questions à Cristian comme un robot. Il n'y avait aucune place pour l'émotion, juste pour l'efficacité. J'étais de marbre. C'était presque une expérience extracorporelle car j'avais aussi l'impression d'observer ce qui m'arrivait.

Cristian décrivait les avalanches continuelles sur la face est de Láscar, celle qu'il pouvait voir, et de la fumée sortait du cratère, disait-il. Les avalanches me souciaient car elles pouvaient être un signe de tremblements sur le volcan. D'un autre côté, elles pouvaient n'être aussi que les conséquences du tremblement de terre, des roches instables délogées par le passage des ondes sismiques. Aussi je lui demandai de continuer de les surveiller. Si les avalanches persistaient, elles pouvaient être un signe avant-coureur de plus gros problèmes. J'avais besoin de plus d'informations sur ce qu'il appelait « fumée », comme sa couleur et sa direction. Elle était blanche et se dirigeait vers l'Argentine. C'était la première bonne nouvelle car c'était de la vapeur d'eau et elle partait à l'opposé de notre position, ce qui me donnait toujours l'option d'attendre les répliques dans le cratère au sommet. Je ne voulais pas que notre groupe soit pris par une avalanche dans la ravine centrale. Je ne comprenais pas pourquoi il n'y en avait pas encore eu dans ce couloir naturel parfait qui normalement les canalisait, comme le montraient les blocs amoncelés sur sa surface. Si nous étions pris par une avalanche à l'intérieur de la ravine, nous n'aurions nulle part où nous abriter. Nos options étaient limitées et je ne voulais pas prendre de risques inutiles.

Cristian continua de me donner des informations régulièrement sur l'évolution des avalanches et sur l'activité de Láscar. J'avais relayé l'essentiel au groupe. Pour le moment, nous étions en sécurité dans le cratère, mais les choses pouvaient changer d'un moment à l'autre. Maintenant, si vous vous demandez comment un groupe de chercheurs passe son temps au sommet d'un volcan au milieu d'un tremblement de terre majeur, la réponse est simple : ils font ce qu'ils avaient prévu de faire et se mettent au travail. Ma seule recommandation était qu'ils ne s'éloignent pas trop et restent en vue pour que je puisse les rappeler à tout moment.

L'endroit où je me trouvais était le seul où je pouvais avoir un contact radio avec Cristian. Ailleurs, la communication était inaudible ; il fallait que je reste à mon poste. Clay partit s'occuper des stations et Ingrid collecter des roches volcaniques. J'avais mon sac à dos et mon équipement avec moi. Le lac était seulement à 70 mètres en contrebas après une ascension de 5 heures mais je ne pouvais pas quitter ma position sans risquer de perdre le signal radio. Sans les informations que Cristian me donnait régulièrement, il m'aurait fallu prendre des décisions à l'aveuglette et ce n'était pas une option acceptable. Macario était à mes côtés. Son jeune porteur aussi et il montra mon sac et les bouteilles d'échantillonnage du doigt. Il dit ensuite en espagnol : « Je peux faire ça. Vous restez ici. Je peux faire ça pour vous. » Il m'avait assistée partout autour de Laguna Lejía les semaines précédentes. J'étais certaine qu'il était capable de faire les prélèvements. Après que je lui ai donné le feu vert, il attrapa le sac et commença à courir en direction du lac, ce qui en soi était déjà impressionnant.

Cristian continuait de me faire des rapports régulièrement sur l'état de la situation. Le panache de vapeur de Láscar se dirigeait toujours vers l'Argentine. C'était une bonne nouvelle. Par précaution, j'avais prévu d'attendre environ une heure avant d'entamer la descente, et dix minutes seulement venaient de s'écouler. L'atmosphère de l'Altiplano commençait à s'éclaircir. C'était une pause bienvenue, et Cristian commençait aussi à se détendre et même à plaisanter. Carlos ne se sentait toujours pas très bien une fois arrivé au pied du volcan et avait décidé de s'allonger à l'arrière d'un des pick-up. Quand le tremblement de terre avait débuté, il avait cru que c'était Victor qui sautait sur la plateforme arrière pour secouer la voiture. Ennuyé, il sortit et réalisa qu'il pouvait à peine tenir debout car le 4 × 4 bondissait sur place. Cristian finit aussi par admettre qu'il avait vraiment cru que nous avions été pris dans l'avalanche quand le flanc sud-est du volcan avait été soudainement enveloppé par la poussière.

Il me semble toujours extraordinaire aujourd'hui que nous n'ayons pas senti l'onde sismique près du sommet. Et, plus encore, que la ravine centrale, la zone la plus propice aux avalanches sur le volcan, ait probablement été l'un des seuls endroits à ne pas avoir subi une chute de pierres. J'ai l'expérience des tremblements de terre en Californie et, bien que se trouvant dans le même bâtiment, il est arrivé que certains d'entre nous les ressentent et d'autres pas. Mais ce tremblement de terre était véritablement d'une autre dimension. Nous avons appris plus tard que l'épicentre se trouvait à Tocopilla sur la côte chilienne. Il était de magnitude 7.7 et avait apporté mort et destruction dans la ville. Il était si puissant qu'il avait été ressenti jusqu'au cœur du Brésil. L'histoire allait continuer de se développer dans les heures qui suivraient, mais pour le moment je gardais un œil attentif sur mon équipe dans le cratère tout en ayant la main sur la radio. Il ne fallut pas longtemps pour que je reçoive un nouvel appel de Cristian.

Des petites avalanches continuaient sur Láscar et je n'aimais pas ça. Ce qui suivit était encore plus inquiétant. Le vent avait tourné. Le panache de fumée avait changé de direction et de couleur aussi. Il était jaune maintenant et venait droit sur nous. Je crois me souvenir d'avoir laissé échapper un ou deux jurons. À partir de cet instant, il s'agissait de comprendre, dans l'ordre, ce qui pouvait mettre nos vies en péril, et la réponse était douloureusement simple. Nous pouvions voir les blocs nous arriver dessus dans la ravine mais les gaz volcaniques pouvaient nous neutraliser avant même de nous en rendre compte. Le changement de couleur signalait la présence de soufre dans le panache. C'était une mauvaise nouvelle sur tous les fronts et cela montrait un changement dans le volcan lui-même. Je n'avais plus le choix. Il fallait que nous partions immédiatement et que je prenne le risque d'évacuer l'équipe par la ravine centrale, le chemin le plus rapide pour la descente.

Toujours à l'écoute de Cristian, je me tournai vers Macario pour lui demander de rappeler le groupe, et mon regard se figea. Le cratère de Láscar est situé 200 mètres au-dessus de celui de Simba. Alors que je tournais la tête pour parler à Macario, je vis le panache jaune qui venait d'émerger à la hauteur de notre sommet. Il n'y avait plus une minute à perdre. Je dis à Cristian que nous allions évacuer le cratère et tenter notre chance dans la ravine centrale afin de nous éloigner le plus rapidement possible du sommet. Le panache progressait vers nous, il pouvait le voir aussi. Ma dernière communication radio avec Cristian avant de quitter le cratère fut : « Je t'appelle aussitôt que possible. » Je n'avais aucune intention de m'arrêter avant que le groupe ne soit en sécurité, ce qui était tout à fait relatif, car si Láscar avait décidé d'exploser, nous n'aurions nulle part où aller. Nous le savions tous les deux. Pour le moment, l'ennemi invisible était le soufre dans l'air et j'allais mettre le plus de distance possible, le plus rapidement possible, entre mon groupe et ce nuage. On s'occuperait du reste au fur et à mesure.

Clay et Ingrid étaient les plus éloignés dans le cratère et beaucoup trop proches du rempart opposé. Le jeune porteur était revenu du lac. Il avait pratiquement fait tous les prélèvements. Kate était aussi de retour. Je pensais à elle. Elle était jeune, au début de sa vingtaine. Elle paraissait solide, mais c'était une situation incontestablement exceptionnelle, et je n'étais pas sûre de sa réaction. J'avais communiqué avec Cristian sur un canal séparé et il fallait que j'annonce la nouvelle au groupe maintenant rassemblé sur le rempart près de moi. Je leur dis simplement qu'il y avait un peu trop d'action trop près de nous. Je leur donnai aussi un aperçu de nos options limitées face au nuage de soufre et à la possibilité de réplique et d'avalanche dans la ravine centrale. Nous devions descendre le plus vite possible, en veillant les uns sur les autres. Je leur rappelai le code pour les chutes de pierres, un souvenir ramené du mont Shasta. Ce fut probablement le briefing le plus court jamais donné à l'une de mes équipes. Quand j'eus fini, Kate, qui était assise en face de moi, se leva, me sauta au cou et, me serrant très fort, elle dit : « C'est génial ! »

Macario sauta le premier dans la ravine, un saut amorti par les dépôts épais de sable volcanique accumulé à sa base. Je suivis avec mon groupe derrière moi. Les porteurs fermaient la marche. Les casques sur la tête, nous utilisions nos bâtons dans les cendres comme des skieurs dans la poudreuse.

Un passage plus rocheux nous ralentit un moment alors que nous nous approchions des terrasses rouges, cette fois par le haut. Macario était devant, légèrement sur ma droite, quand j'entendis derrière moi : « Nath, un rocher ! » D'instinct, je plongeai sur la gauche pour m'abriter derrière un gros bloc. J'entendis quelque chose rebondir. C'était un petit bloc de la taille d'un boulet de canon et à peu près de la même couleur. Il avait probablement été délogé durant la descente par l'un des membres de notre groupe. Il aurait pu faire des dégâts s'il avait attrapé mes chevilles. Ce bloc fut la goutte d'eau qui fit déborder le vase. De rage, je jetai mes bâtons par terre, et cet après-midi-là, c'est moi qui explosai sur la pente, et je dis tout ce que j'avais sur le cœur à Simba.

Malgré tout, il nous fallait toujours descendre aussi vite que possible. Une fois les terrasses rouges atteintes, je me sentis un peu plus tranquille en pensant que nous étions hors de portée du nuage et que nous pouvions faire une pause de quelques minutes. Je voulais me renseigner sur l'état du groupe car nous avions deux membres d'équipe avec des problèmes. Clay, tout comme Ingrid, avait des maux de tête. Clay était convaincu que c'était l'altitude parce qu'il se sentait mieux au fur et à mesure que nous descendions. Ce n'était pas le cas pour Ingrid. Mon souci était qu'elle était très proche du rempart sud quand le nuage avait fait son apparition. Notre groupe continua sa descente après que j'ai demandé à Macario de s'arrêter au camp intermédiaire. Il n'y avait presque plus rien au camp mais, à moins que Láscar ne décide de nous jouer un mauvais tour, nous y serions en sécurité pour nous reposer un moment et reprendre des forces avant d'entamer la partie finale de la descente. Je voulais aussi contacter Carlos pour lui demander son avis sur les symptômes d'Ingrid.

Une fois arrivés au camp intermédiaire, j'ouvris mon sac pour récupérer ma radio que j'avais rangée dans l'une des poches arrière parce qu'elle ne fonctionnait pas au sommet. J'espérais pouvoir l'utiliser maintenant que nous étions plus bas et qu'il y avait moins de vent. Je finis par joindre Carlos. Rien n'avait vraiment changé à la base du volcan, si ce n'est que la poussière avait fini par retomber. Pendant que je lui parlais, je regardais aussi le nuage jaune qui recouvrait complètement le sommet désormais. Il paraissait vouloir rester à cette altitude et ne montrait pas de signe d'effondrement sur la pente. Pour le moment, nous étions en sécurité là où nous étions. Carlos me fit quelques recommandations et me demanda de lui donner des nouvelles régulièrement. Pendant que je lui parlais, Macario avait entrepris de retirer mes chaussures, ce qui me forçait à essayer de garder l'équilibre sur le rocher sur lequel j'étais assise tout en continuant la conversation radio avec Carlos. Macario n'arrêtait pas de plaisanter sur la quantité de sable qu'il en sortait tout en les vidant à côté de moi. Nous nous étions enfoncés profondément dans le sable et la cendre en descendant et je devais faire quelques kilos de plus quand nous avions atteint le camp.

J'étais concentrée à relacer mes chaussures quand j'aperçus une paire de pieds nus dans des sandales. Après avoir redressé la tête, je vis David debout à côté de moi. Il était accompagné par deux porteurs. David était l'un des cuisiniers de Chilifornia. Il faisait partie du groupe qui était resté au camp de base. Il n'était pas supposé être là. Mais, quand le tremblement de terre s'était déclenché, les murs de Chilifornia s'étaient mis à osciller de 25 degrés, disait-il. Le tremblement de terre avait duré trois minutes et demie, une éternité. Les murs en béton armé et l'absence de toit, de fenêtres et de portes avaient sauvé notre camp. Ceux qui étaient restés à Chilifornia s'étaient précipités au-dehors et avaient assisté aux avalanches tout autour d'eux. Là aussi, la seule montagne qui n'avait subi aucune avalanche était celle au pied de laquelle se trouvait notre camp. Chilifornia avait survécu mais ils savaient que nous devions avoir des problèmes sur le volcan. Ils avaient immédiatement sauté dans les voitures et s'étaient précipités vers Simba, ne pensant pas au danger auquel ils pouvaient s'exposer. Nous faisions partie de leur famille depuis des années, une famille qui avait été testée et soudée dans le plus extrême des environnements.

David me tendit la main pour m'aider à me relever et me dit avec de l'urgence dans la voix que nous devions partir. Il avait une couverture rouge et brune avec lui et il ramassa les derniers paquets qui n'avaient pas été emportés par les porteurs le matin, la plupart contenant du ravitaillement de réserve. Il les enveloppa dans sa couverture qu'il jeta sur ses épaules autour de son cou. J'avais donné le signal de départ au groupe pour reprendre notre descente en suivant les traces que nous avions laissées durant l'ascension. Nous descendions parallèlement à la pente pour gagner du temps, nous enfonçant dans le sable de nouveau à chaque pas que nous faisions. Le nuage de soufre continuait de passer à un peu plus de 1 000 mètres au-dessus de nos têtes. Au moins, nous avions échappé à ce danger-là, mais nous n'étions toujours pas hors de portée de Láscar, loin de là. En cours de descente, un autre nuage se matérialisa sur ma gauche, peut-être à seulement une dizaine de mètres de moi, et la première pensée qui me vint fut : « Ça ne va pas recommencer... » Je m'apprêtais à regarder d'où venait l'avalanche quand je finis par comprendre que le responsable était David. Il courait en sandales sur la pente, son chargement sur les épaules. Il courait comme s'il avait le diable aux trousses. Peut-être que nous avions tous le diable aux trousses ce jour-là.

Clay se sentait beaucoup mieux, mais rien n'avait changé pour Ingrid. Malgré tout, elle continuait de marcher sans se plaindre. Nous descendions côte à côte, prenant un raccourci au travers d'un petit ravin. Cent mètres plus bas, une silhouette apparut sur la pente. C'était Cristian. Dès que je le vis, toute l'adrénaline que j'avais accumulée, toute cette énergie qui m'avait permis de prendre des décisions instantanément et de faire descendre notre groupe en moins d'une heure et demie du sommet, tout cela disparut d'un coup. Je voyais Cristian venir vers moi mais je n'étais plus capable de faire un pas. Je savais qu'il fallait que je m'assoie, immédiatement. Un petit rocher près de moi sur la piste fit l'affaire. Assise, la tête entre les genoux, j'étais complètement épuisée. Un moment plus tard, j'entendis des pas et je vis les jambes du pantalon beige de Cristian devant moi. J'ai levé les yeux. Il m'a regardée. Nous n'avons pas dit un mot pendant ce qui sembla une éternité. Il me tendit finalement la main pour m'aider à me relever. Mes jambes tremblaient. Ensemble, nous avons couvert la distance qui nous séparait encore des voitures où Carlos administrait de l'oxygène à Ingrid qui se sentit mieux très rapidement. Une fois l'équipement chargé, il était temps de partir, et vite, ne sachant toujours pas ce que Láscar nous réservait.

Alors que nous nous éloignions, nous pouvions voir des petites chutes de pierre dans la partie basse du volcan qui dégazait encore, mais son panache était moins jaune. Un oiseau de proie faisait la course avec notre voiture, très bas, pratiquement à la hauteur de la fenêtre droite. J'étais lipothymique, luttant contre un malaise que j'avais du mal à vaincre, complètement vidée de mon énergie. J'ai juste fermé les yeux pour me donner un peu de répit en espérant que le malaise passerait, et il finit par disparaître. De retour au camp, le groupe se reposa un moment sous les tentes avant le dîner. Nous étions en sécurité à Chilifornia et nous pouvions y rester. L'activité autour du volcan semblait s'être calmée. Ce soir-là, nous avons dîné ensemble, les cuisiniers, les porteurs, Macario, les conducteurs, l'équipe de chercheurs et celle de la logistique. Nous avons fêté notre amitié comme nous le faisons toujours, mais cette nuit-là notre célébration prit une dimension supplémentaire.

Cristian n'eut jamais de véritable explication à sa décision de redescendre ce jour-là au lieu de nous rejoindre au sommet de Simba mais, s'il n'était pas redescendu, je n'aurais eu personne pour me donner les informations dont Macario et moi avions besoin pour ramener l'équipe en sécurité à la base du volcan. Peut-être y serions-nous parvenus sans problème, mais cette probabilité réside dans un univers parallèle. Nous ne le saurons jamais. Aujourd'hui encore, je me demande pourquoi, alors que nous étions dans l'endroit le plus exposé sur le volcan, le tremblement de terre et les avalanches ont paru nous éviter. Des années plus tard, les mots prononcés par Macario autour du feu durant la cérémonie au camp continuent de résonner dans ma mémoire : « Tout ira bien. Notre ascension sera protégée. »

ELFES ET LEPRECHAUNS

En 2009, le High Lakes Project déploya sa dernière expédition dans la région de Chilifornia. C'est cette année-là qu'une série d'évènements des plus étranges eut lieu. L'expédition par elle-même se passait bien sur le terrain mais les nuits devinrent de plus en plus bizarres, à commencer par la première. J'étais de retour dans ma tente après notre repas du soir et la discussion habituelle qui suivait avec des membres de notre équipe. Je m'endormis rapidement et fis un rêve, dans lequel je me trouvais dans un appartement au sommet d'une tour. Dans ce rêve, j'étais au téléphone avec Mimi quand le bâtiment commença à osciller de plus en plus violemment, jusqu'au moment où il devint évident qu'il allait basculer et s'écraser, ce qui me réveilla brusquement. Le rêve avait été si intense qu'il me fallut près de deux heures pour me rendormir.

Réveillée de bonne heure le lendemain matin, j'étais à 7 heures dans la tente qui nous servait de salle commune. Carlos, notre docteur, m'y avait précédée. Il m'accueillit comme d'habitude avec son sourire jovial et sa bonne humeur. Je m'assis en face de lui après m'être servi une tasse de chocolat chaud. Il me demanda comment je me sentais après cette première nuit en altitude. J'allais bien, mais je ressentis le besoin de lui parler du rêve, non seulement parce qu'il était des plus étranges mais aussi parce que je voulais être sûre que je n'avais pas un problème d'oreille interne qui aurait pu entraîner un vertige pendant mon sommeil.

Quand j'eus terminé de raconter mon histoire, Carlos me regarda d'un air incrédule. Puis il me raconta son propre rêve. Il était dans l'escalier d'une tour quand le bâtiment commença à bouger si fort qu'il dut se rattraper à la rampe pour ne pas tomber. Bien que nous ne puissions pas nous empêcher de rire, la ressemblance entre nos rêves était déconcertante, mais le restant de l'équipe arriva, interrompant notre conversation. Ensuite le travail sur le terrain nous occupa le restant de la journée, ce qui ne nous donna pas l'occasion d'en reparler.

La nuit suivante, le camp fut réveillé par des cris vers 3 heures du matin. Tout allait bien mais apparemment quelqu'un avait eu un cauchemar. La nuit suivante, ce furent deux porteurs qui cette fois se réveillèrent en criant *exactement* en même temps et, quand on leur demanda le lendemain au petit déjeuner ce qui s'était passé, ils répondirent encore une fois qu'ils avaient fait un cauchemar. Les nuits se succédaient, apportant leur quota de rêves bizarres accompagnés de sensations de chute. Quand je ne dormais pas, j'écoutais les éboulements de roches autour du camp. Ce n'était pas inhabituel. Láscar était proche. Avec le temps, il ne se passa pas une nuit sans que quelqu'un ait un rêve étrange ou un cauchemar, et beaucoup incluaient des sensations de perte d'équilibre. J'avais passé près de sept ans à travailler dans les Andes et c'était la première fois que quelque chose comme ça se produisait.

Un matin, probablement au milieu de l'expédition, je fus de nouveau réveillée de bonne heure. Je sortis du camp et vis Macario, Hernán et l'un des conducteurs plaisantant autour d'un baril dans lequel brûlait un petit feu. Ils me firent signe de les rejoindre. Je leur demandai la raison de leur bonne humeur évidente et, une fois de plus, ils me dirent que l'un d'entre eux avait eu un cauchemar. Ce qu'ils me racontèrent ensuite me fit sourire. Apparemment, des elfes peuplaient leurs cauchemars. Macario m'expliqua que c'était une mise en garde.

Selon lui, en des temps immémoriaux, les elfes étaient les esprits des enfants atacameños mort-nés ou morts en bas âge. Leurs parents les enterraient avant de continuer leur route, et leurs esprits continuaient de parcourir l'Altiplano, avertissant les voyageurs de dangers imminents. C'était l'explication qu'ils donnaient aux cauchemars et, selon Macario, ils essayaient de nous mettre en garde contre un danger. Pour une fois, j'espérais qu'il se trompait. Il était l'heure du petit déjeuner et le camp commençait à s'animer, ce qui coupa court à la conversation. La plupart des guides, des porteurs et des conducteurs avaient à présent vu des elfes dans leurs rêves. Aussi je dis à Macario en souriant : « On verra bien qui sera le prochain. » C'était apparemment mon tour et, dans la nuit qui suivit, je me rappelle avoir vu ce qui ressemblait à la caricature d'un leprechaun irlandais dans mes rêves, un de ceux que l'on voit dans les histoires d'arc-en-ciel et de chaudrons remplis d'or. Mon récit eut un franc succès le lendemain au petit déjeuner. Hernán n'arrêtait pas de rire, mais pas Macario. Pour lui, si je pouvais voir l'elfe, même si c'était une version européenne, cela le confirmait dans sa conviction que les esprits de ses ancêtres me protégeaient parce que je respectais leur tradition. C'était son interprétation, et elle me toucha. Pendant ce temps, Hernán continuait de rigoler et je ne comprenais toujours pas ce qui se passait et ce que tout cela pouvait bien vouloir dire, mais quelque chose d'étrange arrivait à notre équipe. À la fin de l'expédition, tout le monde avait eu sa propre version d'un elfe ou d'un leprechaun dans ses rêves, ou bien des cauchemars de bâtiments s'écroulant ou bougeant, des rêves de chute et bien plus encore. Puis chacun rentra chez soi.

Quatre mois plus tard, un tremblement de terre de magnitude 8,8 frappa la côte centrale du Chili, déclenchant un tsunami aux conséquences dévastatrices. Bien qu'il eût lieu au sud de nos sites d'étude, je me suis souvent demandé si le stress accumulé dans la croûte terrestre dans les mois qui précédèrent ce tremblement de terre, des modifications du champ magnétique, ou toute autre activité précurseur le long de la jonction des plaques tectoniques n'auraient pas pu expliquer nos expériences. Ce qui était particulièrement frappant était la fréquence des rêves avec des mouvements de bâtiments et des sensations de chute.

La terre ne tremblait pas durant l'expédition mais il se pourrait que le champ magnétique ait été perturbé dans notre région des mois avant ce tremblement de terre, alors que la tension entre les plaques tectoniques s'accumulait. Est-ce que cela a entraîné des perturbations de notre oreille interne, et est-ce que nos cerveaux ont réagi à ces changements ? Les modifications du champ magnétique affectent l'oreille interne, c'est un fait médical établi, et peuvent déclencher des sensations de vertiges. Bien que je ne sois jamais allée plus loin dans cette recherche, cette hypothèse reste pour moi la plus plausible aujourd'hui. Pour ce qui est des elfes et des leprechauns, je ne sais toujours pas pourquoi ils occupaient nos rêves, mais si on en croit la tradition des habitants de l'Altiplano, ils ont fait leur devoir en nous avertissant d'un danger imminent.

Une image iconique de la Terre et de la Lune prise par la sonde Galileo en 1992 alors qu'elle se dirigeait vers Jupiter.

18

Toutes les planètes mènent à la Terre

L'expédition de 2006 fut extraordinaire à bien des égards. Bien que la partie la plus impressionnante ait été la mission de plongée, un autre moment important se produisit au sommet du Licancabur et il allait avoir un impact profond sur la direction de ma recherche dans la décennie qui suivit.

Le premier jour passé au sommet, nous faisions avec Edmond une courte pause après être arrivés dans le cratère. Assis sur des blocs de lave près du lac, nous profitions de la vue. Mon regard s'aventura vers le rocher que nous appelions « Chapel Rock ». Je l'observais tous les ans avec une tristesse grandissante. Il avait été le témoin de la baisse régulière du niveau de l'eau jusqu'en 2005, quand le lac avait gelé entièrement. Le niveau remonta en 2006, mais le déclin du lac était inéluctable en raison d'une aridité croissante. Dans cette partie des Andes, tous les glaciers ont disparu, même au-delà de 6 000 mètres d'altitude. Le destin du lac est scellé. Nous avions gravi ce volcan ces quatre dernières années pour accumuler des informations qui nous permettaient de mieux comprendre les conséquences du changement climatique sur Mars il y a 3,5 milliards d'années. Mais, ce matin-là, le lac du Licancabur avait un message tout aussi puissant à me transmettre sur ce qui se passe *ici et maintenant* sur notre planète. L'impact du changement climatique était visible, juste sous nos yeux.

À partir de ce moment, je pris la décision d'utiliser les données que je collectais à deux fins : l'exploration planétaire mais aussi la caractérisation de l'impact du changement climatique sur notre propre planète et sa biosphère. Les données étaient les mêmes, seule la perspective et le but de l'analyse seraient différents. J'allais aussi commencer à mettre les technologies que je développais pour mes projets d'exploration planétaire au service de l'amélioration des systèmes de surveillance de l'environnement. Quelques années plus tard, cette fusion devint un objectif central de ma nouvelle vision stratégique à l'Institut SETI.

Alors que je m'engageais sur cette nouvelle voie, autre chose devint évident. Les applications sociétales de l'exploration spatiale et planétaire et leurs bénéfices sont souvent méconnus du public, bien qu'ils soient profondément présents dans la vie quotidienne. Pour beaucoup, ce n'est que de l'argent jeté par les fenêtres. L'argument principal est souvent que l'argent dépensé pour cette exploration serait mieux utilisé pour des causes considérées plus importantes et plus urgentes, comme la faim dans le monde, la santé, l'économie et l'éducation. Les contributions de l'exploration spatiale et planétaire à ces défis et ces combats de tous les jours sont écrites noir sur blanc dans de nombreux rapports. Ceux-ci sont accessibles à tous. Ils peuvent être trouvés sur Internet et sont édités chaque année. Ils devraient par contre être plus visibles, ce qui aiderait à rectifier ces idées erronées, hélas bien trop communes.

Personnellement, je trouve la liste des compagnies privées que la NASA aide à lancer particulièrement révélatrice. Un rapport met en évidence cinquante de ces compagnies chaque année, qui ne sont qu'un échantillon de toutes celles qui voient le jour grâce aux contrats de recherche et de développement de l'agence spatiale américaine. Elles se comptent par milliers depuis 1976, et leurs produits vont du tout-venant, comme des chaussures de sport, à de l'équipement médical spécialisé qui permet de sauver des vies.

Par exemple, la NASA a développé un respirateur portable en 37 *jours* pour aider à combattre le virus du Covid-19. Elle fut capable d'atteindre ce but parce qu'il est dans sa nature de répondre à des objectifs critiques suite à des décennies d'expérience liée à l'exploration spatiale. La NASA n'est pas une organisation de santé, mais elle a appliqué son savoir-faire et sa technologie aux urgences. L'agence a répondu à la crise pandémique comme elle a répondu à Apollo 13 : échouer n'était pas une option.

Bien que je ne sois pas toujours d'accord avec cette devise parce que je pense qu'échouer fait partie intégrante de l'apprentissage, quand des vies sont en jeu il n'y plus à en douter.

L'inventivité et les recherches de la NASA ont révolutionné notre vie quotidienne à bien des niveaux, et en voici quelques exemples. Tout le monde se réjouit de l'invention du thermomètre auriculaire, qui s'avère beaucoup plus pratique que les autres options quand il s'agit de prendre notre température. Cette technologie est directement dérivée de la méthode utilisée pour mesurer la température des planètes et des étoiles. Il y a aussi la pompe cardiaque pour les patients sur liste d'attente pour une greffe, les prothèses artificielles, et le LASIK, qui permet à des millions de personnes de se débarrasser de leurs lunettes et de leurs verres de contact. LASIK est une technique issue de l'amarrage de vaisseaux-cargos à des vaisseaux-satellites comme la Station spatiale internationale. L'exploration planétaire est aussi présente dans la vie quotidienne avec les bagues transparentes pour aligner les dents, les couvertures de survie, les verres résistant aux rayures, les rainurages des surfaces pour éviter les chutes dans la rue ou le dérapage incontrôlé des véhicules sur la route, les formules enrichies pour bébés, les aspirateurs sans fil et bien plus encore.

Les technologies dérivées de l'espace s'appliquent à l'aéronautique et à l'astronautique, mais aussi au déminage, à la lutte contre les incendies, aux systèmes de purification de l'eau, aux panneaux solaires et à la correction des systèmes globaux de positionnement. La liste est sans fin, on peut y ajouter des technologies informatiques, en particulier pour les ordinateurs portables et, bien évidemment, les satellites de télécommunications, de navigation, ou la télédétection.

Mais l'impact de l'exploration spatiale et planétaire se trouve également dans les centaines de milliers d'emplois qu'elle contribue à créer. Certains sont liés directement au fonctionnariat de la NASA, mais ses 17 000 employés ne sont que la partie visible de l'iceberg. Car il faut aussi compter un nombre incalculable de sous-traitants, de chercheurs, d'ingénieurs, de techniciens et d'employés travaillant pour la NASA sur ses grands projets. Avec le retour sur la Lune, des compagnies privées embauchent à présent pour prendre part à cette nouvelle vague d'exploration en développant des partenariats avec le gouvernement. Et ce n'est pas seulement aux États-Unis, mais partout dans le monde. C'est quelque chose que je saisis pleinement lorsque nous étions réunis au Kennedy Space Center de la NASA pour le lancement du rover Spirit. La mission avait été le fruit d'un effort national et, pour remercier ceux qui y avaient contribué, la NASA avait invité de nombreux représentants de différents corps de métiers. Ils n'étaient ni chercheurs ni ingénieurs, mais ils avaient fabriqué des pièces, cousu les airbags, conduit les camions et, ce faisant, avaient joué un rôle clef dans l'exploration planétaire.

Au-delà de l'économie, l'espace facilite les collaborations internationales et soutient la politique étrangère, contribuant à des centaines d'accords internationaux de coopération dans plus de deux tiers des pays du monde. Mais ce que je considère comme l'une des plus grandes réussites est l'éducation et la vulgarisation scientifique qui inspirent des jeunes gens dans le monde entier. Elles contribuent au renouvellement de l'intérêt pour les sciences, la technologie, l'ingénierie et les mathématiques par le biais de stages et de programmes d'été pour étudiants et jeunes chercheurs. Le grand public peut aussi participer à l'exploration à travers l'analyse de données de missions, la contribution à des réseaux d'observation, l'écoute de podcasts publics, la visualisation de vidéos et la visite des nombreux réseaux sociaux développés par les agences spatiales.

Les idées préconçues sur l'exploration spatiale et planétaire sont trop souvent accompagnées d'une vision déformée de son coût réel. À l'heure actuelle, le budget de la NASA représente 0,47 % des dépenses totales des États-Unis et son impact se fait ressentir à tous les niveaux de la société. C'est l'un des niveaux les plus bas de son histoire, comparé aux 2,3-4,3 % lors de la préparation du programme Apollo. Si certaines missions phares peuvent atteindre plusieurs milliards de dollars au fil des ans, le coût de la plupart d'entre elles tourne autour de quelques centaines de millions, souvent bien moins, et leur retour sur investissement est phénoménal. Le télescope spatial Hubble vient de fêter trente ans dans l'espace et continue de fonctionner. La mission Cassini fut lancée en 1997. Elle arriva en orbite autour de Saturne en 2004 et se termina en 2017 après une acquisition de données ininterrompue et des acrobaties orbitales incroyables pour permettre à la sonde de passer au travers de geysers nouvellement découverts sur Encelade. Grâce à ces manœuvres qui n'étaient pas prévues au début de la mission, Cassini recueillit des données qui révolutionnèrent nos connaissances, en particulier sur la présence d'un océan actif au cœur d'une lune glacée d'à peine 500 kilomètres de diamètre. Depuis, Encelade est devenu un objectif prioritaire pour la recherche de la vie dans le système solaire. Hubble et Cassini sont des projets conjoints entre la NASA et l'ESA, l'Agence spatiale européenne, cette dernière ayant déployé la sonde Huygens qui nous fit découvrir pour la première fois la surface de Titan, le 14 janvier 2005.

Ces missions incarnent ce que l'exploration spatiale et planétaire représente : des partenariats internationaux, l'exploration et la découverte, des nouvelles connaissances, l'éducation, la formation et l'emploi sur de longues durées, de la conception des missions jusqu'à leur fin. Pour Cassini, comme pour la plupart des autres missions, l'analyse des données continue bien longtemps après que le dernier signal des sondes spatiales a été reçu.

Concernant les rovers que je connais bien, Spirit et Opportunity, chacun de ces robots mobiles devait couvrir 300 mètres à la surface de Mars et survivre au moins 90 jours pour que leur mission soit accomplie. C'était leur mission principale. Le coût de celle-ci était de 820 millions de dollars (les deux rovers inclus). Mais on sait ce qui se passa ensuite. Spirit couvrit plus de 7,7 kilomètres sur une période de 6 ans (soit 2 210 sols, le « sol » étant un jour martien de 24 heures) avant de s'enliser dans du sable en 2010. Quant à Opportunity, elle couvrit 45,16 kilomètres sur une période de 14 ans, ou 5 510 sols, et fut active jusqu'en juin 2018. La mission étendue dura plus de quatorze *ans* au-delà de ce qui avait été garanti. Spirit et Opportunity fournirent des données qui continuent d'être analysées aujourd'hui et qui le seront encore dans les décennies à venir, des données qui contribuent aussi à la formation d'un nombre considérable de jeunes chercheurs et d'ingénieurs, des étudiants aux postdoctorants, sans parler de la cohorte de logiciels qui furent conçus au fil des ans pour améliorer la navigation autonome des rovers et qui trouvent leur application dans notre vie de tous les jours. Le coût de la mission étendue de 14 ans fut un peu en dessous de 300 millions au total, soit environ 21 millions de dollars par an en moyenne. C'est une goutte d'eau dans le budget du gouvernement, alors que l'exploration spatiale inspire et nourrit l'esprit humain. Peu nombreux sont ceux qui réalisent à quel point cette exploration amène une amélioration tangible à leur vie, et combien elle permet à notre civilisation d'avancer chaque jour un peu plus grâce à un engagement permanent dédié au progrès. En fin de compte, le débat ne porte absolument pas sur l'argent, mais sur les priorités individuelles et nationales, et sur la valeur que l'on met dans la connaissance et l'éducation.

*

La fusion de l'exploration planétaire et des questions sur l'évolution de l'environnement de notre planète dans ma recherche commença par un projet intitulé Planetary Lake Lander que j'ai dirigé de 2011 à 2015. C'était aussi le rapprochement naturel de mes deux cursus universitaires en science de la Terre et en planétologie. Lake Lander (un robot d'exploration lacustre) était financé par un programme de la NASA qui s'appelait « Astrobiologie et technologie pour l'exploration planétaire » dirigé par Mary Voytek au quartier général à Washington. La justification de mon projet était simple : l'exploration des environnements planétaires et de la vie au-delà de la Terre est fondamentalement enracinée dans la compréhension de l'environnement et de l'impact des changements climatiques. Cet impact est donc un thème central de l'astrobiologie et de l'exploration planétaire. Son étude stimule le développement de nouvelles technologies d'exploration qui peuvent être stratégiquement appliquées à la fois à la planétologie et à la modélisation du futur de l'environnement de notre planète et de sa biosphère. De plus, à bien des égards, la rapidité avec laquelle notre planète change actuellement nous oblige à faire face à une situation similaire à celle à laquelle sont confrontées les missions planétaires qui n'ont que très peu de temps pour caractériser et comprendre l'environnement des mondes qu'elles explorent et accomplir leurs objectifs. Comprendre l'ampleur et l'impact du changement climatique est une mission planétaire urgente. L'environnement qui a vu l'essor de notre civilisation est en train de disparaître et les déséquilibres engendrés par l'activité humaine affectent le restant de la biosphère. Les systèmes et les technologies avancées développés par, et pour, l'exploration planétaire peuvent donc, dans cette perspective, être des fondations déterminantes dans cette course contre la montre.

C'était le but de Lake Lander. Le projet abordait des questions scientifiques et technologiques concernant à la fois la Terre et Titan, la plus grosse lune de Saturne, et il conduisit au développement de nouveaux systèmes de surveillance de l'environnement pour ces deux mondes. Lake Lander était basé sur ce que je considère comme le concept de mission le plus inspiré proposé à la NASA dans la dernière décennie. Ce concept s'appelait Titan Mare Explorer (TiME) et la directrice scientifique du projet était Ellen Stofan, qui devint par la suite directrice scientifique à la NASA. Le but de TiME était de se poser sur Mare Ligeia, l'une des plus grandes mers de Titan découverte par Cassini (100 000 kilomètres carrés). TiME devait dériver au gré des vents et des courants sans autre source d'énergie pour le diriger, et en même temps collecter des données sur l'environnement dans la mer et dans l'atmosphère.

Bien que les lacs et les mers de Titan soient composés d'hydrocarbures et non pas d'eau, ils font partie d'un cycle équivalent au cycle hydrologique terrestre. Ils sont alimentés par des rivières de méthane et d'éthane et ils s'évaporent. L'atmosphère est active et produit des précipitations d'hydrocarbures qui s'infiltrent dans le sol et sont accumulés dans des réservoirs naturels (l'équivalent des aquifères terrestres) ou bien qui retournent par ruissellement dans les mers et les lacs, et le cycle recommence. On peut donc s'attendre à autant de variations dans les lacs et les mers de Titan et dans le débit de ses rivières que dans les étendues d'eau terrestres à la suite de tempêtes. La différence fondamentale, bien sûr, est une chimie qui nous est complètement étrangère. Les « briques » de la vie sont présentes sur Titan, et les molécules organiques contenues dans l'atmosphère pleuvent sur la surface. Nous ne savons pas si ces molécules se sont assemblées en une chimie prébiotique plus complexe ou ont évolué vers la vie. Tout ce que nous savons, c'est que, si la vie s'est développée sur Titan, elle est probablement différente de ce que nous connaissons sur Terre.

Le concept de mission proposé par Ellen ne fut pas sélectionné par la NASA. Cependant, j'espère qu'une mission avec des objectifs similaires verra le jour dans un futur proche. À sa place, Dragonfly visitera la plus grosse lune de Saturne dans la prochaine décennie. Cette mission astrobiologique a été sélectionnée par la NASA récemment. C'est un autre concept très imaginatif, également dirigé par une femme, Zibi Turtle. Dragonfly est un drone autonome de grandes dimensions qui étudiera la chimie prébiotique et la possibilité d'environnements habitables sur Titan.

Quand j'ai proposé Lake Lander à la NASA, la mission TiME était toujours en compétition et ses objectifs étaient de caractériser la chimie de Mare Ligeia, sa profondeur, les processus marins, et d'étudier l'atmosphère de Titan au-dessus de la mer. Ces objectifs me permettaient de développer et de tester des systèmes autonomes pour une mission analogue qui, bien que ne se déployant pas sur un lac de méthane, avait des objectifs semblables et effectuait des mesures similaires, mais sur un lac glaciaire terrestre.

Une fois Lake Lander sélectionné, nous avons développé notre propre robot qui, pour cette démonstration technologique, était une plateforme robotique de surveillance de l'environnement pour les lacs équipée d'une série de systèmes autonomes et d'une charge scientifique utile adaptée à la mission TiME. C'était un profileur lacustre robotisé, équipé d'une sonde multiparamétrique mesurant la température de l'eau, la turbidité, les solides en suspension, la salinité, le pH, l'oxygène dissous, la conductivité, la chlorophylle, les algues bleu-vert. Elle portait aussi une suite de capteurs qui mesuraient les changements dans le lac.

Durant la première année du projet, Lake Lander fut laissé sur le lac pour enregistrer les variations de l'environnement au cours du temps. Puis nous avons utilisé cette information pour développer des algorithmes qui permettaient au robot non seulement de détecter des changements physiques, chimiques et biologiques dans l'eau de façon autonome, mais aussi de décider lui-même quand et comment collecter des données critiques sans supervision humaine. Lake Lander était capable d'effectuer des profils adaptatifs de la colonne d'eau qui lui permettaient de sélectionner seul la fréquence et la profondeur des profils en fonction des types de changements du milieu que ses systèmes reconnaissaient. Nous avions une sonde lacustre classique positionnée dans le lac près du robot que nous utilisions comme contrôle de l'expérience.

Des décisions furent prises pour que le projet soit également applicable à l'étude de l'impact du changement climatique sur Terre. C'est pourquoi nous avions choisi Laguna Negra comme site pour notre test, un grand lac long de 6 kilomètres sur 2 kilomètres de large et environ 300 mètres de profondeur. Laguna Negra est un lac glaciaire au pied du glacier d'Echaurren, à 70 kilomètres au sud-est de Santiago dans les Andes chiliennes. Le lac est alimenté par les eaux de fontes saisonnières du glacier et fournit de l'eau potable à 5 millions de personnes. Malheureusement, comme la plupart des glaciers terrestres, Echaurren recule désormais à grande vitesse, amenant une très grande variation dans le volume du lac et des changements dans ses paramètres physico-chimiques et dans son écosystème. Sa localisation dans les Andes le soumet à des tempêtes et à des orages soudains, des caractéristiques que nous pensons semblables à celles de Mare Ligeia sur Titan, et qui font donc de Laguna Negra un site de tests pour de nouveaux instruments de mesure, des nouvelles technologies et des stratégies d'exploration appropriées à différentes missions futures. Le déploiement de Lake Lander dans une des régions du monde fortement affectées par le changement climatique nous permettait aussi de concevoir et de tester des systèmes qui pourraient surveiller l'ampleur et les effets de ce changement beaucoup plus rapidement et efficacement. En fin de compte, la combinaison de ces deux objectifs (terrestre et planétaire) conduisit au développement et à la mise en action d'un nouveau concept, celui de sentinelles robotiques planétaires.

Avec l'utilisation de l'intelligence artificielle, Lake Lander eut pour conséquence la création de systèmes autonomes directement applicables à la Terre et à Titan, en particulier pour la détection de changements dans l'environnement, la détection autonome de tempêtes, l'approche automatisée du rivage lorsque la plateforme dérivait sur le lac, et la possibilité pour le robot de comprendre seul les priorités et les objectifs de sa mission. La raison pour laquelle nous mettions l'accent sur les systèmes autonomes et adaptatifs était simple. Alors que les humains envoient des missions de plus en plus loin dans le système solaire, la distance rend la communication et l'interaction entre les robots et les équipes scientifiques sur Terre toujours plus complexes. La science adaptative et les systèmes autonomes permettent la conception de robots intelligents qui ont une compréhension de leur environnement planétaire, continuent d'apprendre au fur et à mesure que leurs missions progressent et deviennent plus performants avec le temps. Cette nouvelle génération de robots est capable d'accumuler des connaissances, de comprendre les priorités de leur mission et les notions de conditions nominales et non nominales d'environnement. Ils peuvent choisir et évaluer leurs propres observations quand des changements surviennent sans attendre de recevoir des commandes de la Terre. Leur applicabilité pour la surveillance de l'environnement de notre propre planète est simple et leur capacité à apprendre rapidement et à comprendre les nouvelles tendances ainsi que les anomalies nous permet de gagner un temps précieux. Et ce bond en avant, nous en avons désespérément besoin afin de prendre des mesures efficaces et contrecarrer les conséquences du changement climatique ou les rendre supportables pour les générations à venir.

Lake Lander était donc conçu comme une avancée technologique vers le développement de robots capables de comprendre leur environnement et de prendre des décisions sans supervision humaine constante. Cette avancée fut appliquée à l'exploration adaptative des lacs et des mers de Titan. Nous proposions un changement de paradigme pour l'exploration robotique des surfaces planétaires qui, aujourd'hui encore, met l'accent sur l'action humaine dans les commandes et la planification quotidienne. Mais, jusqu'à ce que l'exploration humaine devienne une réalité dans le système solaire, le coût et les défis technologiques des missions robotiques planétaires font du développement de l'exploration adaptative une solution prometteuse afin d'optimiser les missions.

L'autonomie robotique et l'intelligence artificielle sont déjà appliquées à certains aspects de missions planétaires, comme la recherche de diables de poussière, de cratères d'impact et de nuages sur Mars, ou bien dans l'optique adaptative en astrophysique. Lake Lander étendit ce concept à l'ensemble d'une mission. Ce concept est une suite logique dans le contexte actuel de l'exploration planétaire, puisque les robots sont les seuls qui soient présents en permanence dans l'environnement qu'ils explorent. Ils doivent donc devenir des membres d'équipe à part entière au lieu d'être seulement des extensions de la présence humaine. Ils doivent être fiables dans leurs actions tout en adhérant aux contraintes d'énergie et de communication de leurs missions, des limitations qui peuvent être sévères dans l'exploration du système solaire externe.

Pour notre simulation de mission, nous avions configuré les systèmes autonomes afin qu'ils fonctionnent comme lors d'une véritable mission. Lake Lander resta en opération sur Laguna Negra et collecta des données de façon autonome à partir de la deuxième année du projet. Dans le cadre de sa mission, le robot devait prévenir le centre de contrôle à NASA Ames en Californie quand un évènement inhabituel survenait dans l'atmosphère ou dans le lac, comme des changements dans les paramètres de l'eau ou l'arrivée d'un orage ou d'une tempête. Lake Lander nous envoyait alors une alerte que je réceptionnais sous la forme d'un message dans mon courrier électronique. Le robot devait justifier son action, ce qui a parfois provoqué des situations amusantes.

L'une d'entre elles survint un après-midi, alors que j'étais à mon bureau. Le message avait pour objet : *« Storm alert : Planetary Lake Lander detected a storm at Laguna Negra »* (Avis de tempête : Lake Lander a détecté une tempête à Laguna Negra). Le message contenait comme attendu une image et un fichier de données avec des graphiques. Pour justifier son action, le robot devait envoyer un panorama pris avec la caméra positionnée sur son mât. Ce panorama devait inclure le ciel, le pont de la plateforme et la surface du lac, ce qui nous permettait de vérifier la présence de nuages ou de vagues qui pouvaient indiquer un changement de temps. Cela nous permettait aussi d'analyser l'état du pont et d'être sûrs qu'il n'y avait pas de dégâts ou de problèmes puisque Lake Lander était seul sur le lac pendant des mois. Le fichier de données contenait une évaluation rapide de la température, de l'humidité, du vent, et aussi une série de profils de la colonne d'eau pour l'ensemble des paramètres surveillés. Par habitude, la première chose que je fis fut d'ouvrir l'image, ce qui me permit de découvrir le pont du robot enseveli sous 50 centimètres de neige ! Pour une tempête, c'était une tempête. L'algorithme fonctionnait…

Un autre moment amusant survint avec un autre message, celui-ci provenant d'un ami et collègue au Jet Propulsion Lab (JPL). J'ai le privilège de faire partie d'une communauté de professionnels qui affichent leur fierté et leur sens de l'humour sous forme d'autocollants apposés sur les pare-chocs de leurs voitures ou sur leurs tee-shirts, comme « Mon autre véhicule est sur Mars ». Le déploiement de Lake Lander se fit au moment où le rover Curiosity atterrit sur Mars et pendant les premières années de l'exploration du cratère Gale. L'un de mes collègues au JPL m'envoya un message pour me faire savoir que c'était sa première journée en charge des commandes du rover Curiosity et qu'il venait tout juste de lui envoyer la première. Il était très fier, mais évidemment je ne pus m'empêcher de lui répondre : « Mon robot est plus malin que le tien… C'est lui qui m'envoie des messages ! »

*

Le projet eut aussi un rôle positif à long terme, même si les raisons n'ont rien de réjouissant, car il a révélé la dure réalité de l'impact du changement de la planète sur notre société. Le projet nous avait conduits à effectuer une carte bathymétrique à haute résolution de Laguna Negra qui fut terminée en 2014. En 2019, je reçus un message de la compagnie qui gère les eaux du lac me demandant si nous pouvions leur fournir nos données bathymétriques pour les aider à utiliser au mieux leurs réserves durant la période de sécheresse intense que la région traversait.

Si le climat suit la tendance actuelle, tous ces lacs sont amenés à disparaître de notre vivant. Les Andes centrales sont vouées à faire face à une crise de l'eau dont les conséquences humaines seront dévastatrices. Ce n'est qu'une des régions parmi tant d'autres sur notre planète où le même schéma se répète. Les eaux de fonte des glaciers ruissellent massivement vers les océans et les glaciers ne sont plus réalimentés désormais à cause de températures plus hautes que la moyenne. Les aquifères sont épuisés par l'agriculture industrielle et une population mondiale qui ne cesse de croître et doit être nourrie. Là où ces réserves d'eau souterraines sont encore importantes, elles sont polluées. Une autre sorte de guerre mondiale est en cours depuis des décennies déjà sans qu'un seul missile ait été tiré, et elle entraîne la biosphère avec elle. C'est une guerre des humains contre l'humanité. Dans cette guerre, il n'y aura qu'une capitulation possible et elle ne viendra pas de notre planète. Il serait plus sage de signer un traité de paix dès maintenant.

Des études suggèrent l'utilisation des glaciers rocheux dans les Andes pour extraire de l'eau pour les générations à venir. Même si cela peut être une solution temporaire, ce n'est qu'un cautère sur une jambe de bois. La désalinisation des eaux marines est plus prometteuse mais la seule solution à long terme est de trouver un moyen de rétablir l'équilibre entre notre civilisation et son environnement. La Terre est une planète qui change. Elle l'a toujours été mais désormais nous accumulons des preuves irréfutables que l'impact de l'activité humaine est responsable du réchauffement climatique observé aujourd'hui. J'ai une très forte opinion sur le sujet en tant que scientifique qui travaille avec des données environnementales tous les jours de ma vie. Et, à ceux qui osent encore douter, je dis qu'il suffit de suivre ce qui arrive à notre planète quand on enferme l'humanité pour quelques *semaines*, comme ce fut le cas au début de l'épidémie de Covid-19. La pollution s'effondre, les eaux s'éclaircissent et la vie sauvage peut enfin reprendre. Je crois qu'on peut y voir une lueur d'espoir car cela suggère aussi que, si nous lui donnons un peu de répit, l'environnement est capable de rebondir plus rapidement que nous ne le pensons. Ça ne veut pas dire qu'il nous faut retourner au Moyen Âge, mais qu'il faut devenir responsables dans l'utilisation des technologies et des industries que nous créons. Nous devons développer une société capable de se réintégrer au cœur de l'écosystème terrestre, et non pas une société qui continue d'évoluer à l'extérieur de cet écosystème avec autant d'arrogance, pensant qu'elle peut continuer à l'assaillir sans en payer les conséquences.

Nous faisons partie d'un système clos, une bulle fragile dans l'espace. Tout ce que nous injectons dans ce système nous revient sous une forme ou sous une autre. Ce que ne réalisent pas ceux qui nient l'idée même d'un changement climatique est que notre planète ne court absolument aucun danger. Par contre, l'environnement qui a conduit à l'essor de l'espèce humaine, lui, est en péril, et en péril immédiat. Si nous n'agissons pas rapidement, le système naturel dans lequel nous vivons se réorganisera comme tous les systèmes le font : il trouvera un nouveau point d'équilibre dans lequel notre civilisation aura, ou n'aura plus, sa place.

*

Au-delà de l'aspect climatique, les régions que nous explorons et les différents types de milieux extrêmes dans lesquels nous travaillons ont aussi attiré l'attention de la recherche médicale au fil des ans. Mon premier contact avec la médecine fut au travers d'une collaboration avec Greg Kovacs à l'université de Stanford. Lors de mes plongées en apnée dans le lac du Licancabur, j'avais remarqué que mon taux de saturation en oxygène était toujours plus élevé *après* les plongées qu'avant d'entrer dans l'eau. Je n'ai pas de problème avec l'altitude et je m'acclimate bien, avec une saturation en oxygène en général autour de 90 % à 6 000 mètres, ce qui est honorable pour quelqu'un qui vit au niveau de la mer. Mais, après mes plongées, les résultats oscillaient entre 94 et 97 % et les effets pouvaient durer plusieurs jours, ce qui me paraissait complètement illogique. Aussi j'ai commencé à spéculer sur des causes possibles. N'étant pas une experte médicale, une de mes hypothèses (et bien sûr absolument sans aucun fondement scientifique) était que nos poumons ne sont peut-être pas utilisés au maximum de leur capacité au niveau de la mer et que l'organisme trouve un moyen de stocker davantage d'oxygène quand nous sommes sous l'eau ; ou encore que nos poumons deviennent plus efficaces à l'emmagasiner et à le transporter. Une autre possibilité est que nous utilisons dans ces conditions des mécanismes ancestraux qui sont normalement dormants.

Je ne savais pas si ces hypothèses étaient raisonnables ou non, mais j'étais sûre qu'elles valaient la peine d'être explorées d'un point de vue médical et, qui sait, le résultat serait peut-être de pouvoir aider ceux qui souffrent de problèmes respiratoires. Quand à cette époque je fis part à Greg de mes spéculations, il travaillait justement sur un système de surveillance physiologique ambulatoire portable avec un groupe de collègues et ils en étaient aux premiers stades de développement et de test. Greg se joignit à notre expédition dans les Andes en 2003 et je devins son cobaye pour la collecte de données physiologiques. Il m'équipa des pieds à la tête de câbles et de capteurs qu'il plaça à l'intérieur de ma combinaison étanche. Il surveilla ensuite l'évolution de mon rythme cardiaque et de ma saturation en oxygène sur son ordinateur depuis un bateau pneumatique pendant que j'effectuais une série de plongées en apnée au fond du lac du Licancabur. Les données qu'il enregistra furent envoyées le soir même à Stanford. L'année suivante, il revint avec nous dans les Andes, cette fois accompagné de collègues. Leur groupe comprenait l'astronaute de la NASA Scott Parazynski qui, en plus d'être médecin lui-même, avait un intérêt certain pour l'application du système aux vols spatiaux humains. Les médecins et les ingénieurs étaient venus avec des prototypes qu'ils nous demandèrent de porter pendant toute la durée de l'expédition, jour et nuit.

La série de tests commença au niveau de la mer, puis à San Pedro (2 400 mètres), au refuge de Laguna Blanca (4 340 mètres) et enfin dans le lac au sommet du Licancabur (5 914 mètres). Les tests comprenaient de la marche, de la course, l'ascension du volcan et bien sûr la plongée. L'ensemble des données recueillies permit la création d'un prototype miniature de mesures physiologiques adapté à des applications terrestres et à l'exploration spatiale. L'appareil pouvait enregistrer la fréquence cardiaque, la respiration, la saturation en oxygène de l'hémoglobine, la température ambiante et corporelle et la pression artérielle en continu. Seulement quelques mois plus tard, des tests cliniques permirent la détection d'apnées du sommeil chez des patients.

Là encore, notre projet dans les lacs d'altitude andins ne comportait aucun objectif médical quand il débuta, mais l'observation de changements physiologiques durant une exploration astrobiologique nous conduisit à contacter la communauté scientifique médicale, afin d'utiliser les données de notre projet pour l'amélioration de la santé publique. Je ne sais toujours pas pourquoi ma saturation en oxygène augmente après mes plongées en apnée en altitude, car, dans ce cas, nous nous sommes heurtés à un problème d'échantillonnage et de protocole d'expérimentation. Il nous aurait fallu faire monter un groupe très large de personnes au sommet du Licancabur et les faire plonger en apnée pour collecter des données statistiquement valables, ce qui n'était pas faisable. Cependant, ce que nous avons pu accomplir avec ces tests, aussi limités furent-ils, a contribué au progrès de la surveillance médicale.

Un autre exemple de cette connexion avec la médecine est notre recherche sur le rayonnement UV. Nous avons mesuré des anomalies négatives d'ozone considérables dans les Andes se traduisant par un index UV qui bat tous les records. Même sans ces anomalies, les sites que nous explorons ont un index UV hors normes. Les conditions naturelles extrêmes sont combinées à un changement climatique rapide dans cette région, ce qui stresse les organismes microbiens que nous étudions, qui n'ont pas d'autre choix que de s'adapter ou de disparaître. Ceux qui survivent ont développé une résistance naturelle aux rayons UV courts et à l'instabilité de l'environnement. Ces deux caractéristiques sont probablement héritées de traits génétiques ancestraux datant du début de l'histoire de la Terre, quand les conditions étaient semblables à celles de ces environnements extrêmes (et il est probable qu'ils sont réactivés dans ces micro-organismes aujourd'hui). Cette adaptation s'accompagne aussi d'une perte de biodiversité que nous avons pu constater en particulier au Licancabur, avec seulement quatre espèces représentant 30 % de la population bactérienne du lac. Bien que la vie soit très abondante dans le lac, elle n'y est pas *diversifiée*. Les espèces qui survivent sont remarquablement adaptables, comme en attestent leurs cladogrammes, ces diagrammes de la relation génétique entre espèces. Ces diagrammes montrent un taux élevé d'embranchements, ce qui s'explique à la fois par l'adaptation aux changements rapides des conditions physiques et chimiques du lac mais aussi par la parenté génétique entre les micro-organismes. C'est cette adaptation et cette capacité de survie au rayonnement UV court qui attirèrent l'attention des oncologues, et voici ce qu'une de mes collègues écrivit récemment dans un des rapports de notre projet de détection de biosignatures que nous remettons chaque année à la NASA : « La réplication fidèle de l'ADN est essentielle à la croissance et au développement d'un organisme. L'intégrité de l'ADN est constamment remise en question par les pressions de l'environnement. Si la dégradation ne peut pas être prévenue et les dégâts réparés, des mutations surviennent et conduisent éventuellement à des maladies. La capacité d'un organisme à réparer son ADN a été hautement conservée dans le temps. Par conséquent, l'étude de la dynamique évolutive des espèces microbiennes et zooplanctoniques colonisant des environnements extrêmes sous un rayonnement UV hors normes peut nous aider à mieux comprendre les maladies humaines. Plus spécifiquement, l'identification de stratégies proactives possibles, telles que les modifications de la machinerie qui aide à la réparation de l'ADN utilisées par les microbes pour s'adapter et survivre dans ces conditions extrêmes, peut fournir des informations sur les mécanismes de réparation de l'ADN qui pourraient être utilisés pour traiter ou empêcher le cancer. »

*

L'exploration spatiale et planétaire est omniprésente dans notre vie quotidienne, avec des applications qui vont du trivial à l'essentiel. Cependant, ce que cette exploration n'est pas, c'est une recette miracle ou une cure contre tous les maux de l'humanité, que nous

nous les infligions nous-mêmes ou que nous les subissions. Le débat actuel autour de la colonisation de Mars en est une illustration parfaite. Alors que nous commençons à imaginer pragmatiquement la colonisation humaine de Mars, un certain nombre de déclarations ont récemment été débattues. Si on exclut les agendas individuels qui transparaissent au travers de certaines interrogations, ces questionnements et leur résonance nous forcent à voir au-delà des avantages ou des inconvénients d'envoyer des humains sur d'autres planètes pour y rester. Ils nous donnent l'occasion de réfléchir à ce qui se passe réellement à cet instant de notre histoire, quand l'espèce la plus technologiquement avancée sur Terre est sur le point de devenir interplanétaire.

Les déclarations qui alimentent actuellement les conversations sur la colonisation de Mars peuvent être classées en trois catégories : les hyper-optimistes, les ultra-pessimistes, et les autres, y compris les indécis qui sont un peu agacés par l'idée mais sans trop savoir pourquoi. Pour certains, envoyer des humains sur Mars en nombre nous aidera à résoudre tous nos problèmes actuels. Pour eux, Mars est un nouvel Eldorado ! Malheureusement, un peu de réalisme sur la question montre qu'aller sur Mars ne résoudra aucun des problèmes fondamentaux auxquels nous sommes actuellement confrontés sur notre planète, au moins pour un certain nombre de générations. Généralement, ce détail est oublié dans la conversation. C'est sans aucun doute un slogan très accrocheur, mais il a autant de profondeur que l'atmosphère martienne aujourd'hui.

Si nous prenons l'exemple des problèmes engendrés par la surpopulation de notre planète, est-il vraiment possible que la colonisation de Mars nous aide à les résoudre comme certains le prétendent ? J'ai bien peur que non parce que, même si 1 million d'humains décidaient de partir pour Mars demain matin avant le petit déjeuner, cela ne changerait absolument rien à l'épuisement tragique des ressources imposé à notre planète par notre espèce. Nous serions toujours près de 8 milliards sur Terre et, si nous voulons nous attaquer au problème de la surpopulation et à notre impact désastreux sur la biosphère terrestre, il n'y a pas de solutions ou d'échappatoires faciles. Notre génération, et probablement quelques-unes après la nôtre, vont devoir se retrousser les manches et réapprendre rapidement quelques sagesses ancestrales. Un retour à un équilibre naturel, sans géo-ingénierie, demande que notre population soit environ la moitié de ce qu'elle est aujourd'hui. Elle demande aussi de complètement changer notre relation avec l'environnement. En soi, cela permettrait de résoudre de nombreux problèmes critiques, notamment l'épuisement des océans et des ressources terrestres. Mais si Mars est vraiment la solution, cela veut dire qu'il faut transférer environ 4 milliards d'êtres humains sur la planète rouge, ce qui revient à un exode planétaire qui n'est pas faisable à l'heure actuelle, même avec la technologie la plus avancée. Ce n'est pas du tout réaliste.

Coloniser Mars devra se faire par étapes. Aujourd'hui, nous ne comprenons pas encore très bien l'étendue de la logistique nécessaire pour cette colonisation, ou l'ensemble des ressources qui peuvent être extraites de Mars pour favoriser l'implantation d'une colonie. Nous commençons à peine à comprendre l'impact de la durée d'un tel voyage sur les organismes humains. À l'heure actuelle, nous avons un aperçu grâce à quelques décennies d'exploration robotique et de présence humaine en orbite terrestre. C'est un bon point de départ, mais ce n'est qu'un point de départ. Une découverte majeure au niveau des systèmes de propulsion pourrait amener un changement de paradigme, et c'est un domaine qui occupe beaucoup d'esprits brillants. On peut donc s'attendre à des avancées spectaculaires à n'importe quel moment. Plus rapidement nous pouvons couvrir la distance entre la Terre et Mars, moins le voyage sera dangereux pour les astronautes, et plus rapidement nous pourrons commencer à penser à développer des plans de colonisation.

Malgré tout, un nombre considérable de problèmes de logistique et de gestion devront être résolus pour pouvoir maintenir une première colonie sur Mars qui démarrera avec pratiquement rien. Les problèmes les plus cités sont généralement la nourriture et la santé, mais il y en a d'autres. Encore une fois, une découverte spectaculaire dans le domaine de la propulsion pourrait apporter une réponse à un certain nombre de ces questions et nous permettre de nous installer sur Mars plus rapidement. Mais nous n'en sommes pas là. Il y a encore beaucoup à faire avant que des moyens fiables d'extraction et d'utilisation des ressources martiennes puissent permettre l'établissement durable d'une colonie humaine.

Cependant, il faut bien commencer quelque part et c'est exactement ce qui se passe en ce moment. Il y a de la grandeur à être un tremplin vers les étoiles, parce que c'est exactement ce que notre génération représente. Pour le meilleur ou pour le pire, avec nos excès et nos défauts, si nous ne nous dissolvons pas dans les abysses du temps, les générations futures se souviendront de nous comme de la génération charnière. Ceux et celles qui ont ouvert les portes sur l'univers, permis à l'humanité non seulement de contempler le cosmos mais aussi de le toucher du doigt et de parcourir la beauté de ses paysages planétaires. L'humanité future se souviendra de nous comme d'une génération d'apprentis sorciers. Bien que nous ne puissions pas encore revendiquer le sommet, nous ouvrons la route à l'humanité future, de la même manière que les maîtres maçons mettaient leur fierté à creuser la fondation d'une cathédrale qu'ils ne verraient jamais finie de leur vivant. Alors, apporter sa pierre à l'édifice devenait la prière et le voyage devenait la destination. Il y a grandeur et grâce dans l'humilité.

Coloniser Mars demandera courage et sacrifices. Planter le drapeau ne sera qu'un début, pas une fin. L'heureux détenteur d'un aller simple sera sur Mars pour le restant de ses jours, pour y rester et faire de cette planète une nouvelle demeure pour l'humanité. Mais l'exploration humaine de Mars ne ressemblera en *rien* aux explorations qui l'ont précédée. Même échoués sur la plus petite des îles du Pacifique, nous sommes toujours sur Terre, avec une atmosphère respirable, dans un endroit où nous pouvons trouver de la nourriture, de l'eau et un abri. Échoués, peut-être, mais avec une vraie chance de survie. Sur Mars, finies les balades au bord de la mer, l'odeur de l'herbe après la pluie au moins pour quelques centaines ou milliers d'années, en fonction de la vitesse à laquelle nous pouvons terraformer la planète. Seule nous restera une vidéo sur un ordinateur, dans un habitat fermé et pressurisé, vivant avec les mêmes personnes jour après jour. Et là-haut, dans le ciel, ce point bleu pâle à peine plus gros qu'une étoile, c'est la Terre.

Encore une fois, je ne veux pas que ces pensées soient mal interprétées. J'irais sur Mars sans hésiter, ne serait-ce que pour parcourir ces paysages que j'ai étudiés au travers des images des rovers et des sondes orbitales. J'irais là-bas simplement pour tenir la promesse que j'ai faite à Spirit le jour où nous avons compris que nous ne pourrions pas la libérer de sa prison de sable dans les Columbia Hills. Ce jour-là, je lui ai promis qu'un jour nous la ramènerions à la maison, que ce soit sur Mars ou sur Terre, pour qu'elle réintègre sa famille humaine. J'irai sur la Lune, sur Mars et au-delà, et, si je ne peux pas le faire moi-même, je continuerai à travailler sans relâche pour que la génération suivante puisse faire le voyage. Mais il est aussi marqué au fer rouge dans mon âme que l'exploration ne doit pas être vendue comme une solution miracle, ou une échappatoire pour ceux qui veulent quitter cette planète parce qu'ils sont mécontents de la situation socio-économique et de celle de l'environnement, et préfèrent baisser les bras plutôt que d'essayer d'entreprendre quelque chose pour y remédier.

Je suis convaincue que Mars et la Lune seront colonisées de manière effective par étapes, à commencer par des missions successives temporaires qui permettront de transporter de l'équipement que les astronautes déploieront avec de rentrer sur Terre. Ces missions augmenteront de manière progressive la capacité de survie d'une future colonie, jusqu'à ce que nous ayons une meilleure compréhension des ressources de l'environnement martien et la technologie nécessaire pour commencer à transporter des populations plus importantes. C'est aussi pourquoi il est logique de commencer par la Lune. C'est là que nous apprendrons.

Nous commençons tout juste à comprendre ce que devenir une espèce interplanétaire demande, et nous ne nous débrouillons pas si mal. Il y a moins de deux cents ans, le moyen d'aller d'un point à un autre était le cheval le plus rapide que l'on pouvait s'offrir. Nous sommes à l'aube d'une merveilleuse exploration. Nous sortons de notre berceau et nous découvrons de nouveaux horizons planétaires. Avançons avec sagesse. Quelle que soit notre destination, on part toujours avec soi-même, et il serait préférable de le faire en tant qu'espèce responsable qui a appris à vivre en harmonie avec son environnement, plutôt que comme un essaim de sauterelles ravageant les champs planétaires sur son passage. Nous sommes au seuil du temps. Notre génération est confrontée à une crise globale. Nous devrions y voir notre plus grande chance de mûrir enfin en tant qu'espèce, une chance d'embrasser notre identité et nos responsabilités, au lieu de tenter de les fuir.

QUATRIÈME PARTIE

L'océan cosmique

Macario contemple les dômes érodés et les crêtes dans le champ de stromatolithes fossiles de Laguna Blanca.

19

La nature changeante de l'exploration

Les projets et les expéditions que je conduis avec mon équipe rassemblent des experts en sciences de la vie et en sciences de la Terre, en planétologie, en robotique, en intelligence artificielle, en microbiologie et en biotechnologie. Au cours du temps, quelques astronautes se sont aussi joints à nous. Nous essayons de répondre aux questions de la vie dans l'univers mais aussi aux défis que nous pose le changement climatique sur notre propre planète. C'est la force de l'astrobiologie, un pouvoir né de la combinaison de disciplines variées d'où découlent des synergies nouvelles et uniques. Pour en avoir bénéficié d'innombrables fois, je suis fermement convaincue que la découverte et l'innovation s'épanouissent à la croisée des disciplines, et ma formation double en sciences de la Terre et en sciences planétaires me permet d'embrasser cette multidisciplinarité naturellement. C'est une exploration qui me passionne, où je suis libre de relier les concepts d'une infinité de domaines scientifiques, d'en créer de nouveaux et d'élargir le champ d'exploration chemin faisant.

C'est dans cet état d'esprit que j'ai commencé à aborder l'exploration sous un nouvel angle il y a quelques années. Je ne voulais plus me cantonner seulement à créer des solutions pour répondre aux défis scientifiques et technologiques. Je voulais commencer à interroger les questions scientifiques elles-mêmes, la façon dont elles sont posées et comment nous les abordons. Je voulais passer plus de temps à comprendre comment refondre les cadres intellectuels pour faire avancer la recherche de la vie dans l'univers à la lumière des décennies passées d'exploration planétaire, des nouvelles découvertes scientifiques et des avancées technologiques.

Il est possible que mon éducation passée en philosophie et en épistémologie, qui était dormante depuis l'hypokhâgne, ait commencé à se réveiller à l'époque, mais le facteur déclenchant fut certainement une transition dans les objectifs des missions de la NASA. Après avoir passé des décennies à caractériser les environnements habitables dans le système solaire, l'agence spatiale allait désormais concentrer ses efforts sur la recherche de la vie. Le moment était venu de secouer l'ordre établi et deux domaines demandaient un examen plus approfondi.

Le premier domaine est celui de la mécanique de l'exploration. Il est centré sur *comment* nous nous lançons dans cette quête, en se concentrant sur les objectifs et les méthodes, les échelles spatiales et les résolutions spectrales nécessaires, les instruments, les technologies et les stratégies. Chercher la vie au-delà de la Terre demande des méthodes différentes de celles qui nous permettent de caractériser les environnements planétaires et l'habitabilité.

Le second découle logiquement du premier. Les méthodes d'exploration sont intimement liées à une compréhension de ce que nous recherchons. Il est donc impératif d'essayer de définir *l'objet de notre recherche* mais aussi d'identifier les lacunes dans les connaissances qui sont associées à cette quête.

Nous pouvons aborder cet aspect en répondant que nous cherchons la vie telle que nous la connaissons ou telle que nous ne le connaissons pas. Mais on se heurte toujours à une réalité brutale : alors que nous nous embarquons à la recherche de la vie dans l'univers, il n'existe aucune définition consensuelle de la vie sur notre propre planète. Nous pensons pouvoir reconnaître ses manifestations, et les chercheurs et les philosophes ont proposé de nombreuses définitions au cours des millénaires, mais aucune d'entre elles n'est complètement satisfaisante. Et toutes peuvent également décrire des processus qui ne sont pas biologiques.

Le problème fondamental ici est qu'il semble difficile de chercher la vie ailleurs si nous ne pouvons pas articuler clairement ce qu'elle est sur notre propre planète. Nous courons le risque d'accumuler des indices ambigus sans jamais pouvoir parvenir à une conclusion définitive. Nous en avons déjà eu quelques exemples avec les expériences biologiques de la mission Viking sur Mars, la météorite d'Allan Hills ALH 84001 et, plus récemment, la découverte de phosphine sur Vénus. Il est également vrai que nous pourrions aussi reconnaître la vie ailleurs sans avoir besoin d'une définition, par exemple au travers de la découverte de technologies extraterrestres. Cependant, à l'autre bout du spectre, les choses deviennent beaucoup plus compliquées quand on se rapproche de la transition entre la chimie prébiotique et la vie. Pour des planètes comme Mars, c'est un obstacle qu'il nous faut considérer.

Ces questions ne sont pas simples. Si elles l'étaient, elles auraient été résolues depuis longtemps. Aussi, aujourd'hui, nous naviguons toujours comme les anciens explorateurs, avec l'intuition que quelque chose existe au-delà de l'horizon. Nous ne savons pas exactement de quoi il s'agit, mais nous savons que sa découverte changera notre existence. C'est pourquoi l'heure est venue de hisser les voiles et de partir à la recherche de la vie dans l'univers. Même si nous n'avons pas toutes les réponses, certaines viendront probablement au cours de ce voyage d'exploration. Ce qui compte maintenant est de se mettre en route. Ici me revient en mémoire une autre citation de Carl Sagan illustrant à merveille cette pensée : « L'exploration est dans notre nature. Nous avons commencé comme des nomades et nomades nous restons. Nous nous sommes attardés suffisamment longtemps sur les rives de l'océan cosmique. Nous sommes enfin prêts à mettre le cap sur les étoiles. »

*

La question de l'origine et de la nature de la vie est l'exploration ultime. Répondre à cette question a le pouvoir de bouleverser tout ce que nous pensons savoir. Dans cette quête, il est possible qu'une grande partie des réponses que nous cherchons se trouvent dans le monde intérieur de nos esprits autant que dans la biologie elle-même, et ici il ne s'agit pas d'une simple métaphore philosophique. Je fais référence aux nombreuses avancées sur cette question qui sont faites à l'heure actuelle dans les domaines des neurosciences, de la cosmologie, de la physique quantique et de l'intelligence artificielle. Tous ces domaines apportent un éclairage nouveau sur la question elle-même, sur notre capacité à questionner et à expérimenter, mais aussi, en fin de compte, sur notre perception de ce qu'est la réalité.

Cette nouvelle direction représente une extension naturelle aux recherches que j'ai menées jusqu'à présent. Elle offre une perspective supplémentaire qui permet d'étudier l'exploration de manière différente, aussi bien pour la recherche de la vie simple que pour celle de la vie technologiquement avancée. Recadrer ces questions permet d'envisager de nouveaux domaines et de nouvelles méthodes d'exploration. En ce qui concerne la question de la vie elle-même, envisager les différents types de biologie que nous pourrions découvrir au-delà de notre planète est en soi absolument fascinant et continue de faire partie intégrante de ma recherche aujourd'hui. Mais je veux aussi essayer de contribuer à documenter l'autre question : « *Qu'est-ce que la vie ?* » Je ne suis pas biologiste, mais, comme je l'ai mentionné, plus la science progresse et plus les éléments d'une définition semblent provenir de domaines extérieurs à la biologie. J'espère simplement pouvoir apporter une petite pierre à cet édifice, et mes publications récentes ont certainement une nuance plus épistémologique dans cette direction.

À mon insu, un concours de circonstances allait me donner à partir de 2014 l'environnement nécessaire pour aborder ces questions. Pour commencer, il y eut la sélection de mon nouveau projet sur la détection de biosignatures par l'Institut d'astrobiologie de la NASA au mois d'octobre cette année-là. Puis, dix mois plus tard, en août 2015, ce fut ma nomination comme directrice scientifique du Carl Sagan Center for Research de l'Institut SETI. Les conditions étaient désormais réunies pour lancer de nouvelles directions de recherche, en combinant à la fois une approche empirique sur le terrain et le développement d'une vision stratégique pour les recherches scientifiques et l'exploration de l'institut.

Le projet soumis à l'Institut d'astrobiologie de la NASA était le fruit de plus d'une décennie d'analyses sur le terrain dans les Andes, explorant les extrémophiles et leurs habitats, une étude qui démontrait sans équivoque qu'on ne pouvait pas chercher la vie selon les mêmes méthodes que celles que nous avions utilisées pour caractériser les environnements habitables. Cependant, cette évolution ne me semblait pas apparente dans les stratégies d'exploration pour la mission martienne suivante, Mars 2020, dont le but est de chercher des biosignatures. Mon projet était focalisé sur Mars, non pas à cause de mes travaux antérieurs, mais tout simplement parce que Mars 2020 était la première mission planétaire dont les objectifs effectuaient cette transition entre milieux habitables et vie.

Le projet sélectionné en 2014 proposait de créer des méthodes d'intégration entre les données que nous possédons des missions passées et présentes avec celles dont nous avons besoin pour chercher des biosignatures sur Mars, et ces méthodes ne sont pas toujours les mêmes. C'était la thèse de la proposition de recherche faite à la NASA. La conception de la mission Mars 2020 était une suite logique de la mission Mars Science Laboratory. Cependant, des lacunes dans les données et dans les méthodologies d'exploration devaient être comblées si nous voulions avoir une chance d'aller au-delà de la conclusion que les briques de la vie sont présentes sur Mars, ce que nous savons déjà. Le projet allait se concentrer sur les méthodes de détection de la vie sur Mars, en assumant bien sûr qu'elle s'y est développée par le passé et qu'elle y est peut-être toujours présente. Pour comprendre le contexte du projet, il est nécessaire de faire d'abord un petit détour par Mars.

Contrairement aux idées reçues, la recherche de la vie sur Mars commence à peine. Certes, les deux atterrisseurs Viking en 1976 avaient à bord des expériences biologiques. Mais, encore aujourd'hui, leurs résultats restent contestés, bien que la majeure partie de la communauté scientifique soit convaincue qu'ils ne montrent que l'effet d'un environnement extraordinairement oxydant et non pas les effets de processus biologiques comme certaines des hypothèses le proposent. La nature de l'environnement martien était complètement inconnue à l'époque, la seule source d'information étant les sondes orbitales du programme Mariner et les télescopes terrestres. Il n'y avait donc rien qui pouvait aider la communauté scientifique à établir un contexte environnemental solide pour les expériences faites avec Viking, ou l'aider à démêler les origines possibles des résultats renvoyés par la mission. Ce fut une bonne leçon à la suite de laquelle la NASA conçut un programme intégré d'exploration dont le but était de caractériser avec autant de détails que possible l'environnement passé de Mars avant de tenter de chercher des traces de vie passée ou présente.

Durant les deux dernières décennies, la première question abordée fut de savoir si Mars avait été habitable pour la vie primitive telle que nous la connaissons. L'exploration commença par cette question simple qui fut la base d'une série de missions effectuées par les États-Unis et l'Europe à partir des années 1990. Elles permirent d'accumuler une connaissance solide de l'évolution de Mars, passée et présente. Le programme débuta avec Mars Global Surveyor et Mars Odyssey, deux sondes orbitales dont les objectifs étaient de comprendre l'histoire géologique et climatique de la planète. Une fois ces données en main, les sites d'atterrissage pour Spirit et Opportunity furent sélectionnés, les deux rovers apportant les preuves incontestables que les conditions favorables à l'apparition de la vie étaient présentes au début de l'histoire de Mars à Gusev et à Meridiani. En 2004, la mission Mars Express de l'Agence spatiale européenne (ESA) se joignit à l'effort depuis l'orbite. Depuis, des missions internationales telles que Phoenix, Mars Reconnaissance, Mars Science Lab avec le rover Curiosity dans le cratère Gale, MAVEN (Mars Atmosphere and Volatile Evolution) et InSight pour les États-Unis, ExoMars 2016-Trace Gas Orbiter pour l'Europe et MOM (Mars Orbiter Mission) pour l'Inde nous ont permis d'obtenir une connaissance beaucoup plus détaillée de l'évolution géologique martienne, sa minéralogie, sa composition, son atmosphère et son activité tectonique. Ce volume considérable de données nous a fourni des informations cruciales et quelques certitudes sur l'environnement passé. Par contre, nous ne savons toujours pas si ces environnements habitables furent un jour occupés par des organismes vivants et c'est cette question qui est explorée par le rover Perseverance et un rover chinois, alors que la mission de l'ESA se joindra à cette quête avec le rover Rosalind Franklin en 2023 après un décollage retardé.

Les conditions favorables à l'apparition de la vie sur Mars (telle que nous la connaissons) furent de relativement courte durée. Mars perdit son champ magnétique et son atmosphère de bonne heure. À la même époque, les algues bleu-vert commençaient à laisser des fossiles sur Terre, il y a environ 3,5 milliards d'années. Cette observation seule donne une importante indication : si la vie s'est développée sur Mars, elle est demeurée microbienne dans le meilleur des cas et a été marquée par l'évolution particulière de son environnement. Par comparaison, la vie sur Terre, qui a bénéficié de sources d'énergie et de niches écologiques pratiquement infinies au cours de ces derniers 4 milliards d'années, est passée d'organismes simples à une vie multicellulaire complexe il y a seulement 800 millions d'années. La première trace fossile d'un organisme complexe date de 540 millions d'années durant l'explosion cambrienne, une période géologique où la vie animale apparut et se dispersa sur l'ensemble du globe. Quand on considère la biodiversité remarquable et les myriades de niches écologiques sur notre planète, il paraît impensable que la vie soit restée extrêmement simple pendant pratiquement 88 % de l'histoire de la Terre. Cela nous donne un point de référence pour Mars.

Aussi, bien que l'environnement fût plus favorable sur Mars au début de son histoire et qu'il présentât des ressemblances avec la Terre, Mars ne fut jamais une planète jumelle de la Terre. Elle fut toujours plus éloignée du Soleil, elle a aussi une plus grande variation dans ses cycles climatiques, une masse et une gravité plus faibles, pour ne citer que quelques facteurs. Son champ magnétique, son atmosphère et l'eau en surface disparurent moins d'un milliard d'années après sa formation. Bien que la mission InSight ait découvert que le champ magnétique était probablement plus de 10 fois plus fort qu'on ne l'estimait auparavant et qu'il ait pu durer plus de 300 millions d'années de plus que ce que les modèles précédents proposaient, il ne fut jamais assez robuste pour empêcher l'atmosphère d'être érodée par le vent solaire. D'un autre côté, un champ plus fort aurait certainement pu mieux protéger la surface et, en fonction des scénarios proposés pour une origine de la vie sur Mars, cette découverte peut avoir des répercussions positives sur l'évolution de la biodiversité et sur les possibilités de dispersion de cette vie tôt dans l'histoire de la planète.

L'hypothèse de l'existence d'un océan sur Mars entre 3,7 et 3,5 milliards d'années est appuyée par l'observation. Un océan aurait pu protéger une vie primitive contre l'hostilité grandissante de l'environnement. À la même époque, les volcans géants de Tharsis et d'Elysium avaient commencé à se former à l'équateur, à proximité de l'océan, et à la limite du plateau et des plaines du nord. Compte tenu des failles et des fractures qui s'étendent depuis ces édifices jusque dans les plaines, il est plus que probable que des sources hydrothermales (l'équivalent des fumeurs noirs et des fumeurs blancs terrestres) aient été présentes sur le fond océanique martien. Mars avait déjà 1 milliard d'années quand cet environnement existait, ce qui est tard quand on considère l'évolution de la vie sur Terre, où de nouvelles études suggèrent qu'elle aurait pu apparaître durant l'Hadéen il y a 4 milliards d'années.

L'idée qu'un océan plus ancien ait pu exister sur Mars entre 4,2 et 4 milliards d'années a aussi été proposée par quelques études dont les conclusions sont encore débattues aujourd'hui. Si c'est le cas, cet océan aurait donné un environnement très proche de celui de la Terre où la vie aurait pu avoir le temps de se développer loin des conditions hostiles de la surface, mais aussi de plus grandes chances de se disperser et de s'adapter. Les traces de cette époque géologique ancienne ont été en grande partie brouillées par le bombardement intense d'astéroïdes et de comètes. La reconstitution des évènements est souvent difficile et fragmentée. Mais, même si l'existence de cet océan ne peut pas être prouvée (ou s'il n'a pas existé), d'abondantes observations démontrent sans l'ombre d'un doute que des grands lacs et des mers intérieures existaient sur le haut plateau de l'hémisphère sud martien il y a 3,9 à 3,8 milliards d'années. L'énergie dégagée par l'impact des astéroïdes et des comètes entretint des systèmes hydrothermaux qui auraient pu fournir l'énergie ainsi que les nutriments nécessaires à des organismes vivant dans ces lacs.

Si la vie s'est développée tôt mais ne s'est pas adaptée au changement climatique majeur que Mars traversa il y a 3,5 milliards d'années, alors elle disparut rapidement. Cependant, quand on considère l'adaptabilité de la vie sur Terre, le scénario le plus plausible est que les espèces qui pouvaient évoluer ont migré sous la surface et ont développé des métabolismes lents leur permettant de survivre quand les ressources étaient disponibles. Au vu des données que nous avons à notre disposition aujourd'hui, et de mon expérience dans les milieux extrêmes terrestres, je suis convaincue que si la vie s'est développée sur Mars elle est toujours présente et la probabilité pour qu'elle se soit développée est très forte. Il est aussi possible que cette vie n'ait jamais eu aucune interaction avec la surface mais qu'elle soit demeurée à l'abri en profondeur depuis le moment de sa formation. Le système solaire était un endroit dangereux dans son premier milliard d'années d'existence, absolument partout, y compris sur Terre. Il n'y avait véritablement aucun abri possible à la surface. Peut-être que la vie sur notre planète a survécu parce qu'elle était protégée en profondeur dans l'océan, ou bien sous la surface dans des environnements hydrothermaux, et parce qu'elle n'avait pas besoin de l'énergie du Soleil pour survivre. De tels environnements auraient protégé des organismes primitifs sur une planète dénuée d'une couche d'ozone et – au moins pour la vie au fond des océans – contre les astéroïdes et les comètes qui traversaient le système solaire alors, impactant la Terre avec une très grande fréquence.

Le fait que les missions martiennes aient découvert les briques de la vie en abondance (carbone, hydrogène, azote, oxygène, phosphore et soufre) et des molécules organiques est un premier pas important. De plus, même si elles n'étaient pas complètement semblables au début de leur histoire, la Terre et Mars possédaient des similitudes que l'on peut encore examiner et comparer à ce jour à travers l'étude d'environnements terrestres extrêmes et des données des missions martiennes. Ces similitudes permettent d'envisager que certains effets rétroactifs entre l'environnement et la vie aient été comparables d'une planète à l'autre, ce qui pourrait nous permettre d'en reconnaître les signatures.

Mais, comparée à la Terre, Mars a toujours eu des ressources plus limitées pour la vie, avec des changements climatiques bien plus fréquents dont la magnitude dépasse de beaucoup ce que la

Terre a connu, même dans les cas extrêmes. Quand tout cela est pris en compte, y compris le temps qu'il a fallu à une vie complexe pour voir le jour sur Terre, ma prédiction est que, dans le meilleur des cas, nous trouverons une vie primitive sur Mars. Seuls des fossiles seront découverts à la surface alors que la vie a probablement perduré sous la surface. Cependant, et contrairement à ce que beaucoup pensent, l'étude des extrémophiles terrestres me fait penser que nous n'aurons pas besoin de creuser trop profondément pour la trouver.

*

L'une des grandes inconnues est de savoir quelle quantité de biomasse (l'ensemble de la matière organique) aurait pu être produite par une vie primitive martienne. Sur notre planète, la tectonique des plaques et l'érosion ont recyclé la majorité des roches anciennes et effacé la plupart des traces d'organismes vivants de ces époques reculées. Aussi, nous manquons d'un point de référence solide. De plus, la question n'est pas d'évaluer seulement la quantité de biomasse produite mais aussi le pourcentage qui fut conservé et pourquoi. Certains environnements et processus sédimentaires, de même que des changements physiques et chimiques qui se produisent lors de la formation de roches sédimentaires, sont plus à même que d'autres de préserver les fossiles. En somme, il faut non seulement que suffisamment de biomasse ait été produite initialement pour pouvoir en retrouver les traces 4 milliards d'années plus tard, mais il faut aussi qu'elle ait été préservée par le temps.

Si une quantité suffisante a survécu à la dégradation, à l'exposition au rayonnement ultraviolet, au rayonnement cosmique et à la destruction physique et chimique, la diversité des signatures qu'une vie primitive aurait pu laisser derrière elle pourrait inclure des structures d'accrétion montrant l'interaction entre la vie et son environnement, les stromatolithes étant un exemple. Des fossiles d'organismes primitifs pourraient être encapsulés dans des minéraux et des cristaux. La vie modifie aussi les minéraux avec lesquels elle interagit ainsi que la morphologie et la topographie des espaces qu'elle occupe. Cependant, ces traces pourraient être beaucoup plus complexes et bien plus ambiguës. Tout cela fait partie de la gamme de signatures (parmi d'autres) que l'on peut essayer de décrypter et des pistes que nous pouvons suivre dans cette exploration.

Il serait certainement préférable de découvrir ces biosignatures dans leur contexte géologique et stratigraphique, et non pas isolées dans le paysage et trouvées au hasard d'un tour de roue de rover. Un scénario possible illustrant ce cas est celui d'une roche éjectée par un impact d'astéroïde qui atterrit à des dizaines ou des centaines de kilomètres de son point d'origine. Ce genre de découverte laisse peu d'indices quant à l'environnement d'origine et un sérieux travail de détective à accomplir avec des données orbitales. Cela dit, ce scénario est équivalent à celui de la découverte du fossile faite avec le rover Nomad dans le désert d'Atacama en 1997. Bien qu'elle fût complètement fortuite, la seule chose qui importa dans les annales est que pour la première fois une équipe utilisant un rover avait découvert un fossile de micro-organisme. Une telle découverte sur Mars serait extraordinaire mais un manque de données contextuelles pourrait limiter ce que nous pourrions apprendre sur le type d'environnement dans lequel cet organisme s'est développé, et quand il a vécu. Et on peut s'attendre à des variations dans les systèmes d'adaptation de la vie, car, même si les environnements terrestre et martien présentaient des similitudes, ils avaient des différences importantes. Par exemple, Mars fut caractérisée par la disparition rapide de son atmosphère et de son champ magnétique, et par une plus grande variabilité climatique. Ces facteurs forcèrent probablement une vie hypothétique à s'adapter à la perte d'eau en surface et à une exposition grandissante aux rayonnements ionisants.

Si nous considérons maintenant l'évolution de l'environnement martien dans son ensemble, on peut essayer de faire une esquisse (parmi d'autres possibles) d'un micro-organisme au début de l'histoire de Mars. Tout d'abord, la devise de la vie sur Mars aurait pu être « S'abriter, s'adapter et survivre ». Pour tirer parti au mieux de ressources limitées et de l'énergie, et augmenter ses chances de survie dans un milieu qui devenait de plus en plus extrême, cet organisme aurait été petit, vivant probablement en symbiose avec d'autres microbes et ayant une gamme de mécanismes d'adaptation comparable à celle d'un couteau suisse. Sur Terre, par exemple, certains organismes qui sont adaptés à l'aridité et aux environnements à forte concentration en sel montrent aussi une résistance exceptionnelle au rayonnement UV et nous ne savons pas pourquoi. Si la vie a vu le jour sur Mars et qu'elle a séjourné pendant quelque temps (à l'échelle géologique) à la surface, alors elle a probablement donné naissance à des super-extrémophiles ultra-adaptables. Si, par contre, elle n'a jamais eu aucun contact avec la surface, il se peut qu'elle ait préservé des traits ancestraux robustes sans grandes modifications au cours du temps.

Avec le changement climatique et le déclin global des conditions favorables, les îlots de résistance de la vie en surface auraient été des oasis isolées et dans ce cas l'exploration devient beaucoup plus compliquée. L'exemple des milieux extrêmes terrestres montre que ces oasis microbiennes sont localisées là où les besoins métaboliques des micro-organismes sont satisfaits. Ces oasis sont souvent à l'échelle d'un simple changement de pente dans la topographie, d'une texture sédimentaire, de minéraux spécifiques ou d'une géochimie particulière, d'une modification locale du taux d'humidité ou de la température, d'un abri contre les rayons ultraviolets ou d'une combinaison de tous ces facteurs et bien d'autres. Ces oasis peuvent parfois être à l'échelle du micromètre ou même plus petites, comme une fissure dans un cristal qui ne peut être vue qu'au microscope. Elles peuvent être plus étendues aussi mais plus l'environnement devient extrême et plus elles ont tendance à être isolées et petites et, par bien des égards, Mars était déjà devenue un environnement super-extrême il y a 3,5 milliards d'années comparée à n'importe quels standards terrestres. C'est là que les méthodes d'exploration des dernières décennies ont besoin d'être révisées, et c'est la raison pour laquelle j'ai proposé ce nouveau projet à l'Institut d'astrobiologie de la NASA.

*

Le premier problème auquel nous sommes confrontés est qu'une grande partie des données disponibles proviennent de sondes orbitales. Bien que la résolution des images soit désormais remarquable, elle n'est toujours pas suffisante pour permettre de localiser d'anciens microhabitats. Les données à très haute résolution sont disponibles depuis la surface avec les rovers mais, dans leur cas, le second problème, comme le montrent les milieux extrêmes sur Terre, est la dispersion des oasis dans les derniers stades d'habitabilité, leur petite taille et une grande dépendance aux microclimats. Bien que des tendances puissent exister, ce que nous apprenons avec l'exploration d'un site d'atterrissage n'est donc pas forcément applicable à un autre en raison de variations locales de la géologie, du climat, des processus sédimentaires ou de n'importe quel autre paramètre qui a une influence sur le développement des microhabitats.

Sur Terre, l'écologie microbienne réalise des études pour comprendre ce qui détermine la distribution et l'abondance de ces microhabitats. Cela nécessite d'être littéralement assis sur place pour cartographier parfois pendant des jours ou des semaines au même endroit, et c'est là que survient un autre problème possible. Dans ce cas, en plus d'une question de seuil de détection, nous sommes confrontés à un choix de stratégie d'exploration. Des rovers comme Perseverance pour Mars 2020, ou bien Rosalind Franklin pour l'ESA, sont conçus pour couvrir des distances et non pas pour rester sur place, bien qu'ils puissent faire des arrêts réguliers pour permettre l'intégration de données pour leurs instruments. Mais la raison pour laquelle une mission choisit d'utiliser un rover plutôt qu'un atterrisseur est généralement dictée par le besoin d'explorer des terrains divers et des unités géologiques variées en âge et en composition. C'est essentiel pour multiplier les chances de trouver un milieu ancien où des biosignatures auraient pu être préservées, mais cela va à l'encontre de la recherche méthodique des biosignatures qui est en grande part laissée au hasard.

Le projet proposait donc de développer des solutions afin de remédier à ces problèmes pour des missions comme celle de

Mars 2020. Aussi nous sommes retournés dans les Andes, y compris dans les régions de nos sites d'étude précédents, tout en ajoutant de nouveaux sites. Nous avons utilisé l'imagerie orbitale qui couvre ces régions avec une échelle spatiale et une résolution spectrale équivalentes à celles disponibles pour Mars. Nous avons déployé au sol des instruments semblables à ceux qui sont à bord du rover Perseverance, et utilisé des drones pour combler les lacunes d'information entre la surface et l'orbite. L'un de nos objectifs était d'essayer de suivre les indices de la présence des microhabitats et des microorganismes depuis l'orbite jusqu'à la surface. Cette méthode permet ensuite d'identifier des indices similaires ailleurs dans la région explorée et, ce faisant, aide à la mise en place d'une exploration systématique plus précise pour un rover.

Une direction complémentaire de recherche est celle des seuils de détection et d'identification, qui sont les échelles spatiales et les résolutions spectrales minimales qui permettent de détecter ces microhabitats et d'identifier leur nature au travers des différentes bases de données qui sont collectées. C'est un domaine dans lequel nous avons fait beaucoup de progrès ces cinq dernières années et, avec l'appui de l'intelligence artificielle, les résultats sont très prometteurs. Mais la piste de recherche qui personnellement me passionne le plus est celle qui nous a révélé la distribution fractale des microhabitats en milieux extrêmes.

L'un de nos résultats les plus étonnants fut de démontrer que la distribution des microhabitats suit des schémas répétitifs dans le paysage et c'est un résultat qui peut être important pour la recherche des biosignatures dans le système solaire et au-delà. Ces schémas de distribution varient selon les espèces, mais ils sont répétitifs pour une espèce et un environnement donnés et à des échelles variées, ce qui permet de prédire où les biosignatures se trouvent dans le paysage. La reconnaissance de formes et de schémas est un domaine où l'intelligence artificielle excelle et c'est pour cela que nous approfondissons notre recherche sur ce sujet à l'heure actuelle, en espérant pouvoir produire des algorithmes de détection automatique pour l'exploration planétaire. Tout comme les déséquilibres thermodynamiques, ces schémas fractals peuvent être considérés comme faisant partie de la panoplie de ce qui est désormais défini sous le terme de « biosignatures agnostiques », c'est-à-dire des schémas qui représentent les processus d'une vie, qu'elle soit connue ou non. Bien que tous les déséquilibres thermodynamiques et tous les schémas naturels ne soient pas d'origine biologique, leur détection doit faire l'objet d'une analyse plus approfondie. La recherche de biosignatures agnostiques est universellement applicable, dans le sens littéral du terme, du système solaire aux exoplanètes.

Le développement de méthodes d'exploration et de détection universelles est une étape essentielle au stade où nous nous trouvons de l'exploration. Mars est seulement notre première destination. D'autres missions vont nous faire découvrir bientôt Europe et Titan. Une mission vers Encelade est pratiquement une obligation sur le moyen terme. Cette petite lune est bien trop active pour être ignorée. Propulsant des molécules organiques dans l'espace avec ses geysers, elle nous implore pratiquement de venir les échantillonner. Ces mondes glacés sont situés dans le système solaire extérieur, bien plus loin du Soleil et dans un voisinage planétaire complètement différent. Aussi, s'il y a de fortes chances pour que Mars et la Terre aient échangé des matériaux au début de leur histoire, la probabilité que ces mondes glacés aient eu des échanges similaires avec les planètes du système solaire intérieur comme Mars et la Terre est beaucoup plus faible. Il s'ensuit que, s'ils ont développé la vie, c'est probablement une vie différente, une seconde « genèse » physico-chimique, ce qui rend leur exploration particulièrement passionnante.

*

Chercher la vie sur des mondes au-delà de la Terre demande de les considérer comme des biosphères possibles, ce qui nous permet d'aborder des questions fondamentales, à commencer par la structure et la nature de ces éventuels écosystèmes extraterrestres et les facteurs qui dominent et façonnent leur évolution au cours du temps. Avec ces questions, nous abordons l'architecture environnementale et biologique de ces biosphères hypothétiques.

Dans le système solaire externe, le rayonnement des géantes gazeuses est mortel, ce qui est une première limite : la vie ne peut pas survivre à la surface des lunes qui orbitent ces planètes. Si elle existe, c'est à l'intérieur de la croûte glacée et/ou dans des océans intérieurs. La géologie, la minéralogie et la structure de ces lunes nous donnent des indices sur la diversité probable d'habitats pour la vie, leurs limites et leur connectivité. Elles nous renseignent aussi sur le milieu physico-chimique et la texture possible des sédiments et des glaces. La connectivité entre les habitats est un facteur important en écologie car elle favorise la dispersion des espèces et leur diversification, deux façons d'augmenter les chances de survie. Elle permet aussi d'accéder à davantage de sources d'énergie.

Le Soleil étant loin et la vie ne pouvant pas survivre en surface, l'énergie nécessaire au métabolisme d'organismes sur ces mondes doit être extraite depuis l'intérieur et peut être produite de différentes façons. Par exemple, les marées gravitationnelles de Jupiter et de Saturne déforment sans relâche la croûte de ces lunes suivant des cycles journaliers et fracturent leur surface. L'énergie interne engendrée par ces marées permet la fonte d'une partie de la croûte de glace et rend aussi possible la formation de sources hydrothermales. Des milieux similaires sont considérés comme l'un des berceaux probables de la vie sur notre propre planète. Mais ce n'est pas la seule source d'énergie possible.

Sur Terre, la vie microbienne qui existe à des kilomètres sous la surface n'utilise pas la photosynthèse comme source d'énergie. Elle utilise l'énergie produite par la radiolyse, un processus qui dissocie les molécules grâce au rayonnement ionisant. Ce processus ne demande aucun contact avec la surface et provient de la radioactivité naturelle des roches. La radiolyse peut aussi être produite par l'interaction du rayonnement cosmique galactique avec la surface gelée des lunes. Les nutriments générés par ce processus peuvent atteindre les habitats souterrains (et sous-marins) grâce aux systèmes de fractures et de failles dans la croûte. Ce type de radiolyse est une découverte récente qui a une signification importante pour l'astrobiologie. Elle donne un nouvel élan à l'ancienne théorie de la panspermie, car elle peut être activée sur n'importe quel monde où la glace est présente en surface (planète, lune, comète, astéroïde) et peut se produire n'importe où.

Une biosphère est également affectée par les variations du milieu ambiant à court et moyen terme, avec des conséquences sur les caractéristiques physiques des microhabitats et leur évolution. Les forces de marées imprimées par les géantes gazeuses sont un exemple de variabilité et de cyclicité induites par la gravité. Comme ces forces sont omniprésentes, on peut supposer qu'elles jouent un rôle primordial dans la distribution et l'évolution des habitats pour la vie, mais aussi dans les mécanismes rétroactifs d'un écosystème où les marées gravitationnelles, les habitats et l'activité métabolique sont probablement intimement liés les uns aux autres.

C'est ainsi que, comme nous le faisons pour Mars, nous pouvons commencer à développer des éléments de modèles d'écosystèmes pour les lunes glacées de Jupiter et de Saturne. Peu importe si, à la façon de Titan, le milieu physico-chimique nous est complètement étranger. Les principes fondamentaux sont universels et demandent une approche holistique. Les données que nous avons grâce aux anciennes missions dans le système solaire externe et celles que nous obtiendrons bientôt avec des missions comme Europa Clipper (NASA) et JUICE (ESA) nous permettront de développer des modèles plus précis et de créer des algorithmes qui nous aideront à produire des théories sur des voies de coévolutions plausibles entre la vie et de l'environnement pour ces mondes.

*

Notre génération a ouvert une voie fabuleuse qui continuera d'apporter son lot de découvertes exaltantes et des visions d'horizons planétaires illimités. Nous pouvons contempler avec émerveillement le chemin parcouru et, bien qu'il nous faille encore compléter notre connaissance de l'arbre de vie terrestre, nous avons commencé à explorer la possibilité d'un autre arbre de vie bien plus étendu encore dans le système solaire. En effet, quelles que soient les formes nouvelles de vie que cette exploration puisse révéler un jour, elles feront partie de notre famille, une famille littéralement née sous le même Soleil il y a 4,5 milliards d'années, dans un petit archipel planétaire au cœur d'un océan cosmique.

Nous ne savons pas encore où et combien de fois la vie est apparue ailleurs dans le système solaire, ou si même elle est apparue, mais nous pouvons théoriser à la lumière de ce que nous avons appris jusqu'à présent grâce à l'exploration du système solaire et à celle des milieux extrêmes terrestres.

En principe, il pourrait y avoir eu autant de genèses uniques que de mondes capables de développer une coévolution et, avec ce que nous savons aujourd'hui, cela représente déjà un nombre considérable de possibilités. Mais, bien sûr, c'est un cas extrême. À l'autre extrême, il est aussi possible que seule la Terre ait développé une biosphère. La réponse se trouve probablement à mi-chemin, et là les choses peuvent devenir rapidement très complexes.

Il existe de nombreux modèles aujourd'hui qui tentent d'expliquer l'origine de la vie mais, si nous voulons étendre le concept d'un arbre de vie à l'ensemble de notre système solaire, alors tous ces modèles peuvent probablement être réduits à trois scénarios *principaux*. Dans le premier, la vie se développe sur un monde et y reste. Dans le deuxième, la vie démarre sur une planète et est exportée sur une autre grâce au mécanisme d'échange planétaire produit par de larges impacts d'astéroïdes et de comètes éjectant des débris dans l'espace. Quand ce matériel parvient à la surface ou dans la subsurface d'une autre planète dont le milieu présente suffisamment de similitudes avec l'environnement d'origine pour être habitable, la vie peut alors avoir une chance de s'y implanter. Les échanges entre la Terre et Mars pourraient avoir créé un scénario de ce type tôt dans l'histoire des deux planètes, l'échange ayant pu se faire dans les deux directions. Le troisième scénario est celui de la panspermie qui aurait pu jouer le rôle d'un agent d'ensemencement des « briques de la vie » grâce aux comètes et aux astéroïdes, leur composition dépendant de leur région d'origine dans le système solaire. La biodiversité résultante des mondes ensemencés dans ce cas pourrait être le reflet de l'évolution de leur environnement planétaire. Il est aussi possible que ces trois scénarios ne soient pas exclusifs les uns des autres.

La possibilité de l'existence d'un arbre de vie étendu au système solaire, et sa complexité, résident dans la réponse aux questions suivantes. Premièrement, des échanges de matériaux ont-ils eu lieu dans le système solaire interne ? Les météorites martiennes découvertes sur Terre sont la preuve qu'ils ont eu lieu au moins dans une direction. Deuxièmement, ce type d'échanges s'est-il produit dans le système solaire externe ? Nous ne le savons pas encore mais la découverte récente de fragments de l'astéroïde Vesta sur l'astéroïde Bennu montre que c'est un processus universel et qu'il a aussi lieu sur des objets de toutes tailles. La panspermie est-elle véritablement un vecteur de distribution de la vie – ou des briques de la vie ? Là aussi, des découvertes récentes ont ravivé cet ancien concept, et la possibilité semble plus réelle aujourd'hui. Il reste encore à comprendre si ce mécanisme produit un vecteur universel ou accidentel de la dispersion de la vie.

Si tous les processus mentionnés ici peuvent agir de conserve, l'héritage biologique du système solaire pourrait être celui d'une famille beaucoup plus proche que nous ne l'imaginons à l'heure actuelle. La découverte de la première biosignature en dehors de la Terre éclairera ces questions, des questions qui peuvent aujourd'hui être étendues aux systèmes extrasolaires. Mais, pour le moment, les exoplanètes sont trop loin et doivent être explorées à distance avec des télescopes terrestres ou spatiaux. Bien qu'aucune de ces exoplanètes ne soit à la portée de nos vaisseaux spatiaux à l'heure actuelle, leur découverte représente toutefois un tournant décisif en astrobiologie. Elle permet d'élargir notre galerie d'environnements avec des planètes et des climats que nous n'aurions jamais pu imaginer auparavant.

Les informations qui peuvent être extraites de quelques pixels dans l'image d'une planète située à des années-lumière de la Terre nous donnent aussi des indications sur son atmosphère dont l'analyse spectrale permet de chercher des signatures possibles de la vie qui pourraient s'y trouver. La position et le mouvement de ces exoplanètes autour de leurs étoiles nous informent sur l'étendue de la zone habitable, la température de surface et le climat probable de ces mondes. Combinés à l'analyse de la composition spectrale de l'atmosphère, ils nous renseignent aussi sur l'existence possible d'océans et de continents. Même si cela ne paraît pas beaucoup, c'est déjà suffisant pour commencer à modéliser des environnements sur des mondes extraterrestres distants que nous ne pouvons pas explorer en personne.

Cependant, là aussi, nous sommes confrontés à des problèmes similaires sur ce qui constitue une biosignature définitive. Dans le cas des exoplanètes, contrairement à Mars, il nous faudra encore beaucoup de temps avant de pouvoir rapporter un échantillon physique mais cela ne veut pas dire que nous ne pouvons pas réussir à distance. Le domaine de recherche des exoplanètes se développe à grande vitesse aujourd'hui et bénéficie d'innovations sans précédent pour améliorer les technologies de détection. Cette exploration oblige la communauté scientifique à se pencher sur les questions de l'identification et de la définition des concepts de biosignatures absolues, de biosignatures universelles et de biosignatures agnostiques, tout en avançant sur les méthodes pour les reconnaître à distance.

Ce domaine de recherche relativement récent implique également le développement de théories, de modèles et d'approches en laboratoire ou sur le terrain. Une partie de ce que nous faisons dans les milieux extrêmes terrestres s'intègre très bien dans cette recherche. Statistiquement, il est probable que la majeure partie des mondes habités ne soient peuplés que par une vie extrêmement simple plutôt que par des civilisations technologiquement avancées. Si nous pouvons apprendre à détecter l'interaction de cette vie simple avec leurs atmosphères planétaires, alors il se pourrait qu'un jour la recherche des exoplanètes illumine le ciel nocturne d'une infinité de mondes vivants. C'est l'un des développements les plus passionnants de ces vingt-cinq dernières années en astrobiologie, un développement qui a littéralement fait voler en éclats les limites de ce que nous pensions savoir sur l'évolution des environnements planétaires, et qui nous informe non seulement sur la diversité des mondes extraterrestres mais aussi sur comment le nôtre a vu le jour.

C'est ainsi que ces cinq dernières années la recherche sur les signatures de la vie et la nature fractale de la coévolution de la vie et de l'environnement a occupé mon temps en science et en technologie, mais, une fois encore, l'univers conspirait à mon insu.

Frank Drake rédigeant sa fameuse « équation » sur un des tableaux de l'Institut SETI. Cette formule qui porte désormais son nom représentait, à l'époque où il la conçut, une vision holistique pionnière de ce qui allait devenir l'astrobiologie quelques décennies plus tard.

20

Explorer, comprendre, expliquer

Ma nomination à la direction scientifique du Carl Sagan Center de l'Institut SETI survint peu après la sélection de notre projet d'astrobiologie. Elle allait donner une autre dimension à mon inclination naturelle pour les approches multidisciplinaires. La recherche de vie extraterrestre technologiquement avancée ajoutait une nouvelle perspective. En plus de créer sans relâche des nouvelles synergies avec mon équipe d'astrobiologie, j'allais devoir désormais aussi réfléchir à la direction à donner à la recherche de la vie au niveau d'un institut de plus de 100 chercheurs dont la mission est d'explorer, comprendre et expliquer l'origine et la nature de la vie dans l'univers et l'évolution de l'intelligence. Au travers de sa mission, l'Institut SETI aborde des questions telles que : « Qu'est-ce que la vie ? Comment a-t-elle démarré ? Sommes-nous seuls dans l'univers ? »

Cette recherche est guidée par l'équation de Drake, qui n'est pas vraiment une équation mais plutôt une formule donnant un cadre intellectuel et des arguments probabilistes pour réfléchir aux conditions nécessaires pour que la vie apparaisse dans l'univers et atteigne un stade de technologie avancée. L'un des facteurs de sélection pour les chercheurs qui veulent entrer à l'institut est de faire des recherches dans au moins un des paramètres qui composent l'équation de Drake :

$$N = R_* \cdot f_p \cdot n_e \cdot f_l \cdot f_i \cdot f_c \cdot L$$

où N est le nombre de civilisations avancées dans notre galaxie dont les émissions électromagnétiques sont détectables, R_* est le taux de formation de types d'étoiles pouvant créer les conditions pour le développement de la vie intelligente, f_p est la fraction de ces étoiles avec des systèmes planétaires, n_e le nombre de planètes parmi ces systèmes planétaires dont l'environnement permet à la vie d'apparaître, f_l la fraction de ces planètes sur lesquelles la vie apparaît, f_i la fraction de planètes ayant développé la vie sur laquelle une vie intelligente émerge, f_c la fraction de civilisations qui développent une technologie dont les signaux peuvent permettre la détection de leur existence dans l'espace, et L la durée pendant laquelle une telle civilisation continue d'émettre des signaux détectables dans l'espace.

L'élégance de l'équation de Drake réside dans sa flexibilité. Elle nous donne un outil quantitatif pour imaginer la vie dans l'univers. Lorsque Frank Drake créa cette formule en 1961, on ignorait encore beaucoup sur une grande partie des facteurs qui la composent. Les progrès de l'exploration spatiale et planétaire, l'exploration des environnements extrêmes sur Terre, la découverte d'exoplanètes, mais aussi des avancées dans des disciplines qui ne sont pas nécessairement liées à l'astrobiologie ont donné depuis plus de substance à un grand nombre d'entre eux. De plus, bien que l'équation soit conçue autour du concept de la vie telle que nous la connaissons, il suffit de modifier les paramètres d'une zone habitable pour l'adapter à des biochimies extraterrestres. Elle est parfaitement adaptée à la recherche de la vie telle qu'elle est poursuivie aujourd'hui, et nous offre un guide. Même lorsque l'on remet en question la définition de la nature de la vie, elle nous permet de quantifier l'étendue possible de sa diversité.

*

J'ai accepté la position, réservant la moitié de mon temps pour continuer la recherche active. La demande de mi-temps fut acceptée par Bill Diamond qui venait d'être nommé président et directeur exécutif (CEO) de l'institut tout juste quatre mois auparavant. Bill venait du monde de la technologie et de l'industrie et j'aimais sa façon de penser ainsi que la nouvelle énergie qu'il apportait. Je n'ai jamais reculé devant un défi ou devant la compétition, et cela représentait une occasion de continuer à me développer et à apprendre, d'ajouter une nouvelle perspective à ma vie et à ma recherche, et de faire la connaissance de gens nouveaux. C'était aussi une chance qui m'était donnée d'élaborer une nouvelle vision stratégique qui allait prendre en compte les progrès scientifiques récents dans la recherche de la vie dans l'univers, une vision stratégique alignée sur la mission de l'institut et ses priorités.

Tout en pensant à cette position, je me fis une priorité de rester une chercheuse active car je suis à un stade de ma vie où je sens une abondance de créativité en moi et il y a un nombre de domaines de recherche qui me passionnent, que je veux explorer et auxquels je veux pouvoir contribuer. Je dis souvent à qui veut l'entendre que je ne prendrai jamais ma retraite mais que c'est la vie qui finira par se lasser de moi, et ma curiosité sera la dernière à partir. Je pouvais déjà entrevoir comment rester une chercheuse active pourrait alimenter la nouvelle vision stratégique que Bill et moi avions pour l'institut, et je ne voulais pas me déconnecter de cette source. Jusqu'à présent, cela semble avoir été un choix judicieux.

Aujourd'hui, je considère qu'avoir accepté cette position est l'une des meilleures décisions de ma vie, mais cela ne s'est pas fait sans questionnement. Bien que je sois entrée à l'institut en septembre 1998, mes liens avec l'organisation étaient limités. J'étais sous contrat avec la NASA et mon bureau était à NASA Ames, où se trouvaient aussi la plupart de mes collaborateurs. Le fait de ne pas être citoyenne américaine dans les premières années m'empêcha de postuler à un emploi de fonctionnaire de la NASA, cela malgré les offres qui m'avaient été faites. En septembre 2006, un de mes collègues alla même jusqu'à m'attendre sur le parking de la Space Science Division à NASA Ames le jour même de ma naturalisation. J'étais devenue citoyenne américaine une heure auparavant et je rentrais à peine de la cérémonie. Il y avait une ouverture pour un poste à NASA Ames et il avait pensé à moi, disait-il, me parlant par la fenêtre ouverte de mon véhicule pendant que je finissais de me garer. Une autre offre me fut faite deux ans plus tard mais, dans les deux cas, mon enthousiasme pour un poste d'employée du gouvernement s'était considérablement refroidi, proportionnellement au fardeau administratif et aux contraintes de sécurité qui pesaient désormais sur les agences gouvernementales depuis les attaques terroristes du 11 Septembre. J'ai refusé ces offres et continué ma recherche à NASA Ames sous contrat, à environ 3 kilomètres à peine de l'Institut SETI, mais ne le visitant que très rarement.

Les choses commencèrent à changer en 2012. David Morrison, qui était alors le directeur scientifique de l'Institut SETI et titulaire de la chaire Carl Sagan, ainsi qu'Edna DeVore, la directrice de l'éducation, m'invitèrent à les rejoindre pour déjeuner à la cafétéria de NASA Ames. J'ai toujours eu la plus haute estime pour David et Edna et je suis toujours heureuse d'avoir une chance de les voir, mais je me demandais vraiment ce qu'ils pouvaient bien me vouloir. Durant notre conversation, ils me demandèrent si j'envisagerais de prendre la tête d'une équipe de chercheurs pour que l'institut puisse soumettre une proposition de projet de recherche à l'appel d'offres de l'Institut d'astrobiologie de la NASA qui devait être publié dans un avenir proche. Ces propositions de recherche pour cinq ans demandent une préparation intense et ne peuvent être comparées à aucun autre appel d'offres de la NASA. L'Institut SETI avait été sélectionné une fois en 2003 mais n'avait pas réussi à renouveler sa sélection en 2008, et ceux qui avaient dirigé les équipes avaient quitté l'institut depuis. En les écoutant, je me disais que l'institut devait vraiment être désespéré pour me faire cette demande, mais il était aussi vrai qu'à l'époque j'étais un choix assez logique, car j'avais postulé avec succès à de nombreux appels d'offres de la NASA dans le domaine de l'astrobiologie et dirigé de grandes équipes multidisciplinaires. Leur demande me fit réfléchir et Edna et David m'accordèrent un peu de temps pour y penser. Planetary Lake Lander et le second projet de David Wettergreen d'exploration du désert d'Atacama par un rover venaient à peine d'être sélectionnés. J'avais de nouveau largement de quoi m'occuper avec ces deux gros projets. Mais, fidèle à ma nature, je savais déjà quelle devait être la réponse. C'était une invitation que je ne pouvais pas refuser.

Je ne prenais pas vraiment de risques en acceptant. Mon financement était stable pour plusieurs années quoi qu'il arrive avec mes deux projets déjà sélectionnés. Je pouvais considérer la demande de l'institut comme une nouvelle opportunité, celle de concourir au plus haut niveau scientifique en astrobiologie et d'avoir une évaluation officielle. Ce serait une expérience positive, quel que soit le résultat. C'est ce qui me décida finalement à accepter. Quelques jours plus tard, après que j'eus recontacté David et Edna, Tom Pierson, le CEO de l'époque, me donna un bureau à l'Institut SETI. J'y vins une fois par semaine pendant quelques mois pour composer et organiser mon équipe, et pour préparer la proposition de recherche. Je préparais en parallèle la logistique de mon départ pour les Andes afin de déployer Planetary Lake Lander à Laguna Negra, mais, avec le soutien de mon équipe, notre lettre d'intention fut envoyée à temps et le développement de la proposition de recherche continua après mon retour des Andes.

Cette première proposition de recherche à l'Institut d'astrobiologie de la NASA ne fut pas sélectionnée mais sa préparation entraîna une réaction en chaîne qui allait avoir des conséquences importantes sur la direction de ma carrière quelques années plus tard. Pendant que nous la préparions, j'avais été amenée à collaborer avec des chercheurs de l'institut et j'avais réalisé alors à quel point nous partagions les mêmes questions et les mêmes préoccupations. Nous étions un groupe allant de l'avant et nous ne pensions pas que le simple fait d'énumérer ou de dénoncer les problèmes était très utile en soi, si ce n'est peut-être pour nous permettre de les identifier. Aussi nous avons décidé de réfléchir à la manière dont nous pourrions contribuer à améliorer la situation dans ce paysage incertain. C'est ainsi que chaque semaine, après avoir terminé le travail que nous avions pour cette première proposition de recherche, mon bureau devint une sorte de quartier général pour réfléchir à ces sujets et, pour je ne sais quelle raison, le groupe sembla penser que je devais également prendre la tête de cet effort. C'est durant cette période que j'ai commencé à organiser mes idées sur le papier. Je me suis concentrée sur ce qui pourrait faire que les chercheurs en viendraient un jour à considérer l'institut autrement que comme un lieu de gestion de leurs contrats. J'ai aussi pensé à nos aspirations en tant que chercheurs dans un institut avec un héritage unique, où croiser Frank Drake, Jill Tarter et Seth Shostak dans les couloirs et interagir avec eux lors de réunions ou dans la cuisine commune fait partie de notre vie quotidienne.

Cette première proposition de recherche n'ayant pas été acceptée par la NASA, je suis retournée à mon bureau de NASA Ames pour me concentrer sur mes deux autres projets. Puis 2014 arriva et l'Institut d'astrobiologie de la NASA publia un nouvel appel d'offres, ce qui amena un autre déjeuner avec Edna et David à la cafétéria de NASA Ames. Ils étaient encore prêts à me faire confiance pour ce nouvel appel. Bien qu'elle n'ait pas été retenue deux ans plus tôt, notre proposition de recherche avait reçu des évaluations encourageantes. J'ai accepté et, avec un peu plus d'expérience acquise durant notre première tentative, j'ai concentré notre nouveau projet sur la recherche des signatures de la vie sur Mars.

Je me mettais certainement un peu plus de pression sur les épaules pour réussir. Je savais qu'il serait plus difficile de me motiver pour une troisième tentative si nous n'étions pas sélectionnés cette fois. Mon instinct me disait aussi que le timing était parfait avec la préparation de la mission Mars 2020. C'était une opportunité unique de combiner les résultats de toute la recherche accomplie avec mes projets et ceux en collaboration avec David Wettergreen pendant la décennie précédente. Notre heure était venue. Nos concepts arrivaient à maturité et cela devint encore plus évident quand vint le moment de m'asseoir à mon bureau pour rédiger la proposition de recherche. L'équipe que j'avais assemblée était exceptionnelle. Tous étaient experts dans leur domaine et mon rôle était de concevoir le projet et de connecter les différentes expertises et les idées pour en faire un projet ayant une seule voix.

Le 20 février 2014, alors que nous étions dans les stades préparatoires, Tom Pierson décéda. Avec lui, l'Institut SETI venait de perdre un de ses pères fondateurs. Il était apprécié de tous et considérait tous ceux qui travaillent à l'institut comme des membres de sa propre famille. Son successeur fut David Black qui devint CEO de l'institut le 16 avril 2014. J'avais rencontré David à plusieurs reprises lorsque je me rendais à la conférence annuelle de Houston alors qu'il était directeur du Lunar and Planetary Institute entre 1988 et 2002 et nous nous entendions bien.

Notre proposition de recherche fut soumise au quartier général de la NASA le 29 avril 2014. Il n'y avait plus qu'à attendre. Il se passerait des mois avant que nous ayons une réponse.

Le 6 octobre 2014, j'étais à mon bureau de bonne heure. Des rumeurs avaient circulé la semaine précédente et nous nous attendions à recevoir la décision de la NASA. Il n'y avait que deux solutions : Mary Voytek, la directrice du programme d'astrobiologie à la NASA à Washington, appellerait les directeurs des équipes sélectionnées ; Carl Pilcher, le directeur de l'Institut d'astrobiologie de la NASA situé à NASA Ames, aurait pour tâche de contacter ceux qui n'étaient pas sélectionnés. Je connaissais la routine.

Ce lundi-là, j'étais de bonne heure à mon bureau et, quittant du regard mon écran pendant un instant, mon attention se tourna vers mon téléphone. Une fraction de seconde plus tard, sa sonnerie retentit. La pendule sur son cadran marquait 8 h 34. Je m'en souviens encore aujourd'hui, probablement parce que mon cœur bondit au même moment. Le numéro affiché indiquait l'indicatif (202). C'était Washington, un numéro typique du siège de la NASA. La décision, quelle qu'elle soit, m'attendait à l'autre bout du fil.

Je pris le téléphone et, après m'être calée dans ma chaise, je répondis. Je pouvais déjà entendre la voix de Mary à l'autre bout : « Finalement, une réponse ! J'ai déjà essayé d'appeler un bon nombre d'entre vous et je ne sais pas où ils sont tous passés, mais tu es la première à décrocher ! » Elle avait fait ses appels en fonction des fuseaux horaires et, bien sûr, la Californie était la dernière sur sa liste. Sa voix était joyeuse mais je n'étais toujours pas complètement sûre. Mary dissipa rapidement mes doutes. Nous étions sélectionnés. Elle fit beaucoup d'éloges sur le projet et me transmit ceux de Jim Green, le directeur de la division des sciences planétaires au siège de la NASA à l'époque. Tous deux pensaient que le timing du projet était parfait en prévision de la mission Mars 2020…

Cette sélection était un succès merveilleux pour notre équipe d'un point de vue scientifique et représentait aussi un important coup de pouce financier avec près de 8 millions de dollars sur cinq ans. Une douzaine de chercheurs de l'institut avaient une fraction de leur salaire couverte par le projet mais nous avions aussi 17 autres institutions qui collaboraient avec nous aux États-Unis et à l'étranger. Nous étions une *grande* équipe.

Quand Mary eut raccroché, je restai immobile dans ma chaise pendant un long moment. Petit à petit, une joie irrépressible commença à remplacer le choc initial. Vers 9 heures, j'avais suffisamment récupéré mes esprits pour commencer à rédiger un message aux deux David (Black et Morrison) et à Edna, puis un autre, cette fois à mon équipe. À partir de cet instant, ce n'était plus que pure joie. Lorsque je me rendis à l'Institut SETI un peu plus tard dans la journée, les sourires étaient sur tous les visages.

Après la sélection, j'ai continué de passer à l'institut une fois par semaine pour coordonner le projet avec mon équipe, ce qui me donna aussi l'occasion de discuter de structure et de directions scientifiques possibles pour l'institut avec David Black. Peu de temps après, David Morrison fut rappelé à NASA Ames. C'était un coup dur pour l'institut. David était l'un des fondateurs de l'astrobiologie et un fervent supporter de l'Institut SETI. Avec son départ, la chaire Carl Sagan était désormais vacante et il n'y avait plus de direction scientifique.

Au cours de mes conversations avec David Black, je lui avais fait part des préoccupations des chercheurs. J'avais aussi partagé des idées à explorer pour améliorer la situation et proposé les grandes lignes d'un plan pour aller de l'avant. Je pensais en particulier que l'institut à l'époque ne réalisait pas le potentiel extraordinaire de ce que j'appelais affectueusement un « bateau pirate » (de chercheurs) qui, s'il était correctement guidé, pouvait être transformé en une source inépuisable d'innovations multidisciplinaires. J'ai rédigé mes idées dans deux documents séparés entre décembre 2014 et janvier 2015, mais cela n'alla pas plus loin. Les préoccupations de l'institut semblaient ailleurs et aucune action concrète n'était décidée. Puis, quelques mois plus tard, David pensa que le temps était venu de nommer un nouveau directeur pour le Carl Sagan Center, mais il fut rappelé à Houston avant de pouvoir concrétiser son action. Edna interrompit sa retraite pendant cette deuxième transition pour prendre la direction de l'institut pendant environ un an. Elle avait une connaissance en profondeur des rouages de l'institut, une autorité naturelle, et elle était respectée de tous.

Personnellement, je ne voyais pas ce que je pouvais faire d'autre à ce stade. Il y avait bien plus que le centre de recherche à restructurer à l'institut. Le souci immédiat était sa stabilité financière et il n'y avait rien que je puisse faire à ce sujet. Je repris donc le chemin de NASA Ames avec, cette fois, la ferme intention d'y rester. J'allais diriger notre projet d'astrobiologie depuis mon bureau, là-bas, comme je l'avais déjà fait pour mes autres projets pendant dix-sept ans.

Cette décision dura le temps d'un week-end. À mon retour à NASA Ames le lundi suivant, une avalanche de messages m'attendait. Malgré tout, je pris le temps de tous les écouter, ce qui m'entraîna dans un certain nombre de déjeuners « d'affaires » cette semaine-là. Parmi ces invitations se trouvait celle de Bill Diamond. Je ne voyais pas très bien la raison pour laquelle il voulait me parler. Tout ce que je savais de lui, c'est qu'il était pressenti pour une position officielle dans l'un des conseils de l'institut du fait de son expertise et de son succès comme manager de compagnies technologiques. Je l'avais rencontré brièvement durant une réunion. Il s'était présenté et m'avait dit avoir apprécié ma conférence TED. Nous en étions restés là. Ce que je ne savais pas, c'est qu'on lui avait proposé depuis de prendre la direction de l'institut et de devenir son nouveau CEO. Malgré mes doutes, j'avais lu attentivement son message dont le contenu me paraissait raisonnable. De plus, il ne pouvait pas être tenu pour responsable d'une situation dont il avait hérité, et c'est ce qui me décida finalement à accepter son invitation.

Le jour suivant, je parcourus la courte distance entre NASA Ames et Xanh, le restaurant où Bill m'avait donné rendez-vous. J'avais sur moi les deux documents que j'avais préparés quelques mois plus tôt. Après avoir garé ma voiture près de la voie de chemin de fer, je pris la direction du restaurant tout en pensant à la rencontre. En fonction du déroulement de la conversation, soit je lui donnerais les documents sur lesquels j'avais travaillé, soit je les rapporterais avec moi à mon bureau où ils prendraient la poussière sur une étagère ou finiraient dans la poubelle la plus proche. Quoi qu'il en soit, ce serait ma dernière interaction avec l'institut.

Arrivant au restaurant, je vis Bill debout, regardant un match de baseball sur un grand écran de télévision accroché en hauteur sur le mur. Il m'aperçut et m'invita à une table. Notre conversation dura une heure et demie. J'étais surtout venue pour écouter. Pendant toute notre conversation, Bill me regarda droit dans les yeux. Il n'essaya jamais non plus de prétendre être ce qu'il n'était pas, mais décrivit simplement son expérience. Il était clair, lucide et clinique sur la situation de l'institut. Il paraissait avoir un plan. Bien que cela ne changeât rien à ma position sur la question, plus le temps passait et plus j'écoutais avec intérêt. Il s'attarda peu sur les problèmes mais il m'engagea dans la conversation en me faisant réfléchir à des solutions. C'est ainsi que tous les deux, à cette table, ce jour-là, nous avons commencé à échanger l'un avec l'autre comme si nous travaillions déjà ensemble. Il y avait vraiment quelque chose en lui à ce moment-là qui me faisait penser qu'il pouvait aider l'institut à sortir de son ornière.

Vers la fin du repas, Bill me dit quelque chose qui me fait toujours sourire aujourd'hui quand j'y pense : « Je ne vous demande pas de me faire confiance, je vous demande de me donner une chance de pouvoir me faire confiance. » J'ai simplement hoché de la tête en souriant et, alors que j'étais sur le point de me lever pour partir, je pris les deux documents dans mon sac ouvert et je les lui remis. Alors que je les lui tendais, je pensais véritablement que ce serait ma dernière contribution à la restructuration de l'institut. J'allais retourner à mon bureau à NASA Ames cet après-midi-là, et pour de bon. J'avais dit à Bill qu'il pouvait utiliser les documents s'il y trouvait quelque chose d'intéressant. Ça lui éviterait de partir de zéro. Il mit ses mains sur le dossier et me dit qu'il les lirait dans la soirée. Puis il me demanda si je pouvais passer à son bureau le jour suivant à l'institut pour en parler. J'ai distraitement répondu « oui ».

Le jour suivant, je suis allée retrouver Bill dans son bureau à l'institut. Il parla mais écouta aussi. Il apprenait vite. Une idée en amena une autre et cette réunion fut bientôt suivie par une autre le lendemain, puis une autre et, les jours passant, nos rendez-vous se succédèrent. Des présentations Powerpoint s'accumulaient sur les tables, ainsi que des documents imprimés portant nos notes en marge. Cette première réunion se transforma rapidement en un calendrier de deux ou trois sessions de travail par semaine, et cela pendant les trois premiers mois. J'ai profondément apprécié ces moments où nous combinions notre créativité pour concevoir l'avenir de l'Institut SETI, et ni Bill ni moi n'étions à cours d'ambitions pour imaginer son futur succès. Nous travaillions merveilleusement bien ensemble et, pour quelqu'un qui avait décidé de ne plus remettre les pieds à l'institut, j'y passais désormais plus de temps que derrière mon bureau à NASA Ames.

Au début de l'été, la chaire de science du Carl Sagan Center de l'institut fut mentionnée pour la première fois dans la conversation. Elle était toujours inoccupée. Ce fut seulement une allusion au début, mais cela devint plus direct avec le temps et ma réponse à Bill restait la même. Bien qu'ayant un million de raisons de vouloir accepter, j'avais aussi un million et une raisons de refuser, la principale étant que je suis farouchement indépendante et je n'avais pas la moindre idée de ma capacité à fonctionner dans un cadre rigide. Il réitéra sa demande plusieurs fois durant le mois de juin mais ma réponse restait identique. Mais il ne baissait pas les bras et le sujet revenait sans cesse, tant et si bien que j'ai commencé à y réfléchir et à en parler avec Edmond qui, comme toujours, fut un interlocuteur attentif. Il m'écouta répéter sans cesse les mêmes questions et, comme il l'avait toujours fait au cours du temps, il ne prit jamais de décision pour moi mais m'aida à aiguiller la conversation pour mettre en lumière des aspects auxquels je n'avais pas encore pensé, me laissant accomplir le cheminement dans ma tête. Je savais au fond de moi ce qu'il pensait être la bonne décision. Je pensais le savoir aussi, mais c'était un changement tellement radical dans mon chemin de vie que je l'ai contemplée sous tous les angles pendant des semaines.

À la fin juillet 2015, un vendredi, Bill me posa la question une fois encore à la fin d'une de nos réunions. Je lui répondis que j'avais besoin de plus de temps. Ce jour-là, il me donna jusqu'au lundi suivant pour lui donner une réponse. Alors que j'étais sur le point de quitter son bureau, je lui dis qu'Edmond et moi avions dans l'idée d'aller nous promener sur la côte ce week-end-là, et je promis à Bill d'avoir une conversation avec l'océan.

Le lendemain, Edmond et moi étions à Carmel, au 17-Mile Drive, comme nous le faisons souvent. Nous nous étions arrêtés à Spanish Bay pour admirer l'immensité du Pacifique. La journée était parfaite. Des surfeurs glissaient sur le dos des vagues qui se succédaient sans interruption, certains avec plus de succès que d'autres, mais ceux qui tombaient pagayaient de nouveau vers le large pour attraper la vague suivante. La métaphore n'aurait pu être plus parfaite. Il y avait aussi quelque chose de fondamentalement vrai au cours de ma vie que je ne pouvais pas renier. J'avais toujours fait en sorte de me lancer des défis, de repousser sans cesse mes limites et d'escalader des montagnes toujours plus hautes. Cela n'aurait aucun sens pour moi de tourner le dos à cette opportunité que la vie m'offrait. C'était un véritable défi et, à bien des égards, cela me rappela la première fois que j'avais regardé le Licancabur depuis son pied. Je ne savais pas alors si je serais capable d'arriver au sommet, mais il n'y avait qu'une seule façon de le savoir, c'était de me mettre en route.

Le communiqué de presse de l'Institut SETI annonçant officiellement ma nomination de directrice scientifique et titulaire de la chaire Carl Sagan au centre de recherche de l'institut fut publié le 18 août 2015. L'annonce publique survint dix jours après la réunion générale où j'avais fait ma première présentation à mes collègues. Je leur avais présenté les grandes lignes du plan sur lequel Bill et moi avions travaillé au cours des trois mois précédents. Durant cette période, nous avions rempli des pages et des pages de concepts et d'idées, envisageant leurs bénéfices et leurs inconvénients. Nous avions conçu des plans de structures d'organisation, préparé d'innombrables présentations, chacune d'entre elles révisée avec ses différentes versions. Ensemble, nous avions imaginé le début d'un plan pour insuffler une nouvelle dynamique à l'institut. Nous avions les yeux fixés sur l'horizon, et nous étions prêts à donner naissance à une nouvelle forme d'exploration de la vie dans l'univers qui pourrait inspirer les générations futures.

Le message que j'ai partagé durant cette première réunion était simple et facile à transmettre car il était sincère. J'étais une chercheuse comme tous mes collègues assis dans la salle, et c'est aussi pourquoi mon message pouvait résonner. Tout comme eux, j'avais eu ma part de luttes, de succès et de frustrations au fil des ans et je devais toujours me battre pour espérer toucher mon salaire, la compétition étant serrée. Je leur ai présenté quelques détails de ce que la transformation impliquerait, mais le message principal était de leur faire savoir qu'ils comptaient, qu'*ils étaient l'institut* et qu'ensemble nous pouvions accomplir bien plus qu'en continuant de nous considérer comme une série d'individualités.

L'un de mes objectifs principaux était de relier enfin ces îlots de science isolés car je savais que leur interaction pouvait engendrer innovation, productivité et succès. Je voulais aussi donner plus de visibilité à leurs travaux. Leur engagement était essentiel au succès de cette nouvelle structure. Ils devaient s'investir dans la vie de l'institut et y prendre plus de responsabilités, et là nous pouvions nous heurter à un obstacle.

Les organisations à but non lucratif comme l'Institut SETI ne paient pas leurs chercheurs. Ce sont les chercheurs qui proposent des projets aux agences gouvernementales en fonction des appels d'offres, aux fondations, ou bien encore font appel à des financements privés. L'institut offre un environnement qui administre leurs subventions et fournit aux chercheurs de plus grands avantages sociaux et un soutien intellectuel pour la préparation et l'exécution de leurs projets. Puisque ces subventions couvrent leur salaire et qu'ils en sont les seuls responsables, il est donc difficile de les forcer à s'engager dans la vie de l'institut s'ils ne le désirent pas. Il allait donc falloir créer un environnement fécond pour qu'une nouvelle vision s'impose.

L'une des options était la création d'une organisation où l'investissement personnel dans le succès de l'institut et la prise de responsabilité seraient reconnus et récompensés. Cela peut paraître parfaitement normal dans le milieu universitaire, mais ce n'est pas le cas dans de nombreuses organisations à but non lucratif, en particulier aux États-Unis où une grande partie d'entre elles, contrairement à l'Institut SETI, sont des instances virtuelles. Les chercheurs se rencontrent rarement, hors conférences professionnelles. C'est là que l'expérience de Bill dans l'industrie et la mienne dans la recherche scientifique ont fusionné pour développer un nouveau type d'institut à but non lucratif dont l'un des objectifs serait d'ouvrir la voie à l'avancement professionnel et récompenser ses chercheurs. Cela nécessiterait pour l'institut de trouver des ressources supplémentaires mais l'enjeu en valait la chandelle.

Quelques années seulement se sont écoulées depuis que nous avons mis en œuvre cette nouvelle structure et seul le temps dira si nous avons réussi. Nous avons un plan et nous ouvrons une nouvelle route. L'abondance de synergies autour de l'institut en ce moment est un signe certain que nous vivons un moment spécial dans l'histoire de l'organisation, et nous avançons sur une nouvelle voie les yeux grands ouverts. L'institut déborde d'activité, avec des nouveaux programmes et des nouvelles connexions.

L'un de nos objectifs est de développer nos propres opportunités et nos propres missions, y compris des missions spatiales et planétaires. Nous avons l'expertise pour cela. C'est pourquoi Bill et moi avons pris contact récemment avec des partenaires qui pourraient nous aider à concevoir l'aspect technologique des missions et le lancement dans l'espace. Non seulement nous envisageons de continuer à contribuer aux missions de la NASA et à celles d'agences spatiales internationales, mais nous pensons aussi désormais à des partenariats privés. Nous sommes en contact avec des compagnies qui sont en compétition pour aider la NASA dans son initiative de retour sur la Lune avec le programme Artemis. Avec eux, et selon les propositions, nous envisageons de déployer un jour des instruments à la surface de la Lune ou en orbite, mais aussi de développer des activités d'éducation et de vulgarisation concernant l'exploration spatiale.

À une époque où l'accès de l'espace est en cours de privatisation, les occasions de missions ne se cantonnent plus à l'orbite basse, à la Lune, ou même à Mars. Plusieurs concepts de missions planétaires envisagent l'exploration du système solaire externe et même de l'espace interstellaire, et l'institut entend bien y participer.

L'énumération des domaines d'expertise de l'institut surprend souvent le public. Bien que ce soit l'héritage historique de l'Institut SETI, la recherche de la vie intelligente extraterrestre représente un peu moins de 10 % de ses activités scientifiques et technologiques actuelles. L'étendue de l'expertise de nos divisions de recherche comprend l'astronomie et l'astrophysique, l'astrobiologie et les biogéosciences, l'exploration des exoplanètes, l'exploration planétaire et, bien sûr, la recherche de civilisations extraterrestres. Je dis souvent que l'institut est impliqué dans tout ce qui a volé, vole ou volera dans le système solaire. À l'exception d'InSight, nos chercheurs ont contribué à pratiquement toutes les missions martiennes, que ce soit pour la sélection des sites d'atterrissage, la conception de missions et celle d'instruments et d'expériences, l'analyse de données, les stratégies d'exploration, ou bien encore comme membres des équipes scientifiques. Pour autant, la contribution de l'institut va (littéralement) bien au-delà de Mars.

La banque de données de la NASA pour les systèmes de satellites et d'anneaux du système solaire externe est gérée au siège de l'institut à Mountain View en Californie. Mark Showalter, un de nos astronomes, a contribué à la planification du survol de Pluton pour la mission New Horizons en effectuant des observations télescopiques critiques pour déterminer si des objets inconnus pouvaient se trouver sur la trajectoire de la sonde spatiale. Ce faisant, il a découvert la petite lune Styx, qui s'ajoute à la longue liste de ses découvertes, puisque Mark est également connu pour avoir découvert plus de lunes que Galilée.

L'expertise scientifique et technologique de l'institut s'étend à l'ensemble de l'équation de Drake. Les projets d'astronomie et d'astrophysique font progresser les connaissances sur la formation des étoiles et des planètes ; l'héliophysique permet l'étude de l'évolution des jeunes environnements stellaires et planétaires, et celle des zones habitables, alors que nos astrochimistes étudient la chimie prébiotique et le rôle des environnements planétaires primordiaux. Le groupe d'astrobiologie explore les milieux extrêmes pour comprendre ce qui rend une planète habitable et la dynamique d'une coévolution de la vie et de l'environnement dans des analogues planétaires. Ces chercheurs explorent ainsi les Andes, l'Altiplano, le désert d'Atacama mais aussi l'Arctique et les régions polaires, l'Australie, l'Islande, le Tibet, le Canada, les déserts américains. Il existe aussi des sites d'étude en Europe, notamment en Espagne. Ces équipes conçoivent et déploient sur le terrain des stratégies d'exploration qui fournissent des tests réalistes pour des missions futures et développent de nouveaux instruments pour la détection de la vie. La recherche de la vie dans l'univers exige aussi que nous réfléchissions à l'éthique et à la gouvernance, ce qui se fait par le biais d'activités dans les domaines de la protection planétaire et de la politique de la gestion de l'espace.

Nous avons entamé un effort que nous voulons soutenu et durable dans le domaine de la gestion de l'environnement de notre planète et pour aider où nous le pouvons à atténuer l'impact du changement climatique. Cet effort se fait à de multiples niveaux et comprend, par exemple, l'utilisation de nos connaissances dans l'observation, la modélisation et la comparaison de l'évolution des atmosphères planétaires. Nous étudions aussi les écosystèmes et leur biodiversité dans des endroits où peu d'humains vont, et nous y documentons les espèces nouvelles que nous découvrons, ce qui contribue à l'inventaire de la biosphère terrestre.

Au-delà du système solaire, la recherche de l'institut s'étend aux exoplanètes que nous étudions avec des télescopes terrestres et spatiaux. Une grande partie de l'équipe de la mission Kepler est basée à l'Institut SETI et contribue au développement des algorithmes de détection qui ont permis la découverte de nombreuses exoplanètes. Cette équipe est aussi responsable de l'archivage des données de la mission. Certains de ses membres sont maintenant passés à la mission TESS (Transiting Exoplanet Survey Satellite) et attendent avec impatience le lancement du télescope spatial James Webb.

La recherche de civilisations technologiquement avancées (SETI) est dirigée par Andrew Siemion, titulaire de la chaire Bernard Oliver, qui est aussi le chercheur en charge de la Breakthrough Listen Initiative (une écoute extraterrestre privée financée par Yuri Milner) à l'université de Berkeley en Californie. Traditionnellement centrée sur la détection et l'identification de signaux, connus aussi sous le nom de « technosignatures », la recherche SETI s'appuie sur des radiotélescopes. L'institut possède un réseau d'antennes (l'Allen Telescope Array, ou ATA) dans la chaîne des Cascades en Californie, environ à cinq heures au nord du siège de l'institut dans la baie de San Francisco. L'institut s'est associé récemment avec le National Radio Astronomy Observatory (NRAO) pour lancer un nouveau programme de pointe qui utilise le Very Large Array (VLA). Cette nouvelle initiative, connue sous le nom de Commensal Open Source Multimode Interferometer Cluster Search for Extraterrestrial Intelligence, ou COSMIC SETI, utilise une nouvelle technologie qui permet la surveillance permanente du ciel et, en plus de la recherche de signaux extraterrestres, permet de faire progresser l'étude des sursauts radio rapides. Récemment, aussi, LASER SETI a ajouté un outil dans l'arsenal de la recherche de signaux extraterrestres et, quand le réseau de caméras sera déployé sur l'ensemble du globe, il accomplira une surveillance du ciel pour la détection de pulsations laser brèves, couvrant environ 200 000 fois plus d'horizon que n'importe quel projet SETI-optique précédent.

Mais la recherche SETI va au-delà de l'astronomie radio et optique. Des chercheurs comme Laurance Doyle l'approchent par la caractérisation de la communication animale chez les espèces intelligentes et ce qu'elle peut nous apprendre sur les langages extraterrestres, leurs structures possibles et le format ou le contenu des messages. Dans ce cas, les études utilisent la théorie de l'information et comparent, par exemple, la complexité du chant des baleines à bosse à celle du langage d'autres espèces, y compris le langage humain.

La localisation de l'institut à Mountain View au cœur de la Silicon Valley et la proximité du centre de NASA Ames apportent des opportunités supplémentaires de collaborations, d'innovations, et favorisent le développement de nouveaux programmes. Le Frontiers Development Lab (FDL) est l'un d'entre eux. C'est un accélérateur de recherche en intelligence artificielle (IA) qui tire le meilleur parti des nouvelles technologies en IA et les applique aux grandes questions et aux lacunes actuelles de connaissances concernant l'espace, les sciences spatiales et planétaires, les sciences de l'environnement et les désastres naturels comme les cyclones, les tremblements de terre ou les incendies. Le FDL incarne la façon dont j'envisage la recherche de la vie dans l'univers et la détection de biosignatures et de technosignatures à l'institut dans les années à venir. Je crois fermement que l'intelligence artificielle peut nous aider à relever certains défis plus rapidement. Bien que ce ne soit pas une panacée, c'est un outil puissant particulièrement adapté aux banques de données, aux sciences et à la technologie produites et utilisées par l'institut. L'intelligence artificielle fait partie intégrante de notre arsenal de méthodes d'exploration, et je vais continuer dans les années à venir à élargir les domaines où nous pouvons l'utiliser sur l'ensemble de l'équation de Drake.

Quand je pense au potentiel de l'institut lorsque j'en ai pris la direction scientifique et que je constate les évolutions que nous observons aujourd'hui, je suis plus convaincue que jamais que l'Institut SETI a les moyens de redéfinir la recherche de la vie dans l'univers et l'impact global de cette recherche sur notre société. Le message le plus puissant que l'institut transmettra dans les années à venir ne sera pas limité à l'excellence de la recherche scientifique qu'il produit. L'Institut SETI subit actuellement une métamorphose. Il devient ce que j'appelle un « État d'esprits », un point focal où les connexions évoluent en idées, les idées en innovations et les innovations en un progrès pour tous dans notre société et pas seulement pour l'avancement des sciences. C'est cette philosophie, cet « État d'esprits » et son lien avec notre société, que j'essaie de développer et de promouvoir maintenant et qui, je l'espère, deviendra la marque de fabrique et l'héritage de l'institut au XXIe siècle et au-delà.

Avec le temps, j'ai fini par me considérer chaque jour davantage comme une autre version du chat de Schrödinger : vivante, mais à la fois à l'intérieur et à l'extérieur de la boîte, trouvant la source de ma créativité à la lisière, et me projetant dans un futur quantique qui n'existera que si je peux le manifester.

Situé à 5 heures au nord de la baie de San Francisco, l'Allen Telescope Array (ou ATA) est le réseau de radiotélescopes de l'Institut SETI. Il est aussi le premier qui fut conçu depuis l'origine pour l'exploration de signaux pouvant provenir de civilisations extraterrestres avancées. En plus de la recherche SETI, l'ATA contribue à la recherche astrophysique.

21

Qu'est-ce que la vie ?

Développer une vision stratégique pour l'Institut SETI me donna aussi l'occasion de commencer à approfondir les questions relatives à la nature de la vie. Et, comme l'univers agit parfois de façon mystérieuse, des individus aux profils très différents ont commencé à converger dans ma direction, et des livres ont trouvé leur chemin jusqu'à moi.

Bien que nous commencions à la chercher au-delà de notre planète, nous ne savons toujours pas ce qu'est la vie. C'est une question qui me fascine et que je n'avais abordée que dans la perspective de ma formation, me concentrant particulièrement sur la détection et l'identification de ce que nous reconnaissons comme étant vivant, et sur le développement de technologies et de méthodes d'exploration pour la chercher ailleurs dans l'univers. Cependant, un nombre d'expériences au cours de mon existence, quand enfant je regardais le ciel, ou bien sur le terrain dans les Andes, quand je plongeais dans le lac au sommet du Licancabur, avaient été des rappels réguliers qu'en fin de compte on en revient toujours à cette question primordiale. Comme toujours dans ma vie, le cheminement qui m'amena à renouer avec cette question ne fut pas une ligne droite et fit intervenir les neurosciences, la physique quantique, E.T. et un chimpanzé.

Mes six premiers mois en tant que directrice scientifique du Carl Sagan Center avaient été occupés à établir une nouvelle structure pour nos recherches. J'ai ensuite rapidement tourné mon attention sur la vie extraterrestre. Contrairement aux autres disciplines représentées à l'institut, la recherche SETI ne peut pas compter sur des subventions gouvernementales après que le Congrès a interrompu brusquement son financement en 1992. Ce fut un coup terrible pour la discipline, impactant directement les astronomes et les programmes. Cela signifiait aussi de manière presque certaine une condamnation à mort pour le futur de la recherche. Il paraissait peu probable que des étudiants voudraient se lancer dans une discipline en sachant par avance qu'ils devraient passer une grande partie de leur carrière à courir après des financements privés. Des donateurs fidèles et généreux sont apparus au fil du temps et le public a une fascination pour la question « Sommes-nous seuls dans l'univers ? », cependant le financement de cette recherche demeure un combat sans fin.

Bien que je ne sois pas une astronome ou une radioastronome, je pensais pouvoir aider à trouver des solutions pour l'avenir de la discipline en essayant d'y apporter une perspective multidisciplinaire. Je voulais explorer des nouvelles directions de recherche qui permettraient de trouver des sources inexplorées de financement – ou introduire la recherche SETI dans des domaines où les financements existent déjà. Aussi j'ai rassemblé mes idées sur papier et publié un article dans le numéro 9 du magazine *Astrobiology* en septembre 2016, intitulé « Alien Mindscapes : A Perspective on the Search for Extraterrestrial Intelligence », ce qui peut être traduit approximativement par « Paysages mentaux extraterrestres : une perspective sur la recherche d'une intelligence extraterrestre ». La première phrase exprimait mon approche sur la question : « Les avancées en sciences spatiales et planétaires, en astrobiologie et dans les sciences de la vie et les sciences de la cognition, associées aux développements en théorie de la communication, en informatique bioneurale, en intelligence artificielle et dans le Big Data, permettent d'envisager des nouvelles directions de recherche sur la nature probabiliste de la vie extraterrestre. »

Depuis la création de la recherche SETI, la science et les technologies d'exploration ont fait des progrès considérables dans tous les domaines et je savais intuitivement qu'il était temps de faire un « état des lieux de la discipline » et d'utiliser ces avancées et ces nouveaux domaines. Mais lesquels et comment restaient mes plus grands points d'interrogation.

L'article fut reçu avec enthousiasme et il resta parmi les trois articles les plus téléchargés pendant plus d'un an sur *Astrobiology*. Je reçus environ 200 messages à la suite de sa publication et, après ces conversations, je fis un appel de documents techniques à l'ensemble de la communauté des sciences spatiales et planétaires. Bien que j'aie été heureusement surprise par la réponse positive à mon article, je m'étais préparée à la possibilité que cette demande n'aboutisse à rien. Après tout, j'essayais d'entrer en contact avec une communauté que je ne représentais pas par ma formation.

L'étendue des réponses fut impressionnante, ce qui me conduisit à organiser un atelier de travail entre le 14 et le 16 mars 2018 intitulé « Decoding Alien Intelligence » (Décoder l'intelligence extraterrestre). Plus de 70 chercheurs invités se réunirent au siège de l'Institut SETI à Mountain View et les trois jours furent occupés par 35 présentations, plusieurs groupes de travail, une conférence, le tout couvrant une gamme de disciplines englobant l'astronomie radio et optique, la physique quantique, les neurosciences, l'anthropologie, la biologie, la communication animale, les sciences planétaires, la cosmologie, l'astrobiologie, l'intelligence artificielle, et d'autres thèmes encore. Je voulais entendre ce que ces chercheurs avaient à dire sur les nouvelles avancées technologiques et les directions prometteuses pour SETI. Cependant, je voulais aussi tourner mon attention sur ce que signifiait le mot « intelligence » dans notre recherche sur « l'intelligence extraterrestre », un sujet qui pouvait aussi nous apprendre *qui* envoyait les messages qu'un jour nous serions peut-être en mesure d'intercepter, et c'est là que l'aspect multidisciplinaire entrait en jeu. Et, là encore, nous en revenons toujours à la notion de coévolution.

*

Notre biosphère est le produit de 4 milliards d'années de coévolution entre la vie et son environnement, ce qui est aussi le cas de nos cerveaux. Ils sont complètement adaptés à l'environnement terrestre grâce à l'évolution. L'évolution a créé les outils pour nous permettre de percevoir et d'interagir avec le monde et l'univers qui nous entourent. La façon dont nous les exprimons dans notre langage découle de la façon dont nous les percevons et dont nous interagissons avec eux. Cette observation a des conséquences fondamentales pour la recherche d'une vie extraterrestre avancée et d'autres qui ont une signification encore plus profonde.

Le lien avec SETI est direct : n'importe quelle intelligence extraterrestre et ses messages seront le reflet de la coévolution de *sa* biologie et de *son* environnement et donc le reflet de sa propre perception de l'univers. Cette perception sera peut-être comparable à la nôtre, ou non, et nous serons donc en mesure, ou pas, de la reconnaître aisément. C'est ce qui associe la recherche SETI avec les neurosciences, une science qui étudie la cognition et la perception. Si nous voulons être en mesure de pouvoir reconnaître et décoder un message extraterrestre, il nous faut littéralement nous placer à l'intérieur du cerveau d'E.T. (ou de n'importe quel réseau neural équivalent) et comprendre *comment* il pense. C'est aussi l'un des aspects où l'intelligence artificielle peut être un outil extrêmement efficace car elle peut nous aider à développer des modèles théoriques de coévolutions extraterrestres et d'évolutions neurales, et nous permettre ainsi de reconnaître des schémas et des codes que le cerveau humain ne peut pas reconnaître.

Alors que je préparais l'atelier, ce raisonnement m'amena à une rencontre qui reste l'un de mes souvenirs préférés. Durant cette période, je pensais qu'il serait intéressant de faire appel à des experts qui viendraient nous parler des tentatives de communication avec d'autres espèces intelligentes sur notre planète. Nous avions probablement quelque chose à apprendre pour la recherche SETI dans les défis, les frustrations et les succès de ces tentatives de contact avec des espèces intelligences qui partagent 4 milliards d'années de coévolution sur la même planète que nous. Nous avons quelques experts à l'institut qui travaillent avec des baleines, des dauphins et des abeilles et font avec leurs collègues un travail révolutionnaire dans le domaine du langage chez les espèces intelligentes. Mais j'avais aussi quelqu'un d'autre en tête.

Des années auparavant, j'avais acheté un livre dans un aéroport. La couverture en noir et blanc montrait le portrait d'un chimpanzé, et le titre du livre était *Washoe*, le nom de cette femelle. Le livre était écrit par Roger Fouts. Le texte sur la quatrième de couverture évoquait l'auteur. Son parcours semblait parallèle au mien, non pas parce que nous avions la même expertise, mais parce que son cheminement dans la vie avait beaucoup de similitudes avec le mien. Il voulait être psychologue pour aider les enfants ayant des problèmes de communication, en particulier ceux qui souffrent d'autisme, mais, à la place, il avait dû prendre en charge une famille toujours plus grande de chimpanzés. Il avait sauvé nombre d'entre eux de laboratoires. Après de multiples détours, ce furent ces chimpanzés qui l'amenèrent finalement à destination, des décennies plus tard, lorsqu'il comprit leur propre évolution vers le langage et la communication, ce qui lui donna des résultats inattendus pour relever les défis que pose l'autisme.

J'avais acheté le livre parce que j'étais intriguée par le cheminement de Roger Fouts. Je fus tellement touchée par cette histoire que je finis par le contacter pour le remercier personnellement d'avoir écrit un tel livre et nous avons échangé quelques messages. J'ai immédiatement repensé à lui quand le moment vint d'organiser l'atelier et j'avais l'intention de l'inviter. Malheureusement, il avait pris sa retraite quelques années plus tôt. C'est ainsi que je pris contact avec Mary Lee Jensvold, la directrice de l'Institut de la communication entre les humains et les chimpanzés.

Comme Mary Lee l'avoua plus tard, elle n'avait pas la moindre idée de ce qui pouvait bien pousser la directrice scientifique d'un institut s'occupant de recherche extraterrestre à vouloir lui parler de son travail sur la communication avec des primates. Pourtant, très rapidement, nous avons plongé au cœur du sujet et non seulement elle réalisa où se trouvait le lien et à quel point elle pouvait nous aider, mais elle participa aussi à l'atelier où elle fit une contribution remarquable, montrant ce qu'une approche éthologique de l'étude des chimpanzés peut amener à la recherche de vie extraterrestre. L'éthologie est une étude scientifique et objective du comportement animal dans l'environnement naturel et se concentre sur les comportements comme résultant de traits adaptatifs évolutifs. La présentation de Mary Lee portait sur la communication avec les primates et c'était tout ce que j'avais espéré. Elle montra combien il est important de prendre en compte comment les organismes vivants interagissent avec leur environnement pour créer des liens et interpréter le comportement d'autres espèces. Elle montra aussi les difficultés que cela peut poser lorsque la nature d'êtres extraterrestres est inconnue.

Les thèmes débattus durant l'atelier furent présentés avec l'intention d'injecter un sang nouveau dans la pensée autour de la recherche sur l'intelligence extraterrestre, y compris au-delà de l'aspect technologique, mais ils m'entraînèrent aussi dans une direction complètement différente. Pour écrire l'article « Alien Mindscapes » en 2016, j'avais fait une recherche poussée dans les domaines qui pouvaient m'aider à envisager de nouvelles stratégies pour la recherche SETI. Et comme c'est souvent le cas, une lecture en entraîna une autre, et des articles sur la biologie évolutive, les neurosciences, les théories de l'information et des communications, la cognition, la perception, les nouvelles théories sur la nature de la conscience qui étaient issues de la physique quantique et de la théorie de l'information avaient commencé à s'empiler sur mon bureau. Les idées qui me frappèrent le plus furent celles qui décrivaient à quel point notre perception de la réalité est façonnée par notre cerveau et à quel point toute notion de réalité est en fait illusoire, ou tout au plus transitoire.

Un certain nombre d'études récentes en neurosciences suggèrent que nos cerveaux fonctionnent comme des ordinateurs quantiques capables de créer des structures géométriques multidimensionnelles qui peuvent atteindre 11 dimensions, alors que nous vivons et fonctionnons dans une structure à 4 dimensions (*x*, *y*, *z* définissant l'espace, et la quatrième dimension étant le temps). D'autres vont plus loin et proposent que l'univers soit une construction holographique de notre cerveau, dans laquelle nous sommes tous reliés les uns aux autres et où la conscience crée la vie. Pour d'autres encore, la vie crée la conscience, et le temps et l'espace n'existent pas vraiment mais sont des constructions de notre esprit pour nous permettre de donner un sens à ce que nous appelons la réalité.

Ces lectures me firent une forte impression. Il y avait beaucoup de choses qui me dépassaient complètement dans ces articles, mais le point principal que je pouvais en extraire était qu'il semblait y avoir un lien entre la *nature* de la vie et la *conscience*. En fait, si l'on souscrit à ces théories, il est probable qu'elles coévoluent et s'alimentent l'une l'autre vers une complexité toujours plus grande. Les implications possibles sont remarquables. En *supposant* que ces nouvelles théories soient correctes, certaines proviennent d'une approche par la physique quantique et suggèrent que nous pourrions faire partie d'un univers vivant et conscient, faisant de la recherche de la vie telle que nous la menons aujourd'hui une étude de la « plomberie » de la vie mais pas une exploration de sa *nature* ou de ce qu'*est* la vie.

Si ces théories sont correctes, notre lien avec notre quête est bien plus profond que tout ce que nous avons pu imaginer jusqu'à présent, et toute vie dans l'univers pourrait déjà, et à son insu, être connectée et en train de communiquer. Pour des raisons personnelles, ces nouvelles théories résonnent en moi parce qu'elles m'offrent une direction pour expliquer la fusion que j'ai ressentie à de multiples reprises, que ce soit en observant l'univers ou dans les eaux d'un lac perché à une altitude impossible, quand tout sens d'une séparation avec ce qui m'entourait avait disparu. Que ces théories soient correctes ou non, elles m'ont fait comprendre que si nous voulons trouver une réponse à la question de ce qu'est la vie, nous ne pouvons pas continuer à chercher ou à essayer de comprendre son origine sans concentrer le même degré d'effort sur l'exploration de sa nature, sur comment nous interagissons avec elle au niveau le plus infinitésimal, ou comment nous modifions peut-être ce que nous explorons simplement en l'observant ou en y pensant. Si l'ensemble de la vie dans l'univers est connecté par *nature* et communique à travers l'univers, alors le signal de son existence est déjà tout autour de nous. Nous n'avons simplement pas encore la capacité de le décoder, et la radioastronomie n'est probablement pas le seul moyen pour capter ces signaux.

En tant qu'astrobiologiste, je ne pouvais pas non plus ignorer que des avancées sur la question de la nature et de l'origine de la vie – et comment nous percevons la réalité – avaient lieu en dehors de l'astrobiologie, car, si elles sont vérifiées, les implications de ces nouvelles théories sont énormes. Puis vint le temps d'écrire à nouveau quelques années plus tard. L'article « Alien Mindscapes » avait été publié en 2016 ; l'atelier « Decoding Alien Intelligence » avait eu lieu en 2018, et de nouvelles lectures et rencontres m'avaient finalement conduite à organiser mes idées sur le papier dans un essai que j'écrivis en quelques jours en février 2019. C'était une exploration des questions fondamentales d'astrobiologie au travers du filtre de ces nouvelles théories sur la vie et sur la conscience.

L'essai fut publié le 5 septembre 2019 sur Internet par le magazine *Scientific American*. Son titre était « The Quantum of Life ? » (Le quantum de vie ?). L'éditeur avait écrit cette courte introduction au texte : « Des travaux scientifiques récents convergent vers l'idée d'un univers vivant. Imaginons un instant qu'ils aient raison. Qu'est-ce que cela signifierait pour la perspective astrobiologique sur l'origine et la nature de la vie, et pour son exploration ? » L'essai, reproduit ici, venait ensuite :

Notre faculté à caractériser la nature est fondée sur notre capacité à la questionner, qui elle-même dépend en partie de la technologie disponible à chaque époque. Elle dépend aussi de l'esprit humain qui a beaucoup de difficulté à entrevoir les perspectives holistiques et est plus efficace avec des sujets d'étude cloisonnés qui sont plus faciles à aborder. Bien trop souvent, cependant, nous oublions que nos propres limites, et non pas la nature, créent ces cloisonnements et ces définitions. Avec le temps, ces espaces individuels fermés deviennent autant d'horizons intellectuels isolés alors qu'ils devraient être simplement des pièces d'un puzzle à assembler. Ces cloisonnements façonnent, et souvent interfèrent avec, le questionnement scientifique et le développement de nos structures intellectuelles, et ils limitent l'audace de nos hypothèses et de nos perspectives. Ils créent des barrières artificielles qui déterminent où les réponses à nos questions peuvent être cherchées mais aussi leur nature et leur portée.

La recherche sur l'origine et la nature de la vie incarne cette difficulté. C'est l'expérience de pensée ultime, une expérience dans laquelle nous sommes complètement immergés, comme des gouttes d'eau s'interrogeant sur l'océan, nous débattant pour définir nos propres limites quand il n'en existe peut-être aucune. Il se peut que la définition d'une goutte soit variable, la réponse résidant davantage dans la nature changeante de l'océan à chaque instant plutôt que dans une véritable séparation. Peut-être que la goutte est la manifestation de la capacité qu'a l'océan de changer de forme à l'infini.

L'absence de consensus sur une définition de la vie est-elle le reflet de limites méthodologiques et techniques, de la contrainte de nos cadres intellectuels – ou bien des deux ? Il n'y a aucun doute que la science est de plus en plus capable, chaque jour qui passe, de caractériser ce que la vie fait, mais elle apporte comparativement moins d'avancées dans l'identification de ce qu'est la vie ou sur la manière dont elle prend naissance. À cet égard, l'exploration actuelle de la question de la vie pourrait être comparée à la plomberie qui maîtrise la tuyauterie, se soucie des interactions entre l'eau et les canalisations mais ne se préoccupe pas de l'origine ou de la nature de l'eau. Est-ce parce que la réponse réside à des échelles et des résolutions que la technologie ne peut pas encore atteindre, ou est-ce parce que la vie est le résultat de processus physico-chimiques exotiques qu'il nous reste à découvrir, ou bien n'est-ce rien de tout cela ? Peut-être que le problème ne réside pas tant ici mais plutôt dans la façon dont nous abordons la question elle-même, qui est le résultat de la façon dont nous sommes conditionnés à penser. Il se peut que la vie soit tout simplement ce que la vie fait, que la réponse ait toujours été devant notre nez, évidente, mais que nous ne pouvons pas la reconnaître simplement parce que nos cadres intellectuels ne nous permettent pas de l'entrevoir.

L'astrobiologie exprime ces défis sous forme de questions fondamentales : « Qu'est-ce que la vie ? Comment saurons-nous que nous l'avons découverte ? Y a-t-il une limite entre la chimie prébiotique et la vie ? » Les deux premières questions nous parlent de la nature fondamentale de la vie et de notre capacité à la reconnaître au-delà de notre propre planète. La dernière question explore l'idée d'une séparation entre le vivant et le non-vivant, ouvrant un espace pour débattre de la possibilité que le passage de la chimie prébiotique à la vie soit une transition ou bien une rupture stochastique.

Deux concepts principaux permettent d'aborder ces questions. Le premier est l'habitabilité qui tient compte des environnements propices à une origine de la vie et à sa survie dans le temps. Elle donne les limites physico-chimiques pour la vie, et considère des processus abiotiques, prébiotiques et biotiques. Le second est la coévolution, qui est ce qui survient une fois que la vie est apparue. Ce concept explore les interactions spatio-temporelles entre la vie et l'environnement, et comment ils se modifient. C'est une relation systémique qui se déroule au travers de mécanismes rétroactifs et qui se mesure en changements et en adaptation.

Ces deux concepts sont au cœur de notre vision actuelle de la vie dans l'univers et des stratégies que nous employons pour l'explorer, mais ils ne sont pas les seuls. Avec l'hypothèse de Gaïa, la coévolution devient une relation symbiotique entre la vie et l'environnement, tous deux évoluant ensemble en un système unique autorégulé qui permet les conditions rendant la vie possible sur Terre. Gaïa est un système de rétroaction cybernétique exploité inconsciemment par la vie. L'habitabilité, la coévolution et Gaïa abordent l'origine de la vie et son évolution d'un point de vue astronomique, planétaire et écologique.

Des travaux récents reliant la biologie, les neurosciences, la cosmologie et la physique quantique bouleversent ces perspectives. Parmi ceux-ci, le biocentrisme propose une théorie unificatrice qui aborde la vie d'un point de vue cosmologique, où la conscience crée la réalité et où la vie n'est pas un produit final mais une force essentielle à la compréhension de l'univers.

Les théories sur l'origine et la nature de la conscience, et celles sur le lien entre la conscience et les systèmes neuraux (ou les systèmes homologues) sont actuellement développées dans les domaines de la physique, des sciences cognitives et dans la théorie de l'information. Bien que leur perspective soit différente de celle du biocentrisme, elles fournissent des directions pour explorer l'interaction entre la vie, son environnement et l'univers, et la relation entre la vie et la conscience. Alors que la conscience façonne notre perception de l'environnement et de l'univers, intégrant et interagissant avec l'information, et peut-être même la transformant, certaines de ces théories, y compris le biocentrisme, ramènent l'origine de la vie et sa nature au niveau quantique.

Bien qu'elles doivent encore être prouvées réfutables, de telles théories nous invitent à changer notre perspective et à considérer comment notre approche en astrobiologie pourrait être modifiée si nous l'abordions de leur point de vue. Si elle est vérifiée, une telle théorie unificatrice ramène l'origine de la vie au début de l'univers. Les interactions qu'elle implique au niveau quantique signifient que ce n'est pas seulement une « théorie du tout », mais aussi une « théorie de partout » dans laquelle la séparation entre le vivant et le non-vivant n'est pas une différence fondamentale de nature, mais une différence de quantité d'énergie et de complexité d'informations intégrées, organisées, emmagasinées, transformées et échangées à tout moment. Ce qui sépare le vivant du non-vivant est seulement notre propre limitation à reconnaître ces interactions. Dans ce cadre de référence, Gaïa n'est plus un système de rétroaction cybernétique conduite inconsciemment par la vie, mais bien une symbiose consciente à l'échelle planétaire. La coévolution n'est pas ce qui commence quand la vie apparaît, elle définit simplement le seuil de notre aptitude à reconnaître la capacité que la vie a de façonner l'univers.

Durant des siècles, la notion d'un univers conscient a été considérée comme un exercice de philosophie. Ces travaux récents fondés sur des observations scientifiques et des expériences effacent les frontières rigides entre les sciences humaines, la biologie, la technologie de l'information, les sciences cognitives et la cosmologie. Plus important encore, ils modifient le cadre de référence de l'exploration. La recherche de la vie dans l'univers n'est plus vraiment une recherche si tout ce que nous sommes, tout ce que nous observons et tout ce avec quoi nous interagissons est vivant. Elle devient l'exploration de l'expression de la diversité et de la complexité de la vie, non pas *dans* l'univers mais *par* l'univers, et une recherche sur comment se connecter et échanger des informations avec lui.

Cependant, l'aspect le plus profond de ces travaux pourrait être qu'ils nous replacent non plus en tant qu'observateurs extérieurs mais en tant que membres d'une symbiose universelle. Cette perspective est une hypothèse extrême pour l'astrobiologie, un changement de paradigme qui fondamentalement transforme notre relation les uns envers les autres, notre relation avec notre planète, notre biosphère, mais aussi notre relation avec l'univers.

Cet essai constitue un premier pas de ma recherche dans ce domaine, et ma perspective sur ces nouvelles théories continue d'évoluer. Je sais qu'elles font profondément écho à mes convictions personnelles mais cela ne les rend pas nécessairement correctes pour autant. L'avenir dira si elles sont vérifiables ou réfutables. Ce que je sais, par contre, c'est que je veux pouvoir faciliter les discussions et les débats autour de ces théories et faire de l'Institut SETI un endroit unique pour permettre à ces discussions d'avoir lieu, car comprendre la nature de la vie n'est pas seulement dans sa déclaration de mission, c'est également une étape essentielle pour concevoir ce que nous devons chercher et comment explorer.

Bien sûr, il y a aussi l'impact philosophique et épistémologique à considérer si ces théories sont vérifiées. Cela m'a amenée à réfléchir sur la difficulté incessante à laquelle nous sommes confrontés quand nous essayons de définir la vie et, plus j'y pense dans le contexte de ces nouvelles théories, moins je crois qu'il existe *une* définition de la vie, ou même qu'une définition soit nécessaire. *Si* l'univers est vivant et conscient, alors la vie est comme un paysage qui peut être défini à tout moment par ses éléments individuels, une sélection de ces éléments, ou bien encore dans son ensemble. En fonction de ce que nous cherchons, chacune de ces définitions est vraie dans son propre contexte. Ce qui est frappant, c'est que, ramenés à leurs éléments les plus fondamentaux, l'univers et la vie sont énergie et information, l'information étant l'énergie décodée par un observateur. Mais l'observateur est aussi énergie et information ; aussi, lorsque nous observons un univers vivant, nous interagissons avec lui au niveau quantique, et donc nous le modifions. Là se trouve l'impossibilité fondamentale d'avoir une définition rigide de la vie, ou même de la réalité. Une définition de la vie n'est possible et utile que comme un outil de travail à un moment donné et dans un but précis. Mais il y a d'autres conséquences possibles.

Ce que nous définissons comme *connaissance* ne peut capturer qu'une réalité transitoire à un moment donné et une réalité qui reste relative à l'observateur. Le fait que cette réalité paraisse relativement similaire à chacun d'entre nous est probablement une clef fondamentale sur la nature de la vie et celle de l'univers, et peut-être aussi une réponse au *pourquoi* de l'existence. Dans ce domaine de référence, nous sommes à la fois les créateurs et les acteurs d'un univers qui nous façonne et que nous façonnons avec chacune de nos pensées et chacune de nos actions.

Stardiver – Chercher la vie dans l'univers et comprendre sa nature en plongeant dans quelques-uns des lacs les plus hauts sur Terre.

22

La prochaine marée

Jusqu'à présent, mon voyage d'exploration a été exaltant et animé. Les tempêtes sont épiques mais lui donnent une couleur et une profondeur étonnantes. Les paysages que je parcours m'ont appris à reprendre mon souffle avec peu d'oxygène, et ils m'offrent une vue extraordinaire et dégagée. Que ce soit sur un terrain solide, dans les éboulis, dans le désert ou sous l'eau, il s'agit toujours d'ouvrir des routes et d'explorer, de créer et d'avancer. Des balises marquent parfois la route mais c'est ma lumière intérieure et ma boussole qui le plus souvent m'aident à négocier les passages étroits, et dans ma vie je navigue aux étoiles, avec mon imagination pour guide.

Je ne me conforme véritablement à aucun modèle, mais, contrairement à l'enfant que je fus, ce sentiment ne me pèse plus. Au contraire, j'en ai fait ma plus grande force, ma source d'inspiration et mon outil le plus puissant pour fusionner intuition et logique. Leur union m'apporte un sentiment immense de joie, d'équilibre et de paix. Cela peut me rendre parfois un peu asociale, ne me livrant qu'à ceux en qui j'ai confiance et, quand j'en ai la possibilité, n'interagissant avec le monde que lorsque je le souhaite. Peut-être est-ce aussi pourquoi j'aime si profondément les Andes et le désert. En apparence, mais en apparence seulement, ce sont des solitudes désolées pour ceux qui ne les voient qu'au travers d'un regard superficiel. Pourtant, la vie y a appris à survivre dans des conditions extrêmes juste sous la surface, et elle n'est jamais bien loin une fois que l'on sait où la chercher.

La solitude dans le désert et au sommet des volcans n'est sans doute pas le meilleur moyen de développer des relations sociales.

J'en ai parfaitement conscience, trop souvent encore écartelée entre mon besoin de plus de contact humain, la crainte qu'il engendre en moi, et la solitude dont j'ai besoin pour exprimer ma créativité. Cependant, les rencontres que j'ai faites au fil des ans, en particulier dans mon nouveau rôle à l'institut, m'ont donné un grand nombre d'occasions d'être reconnaissante pour l'enrichissement qu'elles m'apportent. Malgré tout, cet espace de solitude m'est vital, cet intervalle particulier entre sac et ressac, où rien n'existe encore et tout est possible. C'est un espace de création et le mien est rempli à jamais de musique et de symboles, chacun ouvrant des dimensions auxquelles les mots ne peuvent accéder. Ils sont des passerelles universelles vers les émotions, les sentiments, les concepts et les perceptions. Ce sont nos meilleures approches d'une compréhension télépathique multidimensionnelle, mais ils m'aident aussi à aborder les expériences de pensée et l'exploration scientifique de façon très pratique. C'est dans cet espace que je trouve mon inspiration pour mes projets, mes conférences et mes écrits. J'approche la vie de cette façon et je me considère, d'une certaine façon, comme mystique.

Ce voyage me convainc chaque jour davantage que notre société devrait être plus à l'aise avec l'idée que, dans l'exploration de nos vies, l'approche empirique et l'approche intuitive ne sont pas opposées et ne devraient jamais l'être. L'une appréhende le monde au travers de mesures et d'expériences, alors que l'autre essaie de comprendre ce qui ne peut être mesuré. Ce faisant, elles s'éclairent l'une l'autre et *toutes deux* nous permettent d'approcher des aspects différents de l'univers. Chaque jour, davantage de démonstrations empiriques suggèrent que la séparation entre nous et ce qui nous entoure n'existe probablement (et littéralement) que dans nos têtes, et ce que nous appelons réalité n'est réel que dans le cadre de référence de notre cerveau. Il est aussi possible que nous la modifions simplement en l'observant. Nous sommes à la fois l'observateur et l'expérience, immergés en nous-mêmes et immergés les uns dans les autres, explorateurs de paysages fluides et temporaires, qu'ils soient physiques, intellectuels ou spirituels, et nous les transformons autant qu'ils nous transforment.

J'ai navigué dans cet océan intuitif pendant les vingt-huit premières années de ma vie. Les années suivantes m'ont vu quitter ma famille et trouver une main pour prendre la mienne, Edmond, une présence éternellement aimante à mes côtés. Mais j'ai dû aussi laisser derrière moi ceux dont j'avais croisé le chemin dans des forêts profondes et des grottes du sud de la France, et dans un temple de roses où les étoiles brillent à l'intérieur et qui ont transformé une jeune adulte errante en une femme avec un plan pour l'avenir. J'ai appris à m'ancrer dans le monde physique, tout en gardant une vocation spirituelle vibrante au cœur de ma recherche scientifique, le tout dans un nouveau pays et loin de tout et de tous ceux que j'avais connus. Je me suis inventé un futur avec le peu de connaissances accumulées au travers de mes expériences et de mes souvenirs. C'est ce que j'ai emporté avec moi, de nouveau en mouvement et, cette fois, traversant un véritable océan. Il a fallu que je compte sur moi-même, devenant tout à la fois le vaisseau, la voile et le port, à travers vents et marées, les yeux tournés vers des horizons plus hauts. Même si j'avais voulu m'accrocher au passé, cela m'aurait été impossible et, pour être sûre que ça ne se produirait pas, le passé a disparu. J'ai perdu mes amis proches à la suite de maladies et de décès prématurés et la plupart des membres de ma famille.

Je me suis ancrée dans le monde mesurable de la science où je suis devenue d'une logique absolue, marteau de géologue en main, travaillant avec des robots, avec des vis et des boulons, dans la poussière, et analysant des données. Je suis passionnée par la science et par l'exploration de cette planète et de quelques autres. Je m'épanouis dans l'exploration et la découverte de la vie sur Terre, en pensant aux nombreuses formes qu'elle pourrait prendre dans l'univers. Ce voyage a rendu mon approche différente et peu orthodoxe à bien des égards, une approche à la croisée de la science, de la philosophie et de la spiritualité. Je n'ai aucun parti pris et je ne ressens aucune pression pour en choisir une plutôt que les autres, ou aucune contrainte quant à la façon dont je peux les utiliser ou les fusionner à quelque moment que ce soit. C'est dû en grande partie au fait que j'ai dû trouver ma route par moi-même la plupart du temps et je l'ai trouvée avec le plus beau message d'amour et le plus bel héritage que mes parents m'ont laissé, celui d'une liberté et d'une tolérance intellectuelles et spirituelles. Ce faisant, ils m'ont ouvert un univers illimité que je peux explorer, à la fois avec une rigueur académique et avec un sens du non-conformisme.

Aujourd'hui, vingt-huit autres années se sont écoulées. J'ai senti un vent nouveau se lever il y a quelques années, celui qui accompagne la marée, le signe indubitable que le moment est venu pour moi de préparer le navire et de hisser à nouveau la voile. La perspective d'horizons inexplorés m'est pour toujours irrésistible. Je suis prête. En fait, je suis déjà en route. Je ne sais peut-être pas exactement où cette partie du voyage me mènera, mais c'est là que se trouve l'aventure. Je sais seulement qu'il y aura des planètes à explorer, la nôtre et bien d'autres. Cela me demandera aussi de relier des points, des lettres, des mots, des chiffres, des personnes, des pays, des idées, des concepts et des disciplines de façon inhabituelle, parce que c'est ce que je suis, et c'est ce que je fais. Ce qui était étrange quand j'étais petite est devenu un formidable outil d'exploration qui m'aide à me développer, à construire et à manifester sans relâche dans tous les domaines de l'existence, et je peux l'emporter avec moi et l'appliquer partout. J'ai appris à compter sur cette faculté avec le temps et c'est probablement ce qui me définit le mieux.

Mais je veux aussi me servir de ces compétences maintenant pour nous aider à naviguer dans la tempête existentielle que traverse notre société, une tempête qui nécessite une réévaluation de la signification de notre futur, de nos buts et de nos valeurs ; une tempête qui nous oblige à regarder au-delà des murs rigides de l'ignorance et de l'intolérance à l'intérieur desquels nous nous sommes enfermés. Tous les systèmes que nous créons, qu'ils soient politiques, économiques, ou spirituels, ces systèmes exigent que nous soyons connectés les uns aux autres pour fonctionner. Leur effondrement signale le besoin d'une reconnexion, le besoin d'un changement de perspective à tous les niveaux. À l'heure où nous nous préparons à emmener l'humanité au-delà de la Terre, cette reconnexion est urgente.

La manière dont nous abordons la connaissance, l'éducation et l'exploration dans tous les domaines de la vie est absolument essentielle pour l'évolution de l'humanité. C'est là que j'interviendrai, concentrant mon énergie et apportant mon soutien aux sujets ou à ceux qui pourront faire une différence. Je ne suis pas seule. Ceux qui ont senti le même vent sont déjà en route et actifs. Notre société est sur une pente glissante mais elle n'est condamnée que si nous choisissons de rester déconnectés de nous-mêmes, des autres et de notre planète. Nous sommes les systèmes que nous créons, et il nous appartient de les changer, et ce choix doit être fait *maintenant*.

C'est précisément ce qui est exigé de notre génération, cette fois à l'échelle planétaire. Nous pouvons trouver la force d'entreprendre cette métamorphose en nous appuyant les uns sur les autres. Là aussi, que l'on veuille mettre l'accent sur la douleur ou sur la promesse est une question de perspective mais ne pas bouger ou ne pas agir n'est plus une option, ou seulement une option si nous choisissons de disparaître. Il est de mon devoir de répondre à cet appel et d'apporter mes outils et ma pierre à la construction d'une nouvelle demeure planétaire, une demeure inclusive, un lieu où des points improbables peuvent être reliés sans crainte, et où de nouvelles passerelles entre la science, la technologie, les arts et les sciences humaines sont bâties pour le bénéfice de tous. Je veux que cette demeure soit celle où les porteurs de la flamme des générations à venir auront à cœur de chérir la notion de responsabilité planétaire et de rebâtir leurs relations avec leurs semblables, avec leur biosphère et avec leur planète. Et qu'ils auront à cœur d'emporter dans leurs bagages ces valeurs dans leur exploration d'autres mondes. Et, quand je ne suis pas en train de bâtir cette demeure et que vous me cherchez, levez les yeux et regardez au sommet d'un volcan très haut dans les Andes, car c'est là que vous me trouverez, prête à plonger dans la nuit étoilée.

Remerciements

Je voudrais exprimer ma reconnaissance la plus profonde à Rose Orenstein, Kimberley Warren-Rhodes, Rebecca McDonald, et Kevin Rhodes pour avoir relu les premières versions de ce manuscrit. Merci pour votre amitié sans bornes et pour votre soutien. J'écris souvent et beaucoup, que ce soit sur des sujets scientifiques ou sur d'autres domaines, mais revenir sur mon parcours fut un processus pour le moins surréel et, si ce livre a vu le jour, c'est en grande partie grâce à vos encouragements. Merci de m'accompagner de façon si merveilleuse, et de partager ce voyage à mes côtés.

Je garderai toujours en moi une place particulière pour ceux qui ont illuminé ma route et les mains invisibles qui m'ont guidée, ceux qui ont toujours été là et ceux qui sont apparus quand j'en avais le plus besoin. Je n'oublierai pas non plus les oasis que j'ai dû laisser derrière moi. Elles sont inscrites en moi jusqu'à la fin, à travers mes souvenirs de forêts, de grottes, de temples de roses éclairés par des bougies et des voûtes étoilées.

Enfin, je voudrais remercier mes collègues de l'Institut SETI pour le privilège de partager avec eux un voyage unique à la recherche de la vie dans l'univers, un voyage dans l'espace et le temps commencé il y a quelques décennies par des visionnaires.

Crédits photographiques

P. 4. Photographie extraite du reportage « In Her Orbit » paru dans le *New York Times* en 2018. © Andrea Frazzetta.

P. 14. Le Licancabur vu depuis Juriques (2006). © High Lakes Project / SETI Institute / NASA Astrobiology Institute.

P. 28. L'auteure et sa mère au bord de la Méditerranée à Nice (1964). © Jean Cabrol.

P. 43. L'auteure et son père dans les gorges du Cians (1964). © Michèle Cabrol.

P. 44. Première photo à la maternelle de La Celle-Saint-Cloud. © Droits réservés.

P. 56. Discours au Nations unies (2020). © Rose Orenstein.

P. 76. L'auteure et Edmond Grin à NASA Ames (2004). © High Lakes Project / SETI Institute / NASA Astrobiology Institute. Droits réservés.

P. 96. Le Rover Nomad. © David Wettergreen.

P. 110. Vacances en Grèce (1990). © Edmond A. Grin.

P.120. Vue sur Laguna Blanca depuis le camp intermédiaire sur le Licancabur. © High Lakes Project / SETI Institute / NASA Astrobiology Institute.

P. 132. Edmond et Rob Morris sur le mont Shasta. © Nathalie A. Cabrol.

P. 146. Le cratère Gusev. © NASA.

P. 156. Spirit s'envolant vers Mars depuis la Floride (2003). © NASA / KSC.

P. 166. Spirit à « McMurdo » (2006). © NASA / JPL-Caltech / Cornell University / Arizona State University.

P. 186. Exploration du champ de stromatolithes de Laguna Blanca en Bolivie (2006). © High Lakes Project / SETI Institute / NASA Astrobiology Institute.

P. 202. L'équipe gravissant les pentes du Licancabur (2004). © High Lakes Project / SETI Institute / NASA Astrobiology Institute.

P. 242. Le lac du Licancabur vu depuis le rempart du cratère (2006). © High Lakes Project / SETI Institute / NASA Astrobiology Institute.

P. 258. Plongée à Catalina Island. © High Lakes Project / SETI Institute / NASA Astrobiology Institute.

P. 288. Láscar laisse échapper des volutes de vapeur après un tremblement de terre en 2016. © Biosignature Detection Project / SETI Institute / Campoalto / Victor Robles / NASA Astrobiology Institute.

P. 322. Image de la Terre et de la Lune prise par la sonde Galileo (1992). © NASA.

P. 346. Macario contemple le champ de stromatolithes fossiles à Laguna Blanca. © High Lakes Project / SETI Institute / NASA Astrobiology Institute.

P. 368. Frank Drake rédigeant sa fameuse « équation » (1961). © Seth Shostak / SETI Institute.

P. 388. L'Allen Telescope Array, le réseau de radiotélescopes de l'Institut SETI. © Seth Shostak / SETI Institute.

P. 402. Stardiver. © Planetary Lake Lander Project / NASA / SETI Institute / Composition : Nathalie A. Cabrol.

Cahier hors texte

PP. 1-9. Photographies extraites du reportage « In Her Orbit » paru dans le *New York Times* en 2018. © Andrea Frazzetta.

P. 10. Le camp sous la nuit australe au Salar Grande, désert d'Atacama (2016). © Biosignature Detection Project / Victor Robles / Campoalto / SETI Institute NAI Team / NASA.

P. 11. Laguna Verde et Laguna Blanca depuis le camp au sommet du Licancabur. © SETI Institute NAI Team/NASA.

P 12. Lake Lander simulant une mission sur Titan. © Planetary Lake Lander Project : Victor Robles / Campoalto / SETI Institute NAI Team.

P. 13. Le Salar de Pajonales. © Michael Phillips, Biosignature Detection Project / University of Tennessee, Knoxville, SETI Institute NAI Team / Campoalto / Victor Robles / NASA Astrobiology Institute.

PP. 14-15. Le lac niché au sommet du volcan Simba. © High Lakes Project / SETI NAI Team / NASA.

P. 16. Valle de la Luna près de San Pedro de Atacama. © High Lakes Project / SETI NAI Team / NASA.

Table

Avant-propos 9

PREMIÈRE PARTIE
Contre vents et marées

1. Des horizons plus hauts 15
2. Sentiers sauvages 29
3. Premières aventures 45
4. Clef de voûte 57
5. La main invisible 77
6. Convergence 97
7. Un saut dans l'inconnu 111
8. Les années de transition 121
9. Premiers pas 133

DEUXIÈME PARTIE
Marées royales et rivages planétaires

10. Gusev 147
11. Préoccupations terrestres et planétaires 157
12. Une odyssée fantastique 167

TROISIÈME PARTIE
Immersion

13. La flèche du temps 187
14. Le peuple de la montagne 203

15. Des lacs sur Terre et sur Mars 243
16. Plongée au cœur d'un volcan 259
17. Petites mésaventures et énorme tremblement de terre.... 289
18. Toutes les planètes mènent à la Terre 323

QUATRIÈME PARTIE

L'océan cosmique

19. La nature changeante de l'exploration 347
20. Explorer, comprendre, expliquer 369
21. Qu'est-ce que la vie ? 389
22. La prochaine marée 403

Remerciements 409
Crédits photographiques 411

DU MÊME AUTEUR

EN FRANÇAIS

Nathalie A. Cabrol
Arthur ou la Flèche du temps
Éd. Tsuru, 1990

avec Edmond A. Grin
La Terre et la Lune
PUF, coll. « Que sais-je ? », 1998

avec Edmond A. Grin
La Recherche de la vie dans l'univers
PUF, coll. « Que sais-je ? », 2000

AUTRES LIVRES ET CHAPITRES DE LIVRES

Nathalie A. Cabrol
« Les planètes géantes », in *Atlas de l'espace*
Encyclopaedia Universalis, 1989

Nathalie A. Cabrol et Edmond A. Grin
traduction française de la série américaine *Miracle Planet*
Éd. Silva, 1994

RÉALISATION : NORD COMPO À VILLENEUVE-D'ASCQ
IMPRESSION : NOMANDIE ROTO IMPRESSION S.A.S. À LONRAI
DÉPÔT LÉGAL : SEPTEMBRE 2021. N° 146525 (2101925)
IMPRIMÉ EN FRANCE